"十二五"普通高等教育本科国家级规划教材

电子信息科学与工程类专业系列教材

微处理器系统结构 与嵌入式系统设计

（第3版）

阎　波　李广军
　　　　　　　　编著
林水生　周　亮

U0226300

电子工业出版社

Publishing House of Electronics Industry

北京·BEIJING

内 容 简 介

本书介绍了基于 ARM 内核的嵌入式微处理器系统的体系结构、组成原理、工程设计方法和核心设计技术。全书首先讲述微处理器系统的组成、系统结构的基本概念和原理；然后从逻辑电路、IP 核设计的层次，对微处理器的体系结构、指令系统设计的核心技术进行深入研讨，揭示了微处理器系统中软件指令和硬件电路之间的接口联系、工程设计方法与流程。书中讨论了基于 ARM 内核的微处理器软硬件系统的结构及组成，以提高读者编写与底层硬件交互的高效代码的工程设计能力和素质，并着重探讨了嵌入式操作系统的系统结构、操作系统移植、引导和加载等关键技术；书中还讨论了嵌入式系统的软硬件协同设计及基于 ARM 内核的 SoC 设计技术。

本书可作为高等院校通信工程、电子信息工程、自动控制及集成电路等相关专业本科生的微机原理、嵌入式系统、计算机系统设计等课程的教材，对相关研发人员也颇有裨益。

图书在版编目 (CIP) 数据

微处理器系统结构与嵌入式系统设计 / 阎波等编著. —3 版 . —北京：电子工业出版社，2020.8
ISBN 978-7-121-35822-7

I. ①微…　II. ①阎…　III. ①微处理器－系统结构－高等学校－教材 ②微处理器－系统设计－高等学校－教材　IV. ①TP332

中国版本图书馆 CIP 数据核字 (2018) 第 289510 号

责任编辑：马　岚
印　　刷：涿州市京南印刷厂
装　　订：涿州市京南印刷厂
出版发行：电子工业出版社
　　　　　北京市海淀区万寿路 173 信箱　　邮编：100036
开　　本：787×1092　1/16　印张：19.25　字数：493 千字
版　　次：2009 年 9 月第 1 版
　　　　　2020 年 8 月第 3 版
印　　次：2022 年 12 月第 5 次印刷
定　　价：69.00 元

凡所购买电子工业出版社图书有缺损问题，请向购买书店调换。若书店售缺，请与本社发行部联系，联系及邮购电话：(010) 88254888，88258888。

质量投诉请发邮件至 zlts@phei.com.cn，盗版侵权举报请发邮件至 dbqq@phei.com.cn。

本书咨询联系方式：classic-series-info@phei.com.cn。

前　　言

随着互联网 3.0 时代的到来，以用户为导向的泛在通信与普适计算正在重新定义人类的生活方式与工作方式，基于物联网革命的新经济世界正在形成。"后移动时代"的物联网技术要求所有设备都拥有计算能力，从个人通信产品、可穿戴设备、智能家电等消费类电子产品到自动驾驶汽车、无人航天飞机等，各种各样的嵌入式终端设备都将成为更广泛计算产品的一部分，并通过创造丰富的真实世界触点来构建物联网数字业务的基础，进而为这个历史上最具颠覆性的时代带来无法估量的社会与经济价值。

用户需求的多样化、复杂化和个性化趋势，导致嵌入式电子产品的研发难度和研发成本日趋增大，而激烈的市场竞争又要求厂商能够以最快的速度将产品投放市场，并尽量降低研发成本。以嵌入式微处理器系统设计技术为基础的、更深层次的智能终端设计及应用技术，正面临着前所未有的挑战和机遇：一方面是底层实现技术与平台的快速发展与迭代，另一方面是上层应用场景与模式的不断创新，最终嵌入式系统底层的计算、存储与通信技术都可能为满足上层应用需求而逐渐颠覆现有的设计结构。以集成电路设计与软件设计为代表、早已成为业内核心标志的嵌入式计算机系统设计，是通信、雷达、计算机、自动控制和微电子等研究应用领域的工程师所应掌握的基本技术和必备技能。然而，与新经济形势下巨大的行业需求和市场潜力相比，我国高校嵌入式微处理器系统工程设计人才的培养水平仍然普遍存在着明显的不足。新技术形势下的信息技术行业对高校相关系列课程的教学质量又一次提出了全新的要求，如何面向未来产业界、打破学科隔离、着力培养具有复合能力的引领性跨学科工程创新人才，正是目前国内各高校普遍面临的且亟待解决的问题。

电子科技大学"微处理器与嵌入式系统"课程组自 2009 年起即在校内大规模开展了对"微机原理及应用技术"系列课程的改革。尽管存在诸多困难与不足，但改革后的课程教学仍受到了教师与学生的欢迎，获得广泛好评；编写的教材《微处理器系统结构与嵌入式系统设计》已列入"十二五"普通高等教育本科国家级规划教材；相关的慕课资源也已上线运行。在总结多年教学经验、教训及宝贵建议的基础上，课程组编写了本书第 3 版，保留了前版的主要知识主线及组织结构，精心修订并补充了产业界的最新发展技术，并将少部分内容调整成手机扫码阅读的形式，以便于这些内容的动态更新。为便于读者尽快掌握嵌入式微处理器系统的主流工程设计方法和核心技术，提升工程素质和设计能力，教材强调了基本设计原理与先进工程理念的结合，其主要特点如下。

(1) 加强了微处理器系统的组成原理和系统结构等基础理论

计算机系统结构与组织理论是设计实现计算机系统的基石。无论通用计算机系统还是嵌入式计算机系统，无论采用哪种 CPU 芯片，其组成原理与系统结构本质上都是非常类似的。只有具备了这些基础知识才能够真正理解计算机的行为原理，真正做到举一反三。

(2)深入探讨了微处理器的体系结构、指令系统等关键核心技术

从逻辑电路、ARM 内核和 IP 设计的层次，对微处理器的体系结构、指令系统及其特性进行较深入的研究和讨论，深入探讨了微处理器系统的硬件与软件两者之间的相互影响，重点揭示了微处理器系统中软件指令和硬件电路之间的接口联系及综合设计工程方法。

(3)选用基于 ARM 内核的嵌入式微处理器系统

对基于 ARM 内核的微处理器软硬件系统的结构及组成进行了较深入的介绍，通过对 ARM 微处理器的学习和理解，以利读者今后更容易理解和掌握 PowerPC、MIPS 和 8051 等其他 CPU 内核的工作原理和设计技术，从而理解更先进的微处理器体系结构，了解嵌入式系统的主流工程设计技术和理念，以便写出直接与底层硬件交互的高效代码。

(4)强调嵌入式操作系统的系统结构、系统移植、引导和加载等核心技术

鉴于操作系统在嵌入式系统中的应用日益广泛，重点讲述了嵌入式软件系统结构及工作流程、ARM 嵌入式软件系统的引导和加载、嵌入式 Linux 内核的移植等核心软件设计技术，有助于读者建立完整的计算机系统结构，透彻地理解嵌入式系统的工作原理，可显著增强读者的工程设计能力和素质。

(5)引入嵌入式系统的软硬件协同设计及基于 ARM 内核的 SoC 设计技术

为了引入嵌入式系统的软硬件协同设计及基于 ARM 内核的 SoC 设计技术，读者不仅要会使用现成的集成电路芯片搭建应用系统，还要了解如何使用现有 IP 核或自行设计 IP 核构建面向应用的片上系统，使读者尽快掌握电子系统设计工程师必备的技术和工程设计方法。通过实验课这一平台，为读者进一步掌握 SoC 系统设计技术提供了基本的知识体系结构。

全书共 11 章，重点介绍了 ARM 内核及其软硬件系统的结构、组成与应用，同时从逻辑电路和 ARM 内核的设计层次，剖析了嵌入式微处理器系统的控制器、数据通路等主要功能部件的工作原理和内部结构。其中第 1 章简述了微处理器及嵌入式系统设计领域的最新技术现状与发展趋势；第 2 章介绍了计算机体系结构的演变及现代计算机系统的组织特点，并基于简单模型机介绍了计算机系统的基本工作原理；第 3 章介绍了微处理器的组成原理以及控制器、数据通路等主要核心功能部件的工程设计方法；第 4 章介绍了计算机系统中各部件之间的总线数据传输技术和常用总线标准；第 5 章介绍了计算机系统中存储器的分层构建策略及存储器模块的硬件设计技术；第 6 章介绍了计算机系统中输入/输出接口的概念，以及并行和串行接口技术原理；第 7 章介绍了 ARM 内核的体系结构与编程模型；第 8 章介绍了 ARM 汇编指令的格式、寻址方式和功能；第 9 章介绍了 ARM 汇编语言程序设计技术，以及"C 语言+汇编语言"的混合编程技术；第 10 章介绍了基于 ARM 微处理器的硬件和软件系统总体设计流程与方法；第 11 章简要介绍了基于 ARM 内核的 SoC 设计基础，以及嵌入式系统的软硬件协同设计方法。

本书的作者都是长期从事微机系统原理、嵌入式系统、ASIC/SoC 设计及通信系统设计的教学和科研的教师，在教学和科研实践中积累了丰富的工程设计经验，完成了大量国内及国际合作的嵌入式系统、ASIC/SoC 等研发项目，取得了很好的社会效益和经济效益。书中

的技术专题都力争与实际应用有机结合，所举的例子大多数是完整的、可操作的，甚至有的直接来自科研实践。本书可作为高等院校通信工程、电子信息工程、自动控制、集成电路等相关专业本科生的微机原理、嵌入式系统、计算机系统设计等课程的教材，对相关研发人员也颇有裨益。

本书得到了电子科技大学教务处，以及 ARM、Xilinx、TI 和 ST 等公司的大力支持。本书参考了大量著作及文献，得到了国内外许多著名专家和教授无私的建议、帮助和支持。电子科技大学"微处理器与嵌入式系统"课程组的覃昊洁、黄乐天、刘民岷、胡哲峰、吴献钢、肖寅东、赵贻玖及其他所有教师，电子科技大学"物联网智能芯片与系统"科研团队的所有教师及部分研究生，安谋科技(中国)有限公司的陈炜博士，南京集成电路产业服务中心的陈俊彦先生，以及依元素科技有限公司技术总监秦岭先生和销售总监夏良波先生，在本书的编写及慕课资源的建设过程中也倾注和付出了很多心血，在此一并表示衷心感谢。作者希望本书能对我国高校和相关行业的微型计算机系统原理、嵌入式系统设计的教学和科研尽些微薄之力。虽然已更新到第 3 版，但本书还有许多不尽人意之处，我们盼望着使用本书的教师和读者提出宝贵的意见，也热切地期待得到同行的建议和指教。

为方便教师和读者，本书有配套的教学课件与教学实验装置，感兴趣的教师可登录华信教育资源网(http://www.hxedu.com.cn)，注册之后可免费下载本书的教学课件。扫描书中二维码可获取本书参考资料和附录等文件，采用这种方式也便于我们随时更新一些资源。相关慕课资源可通过中国大学 MOOC(爱课程)网站搜索查阅。

作　者
2020 年 7 月于四川成都

二维码清单

参考资料

第1章 第2章 第3章 第4章

第5章 第6章 第7章 第8章

第9章 第10章 第11章

代码与仿真结果

例 9.1 例 9.2 例 9.3 例 9.4

例 9.5 例 9.6 例 9.7 例 9.8

例 9.9 例 9.10

其他资源

常用 ARM 汇编指令 Linux 常用命令表 实验平台与开发环境 常用 ARM 汇编
伪指令

目　　录

第1章 概　述

信息的生成、获取、存储、传输、处理及应用是现代信息科学的六大组成部分，其中信息的获取和处理是信息技术产业链上的重要环节，也是微处理器与嵌入式系统的主要任务之一。下面的几条定律对 ICT（Information and Communications Technology，信息与通信技术）行业的一些发展趋势进行了描述：

- 摩尔定律（Moore's Law）：微处理器内晶体管的集成度每两年增加一倍；
- 吉尔德定律（Gilder's Law）：主干网的带宽每 6 个月增加一倍；
- 麦特卡夫定律（Metcalfe's Law）：网络价值与网络用户数的平方成正比。

其中，摩尔定律描述了集成电路行业的发展趋势；吉尔德定律给出了通信系统带宽的发展趋势；麦特卡夫定律则为互联网的社会和经济价值提供了定量估算方法。

与微处理器密切相关的集成电路、通信网络和计算机技术，正是推动 ICT 行业迅猛发展的三大支柱。

1.1　计算机的发展

随着集成电路技术的发展，摩尔定律已逐渐面临失效。如何更合理地利用新器件，设计并构成综合性能指标最佳的计算系统，除了依靠半导体器件与设备、通信与网络技术变革，计算机体系结构方面的不断改进也愈发重要。

1.1.1　电子计算机技术

人类文明发展早期就遇到了计算问题，古人类生活过的岩洞里的刻痕，表明他们在计数和计算。最早在中国两河流域出现的古代算筹，以及在中国真正得到发展和广泛使用的算盘，是古代人类寻求计算工具的辉煌成就。工业革命使计算问题日益复杂，更多科学家不断发明和改进了各种各样的机械式计算工具，例如 1642 年法国物理学家帕斯卡发明的加减器，1673 年德国数学家莱布尼茨发明的乘除器，19 世纪 30 年代至 40 年代英国发明家巴贝齐设计的差分机和分析机。

算法理论基础研究也在 20 世纪 30 年代至 40 年代取得了突破性进展，英国数学家阿兰·图灵提出了一种自动计算机器模型——"图灵机"，并指出"一切可能的机械式计算过程都能由图灵机实现"。他还给出了"通用图灵机"的概念，只要造出与通用图灵机功能等价的机器，就能解决所有计算问题，而无须再独立设计加法机、乘法机或者最大公约数机。1946 年，美国数学家冯·诺依曼根据图灵的设想，提出了电子计算机的基本工作原理：存储程序原理。据此造出的计算机 EDSAC（Electronic Delay Storage Automatic Calculator，爱达赛克）和 EDVAC（Electronic Discrete Variable Automatic Computer，爱达瓦克）分别于 1949 年和 1952 年在英国剑桥大学和美国宾州大学运行。

1955 年至 1965 年，计算机内的真空电子管被晶体三极管逐渐取代。采用晶体管作为开关元件，使计算机的可靠性得到极大提高，体积大大缩小，运算速度加快，其外部设备和软件也越来越多，FORTRAN 和 ALGOL 等高级程序设计语言也应运而生。

1958 年，美国德州仪器(Texas Instruments，TI)公司的工程师基尔比制造出了第一块集成电路(Integrated Circuit，IC)，其中包含 1 个晶体管、1 个电容和 1 个电阻。之后，TI 公司在美国无线电工程师学会(IEEE 的前身)的一次会议上宣布了"固态电路"(Solid Circuit)的出现，它是以后"集成电路"的代名词。半导体技术发展的事实正如摩尔定律的预言，科学家和工程师解决了一个又一个技术障碍。1971 年 Intel 公司推出的微处理器芯片上只有 2300 个晶体管，而到了 1982 年，Intel 80286 微处理器上已有 13.4 万个晶体管。随着计算机进入大规模集成电路(Large Scale Integration)和超大规模集成电路(Very Large Scale Integration，VLSI)时代，数据库系统、分布式操作系统和网络软件等开始发展。

IBM PC 的诞生标志着个人计算机时代的开始。个人计算机和操作系统不断成长，在操作系统控制的标准硬件系统平台上，开发人员为这些系统编写程序。就软件而论，占支配地位的语言变为 ADA、C++、Java、HTML 和 XML。此外，基于统一建模语言(Unified Modeling Language，UML)的图形设计方法开始出现。个人计算机的广泛使用将计算机系统的发展从集中式主机推向了由大量微型计算机通过网络相连的分布式系统，超级巨型计算机也从集中式多处理机转向分布式工作站集群。因特网已发展为全球最大的分布式计算机系统。

1.1.2　普适计算与泛在通信

普适计算和泛在通信是 ICT 领域的研究热点，涉及移动与无线通信、物联网与无线传感器网络、嵌入式及操作系统等技术，其核心思想是：计算与通信设备的尺寸将缩小到毫米级甚至纳米级，小型、便宜、网络化的计算通信设备将广泛分布在日常生活的各个场所，且更依赖"自然"(如语音)的交互方式。

1. 普适计算

普适计算(Pervasive Computing)也称为泛在计算(Ubiquitous Computing)。美国施乐帕克研究中心的 PARC 首席科学家 Mark Weiser，发表在 1991 年 *Scientific American*《科学美国人》杂志上的一篇文章缔造了一个交叉学科的庞大研究领域。他预言了一种"后桌面电脑时代"的全新人机交互方式，并称之为"泛在计算"。Mark Weiser 说："最深刻和强大的技术是看不见的技术，是那些融入日常生活并消失在日常生活中的技术。只有当计算进入人们的生活环境，而不是强迫人们进入计算的世界时，机器的使用才能像林中漫步一样新鲜有趣。"

简单地讲，泛在计算强调的是将"计算力"嵌入人们的日常生活中，做到无处不在而又不被人注意。实现泛在计算的动机主要来自以下两个直觉：其一，任何真正为人类社会带来巨大变革的技术，往往是那些融入生活而消失于无形的东西，比如当年的造纸术与印刷术，今天的互联网也正在朝这个方向迅速靠拢；其二，未来人类最稀缺的并非计算资源，而是注意力资源，各种信息、服务和电子设备都在争夺用户的注意力。泛在计算特别关注所谓的隐蔽性(Invisibleness)和环境感知性(Context Awareness)。环境感知是泛在计算技术的核心。它的目的就是节省用户的注意力资源，在传感器与智能算法的帮助下，自动探测用户需求并做出应对。过去十年间全球蓬勃发展的基于位置的服务(Location-based Service，LBS)，其实是环境感知服务的一个小分支。例如，未来的手机能够感知用户现在正在开会而自动切换为静音模式，并且自动答复来电者"主人正在开会"。

普适计算意味着不用为了计算而去寻找一台计算机，无论走到哪里，无论什么时间，用户都可以根据需要获得计算能力。与移动计算(Mobile Computing)不同，普适计算具有环境感知的特性，可以通过感知所在位置、环境信息、个人情形及任务来提供最有效的服务支撑。然而，目前普适计算仍然面临着用户隐私保护、基础设施缺乏等问题。无论如何，正如图 1-1 所示，计算机正在迈入又一个充满机遇与挑战的新阶段。

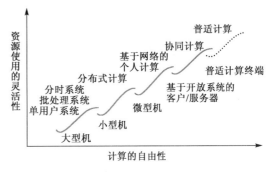

图 1-1　计算的发展历程

2．泛在通信

实质上，人们必须借助无线通信与网络技术才能在不受时空限制的前提下享用普适计算资源。随着第五代移动通信(即 5G)技术的正式发布与应用落地，更大的带宽、更高的可靠性、更低的时延等优势，使得泛在通信在人们的日常生活中得到了初步应用，更多消费者率先体验到了一种全新的"永远在线"的数字工作与生活方式。

(1)无线传感器网络

无线传感器网络(Wireless Sensor Network，WSN)也称为泛在传感器网络(Ubiquitous Sensor Network，USN)，是一种由多个节点组成的、面向任务的无线自组织网络。它综合了传感器技术、嵌入式计算技术、现代网络及无线通信技术、分布式信息处理技术等，利用各类微型传感器对目标信息进行实时采集，并由嵌入式计算模块对信息进行处理。

如图 1-2 所示，无线传感器网络由监测节点、网关节点(Sink 节点)、传输网络和远程监控中心这 4 个基本部分组成。无线传感器网络中的节点分布在需要监测的区域，被感知对象具体地表现为特定的物理量信息，如温度、湿度、速度和有害气体的含量等。节点具有感知、计算和通信能力，主要由感知单元、传输单元、存储单元和电源组成。在监测节点完成对感知对象的信息采集、存储和简单处理后，网关节点负责收集、汇聚被监测数据，并通过传输网络传送到远端的监控中心。

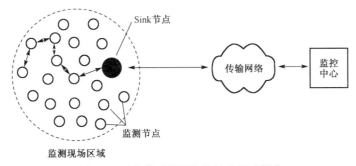

图 1-2　无线传感器网络的基本组成部分

无线传感器网络中的部分节点或者全部节点可以移动，因而可能会使网络拓扑结构发生动态变化。节点间以 Ad Hoc 自组织网方式进行通信，使得每个节点既能够对现场环境进行特定物理量的监测，又能够接收从其他方向送来的监测信息数据，并通过一定的路由选择算法和规则将信息数据转发给下一个接力节点。无线传感器网络中的节点还具备动态搜索、定位和恢复连接的能力。

无线传感器网络是一门融合多种科技并具有鲜明跨学科特点的新技术，其特点包括如下几个方面。

① 自组织组网。"Ad Hoc"在拉丁语中的意思是"专用的、特定的"，Ad Hoc 组网不依赖任何固定的网络设施，节点通过分布式网络协议进行自动调整，从而可以快速、灵活、自动地组成具有动态拓扑的无中心对等式网络。网络中所有节点的地位对等且具有移动属性。节点可以随时加入或离开网络，部分节点发生故障不会影响整个网络的运行(节点可能由于电池能量耗尽或故障从网络中退出，也可能按照设定的程序从网络运行中退出；网络外的无线传感器节点可以随时加入网络)。

② 多跳路由。节点通信距离较短，通常只能与相邻节点直接通信。要实现在网络覆盖范围之内的较远节点通信，需要通过中间节点进行路由接力传递数据。多跳路由通过普通网络节点完成，每个节点既能发送信息，又能转发信息。多跳路由接力可以确保普通节点的数据向 Sink 节点汇聚发送。节点一般不要求拥有全球唯一的标识，用户关注的是数据所属的空间位置，因此可采用空间位置寻址。

③ 资源受限。节点受价格、体积和携载能源的限制，其计算能力、数据处理能力及存储空间有限，节点的软硬件及通信协议设计不能过于复杂。大型的无线传感器网络节点数量众多，较好的节点、网络链路及采集数据的冗余特性，可以保证整个系统的高可靠性和容错能力。

④ 低功耗。由于长期工作在无人值守的环境中，通常无法给节点充电或者更换电池，一旦电池用完，节点也就失去了作用。这就要求每个节点都要最小化自身的能量消耗，获得最长的工作时间，因而无线传感器网络中的各项技术和协议的使用一般都以节能为前提。

(2) 物联网

1995 年，比尔·盖茨在《未来之路》(*The Road Ahead*)书中首次提出了"物-物"相连的雏形，1999 年 EPCglobal 联合 100 多家企业成立了 IoT(Internet of Things)联盟并正式提出"物联网"概念。从技术角度理解，物联网是指物体通过智能感应装置，经过传输网络将信息送达处理中心，最终实现物与物、人与物之间的信息自动交互与处理的智能网络。从应用角度理解，物联网是指把世界上所有的物体都连接到一个网络中，然后该"物联网"再与现有互联网结合，实现人类社会与物理系统的整合，从而能够以更加精细和动态的方式来管理生产和生活。在物联网的世界里，所有"物"都有一个电子识别标志，通过无所不在的传感器和网络，任何物体在任何时间、任何地点都能被尽在掌握中，人们利用物联网可以更容易地获知图书馆里的书摆在什么位置，物流公司运送的货物已经到了哪一站，所购买食品的生产日期和生产厂商信息等。物联网能够使智能遍及整个生态系统，这不仅可以提高管理的效率，更重要的是大大提高了物品和各种自然资源的使用效率。例如，利用最新的短距无线通信、智慧设备管理和多媒体处理技术，传统的家电就能升级为网络家电产品，以方便人们随时随地利用手机或个人计算机对家里的电子设备实施监控；当某一个零件出现故障或者需要更换时，不用拨打服务电话，零件可以自动发出指令给控制中心，如果只是一些简单的升级程式，控制中心一端的工作人员轻点鼠标就可以维修完毕。

　　总的来说，物联网技术体系可划分为感知延伸、网络传输及业务应用等多个层次，如图 1-3 所示，物联网的关键技术包括 3 方面：第一，全面感知技术，包括终端的数据采集、处理以及终端网络的部署与协同技术等，以无线传感器网络和 RFID 技术为代表，实现随时、随地的信息获取；第二，可靠传输技术，包括异构的接入网技术和基础的核心网技术，以 SDN（Software Defined Network，软件定义网络）和 5G 接入技术为代表，实现信息的实时、可靠交换；第三，智能处理技术，包括由中间件、信息开放平台和服务支撑平台构成的应用支撑子层，以及物联网应用示范系统等，以云计算、人工智能等先进技术为代表，实现对海量数据和信息的分析、处理，并实施智能化管理。

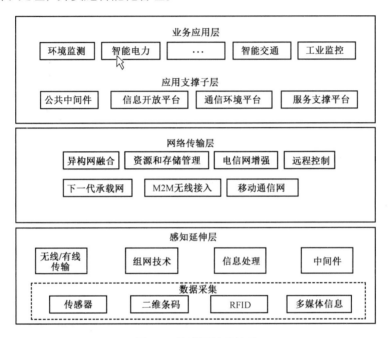

图 1-3　物联网技术体系

　　当然，构建真正无所不在的物联系统还存在着很多困难，目前阶段物联网面临的主要挑战还包括以下几个方面。

① 标准问题。物联网是互联网的延伸，其核心层面基于 TCP/IP，但接入层面的协议则五花八门（GPRS/CDMA、NBIoT 和 LoRa 等），为了实现真正的互联互通，为协议栈和接口制定相关标准已迫在眉睫。另外，物联网终端拥有传感和网络接入等功能，但不同行业的需求千差万别，如何在满足终端产品多样化需求的同时保持相当的兼容性，也是一大挑战。

② 安全问题。安全是物联网最重要的挑战之一。随着物联网设备渗透到人们日常生活与工作的每个角落，任何网络攻击或自然灾害都可能带来无法估量的损失。许多公司希望抢先推出创新产品以占领市场，而安全问题在匆忙之中往往被忽视，人们必须警惕物联网的脆弱性。

③ 海量信息的存储和处理问题。物联网带来的数据量增长是指数级的，如此海量数据的实时传输与存储、处理使现有设备与设施都面临着严峻考验。相对于云计算与大数据处理技术，近年来提出的边缘计算及具有人工智能特性的节点设计技术能够在一定程

度上缓解数据存储与处理压力，因而逐渐成为新的研究热点。

在国家大力推动"工业化"与"信息化"融合的大背景下，物联网将是行业信息化过程中一个比较现实的突破口。一旦物联网大规模普及，无数的动物、植物、机器等物品需要加装更加小巧、智能的嵌入式系统，其数量将远远超过目前的手机数量。物联网将会发展成为一个上万亿元规模的高科技市场，这将大大推进传感器、通信设备、计算机等相关产业的进一步高速发展，给市场带来巨大商机。

1.2　集成电路与 SoC 设计

微电子技术与计算机技术相互渗透、相互支持和相互促进，共同得到了飞速发展。微电子技术成果的结晶是集成电路。如今，集成电路已经成为现代信息社会的基石，其应用已深入科学、工业、农业的各个领域，遍布人类生活的每一角落。集成电路设计和制造水平的高低已成为一个国家技术发展水平的重要标志。

1.2.1　集成电路技术

集成电路是指通过一系列特定的加工工艺，将晶体管、二极管等有源器件和电阻、电容、电感等无源器件，按照一定方式互连，"集成"在一块半导体晶片(如硅或砷化镓)上，封装在一个外壳内，执行特定电路或系统功能的一种器件。

集成电路的出现和发展经历了以下过程：1947 年至 1948 年，世界上第一只(点接触式)晶体管面世，标志着电子管时代向晶体管时代过渡的开始；1952 年，英国皇家雷达研究所第一次提出"集成电路"的设想；1958 年，TI 公司的基尔比制造出世界上第一块集成电路并因此获得 2000 年的诺贝尔物理学奖；1960 年，世界上第一块 MOS 工艺集成电路问世。

特征尺寸(Feature Size)与集成规模(Integration Scale)是标志集成电路工艺技术水平的两个重要指标。特征尺寸表征了集成电路工艺所能实现的最小线宽。特征尺寸不断减小，使单个器件占用的面积不断减小，因而相同面积的芯片内的晶体管数目不断增加，芯片集成规模也不断提高。

从表 1-1 可以看出，2008 年使用 65 nm 的 CMOS 工艺技术可以使集成电路的规模达到 2.5 G 个晶体管，已完全可以将一个复杂系统集成到单个芯片上。

表 1-1　CMOS 集成电路工艺技术发展趋势

年　　度	1999	2002	2005	2008	2011	2014	2017
特征尺寸(μm)	0.18	0.13	0.09	0.065	0.032	0.014	0.010
集成规模(晶体管数目)	120 M	330 M	880 M	2.5 G	7.1 G	19.9 G	60 G

1.2.2　基于 IP 的 SoC 设计

集成电路器件的工作频率已由吉赫兹(GHz)发展到太赫兹(THz)，数据传输速率也由每秒吉比特(Gb/s)提高到每秒太比特(Tb/s)。但是，绝大多数的整机系统都需要通过印制电路板(Printed Circuit Board，PCB)将各个芯片连接起来。虽然芯片本身功耗小、速度快，但印制电路板带来的连线延时和噪声却大大降低了系统性能，成为系统发展的瓶颈。在需求牵引和技术推动的双重作用下，系统级芯片(System on Chip，SoC)应运而生。

1. SoC 的基本概念

SoC 也称为片上系统、系统芯片或系统集成芯片。同时 SoC 又是一种技术，用以实现从确定系统功能开始，到软硬件划分，并完成设计的整个过程。

一般来说，SoC 包括一个可编程处理器（μP）、片上存储器和由硬件实现的加速功能单元（如 DSP）。此外，SoC 作为一个系统，需要直接与外界打交道，因而一般还包含高速 I/O 接口、模拟部件及数模混合部件，甚至可能会将光/微电子机械系统（O/MEMS）部件集成在一起，如图1-4 所示。

SoC 是在专用集成电路（Application Specific IC, ASIC）的基础上发展起来的，它通常是客户定制的集成电路（Customer Specific Integrated Circuit，CSIC），或是面向特定用途的标准产品（Application Specific Standard Product，ASSP），具有如下许多独特优势。

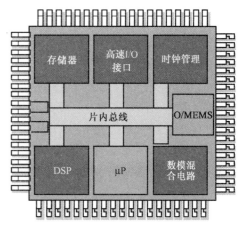

图 1-4 SoC 的基本构成示意图

- 降低了耗电量。随着物联网技术的兴起，电子产品不断向小型化、便携化发展，对功耗方面的限制将大幅提升。SoC 产品多采用内部信号传输，可以有效降低功耗。
- 减小了体积。数片集成电路整合为一片 SoC 后，可以有效缩小电路板占用的面积，达到质量轻、体积小的目的。
- 丰富了系统功能。随微电子技术的发展，在相同的内部空间内，SoC 可整合更多的功能组件，将信息的采集、传输、存储和处理等功能集成在一起。此外，微电子技术一旦与其他学科相结合，将会诞生出一些崭新的学科，MEMS 技术和 DNA 生物芯片就是突出的例子。前者是微电子技术与机械、光学等领域结合的产物，而后者则是微电子技术与生物技术结合的产物。
- 提高了速度。随着芯片内部信号传递距离的缩短，信号的传输效率将提升，从而使产品性能有所提高。
- 节省了成本。从理论上讲，IP 模块的出现可以减少研发成本，降低研发时间，从而节省了成本。不过，在实际应用中，由于芯片结构的复杂性增强，也有可能导致测试成本增加，成品率下降。

SoC 的这些优点正好顺应了通信产品、微型计算机、消费类电子产品向体积小、质量轻和低功耗发展的趋势，对于移动通信、掌上电脑和多媒体产品的生产厂商有非常大的吸引力。

2. SoC 的设计技术

随着时间的推移和微电子技术的发展，SoC 技术表现出以下 4 个特征。

① 是一种实现复杂系统功能的超大规模集成电路。

② 设计中大量重用第三方 IP 核。

③ 不仅包含复杂的硬件电路部分，还包含软件部分；一般内含一个或多个微处理器（MPU/MCU）或数字信号处理器（DSP）等作为软件执行载体。

④ 采用深亚微米和超深亚微米工艺作为实现技术。

　　因为集成了复杂的知识产权(Intellectual Property，IP)模块和嵌入式软件，传统的设计方法已经无法适应 SoC 的设计需求。IC 设计方法亟需从以功能设计为基础的传统流程转变到以功能组装为基础的全新流程。SoC 设计的关键要素包括：系统级设计和验证技术、软硬件的协同设计与验证技术、SoC 测试技术、IP 核的设计和重用技术，以及低功耗设计技术等。

　　在现代 SoC 设计技术理念中，IP 是构成 SoC 的基本单元。这里的 IP 可以理解为满足特定的规范和要求，并且能够在设计中反复重用的功能模块，通常称其为 IP 核(IP Core)。IP 核一般包含以下 3 层含义：首先，IP 核是一些设计好的功能模块，购买一个 IP 核所得到的是一些设计数据，但不是实际芯片；其次，为了确保 IP 核的性能可靠，要求 IP 核必须经过实际验证，最好 IP 核在设计中已经被成功使用，最起码已通过某种可编程器件(例如现场可编程门阵列 FPGA 等)验证了其功能正确；最后，IP 核必须经过性能优化，只有那些性能优异的 IP 核才会有人购买。

　　从提交形式上看，IP 核可以分为以下 3 种，如表 1-2 所示。

① 软核(Soft Core)。一般指可综合 RTL 级描述的核，通常以 HDL 语言形式提交。软核不依赖于最终的实现工艺，因此具有很大的灵活性。使用者可以非常方便地将其映射到自己所使用的工艺上，可重用性最高。此外，软核的使用者完全拥有源代码，可以通过修改源代码进行优化，以生成自己的软核。但软核也有其不足之处：软核所提供的是 RTL 级描述，而用户要将它嵌入自己的设计中，就必须自己负责从 RTL 到版图(Layout)的转换全过程，从而使设计复杂度将大幅增加，同时在这种转换过程中也难以保证核的性能。

② 硬核(Hard Core)。指经过预先布局且不能由系统设计者修改的 IP 核，通常以电路版图形式提交。显然，硬核总是与特定的实现工艺相关，而且核的形状、大小及核的端口的位置都是固定的。因此硬核的灵活性最小，可重用性最低(硬核具有不可更改性)，但性能最稳定，可靠性最高。

③ 固核(Firm Core)。介于软核和硬核之间，固核由 RTL 描述和可综合网表组成，通常以门级网表的形式提交。固核通常对应于某一特定的实现工艺，因此与软核相比，它的性能更加可靠。固核一般由使用者来完成布局布线，因此与硬核相比具有更大的灵活性。但是，固核也有其自身的弱点：固核与实现工艺相关，且网表本身难于理解，这些都限制了固核的使用范围，并且一旦在布局布线过程中出现时序违例也很难再次进行优化。

表 1-2　3 种 IP 核之间的特点对比

名　称	提 交 形 式	与实现工艺的相关性	灵 活 性	可 靠 性
软核	RTL 描述	无关	高	低
硬核	版图	相关	低	高
固核	门级网表	相关	一般	一般

　　虽然使用基于 IP 的设计方法可以简化系统设计，缩短设计时间，但随着 SoC 复杂性的提高和设计周期的进一步缩短，IP 模块的重用也会带来一些基本问题，例如：

① 要将 IP 模块集成到 SoC 中，要求设计者完全理解复杂 IP 模块(如微处理器、存储器控制器和总线仲裁器等)的功能、接口和电气特性。

② 随着系统复杂性的提高，要得到完全吻合的时序也越来越困难。即使每个模块的布

局是预先定义的，但把它们集成在一起仍会产生一些不可预见的问题(如噪声)，这可能对系统的性能有很大影响。

③ 过去，各个芯片设计公司、IP 厂商和 EDA 公司以自己内部规范作为模块接口协议的设计标准，但随着 SoC 设计的中心向用户端转移，这些内部标准已经无法适应设计需要。

对公共通信协议、公共设计格式及设计质量保证的需求，推动了 SoC 标准化的发展。SoC 标准化组织 VSIA 于 1996 年成立，目前有 200 多个成员，其目标是建立统一的系统级芯片业的目标和技术标准，通过规定开放标准，降低不同 IP 模块的集成难度。

1.3 先进处理器技术

当前，通用微处理器体系结构正面临着新的挑战和创新机遇。一方面，摩尔定律已逐渐面临失效；另一方面，物联网的迅猛发展使边缘计算、移动计算逐渐成为非常重要的计算模式，这类计算模式迫切要求微处理器具有响应实时性，能够处理流式数据类型，支持数据级和线程级并行性，具有更高的存储和 I/O 带宽，且具有极低的功耗。学术界和工业界开展了多方面的研究与探索工作，不断寻求新的体系结构来适应变化的应用需要，解决现有计算机体系结构中存在的存储屏障(Memory Wall)、编程屏障(Programming Wall)、频率屏障(Frequency Wall)和功耗屏障(Power Wall)等问题。存储屏障指的是存储器带宽和延迟与微处理器周期之间的严重失衡，它是限制性能的主要因素。编程屏障指的是为高性能计算机编写高效率程序正变得越来越困难。频率屏障是指超深亚微米工艺下，线延时超过门延时而占据主导地位，试图通过提高时钟频率来改善性能已变得极为困难。功耗屏障则是指晶体管不断变小、频率不断增加带来的严重功耗问题。

近年来，具有代表性的新型体系结构主要包括片上多核处理器(Chip Multi-Processors，CMP)、流处理器(Stream Processor)、存内处理器(Processor In Memory)及可重构处理器(Reconfigurable Processor)等。

1.3.1 片上多核处理器

多年以来，处理器芯片厂商通过不断地提高主频来提升处理器的性能，但主频提高带来的功耗增加问题已令人无法忍受，因此各主流处理器厂商纷纷将产品战略转向多线程、多内核等技术的研究和开发。

片上多核处理器(又称多核微处理器)是目前构造现代高性能微处理器的主要技术途径。传统超标量指令发射技术无法再从典型程序指令流中发掘出更多的并行性，因而单核微处理器的性能也无法更有效地扩展。另外，微处理器的功耗与散热问题日趋严重，依靠简单地提高时钟频率的方法也很难再进一步改善微处理器性能。通过在单个芯片中放入多个结构相对简单的微处理器内核(而不是使用一个巨大的微处理器内核)，片上多核技术避免了上述问题。采用这种技术，处理器内核既可采用简单流水线结构，又可以使用中度复杂的超标量处理器。无论选定哪种内核，随着半导体工艺的进步，在每一代新版处理器芯片中都可以加入更多数量的高速处理器内核，从而有效地扩展性能。此外，并行程序将多线程任务分发给片上多核处理器系统中的几个内核并行执行，与单核微处理器相比可以取得显著的性能提升。与传统多处理器系统相比，片上多核处理器系统中内核之间的通信延迟更低。

一个 4 核片上多核处理器的结构如图 1-5 所示。

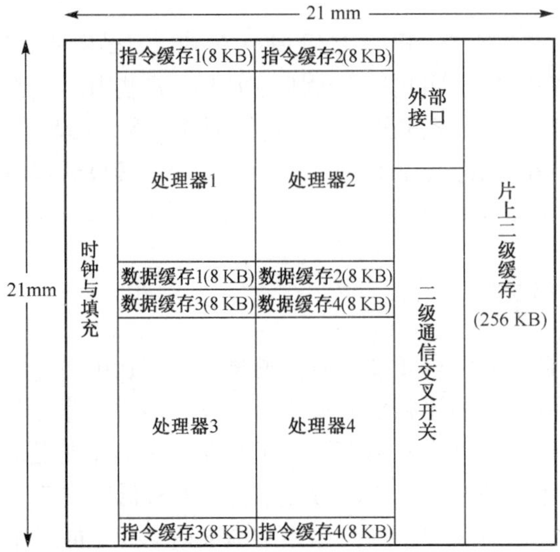

21 mm

指令缓存1(8 KB)	指令缓存2(8 KB)	外部接口	片上二级缓存(256 KB)
处理器1	处理器2		
数据缓存1(8 KB)	数据缓存2(8 KB)	二级通信交叉开关	
数据缓存3(8 KB)	数据缓存4(8 KB)		
处理器3	处理器4		
指令缓存3(8 KB)	指令缓存4(8 KB)		

图 1-5   4 核片上多核处理器的结构

一般来说,片上多核处理器具有以下 4 个特点。

① 结构易扩展。在整体芯片架构下,每个处理器内核既可以比较复杂,也可以比较简单,有利于优化设计,是一种可随工艺水平发展灵活伸缩的结构。

② 设计可重用。采用现有的成熟单处理器作为处理器内核,可缩短设计和验证周期,降低研发风险和成本。

③ 低功耗。与通过提高主频来改善性能的传统方法相比,多核结构主要依靠集成多个内核来提高性能,具有明显的低功耗优势。多核结构还可以实时监控各核的负载分配情况并对其进行调度优化,通过动态调节电压/频率来有效降低功耗。

④ 线延迟容忍度高。多核结构中绝大部分信号局限于处理器内核,只有少量的全局信号,因此线延迟对微结构的影响比较小,可以比较容易地实现设计要求的主频。

1.3.2 流处理器

现有的流处理器都可以看成流计算模型的实现。按照流计算模型,流体系结构将应用中的计算和数据分离,并重新组织成一条流水线型的计算链,通过开发多个层次上的并行性和充分利用各级存储层次上的局部性,得到较高的计算性能。流计算模型将应用表达为一组可以并行计算的模块,通过若干数据通道(Channel)进行数据交换。一个典型的流处理系统(Stream Processing System, SPS)通常可以划分为三部分:源节点(Source)用于将数据传入系统;计算节点(Kernel,有的系统也称其为Filter 或 Agent)执行原子计算;终节点(Sink)将系统的数据输出。

图1-6是一个简单的流处理系统示意图。其中,In1、In2 和 In3 是三个源节点,它们产生

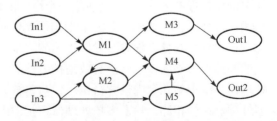

图 1-6   流处理系统示意图

的数据通过可并行计算的五个计算核心 M1、M2、M3、M4 和 M5 处理后,结果由终节点 Out1 和 Out2 输出。

过去几年来,随着人工智能改变技术领域,流处理器也开始寻求机器学习的新机遇。冯·诺依曼体系结构微处理器能够非常灵活地应用于控制和循序计算领域,但并不适用于高度平行的神经网络任务。而流处理器解决方案能够直接自动地将数据从一个计算单元移到另一个计算单元,利用数据流和脉动数组架构,神经网络很容易分层实现且无须使用过多的控制逻辑。在人工智能计算领域备受关注的独角兽之一——美国 Wave Computing 公司(曾收购了 MIPS 公司)一直积极地利用数据流技术专注于机器学习和深度学习。北京地平线信息技术有限公司推出的高性能、低功耗、低延时的嵌入式人工智能视觉处理器也采用了"关注模型(Attention Engine)+认知模型(Cognition Engine)的数据处理流模式"。

流处理器已经在多媒体及图像等领域取得了一定的效果,但它是否适合科学计算,仍然没有得到广泛的证明。这就需要针对流体系结构的各个方面进行研究,包括处理器体系结构需要什么新的硬件支持,如何设计和开发有效的流程序设计方法及工具,以及如何利用上述方法和工具编写高效的科学计算程序等。

1.3.3 存内处理器

人工智能计算(尤其是卷积神经网络)似乎非常适合采用数据流设计,但制约系统性能的内存带宽问题依然存在。

在过去很长的一段时间里,存储器(如 DRAM)工艺优化目标与计算逻辑大相径庭。存储器设计追求的主要目标是面积小、集成度高,而计算逻辑追求的主要目标是速度快、功耗小。这一差异从根本上影响了计算机的体系结构:CPU 和存储器分别被设计为不同的芯片,然后再连接在一起。随着工艺的发展,CPU 的速度每年提高 60%;而存储器的速度每年仅提高 7%,因而难以满足 CPU 对数据和指令的需求。

存储层次化是目前解决这一问题的常用方法,即在 CPU 芯片和存储器芯片之间插入多级 cache。这些 cache 占据大量的芯片面积,有着复杂的控制逻辑,但仅是主存的一个备份。在新的应用(如媒体处理和数据的时间局部性和空间局部性都很差的应用)中,cache 失效的概率大,实际效果并不好。

1995 年,工艺上的突破使存储芯片中集成计算逻辑成为可能。人们开始重新思考是否可以将 CPU 和存储器集成到一块芯片内,从而充分挖掘存储器内部带宽的潜力。实际上,大约 99%的存储带宽都由于封装和外部互连而被浪费掉:一个 DRAM 宏单元通常每行有 2048 位,读操作时整行都被锁存在行缓冲器中等待放大器读取,即使行访问时间为 20 ns,单个 DRAM 宏的带宽也可能接近 100 Gb/s。PIM(Processor In Memory,存内处理器)技术将计算逻辑和存储单元集成在一起,不仅可以大幅减少片间连接,充分利用存储器内部带宽,而且可以通过高效协调机制来构建更细粒度的超大规模并行计算系统。

最具代表性的 PIM 研究工作是美国加州大学伯克利分校 David Patterson 研究小组提出的 VIM 向量处理器。VIM 向量处理器主要基于两种技术:向量和嵌入式 DRAM。向量技术能够有效地加速科学计算(矩阵运算等数据级并行的计算)及多媒体等应用的计算,可以同时对多个元素进行处理,并且由于元素之间的运算相互独立,所以其控制逻辑相对简单,更易于进行模块化的设计。嵌入式 DRAM 技术允许处理器芯片内集成相当容量的 DRAM 存储器,能够满足向量处理器高带宽的存储要求，同时具有很高的性价比。向量访存指令模式相对简单，适合于流水线的执行，当向量的第一个元素被访问后，其后的每个周期都能够访问一个元素。访存的初始延迟将被一个向量内的多个元素均分。图1-7所示为VIM系统的结构示意图，主要由4部分组成：标量RISC核、向量核、嵌入式DRAM存储体和内部互连矩阵(CROSSBAR)。其中，嵌入式存储体内部由4个独立的存储体(Bank)组成。

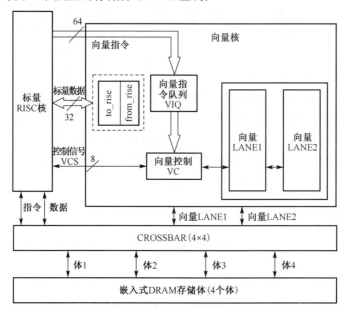

图 1-7　VIM 系统的结构

1.3.4　可重构处理器

作为一种新型的时空域计算方式，可重构处理器在灵活性和高性能方面做了较好的平衡，填补了传统指令集处理器和专用 ASIC 之间的空白。可重构处理器抛弃了指令流这种存储访问密集的计算方式，使用硬件完成重要数据的计算，而无须额外的指令控制，因而可以大大减缓存储屏障带来的压力。可重构处理器在低功耗方面也具有较大优势：从空间角度讲，可重构硬件可以动态地适配算法，甚至可以删除暂时不必运行的部件，芯片利用率高，减少了额外空闲单元引起的能量损耗；从时间角度讲，硬件全并行算法速度快，且不必将时间浪费在指令流跳转等对计算无任何作用的操作上，减少了无用周期引起的能量损耗。

1. 可重构计算

美国加州大学伯克利分校可重构技术研究中心的 Andre Dehon 和 John Wawrzynelc 于 1999 年在 ACM 设计自动化国际会议上提出，可重构计算作为一类计算机组织结构，具有两个突出特点：

① 制造后芯片具有定制能力(区别于 ASIC)；

② 在很大程度上能够实现算法到计算引擎的空间映射(区别于通用处理器)。

可重构计算比较明显的特征还包括：

① 控制流与数据流分离，数据流由可重构计算引擎处理，处理器执行控制流并负责计算引擎的重构；

② 可重构计算引擎多采用基本数据处理单元组成的阵列式结构。

基于 FPGA 的可重构技术采用时分复用方式利用 FPGA 的逻辑资源，使得在时间上离散的逻辑功能能够在同一 FPGA 中顺序实现。这种可重构系统既具有通用微处理器系统的设计灵活、易升级的特点，又具有专用集成电路系统的速度快、效率高的特点。

可重构 FPGA 计算系统的典型结构如图 1-8 所示。其中，可重构计算系统支撑环境部分负责算法编译、任务调度和数据管理等功能，而可重构 FPGA 硬件则在微处理器的调用和配置下完成数据的计算和处理。

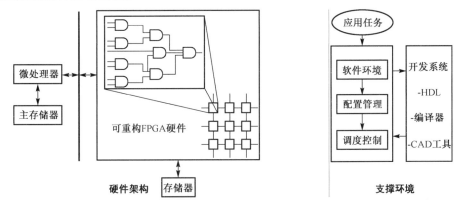

图 1-8　可重构 FPGA 计算系统的硬件架构及其支撑环境

基于 FPGA 的可重构技术又可分为静态和动态两种方式。静态可重构技术是指通过微处理器来控制 FPGA 配置不同逻辑功能的数据流，实现芯片逻辑功能的改变，而动态可重构技术则通过微处理器来控制 FPGA 配置局部不同逻辑功能的数据流，或者在不切断 FPGA 运行的前提下，完成 FPGA 的局部配置或重新配置。

2. 可重构技术的研究现状及存在的问题

基于 FPGA 的可重构系统已经在很多应用场合中表现出优越的性能，例如声呐波束合成、基因组匹配、图像纹理填充等。其中一个比较独特的应用是容错系统设计，例如卫星上的电子元件有可能被宇宙射线损坏且几乎不可能维修，传统的方法是增加冗余部件提供备份，但卫星狭小的空间限制了系统的冗余度。基于可重构技术的"可进化硬件"提供了更好的解决方案，一旦系统检测到某部分电路被射线损坏而失效，就对芯片逻辑功能进行重构，使其绕过被损坏的部分继续正常工作。这种通过芯片内部重构代替片外系统级冗余的技术，可使单个芯片的寿命大大提高，同时也降低了系统成本。

目前，基于常规 SRAM 工艺的 FPGA 可重构应用还停留在静态重构层次。实现方式更复杂的动态可重构则面临着对以下问题的进一步研究。

(1) 减少重构时隙

常规 SRAM 工艺 FPGA 的重新配置大约需要几十毫秒。从数据重新配置开始到完成的这段时间(重构时隙)内，FPGA 引脚对外呈高阻状态，直到配置完成，FPGA 才恢复对外的逻辑功能。如何克服或者减少重构时隙，是实现动态可重构技术的关键。

(2) 优化可重构系统设计

动态可重构设计需要对完整的系统功能进行合理划分，使不同的功能分时复用芯片的逻辑资源。如何划分功能模块涉及基于 FPGA 的系统优化方法，需要借助 EDA 工具才能实现。

(3)统一开发语言与开发平台

首先，目前开发可重构应用时，微处理器的软件部分一般由 C 语言实现，可重构硬件则由硬件描述语言(如 Verilog HDL 或 VHDL)实现。由于软硬件建模语言之间存在着鸿沟，因此需要提出一种统一的建模语言，能够一次性地针对应用的所有部分进行建模，而不是针对软硬件部分分别建模；其次，在目前的可重构加速计算中，一般采用手动方式来实现应用的软硬件划分、可重构逻辑映射、数据传输和同步、存储器利用及可重构顺序等，这必然降低系统的开发效率，因此需要开发出自动的平台映射工具，提高应用开发的效率；再次，在目前的商用可重构加速结构中，厂商代码都仅针对各自公司的开发平台，因而要实现多个平台之间的代码移植非常困难；最后，目前的可重构逻辑综合和布局布线效果及速度还不尽如人意，需要进一步的深入研究。

1.4　嵌入式系统

嵌入式系统也称为嵌入式计算机系统，属于专用计算机系统。随着技术的发展，嵌入式系统早已无处不在，移动电话、数码相机、数字电视机顶盒、微波炉、汽车喷油控制系统、防抱死制动系统等装置或设备都是嵌入式系统的应用实例，如图 1-9 所示。

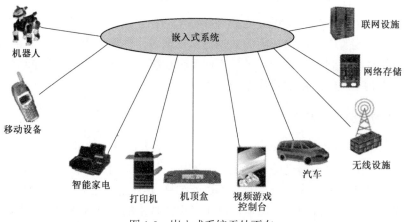

图 1-9　嵌入式系统无处不在

1.4.1　嵌入式系统的概念

宽泛地说，嵌入式系统是指任何包括可编程计算机的设备，但本身并未被刻意设计为一台通用计算机。因此，个人计算机(PC)本身并不是一个嵌入式系统(尽管个人计算机经常用来构建嵌入式计算系统)，而通过微处理器构建的机器人或手机才是一个嵌入式系统。这意味着，对很多产品来说，嵌入式系统设计是一种有用的技术：设计者必须清楚微处理器能够用在哪些地方，使用能够实现所要求任务的硬件平台，并实现能够执行指定任务的软件。当然，嵌入式系统设计不是孤立存在的，很多嵌入式系统设计中遇到的挑战都不是计算机工程学中的问题，而可能是通信、电路或机械方面的问题。

根据国际电气和电子工程师协会(IEEE)的定义，嵌入式系统(Embedded System)是控制、监视或者辅助设备、机器或平台运行的装置("devices used to control, monitor, or assist the operation equipment, machinery or plants")。目前国内普遍认同的嵌入式系统的定义是：以应用为中心，以计算机技术为基础，软硬件可裁减，适应应用系统对功能、可靠性、成本、体积和功耗等严格要求的专用计算机系统，即"嵌入应用对象体系中的专用计算机系统"。嵌入性、专用性和计算系统是嵌入式系统的 3 个基本要素，对象系统则是指计算系统所嵌入的宿主系统。

与通用计算机系统相比，嵌入式系统具有以下 5 个特点。

① 嵌入式系统通常是面向特定应用的。嵌入式系统和具体应用有机地结合在一起，其升级换代也和具体产品同步进行，因此嵌入式系统产品一旦进入市场，就具有较长的生命周期。

② 嵌入式系统是先进的计算机技术、半导体技术、电子技术与各个行业的具体应用相结合的产物。这一点就决定了它必然是一个技术密集、资金密集、高度分散、不断创新的知识集成系统。因此，嵌入式系统的开发和应用不容易在市场上形成垄断。

③ 嵌入式系统的硬件和软件都必须高效率地设计，量体裁衣、去除冗余，力争在同样的硅片面积上实现更高的性能，这样才能在具体应用中更具有竞争力。

④ 软件是实现嵌入式系统功能的关键，与通用计算机有以下不同点：
- 大多数嵌入式系统的软件固化在只读存储器中；
- 嵌入式系统要求软件具有更高的可靠性；
- 许多应用要求系统软件具有实时处理能力。

⑤ 嵌入式系统本身不具备自开发能力，设计完成以后用户通常也不能对其中的程序功能进行修改，必须配备相应的开发工具和环境。

1.4.2 嵌入式系统的组成

如图 1-10 所示，嵌入式系统一般由硬件平台、软件系统及开发工具等三部分组成。

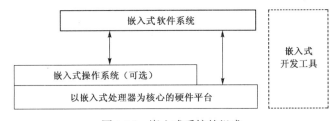

图 1-10 嵌入式系统的组成

1. 嵌入式硬件平台

嵌入式系统硬件包括嵌入式核心芯片、存储系统及外部接口。嵌入式核心芯片可以是嵌入式微控制器、嵌入式微处理器、嵌入式数字信号处理器、嵌入式可编程片上系统等。嵌入式存储系统可能包括程序存储器、数据存储器和参数存储器等。除了嵌入式核心芯片上集成的各种输入输出接口(如 SPI，I^2C，USB，网络端口等)，嵌入式系统一般还需要外接各种传感器和驱动器，以便与应用环境进行数据交互。

2. 嵌入式软件系统

嵌入式系统的软件主要包括两部分：嵌入式操作系统和应用软件。嵌入式操作系统具有一定的通用性，不过每种操作系统都有一定的适用范围。常用的嵌入式操作系统有 VxWorks、

Linux、Android 及 iOS 等。

3. 嵌入式开发工具

嵌入式系统的软硬件位于嵌入式系统产品中，开发工具则独立于嵌入式系统产品之外。开发工具一般包括语言编译器、链接器和调试器等。

嵌入式系统的开发语言使用最多的是 C、C++和 Java 等语言。嵌入式开发中也经常使用汇编语言，如以下 3 种情况：

① 当开发小系统时，存储器空间有限，使用汇编语言可以有效地减少代码存储空间。

② 汇编语言的执行效率高，一些时间要求苛刻的应用常使用汇编语言进行开发。

③ 系统初始化和与硬件有关的代码(如大部分操作系统的板级支持包)通常也会使用汇编语言。

1.4.3　嵌入式系统中的处理器

嵌入式系统的核心部件是各种类型的嵌入式处理器。据不完全统计，目前全世界嵌入式处理器已经有 1000 多种，几乎每个半导体制造商都生产嵌入式处理器。嵌入式处理器与通用处理器的最大不同就是前者通常都具有低功耗、小体积、高集成度等特点。随着 EDA 技术、VLSI 设计的普及化及半导体工艺的迅速发展，各种通用处理器内核还可作为 SoC 设计公司标准库中的器件。除了个别无法集成的器件，嵌入式系统中的大部分均可集成到一块或几块芯片中，从而使应用系统电路板变得很简洁，非常有利于减小体积和功耗，并提高可靠性。

嵌入式处理器一般还具备以下 4 个特点。

① 对实时多任务有很强的支持能力，能完成多任务，并且有较短的中断响应时间，从而使内部代码和实时内核的执行时间降低到最低限度。

② 具有很强的存储保护功能。为了避免在软件模块之间出现错误的交叉作用，需要设计强大的存储区保护功能，同时也有利于软件诊断。

③ 具有可扩展结构，能快速扩展出满足应用的最优性能嵌入式微处理器。例如，ARM 内核处理器通过扩充不同的外部接口，可满足网络控制、多媒体或移动通信等不同的应用需求。

④ 功耗极低。例如，便携式无线或移动计算/通信设备中靠电池供电的嵌入式系统，其功耗只有毫瓦甚至微瓦级。

下面介绍几类常用的嵌入式处理器。

1. 微控制器

嵌入式微控制器(Micro Controller Unit，MCU)的典型代表就是种类繁多、价廉性优的各种单片机，如 Microchip(Atmel)公司的 PIC 系列和 AVR 系列、NXP 公司基于 PowerPC 核的 MPC5000 系列和基于 ARM Cortex-M 核的 Kinetis 系列、ST 公司基于 ARM Cortex-M 核的 STM32 系列、TI 公司的 MSP430 系列，以及深圳宏晶科技公司基于 51 核的 STC 系列等。

MCU 的片上资源一般较为丰富，除集成了一个较简单的 CPU 核及必要的 ROM/RAM，通常还提供 A/D、D/A、I^2C、SPI、CAN、PWM、显示驱动等多种总线/接口逻辑。针对不同应用场合，生产厂商会推出性能完全或几乎相同但拥有不同接口、不同封装的定制系列产品。因此，MCU 非常适合用于对体积、功耗、价格等有严格要求的工业控制领域。

从 20 世纪 70 年代末出现一直到今天，MCU 已有 40 多年的发展历史，目前这种低成本的简单电子器件仍然有着极其广泛的应用，甚至仍然占据着绝大部分的嵌入式系统市场份额。

2. 微处理器

与集成了众多系统资源的 MCU 不同，嵌入式微处理器(Micro Processor Unit，MPU)仅包含 CPU 模块。但面向特定嵌入式应用的 MPU 也与通用 CPU 不同，前者一般只保留与应用紧密相关的功能硬件，并且在工作温度、抗电磁干扰、可靠性等方面做了各种增强，从而保证以最低的功耗和最少的资源实现嵌入式应用的特殊要求。

常用的嵌入式微处理器包括 TI 公司的 Jacinto 汽车处理器系列、TCI 通信处理器系列，以及基于 ARM Cortex-A 核的 Sitara 处理器系列；NXP 公司基于 ARM Cortex-A 核的 i.MX 异构多核处理器和 QorIQ 多核处理器系列，以及基于 PowerPC 核的 PowerQUICC 通信处理器系列；Microchip(Atmel)公司基于 ARM9 核的 AT91SAM 处理器系列，以及基于 ARM Cortex-A 核的 ATSAMA 处理器系列；Intel 公司基于 x86 核的 Atom 处理器和 Quark 处理器系列；Samsung 公司的 Exynos 移动处理器系列等。

3. 数字信号处理器

嵌入式数字信号处理器(Digital Signal Processor，DSP)是专门用于嵌入式信号处理领域的核心器件，如 TI 公司的 TMS320C6000 系列、ADI 公司的 SigmaDSP 系列和 Blackfin 系列等。与 MCU 相比，DSP 在系统结构和指令算法方面进行了特殊设计，具有很高的编译效率和指令执行速度，在语音合成、图像处理、无线通信、数字滤波、编码解码及各种测量仪器中都获得了广泛应用。

4. 片上系统

片上系统(SoC)可以看成升级版的 MCU，具有极高的综合性，能够为许多应用提供单芯片解决方案。SoC 在性能、成本、功耗、可靠性及生命周期与适用范围等各方面都有明显的优势，在性能和功耗敏感的终端芯片领域，SoC 已占据主导地位。

近年来，随着人工智能领域的飞速发展，软硬件全可编程 SoC 芯片又成为了目前嵌入式应用领域最热门的话题之一。目前 SoC 芯片大多采用 CPU+FPGA 或 DSP+FPGA 架构，这种异构平台能够很好地适应大多数应用场合，并且成功实现了可编程软硬件的无缝结合，如 Xinlinx 公司的 Zynq 7000 系列和 Intel 公司的 Arria 系列等。

1.4.4　嵌入式系统的发展趋势

嵌入式系统的出现是现代计算机技术发展的重大事件。20 世纪 90 年代，嵌入式系统得到了飞速发展，其标志就是以 SoC 为核心的各种嵌入式微处理器体系结构和形式多样的嵌入式操作系统的出现。近年来，计算机应用的普及、Internet 技术的使用及纳米微电子技术的突破，正有力地推动着新世纪工业生产、商业活动、科学实验和家庭生活等领域的自动化和信息化进程。全过程自动化产品制造、大范围电子商务活动、高度协同科学实验及现代化家庭起居等物联网应用需求，又一次为嵌入式产品造就了崭新而巨大的商机。"后 PC 时代"是一个真实且可以预测的时代，嵌入式系统就是与这一时代紧密相关的产物，它将拉近人与计算机的距离，形成人机和谐的工作与生活环境。

嵌入式技术下一个阶段的发展趋势可能包括以下3个方面。

(1) 网络互连

2009年IBM提出的"智慧地球"的概念，把我们的科技生活带入了物联网新时代，物-物、人-物互连互通已是今后嵌入式终端的基本功能，5G也为智能嵌入式终端设备提供了接入支持。

(2) 多核异构

多核异构的SoC芯片将越来越广泛地应用于各种嵌入式智能终端，以支持人工智能等先进技术在嵌入式领域的落地应用。

(3) 软件定义

伴随着硬件技术的日益成熟，软件已逐步取代硬件成为系统的主要组成部分，系统的实现更加灵活，适应性和可扩展性更加突出，如通信领域中的"软件无线电"、测试领域中提出的"软件就是仪器"都是这种思想的体现。设计技术共享和软件重用、构件兼容、维护方便以及合作生产是增强行业性产品竞争能力的有效手段。嵌入式产品标准，特别是软件编程接口规范，是加快嵌入式技术发展的捷径之一。正在兴起的IP构件软件技术为一大批小型软件公司提供了发展机遇。

1.4.5　学习嵌入式系统的意义

目前，全世界嵌入式系统硬件和软件开发工具的产值约2000亿美元，嵌入式系统带来的工业年产值达数万亿美元。随着全球信息化的发展，嵌入式系统市场将进一步增长。我国信息化与全面建设小康社会的目标，对嵌入式系统市场提出了巨大的需求，信息家电产品年需求量为几亿台，每一类数字化家电产品都有千万台的市场需求量，工业控制用嵌入式系统有数百万台的需求量，商用嵌入式系统有几百万台的需求量。

嵌入式系统是数字化电子产品的核心。微处理器、微控制器及DSP芯片级嵌入式系统和模板级嵌入式系统，以及嵌入式软件，是计算机、通信、仪器仪表等各类电子信息产品的核心。嵌入式系统技术与产品凝聚了信息技术发展的最新成果，数字化、智能化和网络化是电子信息产品的技术发展方向，电子产品升级换代都必须采用嵌入式系统。我国信息产品有了飞速发展并取得了巨大的进步，但是产品技术水平、市场占有率与国外发达国家还有较大差距。嵌入式系统将成为ICT领域的又一个焦点，开发中国自主产权的嵌入式处理器和嵌入式操作系统，是发展自主产权嵌入式系统的前提条件和基础，对于我们国家的民族ICT产业来讲，将具有十分重要的战略意义。

习题

1.1　就集成电路级别而言，计算机系统的主要组成部分包括哪些？

1.2　阐述摩尔定律。你认为摩尔定律还会持续多久？在摩尔定律之后电路将如何演化？

1.3　什么是SoC？什么是IP核？IP核有哪几种实现形式？

1.4　你认为下一代先进处理器技术的发展趋势是什么？

1.5　什么是嵌入式系统？嵌入式系统有哪些主要特点？

参考资料

第2章　计算机系统的结构组成与工作原理

现代数字计算机是软件、硬件和网络组件的复杂综合体，其基本功能包括信息的存储、处理与交换。与其他大多数复杂系统一样，为了能够清晰地描述计算机系统的结构组成和工作原理，可以将其划分成多个层次或模块。因为目的不同，计算机系统的层次或模块划分方法也不尽相同。本章将在认识计算机系统常用层次模型的基础上，重点介绍计算机体系结构的演变及现代计算机系统的组织特点，并基于简单模型机介绍计算机系统的基本工作原理。

2.1　计算机系统的基本结构与组成

2.1.1　计算机系统的层次模型

为简化计算机系统，人们常将其划分为若干个层次，然后根据需要选择其中某一个或几个层次进行观察分析。根据不同的目的可以有多种层次化结构观点，图 2-1 给出了几种常见的层次模型，以及不同模型中层次的对应关系。

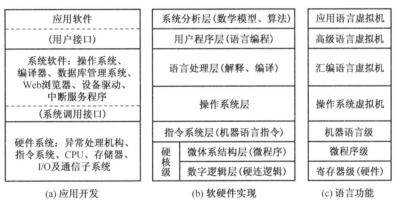

图 2-1　计算机系统的层次结构

图 2-1(a)从应用开发的角度将计算机系统划分成三层。最高层的应用软件可以通过调用用户接口(如图形用户接口 GUI 或者通信用户接口)使用计算机系统。第二层系统软件的核心部分是操作系统，它提供数据抽象和资源抽象两大功能，前一项功能通过系统文件库(如编译/汇编器、数据库管理系统 DBMS)为用户服务，后一项功能则通过系统调用(System Call)操纵处理器(CPU)、存储器(RAM)、输入/输出(I/O)及通信模块等硬件子系统。最下层的硬件系统向上提供两个接口：CPU 指令系统和异常事件处理机构。指令系统决定着 CPU 的主要功能，系统软件编程人员可以利用这些功能来编写系统软件；异常事件处理机构响应各种异常事件请求(如硬件故障)，以便 CPU 可以中断其现行程序的执行，为异常事件源提供系统服务。

图 2-1(b)则从软硬件实现角度描述了计算机系统的逐级生成过程(自下而上)和计算机系统求解问题的过程(自上而下)。

计算机系统的逐级生成过程如下：

① 拟定指令系统，设计 CPU 硬核；

② 配置操作系统，这是系统软件的核心和基础；

③ 配置所需的语言处理程序和其他软件资源，并使用操作系统管理调度；

④ 根据系统分析结论，编制并输入用户程序，处理执行。

计算机系统求解问题的过程如下：

① 用户根据任务需求构建数学模型，设计算法；

② 用户选用合适的计算机语言，根据算法编写源程序；

③ 在操作系统控制下，调用语言处理程序将源程序翻译为机器语言描述的目标程序；

④ 由硬核执行目标程序。

如果将计算机功能简化为程序执行，用户看到的就是图 2-1(c)所描述的语言功能层次模型。从这个角度来说，计算机可以被看成多种虚拟机(与某种特殊编程语言对应的假想硬件机器)。对使用某一级语言的软件编程人员来说，只要关注相应虚拟机提供的功能接口，熟悉和遵守该级语言的使用规定，所编程序总是能在此机器上运行并得到结果，而无须考虑真实机器的物理细节。

本书重点关注的是图 2-1(b)所示的计算机层次结构。这种多层结构是随着微电子、自动化、计算机技术的不断发展逐渐演化而来的。

最早的计算机只有两层，即用于编制程序的指令系统层和执行程序的数字逻辑层。随着计算机功能的不断增强，指令系统不断扩张，因为计算机设计人员需要通过增加新的指令来提高某一特定操作的速度(虽然许多指令并非特别必要)。例如，设计者可能会开发一条专用指令，以完成"数据加 1"操作，该功能也可以使用通用加法指令完成，但专用指令的执行速度的确比较快。机器语言指令集"爆炸"，使得相应的数字逻辑层电路也变得越来越复杂，导致 CPU 芯片难以生产且不可靠，许多极少使用的复杂指令反而导致了系统总体性能降低。一些研究人员提出，为了保持系统的高性能，应该大规模缩小机器指令集，以便于使用硬件电路直接实现底层逻辑。1951 年，剑桥大学的研究人员提出三层计算机模型，即在上述两层之间增加微程序控制层。该层将上层的复杂指令转换为微程序，这样下层硬件就只需实现构成微程序的少数微指令。三层结构有效地减小了硬件规模，降低了成本，同时提高了可靠性。

在计算机出现的早期，每个程序员都必须自己一步步操纵计算机输入程序、编译程序、读入数据和执行程序。为提高效率，后来的计算机中使用了一种称为"操作系统"的常驻程序来自动执行这些用户作业。操作系统层提供给用户使用的"命令"可以视为下层"指令"的补充。之后，操作系统变得越来越复杂，功能也越来越强大，那些早期被称为"操作系统宏"或"超级用户调用"的命令现在则统称为"系统调用"。

指令系统层提供的机器语言指令繁杂难用，因而随着计算机应用领域的不断扩大，各种适用于不同应用领域的编程语言开始出现，如汇编语言、C 语言、Java 语言、Python 语言以及多种数据库语言等。语言处理层的主要功能就是将上层的各种计算机语言程序解释或编译成下层可识别和执行的机器语言命令。语言处理程序由专职的系统程序员编写。

在最高的系统分析层，系统分析师将针对项目需求确定系统架构和关键算法，并指导应用程序员编写各种用户程序，以解决特定的应用问题。

图 2-1(b)也反映了计算机系统中硬件和软件之间的关系。在早期的计算机中，硬件和软件

之间的界限非常清楚，然而随着时间的推移，计算机层次不断增减或合并，软硬件界限变得越来越模糊。事实上，硬件和软件在逻辑上是等价的，硬件软化(如 RISC 思想)、软件硬化(如 CISC 思想)及代码固件化(如微程序)技术都是这一思想的体现。在一个计算机系统中，哪些功能由硬件实现，哪些功能由软件实现，取决于所需的速度、可靠性、更新频率及成本等多种因素。实际上，因为采用复杂指令集或简单指令集的设计策略都各有优劣，时至今日采用微程序控制方案的复杂指令集计算机(CISC)和采用硬件电路直接控制方案的精简指令集计算机(RISC)都仍在使用。

将计算机划分为多层次结构有利于计算机技术的发展。例如：

- 可以通过重新调整软硬件比例，为操作系统及上层语言提供更多、更好的硬件支持，从而改善软件日益复杂、开销过大的状况；
- 可以通过使用真正的物理机器代替各级虚拟机来发展多处理机、分布式计算机、网络计算机等结构；
- 可以在一台物理机器上模拟或仿真另一台机器，应用虚拟机、多种操作系统并行等技术，从而促进软件移植、计算机设计自动化等技术的发展。

2.1.2 计算机系统的结构、组织与实现

对设计者来说，开发一种新的计算机系统需要面临异常复杂的任务，其中涉及了体系结构、组成及实现等多个方面的问题。

通常可认为，计算机体系结构(Computer Architecture)主要是指程序员关心的计算机概念结构与功能特性，而计算机组成(Computer Organization)则偏重关注物理机器中各操作单元(部件)的逻辑设计、硬件实现及互连组织技术，更底层的集成电路设计技术、封装技术、电源技术、冷却措施及微组装技术则称为计算机实现。例如：

- 确定指令集中是否有乘法指令属于计算机体系结构的内容，而乘法指令是由专门的乘法器实现还是用加法器实现则属于计算机组成的内容，乘法/加法器底层物理器件采用何种工艺器件来搭建则属于计算机实现的内容；
- 存储器编址方式的确定属于计算机体系结构的内容，而是否应采用多体交叉结构则属于计算机组成原理的内容，存储器底层物理器件采用何种工艺器件来搭建则属于计算机实现的内容。

计算机体系结构、组成与实现技术的关系非常密切。实现技术的更新不仅影响计算机的组成方式，还将导致更强大、更复杂的体系结构；反之亦然。

作为计算机系统设计与分析的两个重要层面，本书重点关注的是计算机的体系结构和组成原理，计算机体系结构直接影响程序的逻辑执行，而计算机组成则主要包括那些对程序员透明的硬件细节。同样的系统结构可能采用不同的组成方式，从而导致不同的价格和性能特点。1964 年 IBM 公司的 Amdahl 在介绍 IBM 360 系统时提出了计算机体系结构的经典定义，并引入了"系列"(Family)的概念：同一计算机制造商提供的不同系列的计算机通常采用不同的结构，而同系列的计算机则具有相同的结构和不同的组成，因此同一系列的不同型号计算机的价格和性能特点也不相同。以 IBM 370 系列计算机为例，370 系列机支持相同的指令系统，但其中的低档机采用顺序方式对指令进行分析、处理，而高档机则采用了流水线或其他并行方式；370 系列机支持相同的数据形式(如 16/32 位的定点数、32/64/128 位的浮点数)，

但数据通路宽度则可能为8位、16位、32位或64位。一个64位的数据在8位数据通路宽度的机器上需要分8次传完,而在64位数据通路宽度的机器上却只需1次,速度更快,当然硬件也更复杂,价格也就更昂贵。

像任何系统一样,计算机系统实际上总是由一组相互关联的部件组成,并通过结构(部件互连方式)和功能(单个模块的操作)综合表征其特性。因为机械地划分层次或割裂结构与组成的联系无助于认识真实的计算机系统,所以本书以下将从计算机系统设计开发者的角度,重点针对数字逻辑、微体系结构、指令系统等层次,从实际部件(或模块)的角度对计算机的结构设计与组成技术进行综合探讨。

2.2 计算机系统的工作原理

2.2.1 冯·诺依曼计算机架构

1943年美国为解决复杂的导弹计算而开始研制电子计算机。1946年2月,由美国宾夕法尼亚大学莫尔学院的物理学博士莫克利(Mauchley)和电气工程师埃克特(Eckert)领导的小组,研制成功世界上第一台数字电子计算机 ENIAC(Electronic Numerical Integrator And Calculator,电子数字积分器和计算器)。这台计算机使用了约 18 000 个电子管、1500 个继电器,耗电量达 140 kW,占地面积为 167 m^2,重量约 30 吨,每秒能执行 5000 次加法,采用字长为 10 位的十进制计数方式,编程通过接插线进行。1944 年,著名的美籍匈牙利数学家冯·诺依曼(Von Neumann)获知 ENIAC 的研制后,参加了为改进 ENIAC 而举行的一系列专家会议,研究了新型计算机的体系结构。在由他执笔的报告里,提出了采用二进制表示和存储程序(Stored Program),并在程序控制下自动执行的设计思想。按照这一思想,新机器将由运算器、控制器、存储器、输入设备和输出设备等 5 大部件构成。报告还描述了各部件的职能和相互间的联系。1949 年,英国剑桥大学的威尔克斯等人在 EDSAC(Electronic Delay Storage Automatic Calculator,电子延迟存储自动计算器)上实现了这种模式。直至半个多世纪后的今天,冯·诺依曼体系结构依然是绝大多数数字计算机的基础。

如图2-2所示,冯·诺依曼计算机具有如下 3 个主要特征。

① 计算机以存储器为中心,由 5 大部分组成。其中,运算器用于数据处理,存储器用于存放各种信息,控制器对程序代码进行解释并产生各种控制信号协调各部件工作,输入设备和输出设备则主要用于实现人机交互。

② 计算机内部的控制信息(图 2-2 中虚线)和数据信息(图 2-2 中实线)均采用二进制数表示,存放在同一个存储器中。

③ 计算机按存储程序原理工作,其基本点是指令(控制)驱动:编制好的程序(包括指令和数据)预先经由输入设备输入并保存在存储器中;计算机开始工作后,在无须人工干预的情况下,由控制器自动、高速地依次从存储器中取出指令并加以执行。

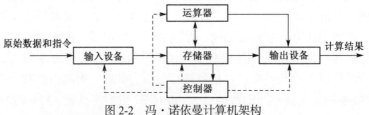

图 2-2 冯·诺依曼计算机架构

2.2.2　模型机系统结构

为了能够更好地理解计算机系统的工作，图 2-3 给出了一个基于总线的冯·诺依曼体系结构模型机。与复杂的现代数字计算机一样，模型机由CPU子系统(包括控制器和运算器)、存储器子系统和输入/输出子系统通过总线互连而成。

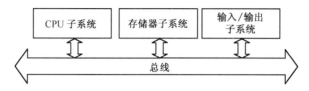

图 2-3　基于总线的冯·诺依曼体系结构模型机

1. 总线

总线是连接上述各部件的公共通道，用于实现各部件之间的数据、信息等的传输和交换。按总线上传输的信息不同，可以将总线分为数据总线(Data Bus，DB)、地址总线(Address Bus，AB)和控制总线(Control Bus，CB)三类。地址总线通常是单向的，由主设备(如 CPU)发出，用于选择读写对象(如某个特定的存储单元或外部设备)；数据总线用于数据交换，通常是双向的；控制总线包括真正的控制信号线(如读/写信号)和一些状态信号线(如是否已将数据送上总线)，用于实现对设备的监视和控制。

2. 存储器子系统

存储器子系统用来存放当前的运行程序和数据。如图 2-4 所示，存储器由许多字节单元组成，每个单元都有一个唯一的编号。这个编号称为存储单元地址，而其中保存的字节信息称为存储单元内容。

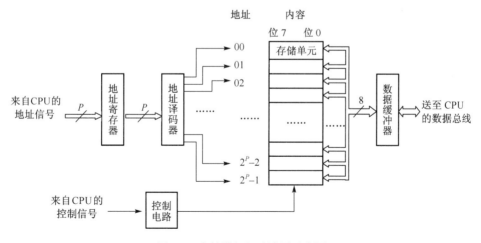

图 2-4　存储器组织及读写示意图

要对指定的存储单元进行读或写(统称为访问)，应该首先将该存储单元的地址经总线送入地址寄存器，经地址译码后产生相应的选通信号，并在控制信号的作用下，将存储单元内容读出到数据缓冲器，或将数据缓冲器中的内容写入选定的单元。

3．输入/输出子系统

输入/输出子系统用于完成计算机与外部的信息交换。一般来说，计算机与直接相连的外部设备进行数据交换的过程称为输入/输出(In/Out，简称 I/O)，而与远方设备进行数据交换的过程则习惯上称为数据通信(Data Communication)。

因为外部设备种类繁多，它们不仅结构和工作原理不同，而且与总线的连接方式也可能完全不同。为了简化总线互连，需要在总线和设备之间添加一个信息交换的中间环节——接口(Interface)。接口一方面应该负责接收、转换、解释并执行总线主设备(如 CPU)发来的命令，另一方面应能将总线从设备(如显示器、打印机)的状态或数据传送给总线主设备，从而完成数据交换。I/O 接口的组织及读写方式一般与存储器类似。

4．CPU 子系统

运算器、控制器和寄存器集成在一片称为 CPU(Central Processing Unit，中央处理单元，或称为中央处理器)的超大规模集成电路芯片(VLSI)中。CPU 与主存构成主机，而其他输入、输出设备，包括辅存，则统称为外部设备(简称外设)。从这个角度讲，主存可称为内存，而辅存也可称为外存。模型机中 CPU 主要由运算器、控制器、寄存器阵列、地址缓冲器和数据缓冲器等部分组成，其内部结构如图2-5所示。下面分别对其进行详细讨论。

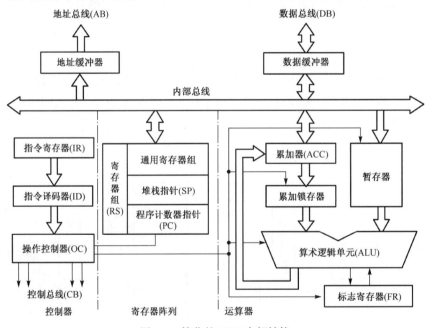

图 2-5　简化的 CPU 内部结构

(1)运算器

运算器主要完成各种数据的运算和处理，一般由算术逻辑单元(Arithmetic Logical Unit，ALU)、累加器(ACCumulator，ACC)、标志寄存器(Flag Register，FR)和暂存器等组成。

算术逻辑单元是运算器的核心，它以全加器为基础，辅之以移位寄存器及相应控制逻辑电路。ALU 能在控制信号的作用下完成加、减、乘、除，以及各种逻辑运算和数据移位操作。

累加器实际上是寄存器阵列中的一个通用寄存器。由于它总是提供送入 ALU 的两个运算操作数之一，且运算结果又总是送回到它，这就决定了它与 ALU 的联系特别紧密，因而把它和 ALU 一起归入运算器中，而不归在通用寄存器组中。累加锁存器的作用是防止 ALU 的输出通过 ACC 反馈到 ALU 的输入端。

暂存器的作用与 ACC 有些相似，都用来保存操作数，只是操作结果只保存到 ACC 中，而不送入暂存器。暂存器不可访问（即对程序员透明）。

标志寄存器是一个按位操作访问的寄存器，用于寄存 ALU 运算结果的某些重要状态或特征（如结果是否溢出、是否为零、是否为负、是否有进位、是否有偶数个"1"等），每种状态或特征可以用一个二进制位标识。由于 ALU 的操作结果存放在 ACC 中，因此 FR 实际也反映了 ACC 中所存放数据的特征。这些特征常为 CPU 执行后续指令时所用，例如根据某种状态标志来决定程序是顺序执行还是跳转执行。

（2）控制器

控制器是整个微处理器的指挥控制中心，对协调整个计算机系统有序工作极为重要。它根据指令提供的信息实现对系统各部件的操作控制，如计算机程序和原始数据的输入、CPU 内部的信息处理、结果的输出、外设与主机之间的信息交换等。控制器由指令寄存器（Instruction Register，IR）、指令译码器（Instruction Decoder，ID）和操作控制器（Operating Controller，OC）组成。

根据程序计数器（Program Counter，PC）指定的地址，CPU 首先把指令操作码从存储器中取出来，并由数据总线（DB）输入指令寄存器（IR），然后由指令译码器（ID）分析应该进行什么操作，并通过操作控制器（OC）确定的时序，向相应的部件发出控制信号。操作控制器中主要包括脉冲发生器、控制矩阵、复位电路和启停电路等控制逻辑。

（3）寄存器阵列

寄存器阵列是 CPU 内部的临时存储单元，用来暂时存放数据和地址。寄存器的访问效率比存储器高，在需要重复使用某些操作数或中间结果时，就可将它们暂时存放在寄存器中，避免对存储器的频繁访问，从而缩短指令长度和指令执行时间，加快 CPU 的运算处理速度，同时也给编程带来方便。但因受芯片面积和集成度所限，一般 CPU 内部寄存器的数目不会很多。

寄存器阵列可分为专用寄存器和通用寄存器。专用寄存器的作用是固定的。图 2-5 中的堆栈指针（Stack Pointer，SP）、程序计数器（PC）、标志寄存器（FR）即为专用寄存器。PC 用于存放下一条要执行指令的存放地址。开始时，PC 中存放程序第一条指令所在存储单元的地址编号。在顺序执行指令的情况下，每取出指令的 1 字节（通常微处理器的指令长度是不等的，有的只有 1 字节，有的是 2 字节或更多字节），PC 的内容自动加 1，于是当从存储器取完一条指令的所有字节后，PC 中存放的是下一条指令的首地址。若要改变程序的正常执行顺序，就必须把新的目标地址装入 PC，称程序发生了转移。指令系统中有一些指令用来控制程序的转移，称为转移指令。

堆栈（Stack）是一组寄存器或存储器中开辟的一个特定区域。现代计算机中广泛使用堆栈作为数据的一种暂存方式。数据存入堆栈称为压入（PUSH）操作，从堆栈取出数据称为弹出（POP）操作。堆栈的存取过程恰像货物的堆放过程，是按"先进后出"（FILO）或"后进先出"（LIFO）的方式进行的。当新的数据压入堆栈时，栈中原存数据不被破坏，而只改变栈顶位置；当数据从堆栈弹出时，弹出的是栈顶位置的数据，弹出后自动调整栈顶位置。也就是说，数据无论是压入堆栈还是从堆栈弹出，总是在栈顶进行。堆栈指针（SP）就是用来指示栈顶地址的寄存器。SP 的初值由程序员设定，此后其内容（即栈顶位置）便由 CPU 自动管理。

(4)地址和数据缓冲器

地址和数据缓冲器都用来作为总线缓冲器，是微处理器地址和数据信号的出入口，用来隔离微处理器的内部和外部总线，并提供附加的驱动能力。

2.2.3　模型机指令集

计算机工作的本质就是执行程序(Program)的过程。而程序是指令(Instruction)的有序集合。指令是发送到 CPU 的命令，指示 CPU 执行一个特定的处理，如从存储器取数据、对数据进行逻辑运算等。CPU 可以处理的全部指令集合称为指令集(Instruction Set)。如果所用指令编写的程序是计算机能直接理解和执行的二进制代码形式，那么所用指令系统称为机器语言，相应的程序就称为机器语言程序。机器语言程序装入存储器后，计算机便按其存放顺序或跳转要求依次取出执行。机器语言对程序员来说十分烦琐，很不直观，容易出错。为克服这些缺点，人们用字母构成的符号(助记符)来代替机器语言指令，称为汇编语言，用汇编语言编写的程序则称为汇编语言源程序。源程序便于人们记忆和交流，但计算机又不能直接识别。为此，在计算机执行前，必须将源程序翻译成机器语言表示的目标程序，这个过程称为汇编。

指令通常包含操作码和操作数两部分。操作码指明要完成操作的性质，如加、减、乘、除、数据传送、移位等；操作数指明参加上述规定操作的数据或数据所存放的地址。表 2-1定义了模型机的部分常用汇编指令。

表 2-1　模型机的部分常用汇编指令

指令类型		操作码示例	操作数示例	说　明
算术类	加法	ADD	Rs1, Rs2, Rd① Rs, Imm②, Rd	(Rs1)+(Rs2)→Rd (Rs)+Imm→Rd	运算类指令只能对寄存器中的数据或立即数进行直接操作
	减法	SUB	Rs1, Rs2, Rd Rs, Imm, Rd	(Rs1)−(Rs2)→Rd (Rs)−Imm→Rd	
逻辑类	位与	AND	Rs1, Rs2, Rd Rs, Imm, Rd	(Rs1)∧(Rs2)→Rd (Rs)∧Imm→Rd	
	位或	OR	Rs1, Rs2, Rd Rs, Imm, Rd	(Rs1)∨(Rs2)→Rd (Rs)∨Imm→Rd	
	位非	NOT	Rs, Rd	!(Rs)→Rd	
传送类	存储器或 I/O 读	LDR	[MEM]③, Rd	[MEM]→(Rd)	将指定地址的存储单元或 I/O 端口的值读入寄存器 Rd
	存储器或 I/O 写	STR	Rs, [MEM]	(Rs)→[MEM]	将寄存器 Rs 的值写入指定地址的存储单元或 I/O 端口
	寄存器访问	MOV	Rs, Rd Imm, Rd	(Rs)→(Rd) Imm→Rd	
跳转类	无条件跳转	JMP	Label④	Label→(PC)	
	条件跳转	JX/JNX⑤	Label	If X 为真/假，则 Label→(PC)	
	过程调用	CALL	Sub-Label⑥	Sub-Label→(PC)	调用子程序
	过程返回	RET	−		返回主程序
其他	停机	HLT	−		

注：① R 表示 CPU 内部的通用寄存器，其中 Rs 表示源寄存器，Rd 表示目的(结果)寄存器；

② Imm 表示立即数；

③ MEM 表示存储单元或 I/O 端口的地址，[·]表示存储单元或 I/O 端口中的值；

④ Label 表示目的地址；

⑤ X 表示可用的条件标志位：Z(结果为 0)、C(进/借位)、S(符号位)、O(溢出)；

⑥ Sub-Label 为过程名，表示子程序的入口地址。

2.2.4　模型机工作流程

计算机系统的工作必须按人的意志进行，反映这种意志的具体方法就是编写程序，并通过底层硬件的执行来实现。计算机执行这些程序实际上就是模仿或部分模仿了人脑的思维过程，如顺序思维、判断跳跃、逻辑推理与推测、综合考虑与利用等。

图2-6给出了一个简化的计算机系统模型。图中虚线以上部分为微处理器内部简化模型，虚线以下部分的存储器中从 0x1000（十六进制）地址单元开始存放了一段待执行的机器语言程序。为简化起见，图中忽略了输入/输出系统。

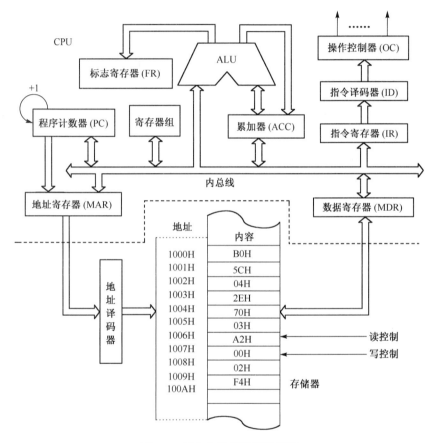

图 2-6　简化的计算机系统模型

与其他冯·诺依曼型计算机一样，模型机的工作过程本质上就是执行程序的过程。模型机通过逐条执行程序中的每条指令，完成一项特定的工作。而每条指令执行的基本过程都可以分为取指令(Fetch)、分析指令(Decode)和执行指令(Execute)三个阶段。上述程序段基本为顺序执行过程，其中溢出转移指令将可能导致转移的发生，即程序计数器(PC)会被重新设置。

存储器中程序实现的功能是计算 0x5C+0x2E，然后判断结果是否有溢出：若无溢出，则将结果存放到 0x0200 单元；若有溢出则停机。程序机器码及对应的汇编语言程序清单如下。

```
汇编指令                        机器指令
1: MOV  0x5C, R1                B0  5C
2: ADD  R1, 0x2E, R2            04  2E
```

```
3: JO    0x1009              70   03
4: STR   R2, [0x200]         A2   00   02
5: HLT                       F4
```

该程序由五条指令组成。每条指令对应的第一个机器码为指令操作码，紧随操作码之后的机器码为操作数。第一条指令将立即数 0x5C 送到寄存器 R1，其机器码为 B0 和 5C 两字节。第二条指令将立即数 0x2E 与寄存器 R1 中的数相加，结果放在寄存器 R2 中，其机器码为 04 和 2E 两字节。第三条指令为溢出转移指令，其机器码为 70 和 03 两字节，如果上条指令的运算结果有溢出，则转向第五条指令首地址 0x1009，否则依次执行第四条指令。第四条指令将存储单元 0x200 中的数传送到寄存器 R1 中，其机器码为 A2、00 和 02 这三字节。第五条指令为停机指令，没有操作数，所以与之对应的机器码只有操作码 F4 这一字节。

设在运行本程序前程序计数器(PC)的值为 0x1000。程序运行步骤如下所示。

① 将 PC 内容 0x1000 送至地址寄存器 MAR。

② PC 值自动加 1，为取下一字节机器码做准备。

③ MAR 中的内容经地址译码器译码，找到存储器 0x1000 单元；

④ CPU 发读命令；

⑤ 将 0x1000 单元内容 B0 读出，送至数据寄存器(MDR)；

⑥ 由于 B0 是操作码，故将它从 MDR 中经内部总线送至指令寄存器(IR)；

⑦ 经指令译码器 ID 译码，由操作控制器(OC)发出对应于操作码的控制信号。

下面将要取操作数 5C，送至寄存器 AL。

⑧ 将 PC 内容 0x1001 送至 MAR；

⑨ PC 值自动加 1；

⑩ MAR 中内容经地址译码器译码，找到 0x1001 内存单元；

⑪ CPU 发读命令；

⑫ 将 0x1001 单元内容 5C 读至 MDR；

⑬ 因 5C 是操作数，将它经内部总线送至操作码规定的寄存器 R1 中。

至此，第一条指令"MOV   0x5C, R1"执行完毕。其余几条指令的执行过程也类似，都是先读取和分析操作码，再根据操作码性质确定是否要读操作数及读操作数的字节数，最后执行操作码规定的操作。

2.3   微处理器体系结构的改进

图 2-7 从数字逻辑硬件设计的角度将 CPU 划分为控制器和数据通路两大部分。其中数据通路(Datapath)包括前述微处理器简化模型中的寄存器阵列、ALU、片上总线等具体部件，用于实现数据的传递及加工。控制器的组成与功能则与前述模型相同。

图 2-7 还显示了冯·诺依曼型计算机的串行特点：计算机以存储程序原理为基础，将程序和数据混合存放在单一存储器中，并使用单一处理部件按"取指–分析–执行"的步骤顺序执行指令。串行性(或线性性)作

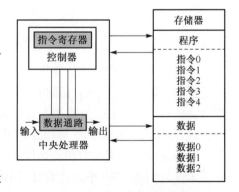

图 2-7   冯·诺依曼型计算机体系结构的特点

为冯·诺依曼型计算机的本质特点，具体表现在两个方面：指令执行的串行性和存储器读取的串行性。这种串行特性正是导致冯·诺依曼结构性能瓶颈的主要原因。

几十年来，伴随着微电子、通信以及网络技术的发展，微处理器的体系结构也发生了巨大的变化。这些演变主要包括两个层次：对冯·诺依曼体系结构的改进以及各种并行技术的使用。

现代计算机系统对冯·诺依曼结构的改进主要体现在以下几方面。

① 指令集(包括指令功能、指令格式和寻址方式)的更新和优化；

② 利用局部性原理将存储器划分为多个层次，以达到速度、容量和价格的平衡；

③ 高速总线成为计算机系统的核心。

为了进一步提高计算机的性能，对冯·诺依曼型微处理器体系结构的改变则主要集中在以下两个发展方向：一是改变冯·诺依曼机的串行执行模式，发展并行技术；二是改变冯·诺依曼机的控制驱动方式，发展数据驱动、需求驱动、模式驱动等其他驱动方式。近几十年来，前一种发展方向，即控制驱动方式下的并行处理体系结构计算机已取得重大进展，成为现代计算机体系发展的主流，而后一种发展方向大多还处于探索和研究阶段。

2.3.1 节将简要讨论针对冯·诺依曼体系结构的改进技术，其中关于 CPU、存储器及总线与接口部分的详细设计技术将分别在第 3 章至第 5 章中介绍。2.3.2 节至 2.3.4 节则着重讨论并行技术的演化和发展，非控制驱动技术则未做详细介绍。

2.3.1　冯·诺依曼结构的改进

1. CPU 指令集设计：CISC 与 RISC 技术

CPU 的指令集结构(Instruction Set Architecture, ISA)是计算机体系结构的主要内容之一，其功能设计实际上就是确定软硬件的功能分配，即哪些基本功能由硬件实现，哪些由软件实现。这里主要考虑的因素有 3 个：速度、成本和灵活性。一般来说，用硬件实现的特点是速度快、成本高、灵活性差，而用软件实现的特点则正相反，因此对出现频率高的基本功能应首选用硬件实现。指令集的不同反映了设计原理、制造技术和系统类别的差别，由此也决定了 CPU 的成本和速度。设计指令集结构时有精简指令集计算机(Reduced Instruction Set Computer, RISC)和复杂指令集计算机(Complex Instruction Set Computer，CISC)两种不同的优化策略。

最初的计算机指令系统比较简单。随着半导体技术和微电子技术的发展，硬件成本降低，越来越多的高级复杂指令被添加到指令系统中。但由于当时的存储器速度慢、容量小，为减少对存储器的存取操作，减小软件开发难度，设计人员将复杂指令功能通过微程序实现，再将微程序固化或硬化后交由硬件实现，这就是 CISC 系统的设计思路。

由于计算机设计师们不断地把新功能，如新的寻址模式和指令类型等添加到计算机系统中，而这些新功能又常常需要通过新的指令来使用，计算机的指令越来越复杂。到了 20 世纪 70 年代后期，日趋庞杂的指令集变得无法适应优化编译和 VLSI 技术的发展，而同时存储器的成本却在不断降低。美国加州大学伯克利分校的研究结果表明，只有 20% 的简单指令使用频度较高(占运行时间的 80%)，而其余 80% 的复杂指令只在 20% 的运行时间内才会用到，多达 200~300 条甚至更多的、功能多样的指令不仅不易实现，而且还有可能降低系统性能和效率，例如：

- 许多复杂指令操作繁杂，执行速度慢，导致整个程序的执行效率降低；
- 众多具有不定长格式和复杂数据类型的指令译码导致控制器硬件变得非常复杂，不但占用大量芯片面积，而且容易出错，给 VLSI 设计造成很大困难；
- 指令执行的规整性不好，不利于采用流水线技术提高性能。

一般来说，利用包括对简单数据进行传输、运算及转移控制操作在内的十余条指令，就能实现现代计算机执行的所有处理操作，更复杂的功能可以由这些简单指令组合完成。因此，随着存储器价格的下降和 CPU 制造技术的提高，RISC 体系结构开始被广泛采用。RISC 的出现简化了指令系统，克服了 CISC 的缺点，使得更多的芯片硅面积可以用于实现流水线和高速缓存，有效地提高了计算机的性能。但也正因为指令简单，RISC 的性能就更依赖于编译程序的有效性，如果没有一个很好的编译程序，RISC 体系结构的潜在优势就无法发挥。

RISC 机的设计通常应当遵循以下原则。

① 指令条数少，格式简单，易于译码；
② 提供足够的寄存器，且只允许加载和存储指令访问内存；
③ 指令由硬件直接执行，在单个周期内完成；
④ 充分利用流水线；
⑤ 强调优化编码器的作用。

1986 年起，计算机工业界开始发布基于 RISC 技术的微处理机：加州大学伯克利分校的 RISC II 后来发展为 Sun 公司的 SPARC 系列微处理器，斯坦福大学的 MIPS 发展为 MIPS Rxxx 系列微处理器，IBM 则是在 801 的基础上推出了 INM RT-PC 及后来的 RS6000。

RISC 思想与技术已成为现代计算机设计的基础技术之一，然而 CISC 技术却也并没有马上退出历史舞台。这是因为由于历史原因，各计算机厂商为了保持向后兼容，不会完全放弃 CISC 技术。另外，RISC 技术和 CISC 技术是改善计算机性能的两种不同方式，各有其优缺点：CISC 的复杂性在于硬件，即 CPU 中控制器部分的设计实现；而 RISC 的复杂性在于软件，即编译程序的编写和优化。

支持更少的操作数类型，以及只支持固定的指令代码长度，使 RISC CPU 的硬件设计变得较为简单，但用户程序却变得越来越庞大。摩尔定律的不断推进意味着如今在选择 RISC 体系结构或者 CISC 体系结构时又存在着新的因素。虽然拥有足够的存储空间已经不成问题，但是处理器与存储器之间越来越大的速度差距意味着存储器速度将成为计算机性能的瓶颈。在 CISC 体系结构上开发的用户程序较小，可以更有效地减少获取程序指令所需的存储器带宽，更好地利用指令缓存功能，从而提高系统性能。

CISC 和 RISC 这两种技术竞争的结果如何还很难预料，从目前的情况来看很有可能会出现两种技术的综合。例如，作为 RISC 机型的 PowerPC 在一定程度上引入了 CISC 技术；而在作为 CISC 代表的 Intel CPU 中，也已包含了 RISC 内核，一些最简单也是最常用的指令由硬件直接执行，其他复杂指令仍然采用原来的微码技术。

2. 存储器分层子系统

存储器是计算机的核心部件之一，它直接关系到整个计算机系统性能的高低。从技术上说，存储器读/写速度的发展远远落后于 CPU 的运算速度，因此如何以合理的价格搭建出容量和速度都满足要求的存储系统，始终是计算机体系结构设计中的关键问题之一。

常用的存储设备或技术有很多，其速度、易失性、存取方法、便携性、价格和容量等特性都不尽相同。通常来说，速度越快则每位价格越高；容量越大则速度越慢。现代的高性能计算机系统要求存储器速度快、容量大，并且价格合理；然而按照当前的技术水平，仅用单一的存储介质很难满足要求。因此，现代计算机系统通常把不同容量、不同速度的存储设备按一定的层次结构组织起来，以解决存储容量、存取速度和价格之间的矛盾。

大多数现代计算机采用了图 2-8 所示的四级存储结构。金字塔形状表明了各存储层次的特点：越靠近金字塔上层的存储器离 CPU 越近，存取速度越快，但价格也越较高，因此容量也越小。从整体上看，cache-主存层次的存取速度接近于 cache 的存取速度，容量和每位存储的平均价格却接近主存，解决了高速度和低成本之间的矛盾；而主存—辅存层次的存取速度接近于主存的存取速度，容量和每位存储的平均价格却接近辅存，解决了大容量和低成本之间的矛盾。

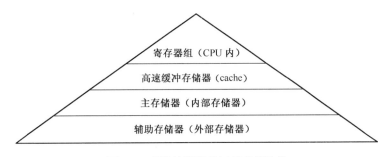

图 2-8　现代计算机的四级存储结构

哈佛体系结构计算机则从另一个角度改善了冯·诺依曼计算机存储器串行读/写效率低下的瓶颈。如图 2-9 所示，哈佛体系结构计算机将程序存储器与数据存储器分开，从而可以提供较大的存储器带宽。当然，程序存储器与数据存储器的并行读/写需求要求 CPU 拥有两套独立的地址和数据总线。

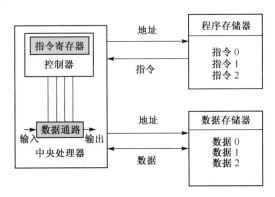

图 2-9　哈佛体系结构计算机的特点

3. 总线与输入/输出子系统

计算机系统中连接各子系统的通路集合称为互连结构(Interconnection Structure)。总线(Bus)是迄今为止使用最普遍的互连结构。总线是一组传送信息的公共通路，总线上的设备可分为主设备和从设备两大类。总线主设备指能够启动总线活动的设备(如 CPU)，而那些只能等待启动命令的被动型设备称为总线从设备(如存储器)。

早期计算机系统中的总线主要是CPU引脚的延伸,如图2-10所示。这种简单总线结构的不足表现在两个方面:第一,CPU是总线唯一的主设备;第二,总线结构与处理器紧密相关,通用性差。为了适应计算机的批量生产,包括总线在内的各个部件开始逐渐标准化。标准总线力求与处理器结构及实现技术无关,并应支持多个主设备,由总线控制器来协调(仲裁)主设备对总线的请求。图2-11给出了一种标准总线结构的示意图,其中数据传送总线包括地址、数据及相应的控制线;仲裁总线应包括总线请求和授权信号;中断和同步总线用于处理带优先级的中断操作,应包括中断请求和响应信号;公用线则应包括时钟、电源/地、系统复位等信号。

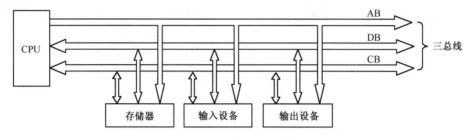

图 2-10   简单并行总线结构

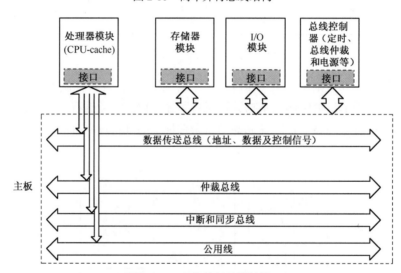

图 2-11   现代并行总线结构

不断拓展的计算机应用领域对总线数据传输速率的要求越来越高,仅通过提高时钟频率和增加并行传送位数来提高总线带宽的方法遇到了很大的障碍,而以差分信号、包传送及点对点通信为特征的高速串行总线技术(如USB和SATA)变得越来越普及。现代计算机系统中的总线串行化体现了网络通信技术向计算机体系结构的渗透。

除了总线,输入/输出体系结构设计的好坏也会直接影响计算机系统的性能。作为衡量计算机系统性能的一个重要指标,系统响应时间包括CPU的处理时间和I/O系统的响应时间,如果I/O系统的响应时间很长,那么CPU的速度再快也没用。在早期的冯·诺依曼计算机中,所有操作都由控制器集中控制,这使得输入/输出操作与运算操作只能串行进行。随着计算机系统中外设的不断丰富,如何实现低速外设和高速CPU的匹配,并使CPU能与外设尽可能地并行工作以提高整机效率，成为体系结构设计中的一个关键问题。

图 2-12 列出了目前常用的多种输入/输出方式。从上至下来看，这些输入/输出方式逐渐把越来越多的 I/O 管理工作从 CPU 中分离出来，交给新设置的硬件去完成，从而在提高了 CPU 工作效率的同时改善了输入/输出系统的响应时间。

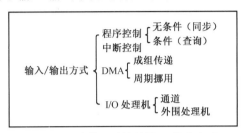

图 2-12　计算机系统的输入/输出方式

图 2-13 给出了计算机系统中主机和外设之间常用的几种连接模式。其中，辐射型结构一般用在以 CPU 为中心，且外设种类单一、数量较少的系统中；通道型结构一般用于外设数量多、设备差别大的大型计算机系统中。

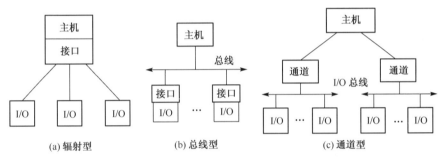

图 2-13　主机与外设的连接模式

2.3.2　并行技术的发展

对于许多应用来说，现代高性能微处理器的性能已经超过了 10 年前的超级计算机，这种惊人的发展一方面得益于微电子技术的进步，另一方面则是因为计算机体系结构的创新。而如何挖掘机器的并行性，一直是计算机设计者努力的主要方向之一。

并行性(Parallelism)指计算机系统在同一时刻或同一时间间隔内进行多种运算或操作。它包括同时性(Simultancity)和并发性(Concurrency)。同时性指两个或两个以上事件在同一时刻发生，并发性指两个或两个以上事件在同一时间间隔内发生。简单地说，并行处理描述了多个处理器或处理器模块并行执行的计算机体系结构。

计算机系统可以采取多种措施来提高并行性，其基本思想包括时间重叠(Time Interleaving)、资源重复(Resource Replicaiton)和资源共享(Resource Sharing)。目前在不同层面实现的并行处理主要包括系统级并行技术(即 SLP，如多处理器、多磁盘结构)、指令级并行技术(即 ISP，如流水线结构)、线程级并行技术(即 TLP，如同时多线程 SMT 处理器)以及电路级并行技术(即 CLP，如组相联 cache、先行进位加法器)等。其中指令级和多处理器级并行技术应用最为广泛，前者的主要目标是使计算机在单位时间里处理更多指令，后者的主要目标是使多个 CPU 一起工作，解决同一个问题。

　　20 世纪 90 年代初,在单个 CPU 芯片内使用多个相同电路构建流水线处理机和超标量处理机是指令级并行技术应用的代表。之后,因为功耗太大、可开发的指令级并行已经很少、存储器访问速度提高缓慢等多种原因,单处理器的性能提高受到限制。

　　随后出现的多 CPU 技术将多个相同的 CPU 嵌入单个计算机系统,共享内存和系统总线。多 CPU 体系结构使用单个主板或一组互连主板上的多个单芯 CPU 并行执行程序,操作系统可以在 CPU 间移动程序以满足性能需求。

　　半导体制造技术的发展使得单个芯片内能够安装数以亿计的晶体管及其连接,而一个功能全面的、包含多个 ALU 和流水线处理技术的 64 位 CPU 通常都只需要不到 1 亿只晶体管。为进一步提高处理器和计算机系统的性能,单个微处理器芯片内部开始集成多个 CPU 核,这就是所谓的多核(Mutilcore)技术。芯片内部的多个 CPU 核共享内部缓存和内部总线,它们之间的通信和数据交换不必使用速度较慢的片外总线,所以在许多数字建模和图形处理应用中可以极大地提高性能。多核技术的研究使单纯的指令级并行转向了线程级并行和数据级并行。指令级并行技术主要依靠编译器和硬件实现,对程序员来说是透明的,而线程级并行和数据级并行则要求程序员能够编写并行代码,因此后者也称为显式并行。

　　超级计算问题是单个计算机系统无法处理的,如三维物理现象模型、全球天气预报等应用。随着网络技术的发展,规模经济大大降低了高速网络的成本。为支持一组特定服务或应用,可将多台计算机组织在一起实现多计算机配置,如大规模并行处理机(Massively Parallel Processors,MPP)、机群(Cluster)、刀片(Blade)、网格(Grid 或 Network Grid)等。多机并行技术能够组合并协调利用大量分布式计算资源,解决非常复杂的应用问题。当然,由于多计算机配置的复杂性,高效、可靠地管理广泛分布的资源仍然难度很大。

2.3.3　流水线结构

　　流水线是指令级并行技术的典型应用。在早期的冯·诺依曼体系结构计算机中,指令一般按存储顺序依次执行。每条指令的操作过程可归并为取指令、分析指令和执行指令这 3 个步骤,这些步骤也是顺序串行进行的。顺序执行的优点是控制简单,缺点是上一步操作未完成,下一步操作便不能开始,效率较低。例如,CPU 从存储器中取指令或操作数时,存储器忙而运算器空闲;CPU 执行运算时,运算器忙而存储器空闲。随着集成电路技术的不断进步,单一芯片内可集成晶体管数量的增加允许微处理器体系结构拥有更多的硬件资源,以实现更高的性能。

　　为了提高程序执行速度,现代计算机采用了工业生产中基于时间重叠的流水线(Pipeline)技术,即把一个重复的过程分解为若干个子过程(相当于“工序”),每个子过程由专门的功能部件来实现。流水线中的每个子过程及其功能部件称为流水线的级(段),级(段)数也称为流水线的深度(Pipeline Depth)。

　　把流水线技术运用于指令的解释执行过程就形成了指令流水线(见图 2-14),把流水线技术运用于运算的执行过程就形成了运算操作流水线,也称为部件级流水线(见图 2-15)。图中的 Δt 表示流水线每一段的延迟时间长度(称为“拍”)。为了能够体现并行性,通常采用时空图来表示流水过程。图 2-16 给出了一个 4 段指令流水线的时空图,图中横坐标代表时间的推移,纵坐标代表空间(独立的功能部件)的数量,方框中的数字代表指令(如“1”代表第一条指令)。图 2-17 给出了指令顺序执行和流水线执行情况的对比。

图 2-14　指令流水线分段

图 2-15　浮点加法流水线分段

可以看出，采用流水线方式执行指令时的性能远远高于采用顺序方式执行指令时的性能。因为同一时刻流水线各段能够并行处理不同指令，使多条指令的执行过程实现了(时间)重叠，所以整个程序(段)的执行总时间被有效缩短。

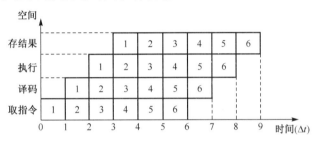

图 2-16　4 段指令流水线的时空图

周期	1	2	3	4	5	6	7	8
指令 1	取指	解码	执行	回写				
指令 2					取指	解码	执行	回写

(a)　指令顺序执行

周期	1	2	3	4	5	6	7	8
指令 1	取指	解码	执行	回写				
指令 2		取指	解码	执行	回写			
指令 3			取指	解码	执行	回写		
指令 4				取指	解码	执行	回写	
指令 5					取指	解码	执行	回写
指令 6						取指	解码	执行
指令 7							取指	解码
指令 8								取指

(b)　指令流水线执行

图 2-17　指令的不同执行方式的对比

从硬件角度讲，流水线技术通过在每个功能部件后面添加缓冲寄存器，即可将一个大的处理功能部件分解为多个独立的部分(见图 2-18)。这些缓冲寄存器也称为流水线寄存器，其作用是在相邻两段间传送数据并把各段的处理工作相互隔离，以实现各段的并行工作，从而提高整个系统的工作性能。例如,设一个串行处理器每 4 个时钟周期完成一条指令,即 CPI(Cycle Per Instruction)=4,则理想状态下,一个 4 级流水线处理器每一时钟周期就可以完成一条指令,即 CPI=1(图 2-16 中从第 4 拍开始,每拍都有一条指令结束执行,流出流水线)。

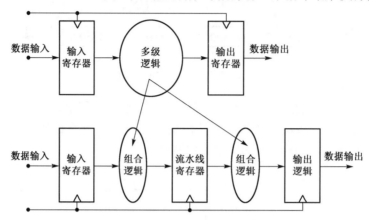

图 2-18　通过分割多级逻辑,插入缓冲寄存器来构建流水线

2.3.4　超标量与超长指令字结构

从理论上讲,通过继续细化指令的操作过程,增加流水线级数,可以进一步提高 CPU 的指令并行性。这就是所谓的超级流水线(Super Pipeline)技术,又称深度流水线技术。但是,过多的流水线寄存器会引入较大的寄存器延迟(流水线寄存器的建立时间和传输延迟)和时钟偏斜(时钟到达各流水线寄存器的时间不完全相同),这些额外开销会限制流水线深度的增加。一旦时钟周期时间减少到和额外开销时间接近的时候,流水线就没有任何意义了,因为这时在每个时钟周期内已经没有时间来做有用的工作。过长的超级流水线结构不仅会大大增加硬件的复杂度,也会增大流水线冒险出现的可能性。此外,时钟频率越高,流水线消耗的能量也更多,这将导致 CPU 的功耗过高并引起散热问题(功耗墙问题)。

为了进一步提高程序执行效率,现代计算机采用了多发射(Multiple Issue)技术,允许在一个时钟周期里能够处理多条指令,从而将 CPI 减小到 1 以下。多发射处理器有两种基本的风格:超标量(Superscalar)和超长指令字(Very Long Instruction Word, VLIW)。

1. 超标量处理机

超标量处理机通过重复设置多个流水段硬件并行工作来提高性能,图 2-19 给出了一个采用公用取指单元的双流水线处理机模型,图 2-20 给出了一个三流水线超标量处理机的时空图。从理论上讲,流水线的条数可以继续增加,但这会导致硬件过于复杂,因此现代超标量处理机常采用如图 2-21 所示的结构:在一条流水线中设置多个执行单元。

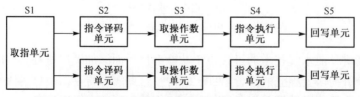

图 2-19　公用一个取指单元的五段双流水线的处理机模型

现代超标量处理机的一般结构如图 2-22 所示。一个包括 2 条输入流水线和 3 条执行流水线的超标量处理机的工作原理如图 2-23 所示。

图 2-23 中的两条输入流水线负责取指令、指令译码和发射。在这个例子中，CPU 每个时钟周期可以获取两条指令并在译码后决定应该把指令发到哪条执行流水线去。执行流水线中的保留站（Reservation）暂存了即将被这条流水线执行的指令，直到条件完备时使指令能被执行。这里的 3 条执行流水线有如下差异。

① 最左边的执行流水线只含有两个阶段和一个保留站。这条流水线用于执行那些无须访问存储器的指令。

② 中间的执行流水线增加了一个存储器阶段，它将处理所有需要访问存储器的指令。当然如果需要，它也可以用于处理那些无须访问存储器的指令。

③ 最右边的执行流水线有两个执行阶段，用于进行乘法和除法之类的较复杂的算术运算。同样，如果需要，它也可以用于处理一些比较简单的指令。

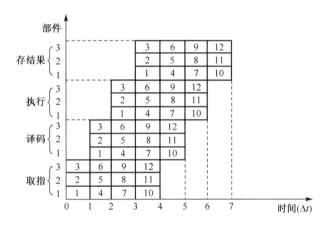

图 2-20　三流水线超标量处理机的时空图

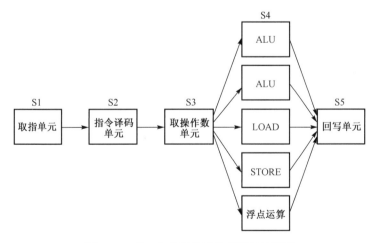

图 2-21　有 5 个执行单元的超标量处理机

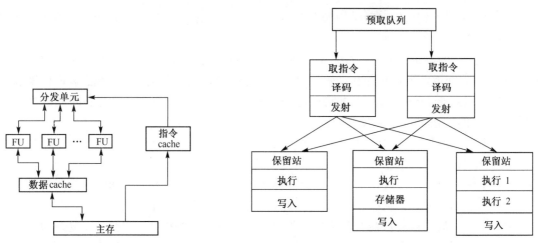

图 2-22　现代超标量处理机的一般
　　　　结构(FU 表示功能单元)

图 2-23　超标量处理机的工作原理

相比之下,超标量结构无须更高的时钟频率和更快的存储器就能获得更高的指令吞吐量,从而改善处理器的性能。但是,超标量处理机除了增加硬件复杂度,还增加了流水线冒险的潜在威胁。为了充分利用硬件资源的可并行能力,超标量处理机的指令分发单元一般都会设置一个可以对指令进行动态调度的机构。

2. 超长指令字机

和超标量处理机不同,VLIW 依靠编译器在编译时找出指令之间潜在的并行性,并通过指令调度把可能出现的数据冲突减少到最小,最后把能并行执行的多条指令组装成一条很长的指令(VLIW 也因此而得名),然后由处理机中多个相互独立的执行部件分别执行长指令中的一个操作,即相当于同时执行多条指令。VLIW 处理机的结构与指令格式如图 2-24 所示。VLIW 处理机能否成功,在很大程度上取决于代码压缩的效率,其编译程序和体系结构的关系非常密切,缺乏对传统软件和硬件的兼容,因而不大适用于一般应用领域。

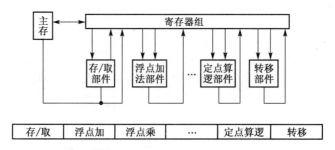

图 2-24　VLIW 处理机的结构与指令格式

2.3.5　多机与多核结构

正如前面所提到的,由于指令级并行开发空间减小、存储器访问速度提高缓慢,以及对功耗关注程度的增加,单处理器性能的提高受到限制;而数字通信技术、计算机网络技术的发展,以及硬件成本的大幅下降,使得多处理器组织成为并行技术新的发展方向。

1. 多机系统

多机系统是指由两台以上的计算机经网络互连、并能够在操作系统的控制下合作解决一个共同问题的计算机系统。多机系统中的资源一般为相对独立的模块，模块在一定范围内的增减替换不至于影响系统的整体性。因此建立多机系统的目的是为了提高可靠性和运算速度。现代大型机几乎都是功能分布的多机系统，除含有高速中央处理器外，还有管理 I/O 的输入/输出处理机（或前端用户机）、管理远程终端及网络通信的通信控制处理机、负责全系统维护诊断的维护诊断机和从事数据库管理的数据库处理机等。多机系统要求在更高级别（进程）上研究并行算法，高级程序语言应能提供并发、同步进程的手段，操作系统必须能够解决多机间多进程的通信、同步和控制等问题。

多机系统的种类很多。例如，大规模并行处理机（MPP）是一种价格昂贵的超级计算机，它由许多 CPU 通过专用的高速互连网络连接，而机群和网格等则是由现成的商用网络连接的普通个人计算机或工作站组。机群由多台同构或异构的独立计算机通过高性能网络或局域网连在一起，协同完成特定的并行计算任务。网格是一组由高速网络连接的不同的计算机系统，既可以相互合作，也可以独立工作。网格计算机接受中央服务器分配的任务，然后在空闲的时候（如晚上或周末）执行这些任务。

刀片是另一种多机系统的应用形式。刀片通常指包含一个或多个 CPU、内存及网络接口的服务器主板。通常一个刀片柜共享其他外部 I/O 和电源，而辅助存储器则由距离刀片柜较近的存储服务器提供。实际上刀片也是一种特殊的集群，可以在较小的空间内集中较大的计算能力，并且易于配置和管理。

分布式计算机系统是多机系统的进一步发展，它是由物理上分布的多个独立而又相互作用的单机，协同解决用户问题的系统，其系统软件更为复杂。

2. 多核系统与多线程技术

随着大规模集成电路技术的发展及半导体制造工艺水平的提高，按照多机系统的模式将多个处理器集成到单个芯片中的想法已经成为现实。这种多核芯片称为单片多处理器（Chip Multi Processor，CMP），片内的多个处理器能并行执行不同的进程，从而大幅度提高 CPU 性能。然而 CMP 虽然结构设计起来比较容易，但是芯片中的晶体管数量、芯片面积及芯片发热量都是突出的问题，对后端设计和芯片制造工艺的要求较高。

多核系统的另一种设计策略是仅复制单个处理器的某些部件，同时利用多线程技术，允许多个线程以交叠的方式在单个处理器上共享功能单元，使处理器能并发地执行多个线程，从而提高性能。这种多核芯片称为多线程处理器（Multithreaded Processor）。多线程处理器对线程的调度与传统意义上由操作系统负责的线程调度不同，它完全由处理器硬件负责线程间的切换。由于采用了大量的硬件支持，线程的切换效率更高，可以更有效地减少处理器的闲置状态，从而获得更高的工作效率。同时多线程（Simultaneous Multi Threading, SMT）是多线程的变种，它使用一个多发射动态调度处理器来实现线程级和指令级并行。SMT 最具吸引力的是，它只需小规模改变处理器内核的设计，几乎不用增加额外的成本即可获得显著的效能提升。

多线程主要有两种实现方式。细粒度多线程（Fine-Grail Multi Threading）在每个指令中切换线程，结果是多个线程交叉处理。为了实现细粒度多线程，处理器必须能在每个时钟周期切换线程。它的一个主要优点是，由于其他线程在当前线程停止时可以执行指令，所以它可以隐藏由于短或长的停顿引起的吞吐量损失。它的主要缺点是，由于已经准备好处理的未阻塞线程被来自其他线程的指令拖延，所以单个线程处理速度变慢了。

粗粒度多线程(Coarse-Grail Multi Threading)是为了替代细粒度多线程而发明的。它仅当遇到开销大的阻塞时才切换线程，比如二级高速缓存不命中。由于来自其他线程的指令只有在当前线程出现了开销大的阻塞时才发射，所以这种改变能够允许适当的线程切换开销，并且对单个线程处理速度影响更小。然而，它的主要缺陷在于克服吞吐量损失能力的局限性，特别是对于短的阻塞。这个限制是由粗粒度多线程流水线启动开销引起的。因为粗粒度多线程的 CPU 发射单个线程的指令，当停顿发生时，流水线将被清空或冻结。停顿之后，新线程开始处理指令前必须填满流水线。因为这样的启动开销，粗粒度多线程更适用于减少由高开销的停顿带来的损失。这时填充流水线的时间相对于停顿时间是可以忽略的。

2.4　计算机体系结构分类

1972 年，Michael J. Flynn 提出按指令流和数据流的多少对计算机体系结构进行分类。由于当前计算机体系结构的主流发展方向是控制驱动下的并行处理，因此这一分类法获得普遍赞同。根据费林(Flynn)分类法，计算机体系结构可划分为 4 种类型：SISD、SIMD、MISD 和 MIMD，如图 2-25 所示。图中 CU 表示控制部件，PU 表示处理部件，MM 表示存储单元；CS 为控制流，DS 为数据流，IS 为指令流。

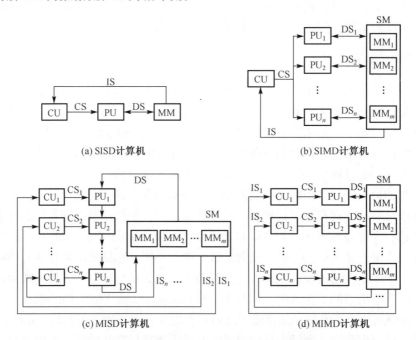

图 2-25　四种基本的计算机体系结构类型

SISD(Single Instruction stream and Single Data stream，单指令单数据流)结构代表了传统

的冯·诺依曼计算机，即大多数的单处理机系统。这些机型都是由单一的指令流控制的，并以单一的数据流与存储器交换数据。传统的顺序处理机、流水线处理机及超标量流水线处理机都属于 SISD 结构。

SIMD（Single Instruction stream and Multiple Data stream，单指令多数据流）结构具有单一的控制部件（CU）和多个处理部件（PU）。这些机型也是由单一的指令流控制的，但可以将来自不同数据流的多个数据组交由多个 PU 同时进行操作。SIMD 特别适合于多媒体应用等数据密集型运算（如 AMD 公司的 3DNOW! 技术），其代表机型为阵列处理机（Array Processor）和向量处理机（Vector Processor）。

阵列处理机和向量处理机多用于处理物理学和工程学中涉及阵列或其他高度规则数据结构的问题，如求解有限差分方程、矩阵、线性规划等问题。这些问题的共同特点是最终都可归结为数组和向量处理，即在同一时间对不同数据集合完成相同的运算。数据的高度规则和程序的结构化，使并行执行的实现非常容易。阵列处理机由许多完全相同的处理器组成，每个处理器并行执行同样的指令序列，完成同样的运算。而向量处理机的不同之处在于，阵列处理机采用资源重复技术实现并行性，向量处理机采用时间重叠技术。如阵列处理机对每个向量中的元素都有一个独立的加法器，而向量处理机使用向量寄存器存放数据，它的所有加法都由一个单独的高度流水加法器实现。

MISD（Multiple Instruction stream and Single Data stream，多指令单数据流）结构中有多对配合工作的控制部件（CU）和处理部件（PU），各个 PU 接收不同的指令序列，对同一数据流进行操作。目前 MISD 并无实际机型对应。

MIMD（Multiple Instruction stream and Multiple Data stream，多指令多数据流）结构也有多对配合工作的控制部件（CU）和处理部件（PU），对不同的数据流进行操作，因此每一对 CU 和 PU 组合可以看成一个独立的 CPU（核）。各类多处理机系统就属于 MIMD 结构。

现有的 MIMD 计算机根据系统中存储器的结构和互连策略不同，可分为集中式共享存储器结构和分布式存储器结构两大类。

集中式共享存储器结构（Centralized shared-memory Architecture）的特点是多个处理器-cache 子系统共享一个物理存储器，采用一条或多条总线，或者开关网络互连（见图 2-26）。因为单独的主存相对于各处理器的关系是对称的，所以有时也称为 SMP（Symmetric shared-memory MultiProcessor，对称式共享存储器多处理机）或 UMA（Uniform memory access MultiProcessor，一致性内存访问多处理机）结构。在这样的一个对称多处理机中，由于总线竞争，处理机的数目难以扩展到很大。虽然使用多级交叉开关代替总线可以增强可扩展性，但成本较高，且访存时间变长。SMP 需要解决的另一个重要问题是 cache 一致性。因为每个处理器都有自己的 cache，于是某一行数据可能出现在不止一个 cache 中，如果这一行在一个 cache 中被修改，则主存和其他 cache 中保存的就是此行数据的无效版本。

分布式存储器结构（Distributed shared-memory Architecture）中采用分布的物理存储器，各节点（CPU+cache+存储器+I/O）采用消息传递机制通过高带宽网络互连，因此也称其为消息传递多处理机（Message-passing Multicomputer），如图 2-27 所示。与集中式共享存储器结构相比，网络只是在处理器之间通信时才需要用到，减轻了通信竞争，因此分布式存储器结构通常可以支持规模较大的多处理机系统，如大规模并行处理机（MPP）、机群、网格和刀片等。

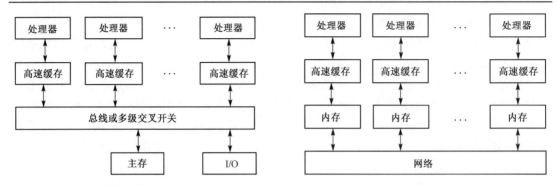

图 2-26　集中式(对称式)共享存储结构多处理机　　图 2-27　分布式存储器结构多处理机

从多机之间连接的紧密程度来看，集中式共享存储器结构多处理机属于紧耦合多处理机，而分布式存储器结构多处理机属于松耦合多处理机。

费林分类法能反映大多数计算机系统的并行性、工作方式和结构特点，但它仅针对控制流计算机，而无法包括一些非控制驱动方式的计算机，如数据流计算机(数据驱动)、归约机(需求驱动)和智能机(模式匹配驱动)等。此外还有如下一些分类方法。

- 1972 年，美籍华人冯泽云提出按数据处理的并行度将计算机系统分为 4 类：字串位串(WSBS)、字串位并(WSBP)、字并位串(WPBS)和字并位并(WPBP)。
- 1977 年，德国的汉德勒在冯氏分类法的基础上提出了基于硬件结构所含可并行处理单元数和可流水处理级数的分类方法。
- 1978 年，美国的库克提出用指令流和执行流及其多倍性将计算机系统分为 4 类：单指令流单执行流(SISE)、单指令流多执行流(SIME)、多指令流单执行流(MISE)和多指令流多执行流(MIME)。

2.5　计算机性能评测

计算机工作时，所有各层软件和硬件资源密切合作，以不同方式为系统性能做出贡献。因此，对整个计算机系统性能的全面评价是一个复杂的问题。计算机系统的功能强弱与系统结构、硬件组成、指令系统、软件配置等多方面的因素有关，其中最基本和最重要的指标包括字长、存储容量和运算速度等。

2.5.1　字长

字长是一个基本的微处理器设计决策，它指 CPU 能够一次处理(运算、存储、传送)的最大数据宽度。为了避免出现等待状态，字长通常与通用寄存器、ALU 及系统数据总线的宽度相匹配。所谓的 16 位(bit)机、32 位机、64 位机就是指该机的字长为 16 位、32 位或 64 位。

在相同的运算速度下，字长直接影响计算精度；而在执行相同量的工作时，字长较大的 CPU 速度较快。但同其他许多 CPU 的设计参数一样，字长的增加受制于收益递减定律：字长每增加 1 倍，CPU 组件的数量增加 2.5~3 倍，CPU 制造难度加大，成本也以非线性速度增加。对于大多数软件程序来说，如果操作的数据项尺寸小于字长，那么较大字长增加的计算能力根本是白白浪费的。

2.5.2　存储容量

与存储容量有关的信息中，访存空间是最重要的一个。访存空间是指 CPU 能直接访问的存储单元（主存单元）数量，一般由 CPU 的地址总线宽度确定。

例如，若 CPU 地址总线宽度为 16 位，则其直接访存空间为 2^{16}＝64 KB；若 CPU 地址总线宽度为 32 位，则其直接访存空间为 2^{32}＝4 GB。

2.5.3　运算速度

时钟频率是 CPU 性能的重要衡量标准，但不同的 CPU 在一个时钟周期里完成的工作量是不同的，所以时钟频率并不等同于指令执行速率或系统总体性能。在很多场合下，CPU 每秒能快速启动指令的条数（MIPS，即每秒百万条指令，也即处理器带宽）比单条指令的执行时间更重要。作为包括软硬件在内的计算机系统，通常情况下来说，单机用户关心的整体性能是单个程序的执行时间（Execution Time），而数据处理中心的管理员则更关心单位时间里完成的任务数，即吞吐量（Throughput）。为了使性能的比较成为可能，计算机行业广泛采用的一致和可靠的评价方法是使用基准测试程序（Benchmark）的执行时间来衡量。

基准测试程序的最佳选择是真实应用程序（例如编译器），有时也使用简化的核心测试程序（从真实程序中选取的关键代码）。而执行时间最直观的定义是计算机完成某一任务所花费的全部时间，包括主存访问、磁盘访问、输入/输出、操作系统开销等。有时也使用 CPU 时间来衡量，但其仅包括用户程序运行时间和其间操作系统运行时间，但不包含 I/O 等待时间，以及多任务系统中运行其他程序的时间。

一旦从运行大量测试程序或实际程序产生的统计数据中计算出给定计算机上每种指令的平均执行周期数（Cycles Per Instruction，CPI），就能利用下列公式计算出上述相关性能量度值：

$$每秒百万条指令\quad MIPS = f(MHz)/CPI \tag{2.1}$$

$$执行时间\ T(s) = (IC \times CPI)/f\,(Hz) \tag{2.2}$$

此处 f 是时钟频率，而 IC 是指令数目，即运行中的程序的指令总数。

【例 2.1】　假设一台计算机支持 4 类指令的使用率和 CPI 值分别如表 2-2 所示。若其 CPU 时钟频率为 100 MHz（每秒百万周期），试求其 MIPS 值，以及该计算机运行一个具有 10^7 条指令的程序所需的 CPU 时间。

表 2-2　4 类指令的使用率和 CPI 值

指 令 操 作	使 用 率	每类指令所需周期数
算术逻辑	40%	2
加载/存储	30%	4
比较	8%	2.5
转移	22%	3

根据表 2-2 所给数据可以求得该计算机的平均 CPI 值，然后利用式（2.1）和式（2.2）即可求得所需结果。

$$CPI = 0.4 \times 2 + 0.3 \times 4 + 0.08 \times 2.5 + 0.22 \times 3 = 2.86$$

$$MIPS = 100 / 2.86 = 35$$

$$T = 10^7 \times 2.86 / (100 \times 10^6) = 0.286 \text{ (s)}$$

习题

2.1 解释术语。

计算机组成　　计算机体系结构　　计算机实现　　虚拟机　　局部性原理　　并行性
数据通路　　CISC　　RISC　　线程　　字长　　访存空间

2.2 完成下列二进制数的运算。

(1) 101+1.01 　　　　　　　　　　　(2) 1010.001−10.1

(3) −1011.0110 1−1.1001 　　　　　　(4) 10.1101−1.1001

(5) 11 0011/11 　　　　　　　　　　 (6) (−101.01)/(−0.1)

2.3 完成下列逻辑运算。

(1) 1011 0101 ∨ 1111 0000 　　(2) 1101 0001 ∧ 1010 1011 　　(3) 1010 1011 ⊕ 0001 1100

2.4 选择题。

(1) 下列无符号数中最小的数是( )。

    A. $(01A5)_H$　　　　　　　　　　B. $(1\ 1011\ 0101)_B$

    C. $(2590)_D$　　　　　　　　　　 D. $(3764)_O$

(2) 下列无符号数中最大的数是( )。

    A. $(10010101)_B$　　　　　　　　B. $(227)_O$

    C. $(96)_H$　　　　　　　　　　　 D. $(143)_D$

(3) 在机器数( )中，零的表示形式是唯一的。

    A. 补码　　　　　　　　　　　　B. 原码

    C. 补码和反码　　　　　　　　　D. 原码和反码

(4) 单纯从理论出发，计算机的所有功能都可以交给硬件实现。而事实上，硬件只实现
比较简单的功能，复杂的功能则交给软件完成。这样做的理由是( )。

    A. 提高解题速度

    B. 降低成本

    C. 增强计算机的适应性，扩大应用面

    D. 易于制造

(5) 编译程序和解释程序相比，编译程序的优点是( )，解释程序的优点是( )。

    A. 编译过程(解释并执行过程)花费时间短

    B. 占用内存少

    C. 比较容易发现和排除源程序错误

    D. 编译结果(目标程序)执行速度快

2.5 通常使用逻辑运算代替数值运算是非常方便的。例如，逻辑运算 AND 将两个位组合的
方法同乘法运算一样。哪一种逻辑运算和两个位的加法几乎相同？这种情况下会导致什
么错误发生？

2.6　假设一台数码相机的存储容量是 256 MB，如果每个像素需要 3 字节的存储空间，而且一张照片包括每行 1024 个像素和每列 1024 个像素，那么这台数码相机可以存放多少张照片？

2.7　举例说明计算机体系结构、计算机组成和计算机实现之间的关系。

2.8　什么是冯·诺依曼体系结构？其运行的基本原理是什么？是什么导致了冯·诺依曼计算机的性能瓶颈？如何克服？

2.9　说明 RISC 体系结构与 CISC 体系结构之间的区别。

2.10　常见的流水线冒险包括哪几种？可以如何解决？

2.11　指令的乱序执行能带来什么好处？

2.12　超标量处理机和超流水线处理机分别开发的是哪方面的并行性？

2.13　计算机体系结构可以分为几种？试分别说明各种体系结构的优缺点。

2.14　某测试程序在一个 40 MHz 处理器上运行，其目标代码有 100 000 条指令，由如下各类指令及其时钟周期计数混合组成，试确定这个程序的有效 CPI、MIPS 的值和执行时间。

指 令 类 型	指 令 计 数	时钟周期计数
整数算术	45 000	1
数据传送	32 000	2
浮点数	15 000	2
控制传送	8000	2

2.15　假设一条指令的执行过程分为"取指令""分析"和"执行"三段，每一段的时间分别为 Δt、$2\Delta t$ 和 $3\Delta t$。在下列各种情况下，分别写出连续执行 n 条指令所需要的时间表达式。

（1）顺序执行方式。

（2）仅"取指令"和"执行"重叠。

（3）"取指令""分析"和"执行"重叠。

参考资料

第3章 微处理器体系结构及关键技术

传统的运算器和控制器被集成在一块称为微处理器（即中央处理器，简称 CPU）的集成电路芯片内，通过内部总线建立起芯片内各部件之间的信息传送通路。计算机系统设计师认为：微处理器是一种能够经过多个步骤执行计算任务的数字设备。单独的微处理器并非完整的计算机，它们只是系统设计师用来构建计算机系统的核心部件。

本章的目的是建立起微处理器系统结构的概念，探查微处理器的内部组织结构和功能模块，从逻辑空间和物理空间的角度讨论微处理器的设计与实现技术，并探讨微处理器系统中硬件、软件两者之间的相互联系及影响。

3.1 微处理器体系结构及功能模块

3.1.1 微处理器的基本功能

如图 3-1 所示，计算机的基本硬件组织包括中央处理器（CPU）、主存储器、输入/输出接口，以及外总线等几个部分。硬件设计工程师通常把 CPU 中的运算器和寄存器组合称为数据通路（Datapath），又称为数据通道或数据路径。也就是说，CPU 由数据通路和控制器两部分组成，其中控制器负责分析指令、指挥和控制各部件协调工作，数据通路则负责保存、传输和处理数据。

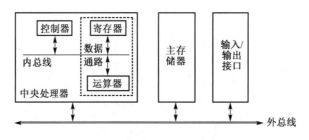

图 3-1　计算机的基本硬件组织

这种冯·诺依曼计算机遵循的是"存储程序"工作原理。它的另一重要概念便是串行单顺序计算机（Sequential Single-sequence Computer）：在任一给定时刻，一台串行单顺序计算机执行单个的串行程序，包括在单处理机上采用分时或时间重叠的方式执行多道程序。从控制的角度讲，在微处理器中执行一段程序意味着包含一个单一的指令流，它串行地执行单一的基本指令周期序列。

当一段程序在微处理器中执行时，数据沿着数据通路传送，并按照控制器的要求被寄存器、ALU 和其他功能单元等各种部件加工。CPU 内部的控制器则根据程序的要求实现指令级控制。

微处理器的基本功能包括数据的存储、数据的运算和控制等，具体体现在以下 5 个方面。

① **指令控制**。即按程序逻辑顺序执行指令。程序存放在存储器中,程序中下一条指令的逻辑顺序由当前指令的执行结果决定,因此必须能够循环产生取指令和执行指令这两个操作过程,当前操作结束前按照程序逻辑顺序产生下一轮所需的指令地址。

② **操作控制**。指令执行过程及指令约定功能的实现由若干操作组合而成,而操作功能可以通过使部件的操作控制信号有效来实现,因此必须能够按照需求产生各种操作控制信号,包括对外部操作的控制信号。

③ **时间控制**。指令执行过程及指令约定功能的实现由多个步骤组成,因此对所需的操作控制信号有严格的时间限制,必须能够在适当的时间(时刻)使相应操作控制信号有效,并保持所需的时长。

④ **数据加工**。即对数据进行算术和逻辑运算处理。原始信息只有在加工处理后才能对人们有用,因此必须具有数据加工处理的功能。

⑤ **中断处理**。为了提高性能,CPU 在等待数据读入或写出时可以转去执行其他指令,因此在程序执行过程中应能够及时处理出现的 I/O 操作请求及异常情况。

3.1.2　微处理器的基本结构

1. 数据通路

微处理器中的计算部分称为数据通路,包括运算部件、移位器等执行部件,以及寄存器组和它们之间的通信通路。其中,算术逻辑单元(ALU)是运算部件的核心,负责完成具体的运算操作,其基本组成如图 3-2 所示。计算机工作时还需要处理大量的控制信息和数据信息,如对指令信息进行译码以产生相应控制命令,对操作数进行算术或逻辑运算加工并根据运算结果决定后续操作等。因此,微处理器中还需要设置若干寄存器来暂时存放这些信息。常用寄存器按所存信息的类型可分为通用寄存器组、暂存器、指令寄存器、程序计数器、当前程序状态寄存器、地址寄存器、数据缓冲寄存器等。在程序员看来,数据通路包含了 CPU 内所有的有效信息(数据和状态)。

为了提高寄存器的集成度,寄存器组常采用小型半导体存储器结构,一个存储单元相当于一个寄存器,存储单元的位数即是寄存器字长。图 3-3 就是一种采用集成寄存器结构的数据通路结构。在这种结构中,半导体随机存储器用作寄存器组,并在 ALU 的输入端设置暂存器。双向数据总线(内总线)连接寄存器组与 ALU,寄存器与寄存器之间的数据传送也可以在这组内总线上进行。

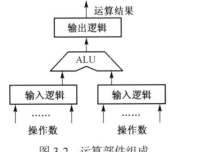

图 3-2　运算部件组成

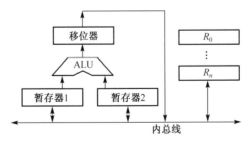

图 3-3　采用集成寄存器结构的数据通路

在较复杂的微处理器中，为了提高工作速度，可能设置几组数据总线，同时传送多个数据。有的微处理器中包含了用于控制的存储逻辑以及内存管理所需的地址变换部件，因而除了数据总线，还设有专门传送地址信息的地址总线。

2. 控制器

从用户的角度讲，计算机的工作体现为指令序列的连续执行；从内部实现机制来看，指令的读取和执行又体现为信息的传送。相应地，在计算机中形成了控制流和数据流这两大信息流，其中控制流负责对指令功能所要求的数据传送进行控制，并在数据传送至运算部件时控制完成运算处理。

图 3-4 给出了微处理器中的数据流、指令流和控制信号(以虚线箭头表示)。CPU 内部的控制器获取来自内存的指令流并逐条执行指令，根据指令规定产生各种具有一定时序的控制信号，送往数据通路或 CPU 外部。

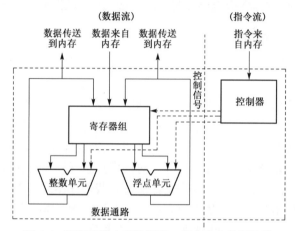

图 3-4　微处理器中的数据流、指令流和控制信号

指令往往需要分步执行，如一条运算指令的读取和执行过程可被划分为取指令、取源操作数 1、执行运算操作、存放运算结果等多个工作阶段，每个阶段又可以再分成若干步微操作。控制器内部的微指令产生部件在一段时间内发出一组微指令，控制完成一步操作(对应一组微操作)；在下一段时间内又发出一组微指令，控制完成下一步操作。完成若干步操作便实现了一条指令的功能，而实现了若干条指令的功能即完成了一段程序的任务。

3.1.3　一个简化的微处理器模型示例

图 3-5 是一个简化的微处理器模型(以下简称模型机)设计示意图。该模型机字长为 8 位，除了控制器还包括如下数据通路部件。

- 算术逻辑单元。算术逻辑单元专门处理各种运算的数据信息，可以进行加、减、乘、除算术运算，以及与、或、非、异或等逻辑运算。
- 多路选择器(MUX)。用于引导数据的流向，常用的多路选择器有 2 选 1、4 选 1 和 8 选 1 等。
- 通用寄存器(Register)。通用寄存器实际上是一个统一编址的寄存器组，指令可以按地址访问相应的寄存器。

- 累加寄存器（ACCumulator，ACC）。一般用来存放运算的中间结果。累加器是一种特殊寄存器，许多指令执行过程以累加器为中心：在运算指令执行前，累加器中存放着一个源操作数，指令执行后累加器可用于保存运算结果。另外，输入/输出指令一般也通过累加器来完成。

- 程序计数器（Program Counter，PC）。程序计数器又称为指令计数器或指令指针，用于存放即将读取指令的地址。由于程序一般存放在内存的一个连续区域，当顺序执行程序时，每取一个指令字节，程序计数器便自动加 1。

- 指令寄存器（Instruction Register，IR）。用于存放从内存中取出的指令，在指令执行期间内容保持不变，以便控制指令的执行。

- 存储器地址寄存器（Memory Address Register，MAR）。访问内存之前，需要先将相应内存单元的地址放在 MAR 中，然后发送给内存。

- 存储器缓冲寄存器（Memory Buffer Register，MBR）。写入内存的数据需要先存放在 MBR 中，然后发送给内存；从内存中读入的数据，一般先存放于此处。

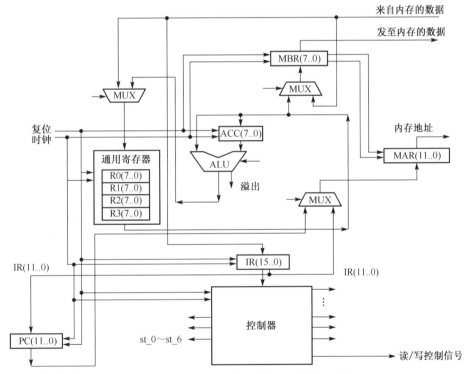

图 3-5　一个简化的微处理器模型机设计示意图

计算机工作时，程序和数据都存放在内存中，因此微处理器要和内存相互配合才能执行程序。微处理器和内存之间的连接关系如图 3-6 所示，其中 MAR 用于存放需读写单元的地址，MBR 用来存放与主存之间交换的数据。由微处理器写入主存的数据通常先送入 MBR，然后从 MBR 送往主存的相应单元。由主存读出的数据一般也先送入 MBR，再从 MBR 送至微处理器指定的寄存器。

MAR 和 MBR 是连接微处理器与主存的桥梁，这两个寄存器使 CPU 与主存之间的传送通路变得更容易控制。这两个寄存器不能直接编程访问，即对用户是透明的。例如，一条传送指令的功能是把某寄存器的内容送入某存储单元,用户所看到的操作仅仅是该寄存器和该存储单元之间的数据传送,至于这一数据传送的具体实现过程,即通过 MAR 的地址发送和经过 MBR 的数据中转等细节,用户则是看不见的。

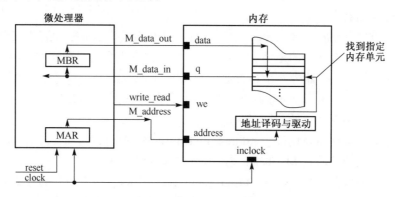

图 3-6　微处理器与内存之间的连接关系

3.2　微处理器设计

微处理器设计的本质是将一个抽象的计算机微处理器体系结构映射到制造微处理器芯片的物理工艺上。微处理器体系结构由抽象的指令系统、逻辑元件和存储元件等部件组成。当在特定的工艺上实现时,逻辑值、存储状态和元件之间的连接等信息都要映射成物理工艺形式的逻辑电路、状态电路和金属连线上的信号。因此,物理工艺对可实现的微处理器体系结构的影响不可避免。微处理器的设计实现需要在各种技术设计指标之间进行折中。

从微处理器设计和实现的角度考虑,由于数据通路的设计较规范,而控制器却会因微处理器的性能不同而有较大差异,因此本节将着重讨论微处理器中控制器部分的设计技术。

3.2.1　微处理器的设计步骤

设计一个微处理器需要综合考虑机器的指令系统、总体结构、时序系统等诸多问题,最后达到形成控制逻辑的目的。

1. 拟定指令系统

一台计算机的指令系统表明了这台机器所具有的硬件功能。例如,指令系统中含有乘、除运算指令,通常表明乘法和除法可以直接由硬件完成;但如果指令系统中没有乘、除运算指令,乘法和除法就只能通过执行程序来实现。因此指令系统也被称为计算机中的软硬件界面,如图 3-7 所示。在设计微处理器时,首先要明确机器硬件应具有哪些功能,根据这些功能设置相应的指令,包括确定所采用的指令格式、所选择的寻址方式和所需的指令类型。一条指令的执行步骤可能如图 3-8 所示。

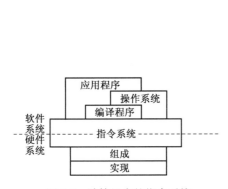

图 3-7　计算机中的指令系统

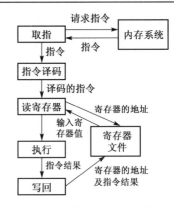

图 3-8　指令的执行步骤

2．确定总体结构

为了实现指令系统的功能，在微处理器中需要设置哪些寄存器？设置多少个寄存器？采用什么样的运算部件？如何为信息的传送提供通路？这些问题都是在确定总体结构时需要解决的主要问题。

3．安排时序

由于微处理器的工作是分步、分时进行的，并且需要严格定时控制，因此需要设置时序信号，以便在不同的时刻发出不同的微指令，控制完成不同的操作。

4．拟定指令流程

由于需要根据本步骤的设计结果形成最后的控制逻辑，因此这是设计中最关键的步骤。拟定指令流程是指将指令执行过程中的每一步操作用状态图的形式描述出来，并用操作时间表列出每一步操作所需的微指令及其产生条件。

5．形成控制逻辑

此时应根据选择硬连逻辑控制方式或微程序控制方式而采用不同的设计方法。

采用硬连逻辑控制方式时，将产生微指令的条件进行综合、化简，形成逻辑式，从而构成控制器的核心逻辑电路。

采用微程序控制方式时，则利用微指令来组成微程序，从而构成以控制存储器为核心的控制逻辑。

3.2.2　控制器的操作与功能

控制器可以完成许多功能，包含对存储器和输入/输出的控制。在微处理器中，实际上除数据加工之外的所有功能均由控制器实现。

1．微操作

在执行程序时，计算机操作由一系列指令周期组成，每个周期执行一条机器指令。由于存在转移指令，因此这个指令周期顺序(指令执行的时间顺序)没必要等同于程序的指令编写顺序。

如图 3-9 所示，每个指令周期可以看成由几个更小的单位组成。例如，可以把指令周期分解为取指、取数、执行和中断等几个工作步骤，其中取指周期和执行周期是必须有的。

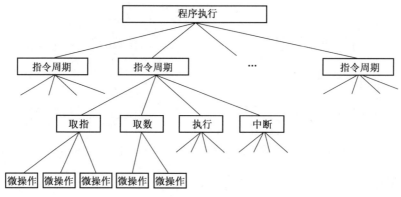

图 3-9 程序执行的组成元素

进一步向下分解，每个较小的工作周期又由一系列更小的步骤组成，人们把这些步骤称为微操作(Micro-operation)。"微"是指这些操作很微小、简单。

总而言之，一个程序的执行是由指令的顺序执行组成。每条指令的执行是一个指令周期，每个指令周期由更短的工作周期(如取指、取数、执行、中断等)组成的，每个工作周期的完成又涉及一个或多个更短的微操作。微操作是最基本的操作，相应的控制命令即称为微指令。

2. 控制器的基本功能

控制器的任务是决定在什么时间、根据什么条件、发出什么命令、做什么操作。产生微控制命令的基本依据是时间(如周期、节拍、脉冲等时序信号)、指令代码(如操作码、寻址方式)、状态(如内部的程序状态、外部设备的状态)、外部请求(如外部中断请求、DMA 请求)等。控制器以这些信息作为输入逻辑变量，经硬连电路产生控制信号序列，或者形成相应的微程序地址后再通过执行微指令实现控制功能。

具体来说，控制器需要完成下列功能。

- **生成时钟信号**。生成时序控制信号，即一串控制电位和控制脉冲序列，用来作为对各种机器指令进行同步控制的时间基准。
- **生成执行一个基本指令周期所需的控制信号**。指令周期被划分多个工作周期(也称为"相")，以完成各种功能操作的定时，例如指令读取、指令译码、地址形成、操作数读取、指令执行和结果存入(包括存储器访问操作)，控制器按预定时刻产生所有的控制信号。
- **响应异常事件请求或输入/输出设备发出的中断**。响应异常(Exception)事件或中断(Interrupt)意味着控制器需要中止程序执行，保存程序现场，辨别中断源，并将控制转移到相应的中断服务程序。当中断服务结束时，如果没有新的等待处理的中断请求，则必须恢复执行被中断的程序。

3. 控制器设计的趋势

在现代计算机中，输入/输出和存储器通常采用异步控制。与微处理器的同步控制模式相比，输入/输出和存储器有其特定的操作模式以及速度特性，异步控制能较好地适应不同存储器和外部设备的需求。另外，让输入/输出和存储器拥有各自的控制器，变为自主的功能部件，可以实现分散控制，减轻中央控制器的负担。

　　控制任务的分散允许控制器在小部件的形式下实现标准化，完成局部的专门任务。按照最终控制信号的形成方式，控制器可分为硬连逻辑控制器和微程序控制器这两种基本类型，设计者选用哪一种方式与设计者当时的软硬件技术发展水平紧密相关。不过，最灵活且更容易获得控制标准化的当属微程序(微码)方式。

3.2.3　硬连逻辑控制器设计

1. 硬连逻辑控制器的基本结构

　　采用硬连逻辑控制方式的控制器又称为随机逻辑控制器。每种微指令都需要一组逻辑电路来实现，所有微指令所需的逻辑电路就构成了微指令发生器。在执行指令时，由微指令发生器在相应的时间发出控制信号，完成相应的微操作。

　　在形成逻辑电路之前，需要对产生微指令的条件进行综合、化简，如公用某些逻辑变量或中间逻辑函数、减少微元件数和逻辑门级数等，以便提高控制器的工作速度，或最小化控制器面积。在控制器制造完成之后，这些逻辑电路之间的连接关系就固定下来，无法改动，因而称为硬连(Hardwire)逻辑。在这种控制器中，微指令形成逻辑的元件数量在控制器中占了较大的比重。

　　图 3-10 是一种硬连逻辑控制器的基本结构框图，主要包括微指令发生器、指令寄存器(IR)、指令译码器(ID)、程序计数器(PC)、程序状态寄存器(PSW)、时序系统，以及地址形成器等部件。

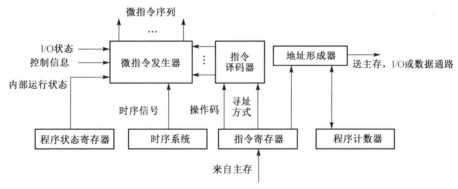

图 3-10　硬连逻辑控制器的基本结构框图

　　从主存读取的现行指令存放在指令寄存器中，其中操作码与寻址方式码分别经译码电路形成一些中间逻辑信号，送入微指令发生器，作为产生微指令的基本逻辑依据。微指令的形成还需要考虑各种状态信息，如程序状态寄存器所反映的内部运行状态、由控制台(如键盘)产生的操作员控制命令、I/O 设备与接口的有关状态、外部请求等。微指令是分时产生的，所以还需要引入时序系统提供的周期、节拍、脉冲等时序信号。指令寄存器中的地址段信息送往地址形成器，按照寻址方式形成实际地址，或送往主存，或送往输入/输出接口，或送往数据通路(以按指定的寄存器号选取相应的寄存器)。当程序顺序执行时，程序计数器将计数增量，形成后续指令的地址;当程序需要转移时,指令寄存器中的地址段信息经地址形成部件产生转移地址,送入程序计数器,使程序发生转移。

2. 硬连逻辑控制器的特点

(1)逻辑门总数最小化,以降低成本

在某些情况下,控制器制造费用的最小化成为设计过程中的主要问题。采用以下方法可以使微处理器的逻辑门总数达到最小。

① 对硬件的逻辑设计进行优化。

② 尽可能地少用触发器(Flip-flop)及各类存储设备。

一个触发器所占面积大约等价于几十个逻辑门的面积,因而减少触发器数量是压缩逻辑门总数的一条捷径。使用尽可能少的寄存器或位数较少的寄存器有助于逻辑门总数的最小化。

(2)优化硬件时序,以增强性能

在硬件设计过程中进行时序优化,有助于改善控制器的电路性能。

① 将总的逻辑门级数最小化。

② 利用建立并行逻辑通路的方法减小时序约束。

③ 调整各指令操作周期的长度,以降低不必要的延时。

　　● 把不同长度的时钟周期自动配置给各种不同指令的操作周期。

　　● 让各种不同指令使用数目各不相同的单一时钟周期。

(3)采用简单的指令集

为了减小电路规模,自然不能采用复杂的指令。反之,有限的硬件资源也会限制指令的复杂度。例如,若机器内部只有一个累加器,则指令集将会有如下限制:

① 单目操作数指令。可以将累加器作为源操作数,同时作为目的操作数。

② 双目操作数指令。可以将累加器作为一个源操作数,以存储器作为另一个源操作数,
　　累加器同时也可作为目的操作数。

若机器内部只有一个索引寄存器,则指令集将会有如下限制:

① 当进行直接存储器寻址时,存储器地址由指令中的部分字段提供。

② 当进行索引寻址时,存储器地址一部分来自指令,另一部分来自该索引寄存器。

3. 硬连逻辑微处理器的工作原理

硬连逻辑微处理器的工作原理如图3-11所示。程序计数器(PC)存放着下一条待取指令的地址,并可通过一个加法器进行增值,得到顺序执行指令的地址(PC+常量)或转移指令的跳转地址(PC+offset)。微处理器需要从存储器中取指令时,利用多路选择器(MUX)输出 PC 的内容,若需要从存储器中取数据,则利用 MUX 输出数据存储单元地址。指令寄存器存放着当前正在执行的指令。控制逻辑包括了控制所有指令操作所必需的有限状态机(FSM)。

(1)取指令阶段

在取指令周期内,将进行如下一系列操作。

① 利用 MUX 把 PC 的值(指令的地址)送到存储器。

② 存储器回送所期望的指令并写入指令寄存器。

③ 同时加法器调整 PC 的值，以准备读取下一条指令。

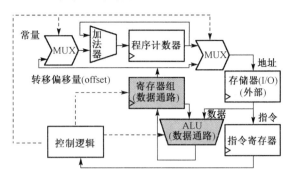

图 3-11　硬连逻辑微处理器的工作原理

(2) 执行指令阶段

根据从存储器中取出的这一条指令，进行指令的执行周期。

① 在寄存器组中选定一个地址寄存器，并利用 MUX 将该地址送到存储器。
② 存储器回送所期望的数据作为 ALU 的一个源操作数；另一个源操作数则来自于寄存器组中的数据寄存器。
③ ALU 的运算结果被回写入寄存器组中指定的结果寄存器。

4. 硬连逻辑微处理器指令集的设计

设计指令集时，必须考虑硬连逻辑控制器能否快速而方便地实现指令译码。

一般的设计方法是将指令划分成多个指令字段(Field)，并尽可能令这些字段在各指令中所处位置一致，以减少指令译码所需的逻辑门的数量。例如，指令中的 opcode(操作码)字段将指令集划分成若干种指令类型(Type)，同一类型的指令将使用同一个 opcode 值，不同的微操作字段(Micro Operation Field)则用来区别同一指令类型中的不同指令。

在计算机发展的早期，微处理器的硬件结构相对简单，控制器与数据通路之间的连接也比较简单，因而多采用硬连逻辑设计方法，以达到尽量提高速度和降低硬件成本的目标。随着集成电路技术的飞速发展，计算机硬件规模越来越大、结构越来越复杂，控制信号数量巨大，复杂芯片的调试、维护以及升级和改动都变得十分困难，而这也正是硬连逻辑微处理器的主要缺陷。

3.2.4　微程序控制器设计

随着应用技术的发展，用户希望不同类型的计算机系统之间具有兼容性，这意味着他们期望不用改变程序，就能将其尽快移植到新系统中。因此，新指令集 CPU 一方面需要继续支持以往的指令功能，一方面又需要尽快升级以抢占市场，这对硬连逻辑控制器设计师提出了极高的要求。

为了克服硬连逻辑控制器设计复杂、改动困难等缺点，人们提出了微程序控制器的设计思路。微程序控制器也称为微码控制器，其改进的思路是把所需的控制信号排列整齐，组成一个控制字，称为微指令(微码)。微指令的有序集合组成微程序，一段微程序可以完成一条指令的功能。微程序事先编好，写入 CPU 内部的只读存储器(Read Only Memory, ROM)中。

微程序控制器的优点是规整，易于设计、修改和扩充，缺点是 CPU 内部的控制存储器并非最简电路，因而相比于硬连逻辑控制器，其硬件成本更高。

1. 微程序控制器的基本结构

微程序控制器的基本结构如图 3-12 所示。在微程序结构中，控制单元输入和输出之间的关系被视为一个存储系统，在指令执行过程中的每一个时钟周期，该控制存储器都会输出一条微指令，作为指令执行的控制信号(或将该微指令再次简单译码，得到最终的控制信号)。

微程序控制器与硬连逻辑控制器的区别如下。

(1)每一条指令对应的微程序已经给出了微操作码前后次序关系，因此微程序控制器无须像硬连逻辑那样进行详细的"周期到周期"的设计。

微程序的设计与数据通路和微指令格式密切相关。这些设计过程互相影响，因此必须以交叉方式进行。正常情况下，微指令格式的选择比其他两个设计过程更为基本，它决定了微程序的策略，是整个设计的基础。

根据微程序的特点，一条微指令应能指定以下部分或全部控制信息：

① 将要执行微操作的数或地址；
② 将要执行的算术逻辑微操作；
③ 将要执行的存储器读或写微操作；
④ 在微程序中控制转移的逻辑条件；
⑤ 将要使用的下一个微地址。

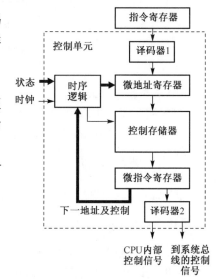

图 3-12　微程序控制器的基本结构

(2)微程序处理器中的微指令周期比硬连逻辑处理器中的指令周期简单得多。一条指令(特别是 CISC 指令)需要许多工作阶段来完成指令读取、指令译码、地址生成、操作数读取、指令执行等步骤，而一条微指令可能仅需以下几个步骤。

① 从控制存储器读取微指令，加载到微指令寄存器中；
② 将微指令译码，产生相关的控制信号，完成微指令要求的微操作；
③ 产生下一个微地址到微地址寄存器中，准备读取下一条微指令，转向①。

(3)微程序使控制硬件标准化。大量多样化的指令隐藏在微程序中，而微程序能够较容易地通过重写控制存储器来实现更新、升级，这为控制器设计提供了灵活性。计算机设计人员希望设计复杂指令，减少实现程序所需的指令数。微程序技术使得在简单硬件上实现复杂指令成为可能。不过，在现代设计中，也有不建议采用微程序设计的趋势，原因如下：

- VLSI 技术不断进展，实际上已能直接在硬件中实现更复杂的随机逻辑，没有必要采用微代码；
- 从 CPU 内部控制存储器中提取微指令带来的开销问题，可能使微程序处理器的性能比随机逻辑处理器的更低。

2. 微程序处理器的工作原理

微程序处理器的工作原理如图 3-13 所示。处理器内部有一个小的控制存储器(即微码

ROM），负责存储指令对应的微程序。程序执行时，处理器硬件并不直接执行程序中的指令，而只是将每条指令转换成简短的微指令程序，然后按顺序执行微指令，产生相应的控制信息。将指令转换为微指令程序的过程类似于编译程序将高级语言程序的每条指令转换成汇编语言指令序列。例如，微程序可将指令"ADD r1，r2，r3"转换成 6 个微操作：一个微操作负责读取 r2 值并将它送往加法器中作为输入；一个微操作负责读取 r3 值并将它送往加法器中作为另一个输入；一个微操作执行加法运算；一个微操作将加法结果写到 r1 中；一个微操作将程序计数器的值增量，使之指向下一条指令；一个微操作从内存中提取下一条指令。由于执行每个微操作通常会占用一个时钟周期，因此在系统中执行一条 ADD 指令很可能需要 6 个时钟周期。

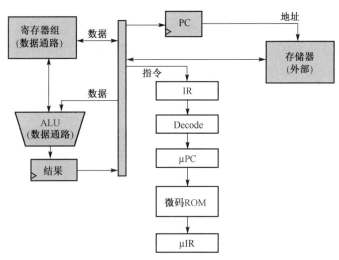

图 3-13　微程序处理器的工作原理

3.2.5　寄存器组设计

寄存器组又称为寄存器文件或寄存器堆，是一个寄存器集合。寄存器组相当于微处理器内部的存储器，用于存放指令和数据，每个寄存器都可通过指定的寄存器号(寄存器地址)来进行读写。

寄存器文件在物理上应尽量接近相应的执行单元。整数寄存器组可放在整数运算单元的附近，浮点寄存器则放在浮点运算单元的附近。减小寄存器组到执行单元的线路长度，能够缩短数据从寄存器组传送到执行单元所用的时间。

在每周期可执行多条指令的微处理器中，独立寄存器组会占用较少空间。在每个指令执行周期内，寄存器组通常需要允许两次读和一次写(因为一些算术运算需要读取两个寄存器，并写回到一个寄存器)。要想在一个周期内执行多个运算，通常需要增加读/写端口。将寄存器组细分为整数寄存器组和浮点寄存器组，可减少每个寄存器组需要的端口编码个数。由于寄存器组空间的增长速度比端口数的线性增长速度快得多,因此在提供相同端口数的情况下，两个独立的寄存器组就要比一个寄存器组占用较少空间。

3.3　指令系统设计

计算机系统支持多种编程语言，但硬件能够直接识别和执行的只有一种，那就是机器语言。因此，复杂的高级语言程序必须先编译或解释成机器语言程序，然后才能在机器硬件上执行。

本节将研究各种不同的机器指令格式和寻址方式，讨论如何决定并设计机器指令系统。

3.3.1　机器指令系统

在计算机系统中，通常将硬件直接实现的命令称为机器指令，将所有机器指令的集合称为机器指令系统，简称指令系统。不同类型的微处理器具有不同的指令系统。指令系统设计是微处理器设计的基础，对微处理器的组织结构有显著的影响。

从指令系统的定义可以看出，指令系统的功能即各机器指令功能之和，包括了硬件能够直接实现的所有运算或操作功能。一方面，应用需求必须按照指令系统约定的功能，形成计算机软件(程序)；另一方面，计算机硬件必须按照指令系统约定的功能，进行硬件组成设计。因此，指令系统是软硬件间的一个"约定"，是计算机软硬件的交界面(接口)。遵照这个约定，计算机硬件在执行计算机软件时实现的结果，才能与应用需求的预期一致(见图 3-14)。

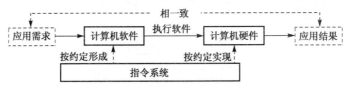

图 3-14　指令系统与计算机软硬件的关系

机器中的所有信息都是通过二进制编码表示的，因此指令的操作及操作的数据等也必须按照一定的格式进行编码(约定)，以便于硬件正确识别。

图 3-15 给出了指令执行的步骤，也隐含地定义了机器指令的以下 4 个要素(字段)。

① 操作码(Operation Code)。指定将要完成的操作(如 ADD 或 I/O 等)。

② 源操作数引用(Source Operand Reference)。指定操作涉及的一个或多个源操作数的存放地址。

③ 结果(目的)操作数引用(Result Operand Reference)。指定操作结果的存放地址。

④ 下一条指令引用(Next Instruction Reference)。告诉微处理器这条指令执行完后到哪里取下一条指令。

为了简化控制器的设计，操作码按操作分组指定。同一类型的操作分组通常要求类似的控制信号，因而给它们指定相连的二进制码，具有尽可能多的公共位。基本操作指令可以大致分为以下 3 类。

① 数据传送指令。数据可以存于存储器、I/O 接口或寄存器中，也可以是指令内部指定的立即数。在寄存器之间传送数据通常称为 COPY 或 MOVE，而在存储器和寄存器之间传送数据的指令则可能称为 LOAD/STORE(对于通用寄存器机器)或 PUSH/POP(对于堆栈机器)。立即数不能作为目的，但它可以通过寄存器存入存储器。

② 数据处理指令。基本算术指令包括整数的 ADD(加)、SUB(减)、MUL(乘)和 DIV(除)

等。这些操作可以有许多变形。例如，操作数可以是有符号的或无符号的，可以是浮点数（对于科学计算），甚至可以是十进制数（对于事务数据处理）。大多数计算机还提供包括逻辑操作和移位操作在内的多种逻辑指令，它们处理操作数的各个位。

③ 控制指令。控制指令在汇编语言级实现了高级语言构造 if-then-else、while-do、case 和 goto 的能力，如 BRANCH（转移）指令和 JUMP（跳转）指令等。

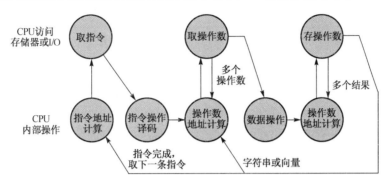

图 3-15　指令周期状态图

指令所需的源和结果操作数可以位于如下范围。

① 主存或虚存：指令必须提供主存或虚存的地址。

② 寄存器：除极少数例外情况，微处理器内总有一个或多个能被机器指令访问的寄存器。若只有一个寄存器，则对它的引用可以是隐式的；若不止一个寄存器，则每个寄存器要指定一个唯一的编号，指令提供所需寄存器的寄存器号（即寄存器地址）。

③ I/O 设备：需要 I/O 操作的指令必须指定 I/O 模块或设备的地址。

待取的下一条指令位于主存中，或者在虚拟存储系统中。大多数情况下，待取的下一条指令紧随在当前指令之后，指令无须进行显式引用。当需要显式引用时，指令中必须提供主存或虚拟存储器的地址。

3.3.2　指令格式

在计算机内部，指令由含有多个字段的一个位串来表示，这些位段就对应着指令的各个要素。位段的划分规则及含义就称为指令格式（Instruction Format）。

指令格式定义了二进制形式的机器指令，为系统软件提供了一个语言接口。指令格式既决定着由开发系统软件的程序员看到的计算机外部形象，也决定着由设计控制器的计算机结构师看到的计算机内部形象。

为了指定一个计算机操作，指令格式必须隐含或明确地包含如下 3 个必要部分。

① 将要执行的操作，用二进制位编码，称为操作码（opcode）。

② 源操作数和目的操作数在存储器、输入/输出接口和（或）寄存器中所在位置的信息。这些位置需用地址以及各种寻址方式加以指定。

③ 操作数的数据类型。

指令格式还可以包含其他可选字段，例如，

① 立即数或位移量字段，用来在指令代码中指定操作数或地址信息；

② 为达到控制目的而指定附加信息的字段。

操作码和操作数地址是机器指令的两个最重要的部分。下面分析指令格式的地址字段是怎样决定机器结构的。

大多数指令集使用不止一种指令格式。图 3-16 是许多微处理器使用的一般指令格式，指令开头处的操作码决定其后跟随的操作数的个数，其中二元操作(Binary Operation)是一种基本操作类型。

| 操作码 | 操作数1 | 操作数2 | …… |

图 3-16　许多微处理器使用的一般指令格式

一个二元操作指令在正常情况下要求明确地指定两个源地址(以读取两个操作数)及一个目的地址(以存放结果)。所有三个地址都是独立的，并应在指令中明确地加以指定。然而，由于有限的指令长度，要在一个指令格式中容纳三个存储器地址(某些地址可能是直接存储器地址)，是很难做到的。有两种方法可以克服这一困难。一种方法是只将一个地址指定给存储器中的操作数，而将其余地址都指定给寄存器；另一种方法是将其中一个、两个或三个操作数的地址变成隐含地址(如指定给专用寄存器)。第一种方法在传统的存储器-存储器指令结构以外引入了存储器-寄存器和寄存器-寄存器指令结构，第二种方法则引入了二地址、一地址和零地址指令结构。

由于机器指令的二进制表示法不易读、写和记忆，程序员普遍使用的是机器指令符号表示法(Symbol Representation)，即汇编指令。在汇编指令中，操作码可缩写成助记符(Mnemonic)来表示，如 ADD(加)、SUB(减)、MUL(乘)、DIV(除)、LOAD(读存储器)和 STORE(写存储器)。在汇编指令中，操作数也用符号表示。例如，指令 ADD R, Y 意味着将存储器 Y 位置的数据值加到寄存器 R 的内容中。在这个例子里，Y 是存储器某位置的地址，R 指的是一个具体寄存器。注意，这里的操作针对的是保存在某位置的数据内容，而不是针对地址本身。

如今大多数程序是用高级语言编写的，然而符号机器语言(汇编语言)在嵌入式开发领域仍是有用的工具。在 BASIC 或 C 这样的高级语言中，以 X=X + Y 为例，这条语句指挥计算机将存于 Y 地址的值加上存于 X 地址的值，并将结果放入 X 地址中。假设 X 和 Y 代表地址编号为 513 和 514 的存储单元，那么这个操作能够以如下 3 条汇编指令完成：

① 把存储器地址 513 的内容装入一个寄存器；
② 把存储器地址 514 的内容加到上述寄存器；
③ 把此寄存器的内容存入存储器地址 513 中。

如上所述，一条单一的 C 指令需要三条机器指令，这正是高级语言和机器语言之间的典型关系。高级语言使用变量，以简明的代数形式来表达操作，而机器语言以数据移入移出寄存器的基本形式来表达操作。当然，任何以高级语言编写的程序最终都必须转换成机器语言才能执行。

3.3.3　寻址方式

操作数可能存放于指令码、寄存器、存储器或输入/输出接口中。寻址方式决定了源操作数和目的操作数的位置。不同指令可以采用不同的寻址方式。下面讨论几类常用的寻址方式。

1．在指令码中指定操作数

这种寻址方式称为立即数寻址方式（Immediate Addressing Mode）。采用这种寻址方式，指令直接给出数据，操作数可立刻直接参加指定的操作。其缺点是，立即数字段的长度受指令长度的限制。例如，一个 16 位宽的指令，可能其立即数字段只能有 6 位或更短。这种有符号短立即数在参与运算前必须符号扩展到全字长，以便和寄存器的长度相匹配。采用立即数寻址方式的指令结构如图 3-17 所示，其中 Rd 表示目的操作数，Rs 表示源操作数，Imm 表示立即数。

2．在寄存器中指定操作数

这种寻址方式称为寄存器直接寻址方式（Register Direct Addressing Mode）。采用这种寻址方式，指令会在地址字段中指定一个寄存器号，而该寄存器的内容就是操作数。指令采用这种最常用的寻址方式时，地址字段只需要 n 位即可从 2^n 个通用寄存器中指定一个寄存器操作数。采用寄存器直接寻址方式的指令结构示于图 3-18。

图 3-17　立即数寻址方式

图 3-18　寄存器直接寻址方式

3．在存储器（或 I/O 接口）中指定操作数

程序中的全局变量（特别是大型数据矩阵）默认保存在存储器中，或需要存取 I/O 接口，因此微处理器也必须支持存储器（I/O）寻址方式。与 I/O 接口相比，系统中存储单元的数量多得多，所以存储器操作数的寻址方式最为多样化。下面讨论的就是最常用的几种存储器操作数的寻址方式。

（1）存储器直接寻址方式

指定存储器地址的方法之一是在指令中使用一个立即数作为存储器地址。这种在指令码中包含存储器地址的寻址方式称为存储器直接寻址方式（Memory Direct Addressing Mode），如图 3-19 所示。这种寻址方式的缺点是指令的位数有限，无法表示一个较大的地址值。

（2）寄存器间接寻址方式

为了解决存储器直接寻址方式的有限地址长度问题，最简单的解决方案就是将存储器地址放在寄存器中。这样就定义了寄存器间接寻址方式（Register Indirect Addressing Mode），它让寄存器内容指向一个可访问到操作数的存储单元。使用这种地址寄存器的优点是在指令中只需用一个短地址字节就能指定一个完整的存储器地址，即地址长度只受字长限制。该寻址方式的另一优点是灵活性，因为寄存器中的存储器地址可以很容易地由指令修改。寄存器间接寻址方式示于图 3-20。

存储器直接寻址方式：在指令码中指定存储器地址

ADD	Rd	Rs1	addr

例如 ADD Rd, Rs1, (addr)　　; Rd←(Rs1) + mem[addr]

图 3-19　存储器直接寻址方式

寄存器间接寻址方式：通过寄存器指定存储器地址

ADD	Rd	Rs1	Rs2

例如 ADD Rd, Rs1, (Rs2)　　; Rd←(Rs1) + mem[(Rs2)]

图 3-20　寄存器间接寻址方式

(3)存储器间接寻址方式

假设需访问的子程序存储在一个固定的存储器区域，而它的起始地址(入口地址)存放于存储器内的一个跳转表中。如果在某寄存器中指定这个跳转表相应项的存储地址，则可通过这个寄存器获取子程序起始地址所在的存储单元，进而通过这个存储单元进入所需的子程序。这一多级间接寻址称为存储器间接寻址方式(Memory Indirect Addressing mode)。从原理上讲，存储器间接寻址的级数可以不限于二级。存储器间接寻址方式示于图3-21。

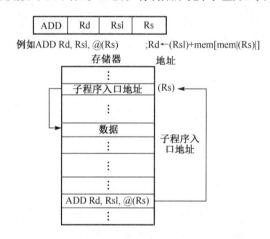

ADD	Rd	Rsl	Rs

例如ADD Rd, Rsl, @(Rs)　　;Rd←(Rsl)+mem[mem[(Rs)]]

图 3-21　存储器间接寻址方式

(4)位移量寻址方式

在多作业操作系统环境中执行一道程序时，程序的可执行映像必须在存储器空间内频繁地迁移，绝对地址只能由系统指定。为了尽量不用绝对存储地址，需要有一种寻址方式来加强编写与位置无关的(Position-Independent)汇编语言程序。满足这一条件的寻址方式是位移量寻址方式(Displacement Addressing Mode)：除了用常规地址字节指定一个地址寄存器，另外用一个立即数字段来指定位移量，存储器操作数的有效地址等于位移量与地址寄存器内容之和。这个位移量应当指定为程序的一个标号。在程序随后由系统进行汇编时，将自动赋给该标号一个与位置无关的值。位移量寻址方式示于图3-22。图中第2个源操作数 A[i]可从一个数据矩阵 A 中访问到，矩阵的起始地址由标号 Astart 指定，而矩阵元素的下标(索引)i 由寄存器 Rx 指定，其内容对 32 位数来说等于 4i。在循环程序的每一次迭代中，寄存器 Rx 的内容加 4，可以从 i=0 到 i=n−1 依次读取数据矩阵 A 中的各个元素。

(5)变址寻址方式

变址寻址方式又称为索引寻址方式。如同位移量寻址方式，变址寻址方式(Indexed Addressing Mode)也是为了加强对数据矩阵的访问而设计的。变址寻址方式使用两个寄存器来指定数据矩阵的一个元素。一个寄存器称为基址寄存器(Rs)，包含数据矩阵的基地址或起始地址；另一个寄存器称为变址寄存器(Rx)，指定将要读取的数据矩阵元素的索引值。将这两个寄存器的内容相加即得到所需元素的有效地址。变址寻址方式示于图 3-23，与图 3-22 相比，基址寄存器的内容(Rs)代替了起始地址 Astart(立即数 Imm)。

例如ADD Rd, Rsl, Astart(Rx)　; Rd←(Rsl)+mem[(Rx)+Astart]

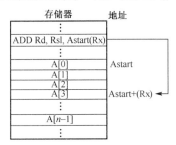

图 3-22　位移量寻址方式

例如ADD Rd, Rsl, (Rs)+(Rx)　; Rd←(Rsl)+mem[(Rs)+(Rx)]

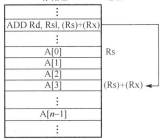

图 3-23　变址寻址方式

(6) 比例尺寻址方式

将位移量寻址方式和变址寻址方式相结合，可以得到一种更通用的寻址方式，称为比例尺寻址方式(Scaled Addressing Mode)。它要指定 4 个值：一个立即数 Imm 用于指定起始地址；两个寄存器 Rs 和 Rx 分别用于位移量寻址和变址寻址；d 是用字节表示的操作数的长度。有效存储器地址=Imm+(Rs)+(Rx)×d，其中(Rx)×d 意味着(Rx)可以在循环程序的每一次迭代中简单地用一条指令增 1 或减 1，而每一次迭代指数的真实修改量由寻址方式自动安排。比例尺寻址方式示于图 3-24。

图 3-24　比例尺寻址方式

4. 在汇编语言程序内部指定某一位置

属于本类寻址方式的是 PC 相对寻址方式(Program Counter-related Addressing Mode)。它主要用在 BRANCH(转移)或 JUMP(跳转)指令中。BRANCH 或 JUMP 指令的目的地址或目标地址被指定为汇编语言程序内部的一个标识。每一个标识附属在一条指令上，当程序加载进入存储器时，标识的值就等于该指令的地址。在程序进行汇编时，标识便很容易地变换为相对程序计数器(PC)的一个偏移量。因此，使用这一寻址方式可以计算出一个目的地址，指向一条事先指定的指令，或作为转移控制之用。PC 相对寻址方式示于图 3-25。

PC 相对寻址方式：指定汇编语言程序码的内部位置作为操作数

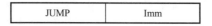

图 3-25　PC 相对寻址方式

例如，JUMP label 的操作为：PC←label=(PC)updated+immsign_ext。其中，(PC)updated 表示当前指令取出后的程序计数器值，immsign_ext 表示 Imm 可以是一个符号位扩展的符号数(补码)。

3.3.4　指令系统设计要点

指令系统决定了计算机所能实现的操作功能，通常认为指令系统是与应用相关的，因为设计一个指令系统的最终目的是满足用户需要。对于一个通用微处理器，其指令系统的基本操作集合或多或少是标准的，并且是相似的；而一个嵌入式微处理器可能仅要求少量特别的指令，以便满足某一种特别应用的需要。指令系统会影响计算机设计的许多方面，因此指令系统设计集中在涉及计算机系统总体性能的如下一些因素上。

① 程序员的要求。指令系统是为编译器设计人员和汇编语言程序员提供的硬件-软件接口，在设计指令系统时必须考虑编程的便利和效率。

② 实现技术。指令系统是硬件设计人员实现微处理器的基础，所以指令系统设计必须考虑实现技术。例如，流水线是实现高性能处理机的流行技术，所以指令系统设计必须有利于流水线的实现。

③ 计算机的综合性能。因为程序的执行时间是计算机真实性能的量度，而这个时间又与每一类型指令的平均执行时间 CPIave(Cycles Per Instruction average) 和时钟频率有关。为了这一性能的最佳化，应该让最常用的指令类型尽可能快速执行(即用纯逻辑实现)，而最耗费时间(但最少用)的指令类型应从指令系统中去掉,改用软件(程序段)实现。这是计算机系统设计师在设计指令系统时总是要面对的一个硬件和软件之间权衡的问题。

④ 计算机软件的向后兼容性。这实际上是指令系统设计中的一个限制而不是有利因素。Pentium 系列便是一个典型的例子，向后兼容的限制使它的指令系统设计很困难，并且很复杂。

3.4　指令流水线技术

为了克服冯·诺依曼型计算机的微处理器与存储器之间的数据传输(CPU-MEM)和指令串行执行这两大性能瓶颈，人们提出了很多改进方案。例如，通过采用哈佛体系结构、存储器分层结构、高速缓存与虚拟存储器等措施来提高存储系统性能，采用流水线、超标量等技术来减小指令串行执行对微处理性能的影响。

在讨论指令流水线时经常会用到两个术语：延迟(Latency)和吞吐量(Throughput)。延迟又称为时延或延时，是信号从电路的一端抵达另一端所经历的时间，此处是从头到尾执行一条指令所需的时间。吞吐量是指在单位时间内成功传输的总信息量，一个指令流水线的吞吐量定义为单位时间内完成的指令数。

3.4.1　流水线技术的特点

图3-26(a)是一个很简单的非流水线系统示例。系统硬件由一些执行计算的组合逻辑和一个保存计算结果的寄存器组成，时钟信号控制在每个特定的时刻将结果存入寄存器。CD 播放器中的译码器就是这样的一个系统，输入信号是从 CD 表面读出的位，逻辑电路对这些位进行译码，产生音频信号。

图 3-26(b)给出了(a)中系统的时空图，其中时间从左向右流动，从上到下写着一组操作(指令 I1、I2 和 I3)，矩形表示这些指令执行的时间。这个实现中，在开始下一条指令之前必须先完成前一个，因此这些方框在垂直方向(空间)上并没有相互重叠。假设组合逻辑延迟为300 ps[1]，寄存器加载需要 20 ps，则系统的最大吞吐量=1/[(1300+20)×10^{-12}]=3.125 GIPS[2]。

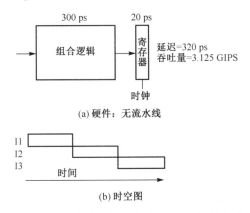

(a) 硬件：无流水线

(b) 时空图

图 3-26　无流水线的计算硬件。每个 320 ps 的周期内，系统用
300 ps 计算组合逻辑函数，20 ps 将结果存到输出寄存器中

假设将系统执行的计算(组合逻辑)分成 3 个阶段(A、B 和 C)，每个阶段需要 100 ps，如图 3-27(a)所示，则每条指令都会按照 3 步经过这个系统。在各个阶段之间放上流水线寄存器(Pipeline Register)，从图 3-27(b)所示的时空图可以看出，只要 I1 从 A 进入 B，就可以让 I2 进入阶段 A。依次类推，在稳定状态下，该流水线的 3 个阶段都应该是活动的，如第 3 个时钟周期处，I1 在阶段 C，I2 在阶段 B，而 I3 在阶段 A。在这个系统中，时钟周期应为100+20=120 ps，因此吞吐量约为 1/(120×10^{-12})=8.33 GIPS，延迟则为 3×120=360 ps。可见，利用流水线技术能够将系统吞吐量提高到原来的 8.33/3.12=2.67 倍，代价是增加了硬件开销，且由于流水线寄存器增加的时间开销导致延迟略微增加，为原来的 360/320=1.12 倍。

---

① 1 ps(picosecond，皮秒，万亿分之一秒)=10^{-12} s。——编者注

② 1 GIPS(Giga Instructions Per Second)表示每秒十亿条指令。——编者注

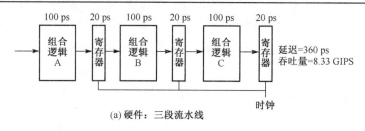

(a) 硬件：三段流水线

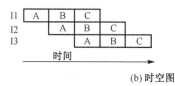

(b) 时空图

图 3-27　三段流水线的计算硬件。计算被划分为 3 个阶段 A、B 和
C。每经过一个 120 ps 的周期，指令就行进通过一个阶段

为了更好地理解流水线是怎样工作的，可认真观察流水线计算的时序和操作。如图 3-28 所示，流水线阶段之间的指令转移是由时钟信号来控制的，每隔 120 ps，时钟信号从 0 上升至 1，开始下一组流水线阶段的计算。

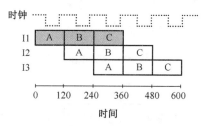

图 3-28　三段流水线的时序。时钟信号的上升沿
控制指令从一个阶段移到下一个阶段

图 3-29 给出了在 240~360 时间段内的指令操作示意图，图中阴影表示了指示 I1 的执行情况。在时钟上升之前(时间①)，阶段 A 中计算的指令 I2 的值已经到达第一个流水线寄存器的输入(注意，此时该寄存器的状态和输出还保持为指令 I1 在阶段 A 中计算的值)。同时，指令 I1 在阶段 B 中计算的值已经到达第二个流水线寄存器的输入。当时钟上升时(时间②)，这些输入被加载到流水线寄存器中，成为寄存器的输出。同时，阶段 A 的输入被设置成发起指令 I3 的计算。然后，信号传播通过各个阶段的组合逻辑。时间③处的图示表明信号可能以不同的速率通过组合逻辑。在下一个时钟上升沿前(时间④)，结果值到达下一个流水线寄存器的输入。可见，在每一次时钟上升沿处，指令都会前进通过一个流水线阶段。

从前面对流水线操作的描述可以看出，如果时钟运行得太快，信号可能会来不及通过组合逻辑并稳定输出，因此当时钟上升时，寄存器的输入还不是合法的值；另一方面，降低时钟频率不会影响流水线的进行，信号传播到流水线寄存器的输入，之后会一直等到时钟沿上升时才会改变寄存器的状态。

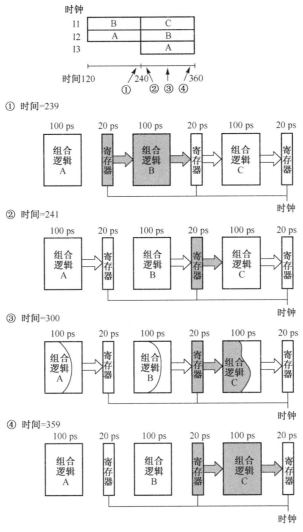

图 3-29　一个时钟周期内的指令操作示意图

3.4.2　流水线技术的局限性

在不出现阻塞或断流的条件下，流水线才能获得高的性能。图 3-27 ~ 图 3-29 给出了一个理想流水线系统的示例。但是，下面一些情况的出现会导致流水线系统的性能下降。

1. 流水线各段延迟不同导致的性能下降

图 3-30(a)展示的系统和前面一样，我们将计算划分为了三个阶段，但是通过这些阶段的延迟从 50 ps 到 150 ps 不等（通过所有阶段的延迟之和仍为 300 ps）。因为流水线各段的操作通过时钟实现同步，所以该时钟的速率受最慢阶段的延迟制约，即时钟周期=拍长=max（各段延迟）。图 3-30(b)所示的流水线时空图表明，在每个时钟周期，阶段 A 都会空闲 100 ps，而阶段 C 会空闲 50 ps，只有阶段 B 会一直处于活动状态。我们必须将时钟周期设为 150+20=170 ps，因此系统吞吐量为 5.88 GIPS。另外，由于时钟周期减慢，延迟也增加到了 510 ps。

可见，如果流水线中某些段的处理时间比其他段的长，则这些段将成为瓶颈，引起流水线阻塞。因此，流水线机器在设计时需要考虑使各段的执行时间尽可能相等。但是对硬件设计者来说，将系统划分成一组具有完全相同延迟的阶段是一个严峻的挑战。通常，微处理器中的某些硬件单元，如 ALU 和存储器，是不太可能被划分成多个延迟较小的单元的。这使得设计一组各阶段均衡的流水线非常困难，因此理解流水线操作时序的优化非常重要。

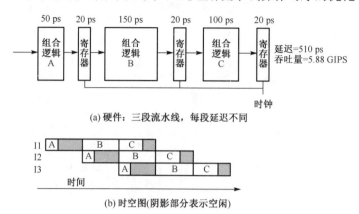

(a) 硬件：三段流水线，每段延迟不同

(b) 时空图(阴影部分表示空闲)

图 3-30　各阶段延迟不同造成的流水线局限性：系统吞吐量受最慢阶段的速度制约

2．流水线段数过多导致的性能下降

图 3-31 说明了流水线技术的另一个局限性。在这个例子中，系统被分成了 6 个阶段(每个阶段需要 50 ps)。这个系统的最小时钟周期为 50+20=70 ps，最大吞吐量为 14.29 GIPS，提高到原来的 14.29/8.33=1.71 倍。可见，虽然时钟缩短了一半，但是由于流水线寄存器引入了延迟，吞吐量并没有加倍。寄存器延迟占整个时钟周期的 28.6%，成了流水线吞吐量的一个制约因素。

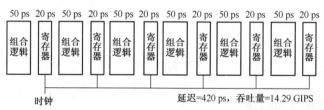

图 3-31　由寄存器开销造成的流水线局限性：在组合逻辑被分成
较小的块时，寄存器更新引起的延迟成为新的制约因素

为了提高时钟频率，现代微处理器采用了很深的(15 或更多的阶段)流水线。微处理器将指令的执行划分成很多非常简单的步骤，以保证每个阶段的延迟很小。但是，设计者必须小心地设计流水线寄存器，以免其成为性能的制约因素，同时还必须精细地设计时钟传播网络，以保证时钟信号在整个芯片上同时改变。所有这些都是设计高速微处理器面临的挑战。

3．流水线中指令相关导致的性能下降

指令之间存在的相关性(Dependence)也可能会引起流水线的停顿，从而影响流水线的性能和效率。指令相关有 3 种类型：数据相关、资源(结构)相关和控制相关。如果两条相关指令在执行顺序中足够接近，就可能使它们在重叠执行期间产生冒险(Hazard)，从而导致流水线停顿。流水线机器在设计时需要采用各种静态(依赖编译器实现)或动态(依赖硬件实现)技术来尽可能地消除冒险。需要注意的是，指令是否存在相关取决于程序的性质，而一个给定的相关是否会引起冒险以及冒险是否会造成流水线停顿，则取决于流水线的结构。

流水线结构中常见的冒险包括数据冒险(如后面的计算要用到前面的结果)、结构冒险(硬件资源不够)和控制冒险(由转移指令引起)。

(1) 数据冒险

数据相关是指流水线中相近指令因为操作重叠，引起对同一寄存器或存储单元访问次序的改变。数据相关可能引起数据冒险。

依据指令的读写访问顺序，可能的数据冒险包括：

● RAW(写后读)。指令 j 试图在指令 i 写一个数据之前读取它。这时指令 j 将错误地读出旧值。

● WAW(写后写)。指令 j 试图在指令 i 写一个数据之前写该数据。这样当写操作结束时该数据值由指令 i 决定，而程序的本意是保留指令 j 的结果。

● WAR(读后写)。指令 j 试图在指令 i 读一个数据之前写该数据。这时指令 i 将错误地读出新值。

如图 3-32 所示，假设第一条除法指令需要在寄存器 R2 中存放计算结果，而第二条加法指令恰恰需要读取 R2 中的数据作为输入。为确保程序执行的正确性，加法指令的执行阶段必须延后，以等待除法指令执行完成。

周期	1	2	3	4	5	6	7	8
DIV R2, R1	取指	解码	执行			回写		
ADD R3, R2		取指	解码	等待		执行	回写	
指令3			取指	解码	等待		执行	回写
指令4			取指	解码	等待			执行
指令5				取指	解码	等待		
指令6					取指	解码	等待	

图 3-32　顺序流水线的数据相关

数据冒险可以采用定向(Forwarding)技术或调度(Scheduling)技术来减少停顿时间。定向技术是指将结果数据从其产生的地方直接传送到所有需要它的功能部件，而调度技术则可以利用编译器(静态)或硬件(动态)来重新组织指令顺序，以减少流水线停顿。

与静态调度技术相比，使用硬件实现的动态调度技术可以处理一些在编译阶段无法预见的相关情况，同时简化了编译器的设计，当然这是以硬件复杂度的显著增加为代价的。乱序执行处理器采用序列器(Scheduler)来扫描待处理指令窗中的可能的数据冒险：比较每条指令的操作数寄存器，判断哪些指令需要等待其他指令的计算结果，而哪些指令已经可以执行。

图 3-33 说明了一种乱序调度执行流水线。程序中第二条加法指令需要第一条除法指令的结果作为输入，而第四条乘法指令需要第二条加法指令的结果作为输入。这几条指令之间存在着的相关性需要它们必须按顺序执行。然而程序段中其他无相关性的指令(如第三条减法指令)则可以通过调度技术提前执行，从而提高处理器性能。作为对比，图 3-32 所示的流水线也称为顺序执行流水线。

周期	1	2	3	4	5	6	7	8
DIV R2, R1	取指	解码	执行			回写		
ADD R3, R2		取指	解码	等待		执行	回写	
SUB R8, R7			取指	解码	执行	回写		
MUL R4, R3				取指	解码	等待	执行	回写
SUB R10, R9					取指	解码	执行	回写
SUB R12, R11						取指	解码	执行

图 3-33　乱序调度执行流水线

乱序执行技术会带来一些其他问题。例如，需要仔细控制乱序调度的范围和程度，以保证整个程序逻辑功能的正确性，尤其是在程序指令间存在间接相关关系时。另外，若要上述除法指令与减法指令能够同时执行，则也需要两种执行部件相互独立。

(2)结构冒险

结构相关是指不同流水线阶段在同一时刻争用同一硬件资源的现象。结构相关可能引起结构冒险。假设某微处理器结构只有一个除法单元，如果有两条除法指令需要执行，那么即使没有任何数据相关，后来的除法指令也必须等到上一条除法指令完成才能执行。另外，结构冒险也常发生于存储器或寄存器的读写冲突上。

结构冒险可以通过加入额外的同类型资源(如采用哈佛体系结构设置各自独立的数据存储器和指令存储器)，或改变资源的设计(如采用多端口寄存器组)来减少或消除。

(3)控制冒险

控制相关是指流水线中的转移指令无法立即给出转移目标处的地址，而取指阶段又立即要求获得后继指令。控制相关可能引起控制冒险。如图 3-34 所示，转移(BRANCH)指令(又称为分支指令)在执行结束之前可能需要中断流水线，因为只有在转移指令结束后才能决定下面哪一条指令可以进入流水线。

周期	1	2	3	4	5	6	7	8
DIV R2, R1	取指	解码	执行			回写		
ADD R3, R2		取指	解码	等待		执行	回写	
BRANCH			取指	解码	等待		执行	回写
指令4								取指

图 3-34　顺序流水线的控制相关

控制冒险可以通过分支预测及预测执行技术来解决。分支预测技术包括静态和动态两种。静态分支预测主要依靠编译器预测跳转方向并调度指令按序流出。动态分支预测则在程序运行时执行分支预测算法，根据历史表中记录的以前发生的转移情况来预测下一次是转移还是不转移。动态分支预测可以适应程序的当前状态，但需要特殊的、复杂的硬件支持，因此极大地增加了芯片复杂度。

3.4.3　指令流水线的性能指标

通常，流水线的性能可以用吞吐量、加速比和效率这 3 个指标来评估。

(1) 吞吐量

吞吐量是指单位时间内流水线能够处理的任务数，即流水线输出结果的数量，它是衡量流水线速度的主要性能指标，用 T_p 来表示。吞吐量描述了流水线执行各种运算的速率 (通常表示为每秒执行的运算数或每周期执行的运算数)。

吞吐量又有最大吞吐量和实际吞吐量之分。流水线连续流动达到稳定状态后得到的吞吐量称为最大吞吐量 ($T_{p\,max}$)。

设流水线有 m 段，各段时长 (即拍长) 均为 Δt，则该流水线连续处理 n 条指令时的实际吞吐量 T_p 为

$$T_p = \frac{n}{T_{流水}} = \frac{n}{m\Delta t + (n-1)\Delta t} = \frac{1}{[1+(m-1)/n]\Delta t}$$

可以看出，当 $n \to \infty$ 时，最大吞吐量 $T_{p\,max}=1/\Delta t$。这意味着流水线达到稳定状态后，每拍都能结束一条指令。

(2) 加速比

加速比 (Speedup Ratio) 是指流水线工作方式下处理任务的速度与等效的顺序串行工作方式下处理任务的速度比，用 S_p 来表示。也就是说，加速比是程序在流水线上的执行速度与在等功能非流水线上的执行速度之比。

设流水线有 m 段，拍长均为 Δt，则该流水线连续处理 n 条指令时的加速比 S_p 为

$$S_p = \frac{T_{串行}}{T_{流水}} = \frac{n \cdot m\Delta t}{m\Delta t + (n-1)\Delta t} = \frac{nm}{m+n-1} = \frac{m}{1+(m-1)/n}$$

可以看出，当 $n \to \infty$ 时，$S_p \to m$，即最大加速比等于流水线的段数。

(3) 效率

流水线并不总是满负荷工作，其各段硬件的利用率称为效率 (Efficiency)，用 E 来表示。

设流水线有 m 段，拍长为 Δt，则该流水线连续处理 n 条指令时的效率 E 为

$$E = \frac{n \text{ 条指令完成时间内占用的时空区}}{n \text{ 条指令完成时间内的总时空区}} = \frac{n \cdot m\Delta t}{m[m\Delta t + (n-1)\Delta t]} = \frac{1}{1+(m-1)/n}$$

可以看出，当 $n \to \infty$ 时，$E \to 1$，即流过流水线的指令越多，流水线效率越高。

3.5　典型微处理器体系结构简介

为了提高微处理器的性能，实际计算机的体系结构和实现技术要复杂得多，甚至包括一些诸如向量处理器、流处理器、存内处理器、机器学习处理器等非冯·诺依曼体系结构设计方法。

本节选择的典型微处理器是已被广泛应用于微型机、嵌入式系统应用领域中的代表性机型，通过将实际的微处理器与模型机相比，考察和理解微处理器性能改进的思路和方法。

3.5.1　ARM 体系结构

ARM (Advanced RISC Machine) 是一家专门从事芯片 IP 设计与授权业务的公司，其产品有 ARM 内核以及各类外围接口。ARM 内核具有功耗低、性价比高、代码密度高等特色，是 RISC 技术的代表。

ARM 微处理器是业界公认性能最优良的嵌入式微处理器之一。事实上，绝大多数的智能手机、平板电脑、游戏机、机顶盒等都已使用了 ARM 内核，许多一流的芯片厂商都是 ARM 的授权用户，如 Intel、Samsung、TI 和华为等。

1. ARM 内核的基本体系结构

图 3-35 是 ARM 内核体系结构的简化示意图。ARM 大多采用哈佛体系结构，具有单独的数据总线和地址总线进入指令存储器和数据存储器。

在 ARM 内核中，所有的数据操作在寄存器组中进行。内嵌的桶式移位器可以直接对寄存器输出数据进行逻辑移位，扩展了指令功能，改善了内核性能。内嵌的专用乘累加部件可用于支持一些强大的数字信号处理指令。

2. ARM 的指令系统

为兼容起见，ARM 内核至少支持两种指令集，32 位的 ARM 指令集和 16 位的 Thumb 指令集。其中，Thumb 指令集是 ARM 指令集的子集。

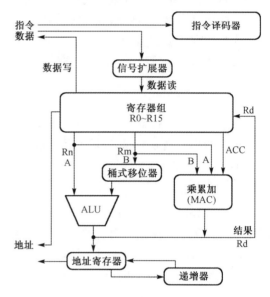

图 3-35　ARM 内核体系结构简化示意图

图 3-36 是 ARM 32 位机器指令编码的一般格式，可以分成如下 5 个区域：

① [31:28]区域是条件码(cond)域，共 4 位编码，可以表示 16 种组合。当条件不满足时，该条指令将被忽略。

② [27:20]区域是指令操作码域，该区域包含了操作码(opcode)和一些可选的后缀编码(如S)。

③ [19:16]区域是源操作数寄存器(Rn)。

④ [15:12]区域是目的操作数寄存器(Rd)。

⑤ [11:0]区域通常用于存放地址偏移或立即数，即第二源操作数(Op2)。

31:28	27:25	24:21	20	19:16	15:12	11:0
cond	000	opcode	S	Rn	Rd	Op2

图 3-36　ARM32 位机器指令编码的一般格式

ARM 指令系统的说明详见第 8 章。

3.5.2　Intel x86 体系结构

计算机系统技术的重大进展与高性能 16/32 位微处理器的开发以及由此制成的微型计算机系统密不可分。至今，个人计算机产业的发展基本上还是沿着 Intel x86 体系结构的发展方向不断前进。Intel 公司的 8088/8086 微处理器尽管早已退出历史舞台，但其作为 CISC 技术的代表，从教学角度比较容易为初学者所理解。

1. Intel 8086/8088 的基本体系结构

Intel 8086 是一种 16 位微处理器芯片(内部总线与运算器是 16 位的，外部数据总线也是

16 位的)，8088 则是准 16 位微处理器芯片(内部是 16 位的，外部是 8 位的)。由于当时大部分外部设备以字节(8 位)为单位进行数据传送，所以 8088 在连接外部设备方面比较方便。8086/8088 微处理器的内部组成如图 3-37 所示。

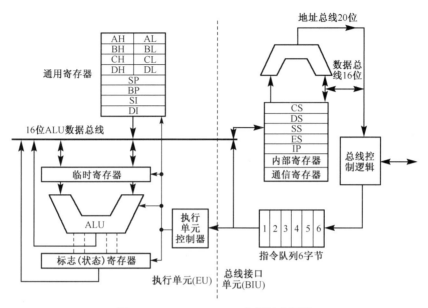

图 3-37 Intel 8086/8088 内部组成框图

8086/8088 内部可分为执行单元(EU)和总线接口单元(BIU)两大部分。执行单元包括一个 16 位算术逻辑单元(ALU)、一组通用寄存器、暂存器和标志(状态)寄存器，以及执行单元控制器。执行单元的任务是从指令队列中取出代码，完成机器指令所规定的功能。当需要访问主存储器或外部设备时，由执行单元向总线接口单元发出命令，并提供 16 位的访问地址与需要传送的数据。

总线接口单元包括一组段寄存器、指令指针(IP)(与程序计数器类似)、指令队列(相当于指令寄存器)、20 位总线地址的形成部件，以及总线控制逻辑。总线接口单元的任务是负责微处理器与主存储器(或与外部设备)之间的信息传送。

2．Intel x86 的指令系统

由于必须与早期成员保持兼容，Intel 微处理器的指令格式高度不规则，且指令长度可变，如图3-38 所示。

0～4字节	1～2字节	0～1字节	0～1字节	0, 1, 2, 4字节	0, 1, 2, 4字节
前缀	操作码 OPcodc D W	操作数 MOD REG RM	S I B	位移量	立即数

图 3-38 Intel 微处理器的指令格式

Intel 微处理器是一种基于专用寄存器组的二地址存储器–寄存器(M-R)机。对于二元操作，一个操作数总是位于寄存器中，而另一个操作数可以从存储器或寄存器中读取。指令使用一个 3 位 REG(REGister)字段，根据表3-1 选择 8 个通用寄存器中的一个；标识 D(Destination)指定 REG 是一个目的(如 D=1)还是一个源(如 D=0)；标识 W(Word)指定寄存器的不同字长(8

位或 16 位);前缀字段定义字长在 16 位和 32 位之间切换,并且还包含了超越操作数长度和超越地址长度的信息(超越前缀可用来改变默认操作数的数据长度和操作数地址的长度)。

表 3-1 用 REG 和 W 字段选择 Intel 80x86/Pentium 寄存器

REG	W=0(字节)	W=1(字)	32 位寄存器	说　明
000	AL	AX=AH AL	EAX	累加器
001	CL	CX=CH CL	ECX	计数寄存器
010	DL	DX=DH DL	EDX	数据寄存器
011	BL	BX=BH BL	EBX	基址寄存器
100	AH	SP (address)	ESP	堆栈指针寄存器
101	CH	BP (address)	EBP	堆栈基指针寄存器
110	DH	SI (index)	ESI	源指数寄存器
111	BH	DI (index)	EDI	目的指数寄存器

注: 对于某些指令, REG 可以用来扩展操作码的信息。

习题

3.1 微处理器有哪些基本功能? 说明实现这些功能各需要哪些部件,并画出微处理器的基本结构图。

3.2 微处理器内部有哪些基本操作? 这些基本操作各包含哪些微操作?

3.3 指令系统的设计会影响计算机系统的哪些性能?

3.4 固定长度指令编码有什么优缺点?

3.5 某时钟速率为 2.5 GHz 的流水线处理器执行一个有 150 万条指令的程序。流水线有 5 段并以每时钟周期 1 条的速率发射指令。不考虑转移指令和乱序(Out-of-sequence)执行所带来的性能损失。

a)同样执行这个程序,该处理器的加速比是多少?

b)此流水线处理器的吞吐量是多少(以 MIPS 为单位)?

3.6 一个时钟频率为 2.5 GHz 的非流水线处理器,其平均 CPI 是 4。该处理器的升级版本引入了 5 级流水。然而,由于流水线内部延迟,新版处理器的时钟频率必须降低到 2 GHz。

a)对典型程序,新版处理器所实现的加速比是多少?

b)新、旧两版微处理器的吞吐量各是多少(以 MIPS 为单位)?

3.7 硬连逻辑体系结构的特点是什么?

3.8 什么是微程序体系结构? 微指令的作用是什么?

3.9 微程序体系结构与硬连逻辑体系结构有什么区别?

3.10 讨论: 假设微处理器速度和主存储器延时之间的差距不断增大,计算机性能就可能局限于存储器访问时间。假设计算机具有一个比现在快 100 倍的微处理器,但是存储器速度仅是现在存储器的两倍,这样的计算机和当前计算机在设计方法上有什么区别? 你建议采用哪些技术来改善微处理器性能? 为什么?

参考资料

第4章 总线技术与总线标准

本章主要介绍计算机系统中各个模块之间实现数据传输的总线技术，包括总线分层结构、总线仲裁、总线操作等概念。

4.1 总线技术

本节主要讨论总线的概念、总线的层次结构和总线性能的评价指标，然后讨论总线的仲裁方式和总线的操作方式。

4.1.1 概述

总线是计算机系统中的信息传输通道，由系统中各个部件所共享。或者说，总线是计算机系统中模块与模块之间、部件与部件之间、设备与设备之间传送信息的一组公用信号传输线。在主模块或部件的控制下，总线将发送方发出的信息准确地传送给接收方。总线的特点在于公用性，即它可以同时挂接多个模块、部件或设备。某两个模块、部件或设备之间的信号连接线不能称为总线。模块、部件或设备是针对其在计算机系统中所处位置不同划分的，通常无严格界定，本章后续内容统称其为模块。

为什么计算机系统要采用总线结构连接各个模块呢？首先考虑具有 L 个模块的计算机系统，如果模块与模块间采用直接连接的方式，则实现所有模块连接时，共需要 $L\times(L-1)/2$ 组连接线。再考虑具有 M 个发送模块和 N 个接收模块的计算机系统，如果模块与模块之间仍然采用直接连接的方式，则实现任一发送模块都可与任一接收模块连接时，共需要 $M\times N$ 组连接线。如果采用总线连接，以上系统都只需要一组连接线，即所有模块连接到一组总线上即可。所以，计算机采用总线结构可以大大简化系统连接的复杂程度。

1. 总线的概念

从物理意义上讲，总线是一种共享的传输媒介。对于连接到总线上的多个模块而言，任何一个模块发出的信号可以被连接到总线上的所有其他模块接收。反之，如果连接在同一总线上的多个模块在同一时间内发出各自的信号，则可能产生信号重叠及混淆。因此，在同一时间段内，连接到总线上的多个模块中只能有一个模块主动进行信号的传输(称为主模块)，而其他模块只能处于被动接收的状态(称为次模块)。在任一时刻，总线操作由主模块控制，如指定数据的传送方向、数据传送的目的地等。

我们可以形象地将总线看成一条以微处理器为出发点的高速铁路，总线的宽度(数据位数)可视为高速铁路的轨道数目，而各个模块像一个个车站，在总线上收发数据就像车站接发高速列车。总线作为所有模块共同使用的"高速铁轨"，每个模块都通过接口电路与总线相连。

在大多数情况下，总线实际上是由多条通信通道或线路组成的，每条线路都能够传输代表二进制数字 0 或 1 的电信号，而通过多条线路就可以同时传输多位二进制数字。例如，一个 32 位宽的数据可以通过具有 32 条线路的总线并行传输。

　　在总线进行信号传输的过程中，完成一次传输的单位时间越短，在一定的时间内传输信息的批次就越多。通常用总线传输速率来说明总线所能达到的最高传输能力。

2．总线的分类

　　可以从不同角度对总线进行分类。按总线在计算机系统中所处的位置，可以分为片上总线、系统总线和系统外总线；按总线的功能，可以分为地址总线(Address Bus, AB)、数据总线(Data Bus, DB)和控制总线(Control Bus, CB)；按时序控制方式，可以分为同步总线和异步总线；按数据传送格式，可以分为并行总线和串行总线。

　　(1)按总线所处位置分类

　　片上总线是指在微处理器芯片内部的总线，是用来连接芯片内部各功能模块的信息通路。随着片上系统、片上网络的兴起，曾经的系统总线也可能逐步演化为片上总线。目前常见的片上总线为 ARM 内核的 AMBA 总线。

　　系统总线也称为微处理器系统总线，是微处理器芯片与存储器芯片、外设接口芯片等连接的总线，如 PCI-E 总线和 SATA 总线等。

　　系统外总线是微机系统与系统之间、微机系统与外部设备之间的总线。如 IB(InfiniBand)总线、USB 总线和 EIA-RS-232C 总线等。图 4-1 给出了相应的总线层次结构。

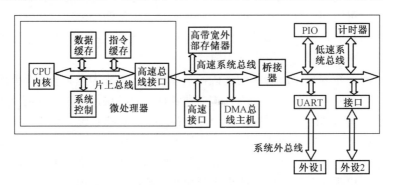

图 4-1　总线的层次结构

　　计算机的系统总线也常采用图 4-2 的形式表示。其中，CPU 与主存之间采用高性能的存储总线相连，CPU 与外设之间的总线再划分为高速和低速两个层次。这样的各层结构可以避免高速模块被低速模块影响，同时也可以简化低速模块(总线)的设计，以获得最终的性价比。

　　(2)按总线功能分类

　　从总线的功能来看，总线一般分为 3 类：地址总线、数据总线和控制总线，如图 4-3 所示。

　　地址总线 AB 主要完成系统地址信号的传送，一般为单向传送总线。地址信号通常从微处理器(或 CPU)发出，送往总线上所连接的各个模块或器件，用于指定数据总线上数据的去向或来源。例如，如果 CPU 希望从存储器中读取一个字(32 位)的数据，便将所期望的字地址放到地址总线信号线上。地址总线的宽度决定了系统最大存储器空间寻址范围(当然，地址总线也用于 I/O 端口的寻址)。通常，地址总线的高位部分通过译码电路后，用于选择一个特定的模块，而低位部分用于选择模块内存储器的单元或 I/O 端口位置。

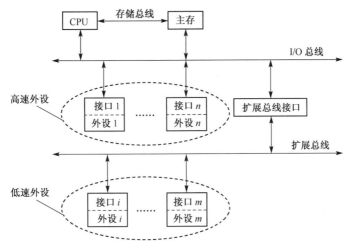

图 4-2　系统总线的多级结构

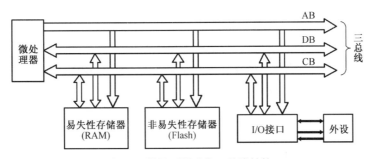

图 4-3　微处理器系统三总线结构

数据总线 DB 为总线上所连接的各个模块提供数据传送的通道，通常为双向传送总线。数据总线一般由 8 条、16 条、32 条或 64 条独立的信号线组成，线的数目就是数据总线的宽度。数据线的宽度是决定计算机系统性能的关键因素之一。例如，如果数据总线的宽度为 8 位，而需存取的数据是 16 位的，那么每次读/写数据时 CPU 都要访问存储器模块 2 次。

控制总线 CB 最为复杂，其上传输的控制或状态信号可能用于辅助数据传送、进行总线仲裁、执行中断控制等。由于数据和地址总线被总线上所连器件共享使用，因此控制总线必须对它们的使用进行控制。控制信号线可能为单向传送或双向传送，甚至在不同的时间段有不同的定义。

控制信号一般包括以下几类。

- 存储器/接口写操作控制信号：控制数据总线上的数据写入寻址单元/接口的操作，如 MEMW。
- 存储器/接口读操作控制信号：控制寻址单元/接口的数据送到数据总线上的操作，如 MEMR。
- 中断请求信号：说明至少有一个中断源正在请求，如 INTR。
- 中断响应信号：响应正在等待识别的中断请求，是对中断请求的应答，表示开始进入中断处理的过程，如 INTA。
- 总线操作同步的时钟信号：总线操作的基准时钟，如 CLK。
- 复位信号：使总线上的所有模块进入初始化状态，如 RESET。

- 用于应答总线传输的确认信号：说明数据从总线上接收到或已经送到总线上，如 ACK。
- 用于请求使用总线的请求信号：说明至少有一个模块需要获取对总线的控制。
- 用于表示总线使用许可的信号：说明一个正在请求的模块已经得到对总线的控制权。

一般来说，总线信号线中，除电源线、地线、数据总线和地址总线以外的所有信号线都可归为控制总线。

(3)按总线时序控制方式分类

同步总线在进行数据传送时，由严格的时钟周期来定时，一般设置有同步定时信号，如时钟同步、读/写信号等。在单机系统总线中，这些同步定时信号往往由 CPU 或 DMA(Direct Memory Access)控制器发出。在多机系统中，可以由主 CPU 提供系统总线的同步定时，也可以设置专门的系统时钟。同步总线广泛应用于各个模块间数据传送时间差异较小的场合，控制简单。

异步总线在数据传送时，没有固定的时钟周期定时，而采用应答方式工作，操作时间根据需要可长可短。

采用异步总线进行数据传送的典型过程是：当一个模块向另一个模块提出"读/写请求"后，前者处于等待状态，后者在准备好后(已将数据送到总线上，或已从总线上取走数据)发出"准备好"信号，前者撤销"读/写请求"信号，于是完成了一次异步数据传送。异步总线常用于各模块间数据传送时间差异较大的系统，其时间可以根据需要能短则短，需长则长，但控制较复杂。

(4)按数据传送格式分类

并行总线有多条数据传输线，可以同时并行传送多个二进制位，其位数一般就称为总线宽度。高速并行总线需要克服串扰、时钟偏斜(Skew)等问题，一般成本较高。

串行总线只需要一条数据线，串行地逐位传送数据。有些串行总线有两条甚至四条数据线，分别实现两个方向的数据传输或差分传输，称为双工通信。但从每次传输来看，数据仍然是逐位传输的。

3. 总线的性能指标

总线的性能指标包括：总线时钟频率、总线宽度、总线速率、总线带宽、总线同步方式，以及总线驱动能力等。

(1)总线时钟频率

总线时钟频率是总线时钟源每秒产生的脉冲数，反映了总线基本工作速度的快慢程度。通常情况下，总线时钟频率越高则传输速度越快。但是，时钟频率的提高会带来总线偏斜问题(总线中不同信号线的传输速度之间的差别)，时钟速度越快，总线偏斜就越严重。这也就是所谓的频率墙(Frequency Wall)问题。另外，时钟频率的提升也不利于对原有慢速总线的兼容。因此，总线时钟频率通常被设置得远低于其理论最大值，以补偿噪声和干扰等。

(2)总线宽度

总线宽度是总线单次并行传送数据的位数，一般为数据线的条数。总线宽度用位(bit)表示，如 8 位、16 位、32 位、64 位等。总线宽度是总线设计中最直接的参数。总线宽度越宽，单次传输的数据位数越多。但总线宽度越宽，也就需要占用越大的物理空间，同时信号串扰等问题也可能更严重。这些因素使得宽总线的成本代价更高。

注意，通常总线宽度仅指数据线宽度，与地址线宽度无关。当然，总线中的地址线信号宽度也非常重要，地址线的数目越多，CPU 能够直接寻址的主存空间就越大。若总线中有 n 条地址线，则 CPU 能够对 2^n 个不同的主存储器地址进行直接寻址。

（3）总线速率

总线速率是指每秒所能传输数据的最大次数。总线速率与总线的时钟频率（或时钟周期）和总线周期数有关，总线速率=总线时钟频率/总线周期数。

总线周期数是指通过总线传送一次数据所需的时钟周期数。某些系统传送一次数据需要几个时钟周期，而某些系统在一个时钟周期甚至可以传送两次数据。

（4）总线带宽

总线带宽是指每秒传输的字节数，单位是字节/秒（B/s）或兆字节/秒（MB/s）。总线带宽与总线速率和总线宽度有关，即总线带宽=总线速率×总线宽度/8。

（5）总线同步方式

总线有同步总线和异步总线之分。在同步方式下，总线上主模块与从模块严格按系统时钟来统一操作，因而一般传输效率较高，功耗也较高。如果总线上各个模块的工作速率不同，则总线操作可能受最慢模块的制约。在异步方式下，主、从模块通常采用应答传输方式，可靠性更高、功耗更低且更为灵活。但因双方握手需要时间，所以传输效率可能较低。

（6）总线驱动能力（负载能力）

总线驱动能力是指当总线接上负载后，总线输入、输出的逻辑电平保持在正常额定范围内时所能挂接的模块或器件的数目。

4.1.2　总线仲裁

在包含多个主模块的总线系统中，如果一个模块或器件希望通过总线将数据发送到另一个模块或器件时，那么它必须首先获取对总线的使用权，然后才能通过总线传送数据。如果一个模块或器件希望通过总线从另一个模块或器件请求数据，那么也必须先获取对总线的使用权，然后才能通过适当的控制信号线和地址线向其他模块或器件传送一个请求，再等待被请求的模块或器件回传数据。

在这种情况下，总线上就需要一定的仲裁机制来决定总线操作的控制权究竟归于哪个主模块。

总线仲裁（Arbitration）又称总线判决，其目的是合理地控制和管理系统中多个主模块的总线请求，以避免总线冲突。当多个主模块同时提出总线请求时，仲裁机构按一定的优先算法来确定由谁获得对总线的使用权。

按控制机构设置的不同，总线仲裁可分为两种方式：集中式（主从式）控制方式和分布式（对等式）控制方式。集中式控制方式是指系统采用专门的总线控制器或仲裁器分配总线时间，总线控制器或仲裁器可以是独立的模块或器件，也可以集成在 CPU 中。采用集中式控制方式的总线协议简单而有效，但总体系统性能较低。分布式控制方式是指总线控制逻辑分散在连接于总线上的各个模块或设备中。采用分布式控制方式的总线协议既复杂，成本又高，但可以换来 CPU 和总线的高效使用。

1．集中式仲裁

按仲裁机制的不同，集中式控制方式又可分为串行仲裁、并行仲裁和混合仲裁。

(1) 串行仲裁

"菊花链"(Daisy Chain)是一种常用的串行仲裁机制，主要由总线请求 BR(Bus Request)信号、总线允许 BG(Bus Grant)信号和总线忙 BB(Bus Busy)信号协调完成(见图4-4)。

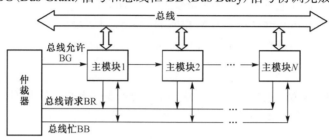

图 4-4　串行仲裁

串行仲裁机制下，主模块在提出总线请求前，首先应检测 BB 信号是否处于无效状态，只有在 BB 信号线无效(总线空闲)时，主模块才能提出总线请求。系统中各主模块的 BR 信号用"线或"方式接到仲裁器的请求输入端。仲裁器在接到 BR 信号后输出 BG 信号，BG 信号通过主模块链向后传递，直到提出总线请求的那个模块为止。请求总线的主模块收到 BG 信号后，获得总线的控制权，将 BB 信号置为有效，以通知其他模块总线已被占用，同时使总线仲裁器撤销 BG 信号。主模块的总线操作结束后，撤销 BB 信号，从而允许其他模块重新申请总线。

串行仲裁的特点是：模块使用总线时的优先级由它到总线仲裁器的距离决定，离仲裁器越近，则优先级越高。

(2) 并行仲裁

如图4-5所示，并行仲裁机制下，每个主模块都有独立的 BR 和 BG 信号线，并分别接到仲裁器上。任一主模块使用总线都要通过 BR 信号向仲裁器发出请求，仲裁器按规定的优先级算法选中一个主模块，并把 BG 信号送给该模块。被选中的模块撤销 BR 信号，并输出有效的 BB 信号，通知其他模块："总线已经被占用"。主模块的总线操作结束后，撤销 BB 信号，随后仲裁器才能再次根据各请求输入的情况重新分配总线控制权。

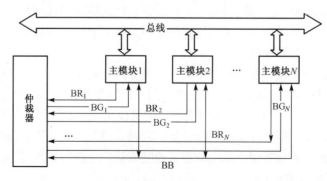

图 4-5　并行仲裁

(3) 混合仲裁

混合仲裁又称为多级仲裁,是把并行和串行两种方案相结合构成的更为灵活的一种仲裁机制。如图 4-6 所示,系统中有两组并行仲裁信号 BR_1/BG_1 和 BR_2/BG_2,所有主模块的总线请求 BR 都分别连接在 BR_1 或 BR_2 上,总线仲裁器首先需要决定是 BR_1 所连主模块还是 BR_2 所连主模块获得总线控制权,然后再按串行方式来决定 BR_1 所连主模块 2 还是主模块 4(或者,BR_2 所连主模块 1 还是主模块 3)应该获得总线控制权。各并行请求线 BR_1 和 BR_2 的优先级由仲裁器内部逻辑确定,同一链路上各模块的优先级则由电气上距离仲裁器的远近程度确定。

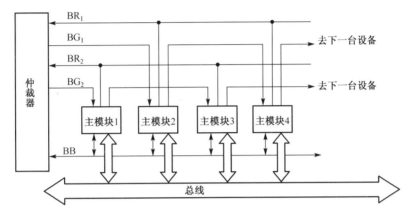

图 4-6 两级混合式仲裁

混合仲裁系统兼具有串行和并行的优点(当然也兼有两者的缺点),既有较好的灵活性、可扩充性,又可容纳较多的模块而不使结构过于复杂,且具有较快的响应速度。这对于那些含有很多主模块的大型计算机系统来说,无疑是一种很好的折中方案。

2. 分布式仲裁

分布式(竞争式)仲裁机制需要每个模块都具备访问控制逻辑并共同作用,以决定总线的共享方式。

例如,某系统支持 16 个不同优先级的总线请求信号。当某主模块需要使用总线时,就发出相应的总线请求信号。所有的模块都监听着所有的总线请求信号。这样,到每个总线周期结束时,每个模块都能知道自己是否是优先级最高的总线请求者,以及能否在下一个总线周期使用总线。与集中式控制方式相比,这种总线仲裁机制可能更为复杂,但可靠性更高,不会因为某个设备(如集中式仲裁器)损坏而导致整个系统都无法工作。

4.1.3 总线操作与时序

计算机系统中,通过总线进行信息交换的过程称为总线操作。总线设备完成一次完整信息交换的时间称为总线周期,如读/写存储器周期、读/写 IO 端口周期、DMA 周期、中断周期等。在含有多个主控制器的总线系统中,一个总线操作周期一般分为如下 4 个阶段。

① 总线请求及仲裁(Request and Arbitration)阶段。需要使用总线的主模块提出请求,由总线仲裁机构确定把下一个总线周期使用权分配给哪一个请求源。

② 寻址(Addressing)阶段。取得总线使用权的主模块通过总线发出本次要访问的从模块(存储器或 I/O)地址及有关命令。

③ 数据传输(Data Transfer)阶段。主模块和从模块进行数据交换，数据由源模块发出，经数据总线传输到目的模块。

④ 结束阶段。主从模块的有关信息均从总线上撤销，让出总线，以便其他模块能够使用总线。

在仅含一个主模块的单处理器系统中，实际上不存在总线请求、分配和撤销的问题，所以总线传输只需要寻址和数据传输两个阶段。

为实现可靠的寻址与数据传输，主模块和从模块需要进行时序上的协调和配合，这种总线事件的协调方式即称为总线时序。总线时序一般可分为 4 种：同步时序、半同步时序、异步时序和周期分裂式时序。

1. 同步时序

对于同步总线而言，其控制总线包含一个时钟和一个固定的与时钟有关的地址和数据发送协议。由于需要很少或根本不需要其他逻辑来决定下一步该做什么，因此同步总线速度较快且成本较低。但其有两个缺点：一是总线信号可能存在偏斜问题，二是总线时钟频率取决于速度最慢的设备。

CPU-主存储器总线是典型的同步总线。下面说明图 4-7 所示的同步总线读存储器操作的工作原理。假设该系统中从主存储器读取一个字数据需要 2 个时钟周期，第一个周期从 T_1 的上升沿开始，第二个周期在 T_3 的上升沿结束。注意，图中任何一个上升沿或下降沿不是垂直的，这是因为实际电路中没有哪个电平信号能瞬时从高电平变为低电平,或从低电平变为高电平。

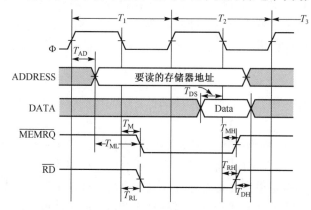

图 4-7　同步时序(读存储器)

在读操作开始的第一个时钟周期 T_1 内，CPU 在地址线上送出所需的主存储器字地址。地址信号与单个时钟信号不同，在多条地址线中，有些地址线是低电平的，有些地址线是高电平的。因此，图中用两条交叉的线来表示，其中阴影部分表示该时刻的信号值没有意义。在地址信号稳定后，CPU 将 $\overline{\text{MEMRQ}}$ 和 $\overline{\text{RD}}$ 信号置为有效低电平，前一个信号表明要访问的是主存储器，后一个信号表明 CPU 在进行读操作。

存储芯片在地址建立后还需要延迟一段时间才能准备好数据，即图中在 T_2 的前半部分，主存储器才能将数据放到数据线上。随后，在 T_2 的下降沿，CPU 将读出的数据锁存到内部寄存器中。最后，CPU 再将 $\overline{\text{MEMRQ}}$ 和 $\overline{\text{RD}}$ 信号置为无效高电平，并结束整个总线周期。如果需要，CPU 则能在下一个时钟上升沿启动另一个总线周期。

表 4-1 是对图 4-7 中各种时序符号的说明示例(用户可以从相关的器件手册中找到类似信息)。例如，表中的 T_{AD} 表示 CPU 启动读周期后，最多 11 ns 之后地址一定会稳定在总线上。符号 T_{DS} 表示数据应至少在 T_2 下降沿之前 5 ns 稳定下来，以保证 CPU 能够正确读取。

表 4-1　总线时序规格要求(时序约束)

符　　号	含　　义	最小值(ns)	最大值(ns)
T_{AD}	地址输出延时		11
T_{ML}	$\overline{MEMRQ}$ 前的地址稳定时间	6	
T_M	从时钟 Φ 的 T_1 周期下降沿开始的 $\overline{MEMRQ}$ 延时		8
T_{RL}	从时钟 Φ 的 T_1 周期下降沿开始的 $\overline{RD}$ 延时		8
T_{DS}	在时钟 Φ 的下降沿之前的数据建立时间	5	
T_{MH}	从时钟 Φ 的 T_2 周期下降沿开始的 $\overline{MEMRQ}$ 延时		8
T_{RH}	从时钟 Φ 的 T_2 周期下降沿开始的 $\overline{RD}$ 延时		8
T_{DH}	$\overline{RD}$ 无效后的数据保持时间	0	

T_{AD} 和 T_{DS} 这两项约束组合起来，意味着CPU 在启动存储器读周期后，最坏情况下存储芯片的反应时间只有 $(\frac{3}{2}T_{clk}-11-5)$ ns。设总线时钟周期 T_{dk} =25 ns，则存储芯片的响应时间必须小于 21.5 ns。该数据可以作为购买或选择存储芯片型号的依据之一。

再如，T_{ML} 说明地址信号必须最少在 $\overline{MEMRQ}$ 信号有效前 6 ns 建立起来。而 T_M 和 T_{RL} 要求 $\overline{MEMRQ}$ 和 $\overline{RD}$ 必须从 T_1 的下降沿开始的 8 ns 内给出。在最坏情况下，主存储器芯片在得到 $\overline{MEMRQ}$ 和 $\overline{RD}$ 信号后，只有 25-8-5=12 ns 的时间就必须将数据送到总线上。

需要指出的是，图 4-7 所示仅是一个实际时序的高度简化版本。在实际系统中，还有许多其他的时间限制条件。

2. 半同步时序

在上述同步时序示例中，如果主存储器的速度达不到小于 21.5 ns 的要求（如需要 25 ns 甚至 40 ns 才能将数据送到总线上），CPU 就无法保证在 2 个时钟周期内获得数据。

为了通知 CPU 不要期待马上得到数据，主存储器应该在 T_1 的后沿发出一个 $\overline{WAIT}$ 信号，如图 4-8 所示。该信号将总线状态保持一个额外的等待周期，这样存储芯片只需在 21.5+25=46.5 ns 内将数据输出到总线上即可。主存储器在准备好数据后将 $\overline{WAIT}$ 信号置为无效（即高电平）。这种高速时使用同步信号，低速时又能利用握手信号（如 $\overline{WAIT}$，READY）插入等待周期进行调节的总线时序机制，称为半同步时序。

3. 异步时序

由于使用同一个时钟信号，同步总线的工作原理相对简单。但若一条同步总线上连接着多个工作速度有快有慢的设备，总线周期就必须设计得满足最慢设备的要求，而快设备就因此不能满负荷地运行。

异步时序依靠传送双方互相制约的握手信号来实现定时控制。在这种方式下，系统没有公用的时钟，也没有固定的时间间隔，设备之间采用一问一答的方式进行联络和协调工作。异步总线根据问/答信号的撤销是否互锁又可分为全互锁、局部互锁和不互锁三种方式。

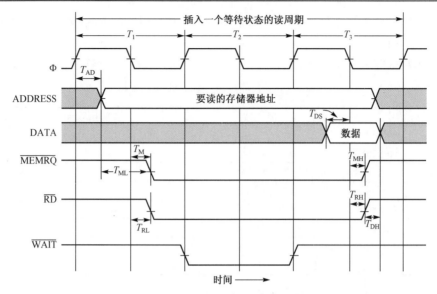

图 4-8　半同步时序(读存储器)

图 4-9 所示为全互锁方式。①处表示主模块 Master(M)已准备好接收数据,请求从模块 Slave(S)将数据送出;②处表示 S 已将数据送出,请求 M 接收;③处表示 M 已收到数据,S 可将数据丢弃;④处表示 S 已将数据丢弃,并且 M 和 S 都准备进入下一个异步周期。

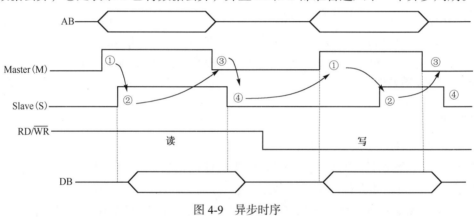

图 4-9　异步时序

异步时序能够保证两个工作速度相差很大的模块或设备间可靠地进行信息交换,因此适用于设备类型多且距离较远的系统。但是,由于握手需要额外的总线开销,因此总的来说异步时序比同步时序的效率低。

4．周期分裂式时序

在前三种方式中,从主模块发出地址和读/写命令开始,直到数据传输结束,整个传输周期中系统总线均被占用。实际上,在主模块通过总线向从模块发送了地址和命令之后,到从模块通过数据总线向主模块提供数据之间的时间间隔,是从模块执行读/写命令的时间。在这段时间内,系统总线是空闲的,并没有实质性的信息传输。

为了充分利用这段总线空闲的时间,可以将一个读周期分解为两个独立的子周期:在第一个子周期中,主模块发送地址、命令及有关信息;在第二个子周期中,主模块接收数据。

两个子周期之间的空闲时间（从模块准备数据的时间）即可让出总线给其他主模块使用。该方法能够提高总线利用率，很适合存在多个主模块的系统充分利用总线。

4.1.4　串行总线

串行总线能够实现信息的按位传输，因此通常只需 1 条(单工或半双工通信)或 2 条(全双工通信)信号线，外加 1 条公用地线。实际情况下，为了配合串行数据的准确通信，往往还要增加一些控制握手线、时钟线等。另外，在高速数据传输系统中也常使用差分线对。

串行总线使用的线缆少，成本低，非常适合用于嵌入式系统。一般来说，无中继的串行总线能传输几十米至几百米，采用特殊驱动电路或差分线对之后，直接传输距离可达数千米，再配合适当的调制解调技术和传输媒介，则串行总线的传输距离几乎无限制。因此，串行总线一般也总是和系统之间的远距离通信结合在一起。

但是，在现代微处理器系统中，因时钟频率提高导致的并行信号之间的串扰等问题愈发严重，因而也出现了使用高速串行总线(如 PCI-E 总线和 SATA 总线等)取代并行总线的趋势。

(1)传输方向

按照数据流的方向，串行总线可分为单工和双工(又可分为半双工和全双工)两种形式。

① 单工方式。在接收器和发送器之间只有一条传输线，只能进行单一方向的传输，这样的传送方式就是单工方式。典型代表如广播通信方式。

② 半双工方式。当使用同一条传输线既用于发送又用于接收时，虽然数据可以在两个方向上传送，但通信双方不能同时收发数据，这样的传送方式就是半双工方式。采用半双工方式时，通信系统一端的发送器和接收器通过收/发开关接到通信线上，进行传输方向的切换。典型代表如对讲机通信方式。

③ 全双工方式。当数据的接收和发送分别由两条不同的传输线完成时，通信双方都能同时发送和接收数据，这样的传送方式就是全双工方式。在全双工方式下，通信系统的每一端都设置了接收器和发送器，因此能控制数据同时在两个方向上传送。典型代表如手机通信方式。

(2)传输速率

串行总线需要对传输速率进行规定或说明。这里的速率通常可采用波特率(Baud Rate)来表示，单位为次/秒；或者采用比特率来表示，单位为 b/s。波特率描述的是收发双方硬件电路的切换速度(类似于总线时钟)，即每秒最大的发送/接收次数，而比特率则描述了单位时间内传送二进制数据的位数。显而易见，波特率和比特率的数值越大，串行总线的传输速率就越快。一般来说，在未采用调制解调技术的总线系统(即基波系统)中，波特率与比特率在数值上是相同的。采用调制解调技术之后，比特率大于波特率。

(3)时序控制

根据总线是否含有公共时钟线，串行总线可分为同步和异步两种。在同步串行总线中，收发双方可以在同一个时钟的不同边沿工作(见图 4-10)，以保证数据的可靠传输。在异步串行总线中，收发双方使用频率接近(但不可能完全相同)的独立时钟源进行工作，这时接收方应该如何确定是否有数据到来呢？在异步通信时，被传送的字符出现在数据流中的相对时间是任意的、随机的。为了确保异步通信的正确性，必须找到一种方法，使收发双方在随机传送的字符与字符之间实现同步。常用方法之一就是在字符数据格式中设置起始位和停止位，发送方在正式发送 1 个字符之前，先发送 1 位起始位，而在该字符发送完成之后，再发送 1 位（或几位）停止位。接收方在检测到起始位时，便知道字符已经到达，应开始接收字符；当检测到停止位时，则知道字符传送已经结束，如图 4-11 所示。

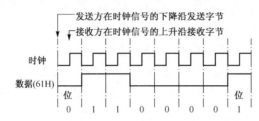

图 4-10　典型的同步串行总线时序及帧格式

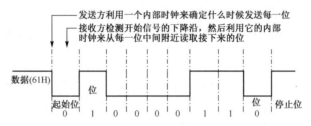

图 4-11　典型的异步串行总线时序及帧格式

因此，异步串行总线采用的帧结构可如图 4-12 所示，每帧包括 1 位起始位(低电平，逻辑 0)、5~8 位有效数据位、1 位奇/偶校验位(也可以没有校验位)，以及 1 位(或 1.5 位，或 2 位)停止位。停止位之后是不定长度的空闲位。显然，设置停止位的目的是强制总线恢复到初始(空闲)状态，以便能检测到下一起始位的下降沿。

图 4-12　异步串行总线的数据帧格式

接下来需要确保接收方能够及时、准确地检测到起始位的跳变。如图 4-13 所示，将接收时钟的频率设置得比发送时钟的高，如令接收时钟频率是发送时钟的 16 倍，就能保证接收方不会漏掉任何一个起始位。接收方在检测到起始位的前沿(下降沿)后，延时 8 个采样时钟，确定起始位稳定时刻，之后每隔 16 个采样时钟读取一位数据即可。这个接收时钟与发送时钟的频率比(如 16)即称为波特率因子。

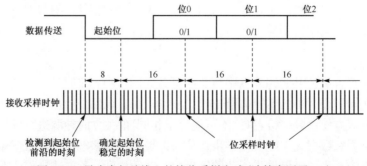

图 4-13　异步串行总线上的接收采样方式(波特率因子=16)

在异步串行通信中，发送方和接收方时钟无法精确匹配，接收方采样时钟的有效沿会越来越接近位的边缘。为了正确地读取一个 10 位字的每一位，发送方和接收方时钟的差异应该不超过 3%，否则到接收方试图读取最后一位时，计时可能已经出现了很大的偏差，以至于接收方将会在尚未开始或者已经结束的时候读取到错误数据。不过，时钟的误差只需在传输一个字长的时间内保持在允许偏差范围内，因为每个字都以一个新的起始位作为开头，这个起始位能够使通信重新同步。

接收采样时钟采用波特率因子倍频可以提高采样的准确度，并有利于提高抗干扰能力。在停止位或空闲位后，如果全部 8 个采样点连续低电平，则确认起始位有效，而如果不是 8 个采样点连续低电平，则认为是干扰信号。

(4)差错控制

串行数据在远距离传输过程中，由于干扰等原因引起误码是难免的。为了保证高效而无差错地传送数据，串行总线还必须对差错控制方式进行规定或说明。

差错控制可分为两种：检错(发现错误)和纠错(纠正错误)。检错实质上是对传送的数据进行校验。在数据传送过程中，发送方根据发送的数据产生校验码，接收方根据收到的数据和校验码来判断传送数据是否正确。常用的校验方法有奇偶校验、CRC 循环冗余校验等。

① 奇偶校验

奇偶校验主要用于对一个字符进行校验，常用于异步串行通信。

发送方为每个字符附加一个奇偶校验位，这个校验位本身有可能是"1"或"0"。若采用奇校验，则数据位加上校验位之后，整个待发送字符中"1"的个数始终为奇数；若采用偶校验，则数据位加上校验位之后"1"的个数始终为偶数。

接收方检查接收到的字符(连同奇偶校验位)，并判断其中"1"的个数是否符合规定(奇校验或偶校验)，若不符合规定就置出错标志。

例如，字符"E"的 ASCII 码为 1000101（二进制数），若传输时采用奇校验，则校验位应为"0"；若传输时采用偶校验，则校验位应为"1"。

② CRC 循环冗余校验

CRC 循环冗余校验可以针对一个数据块进行校验，常用于同步串行通信。发送方针对需要发送的 K 位信息位，根据一定的规则产生 r 位校验位，从而形成 $K+r$ 位(即 n 位)循环码，如图 4-14 所示。接收方在收到 n 位循环码以后，以同样的规则进行校验，若正确，则去除 r 位校验位而形成 K 位信息位，完成接收工作。

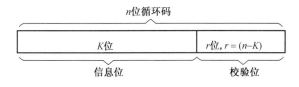

图 4-14　CRC 循环冗余校验格式

CRC 循环冗余校验可采用生成多项式产生校验位：发送方用规定的生成多项式按模 2 相除，所得余数就是 r 位校验位。接收方对收到的 n 位循环码用相同的生成多项式按模 2 相除，若余数为零，则说明校验结果正确，否则说明数据传送不正确。

4.2　总线标准

总线标准也称为总线协议，是为了实现对总线的可靠、高效的分时共享而制定的相关规则。所有连接到总线上的模块都必须遵守和满足该协议。总线协议一般包括信号含义、数据格式、时序关系、信号电平、控制逻辑，甚至包括物理连接器的定义等，它确定了一个系统使用总线的方法。

总线标准一般会对以下一个或几个方面的特性进行说明。

① 物理特性指的是总线物理连接的方式，包括总线中连接线的条数、总线的插头和插座形状、引脚的排列方式等。

② 功能特性描述了总线中每个信号的功能。

③ 电气特性定义了每个信号的传递方向、有效电平等属性。

④ 时间特性定义了每个信号的有效时长，以及与其他信号的时序关系等。

下面将介绍几种具有代表性的总线标准。

4.2.1　片上 AMBA 总线

在 SoC 设计中，片上总线设计是最关键的问题。AMBA(Advanced Microcontroller Bus Architecture)总线就是 ARM 公司研发的一种 SoC 片上通信总线标准,它独立于处理器和制造工艺技术，增强了各种应用中的外设和系统宏单元的可重用性，有助于开发带有大量控制器和外设的多处理器系统。AMBA 总线标准由一组子规范组成，包括但不限于以下几种。

① AHB(Advanced High-performance Bus，高级高性能总线)：支持高性能多主模块与高速从模块之间的互连，主要用于 Cortex-M 系列的处理器。

② ASB(Advanced System Bus，高级系统总线)：与 AHB 类似，只是将 AHB 中两组独立的单向数据总线合并为一组双向数据总线，可用于对性能要求稍低的场合。目前已较少使用。

③ APB(Advanced Peripheral Bus，高级外设总线)：提供了一个低复杂度、低功耗的优化接口，不支持流水线。主要用于连接低带宽需求的各种外设。

④ ATB(Advanced Trace Bus，高级跟踪总线)：提供对宏单元进行测试和诊断访问的底层构造。主要用于传输调试跟踪信息。

⑤ AXI(Advanced eXtensible Interface，高级可扩展接口)：AMBA 3.0 标准中新增的子规范，比 AHB 的性能更高，但也更为复杂。主要用于 Cortex-A 和 Cortex-R 等系列的处理器。

⑥ CHI(Coherent Hub Interface，一致性集线器接口)：用于服务器与网络应用方面的高扩展性片上系统。主要用于 Cortex-A72、Cortex-A57 和 Cortex-A53 系列的处理器。

⑦ ACE(AXI Coherency Extensions，AXI 一致性扩展)：提供了一致性互联系统(含私有 cache 的多主互联系统)对存储器的管理与访问支持。主要用于 Cortex-A15 和 Cortex-A17 等系列的处理器。

为简单起见，下面以 AMBA 2.0 总线中的 AHB 总线和 APB 总线为主进行介绍，更多内容可参阅相关文献。

如图 4-15 所示，基于 AMBA 2.0 总线的微控制器系统一般包含一个高性能的 AHB/ASB 总线，以及一个通过桥接器连接的低带宽 APB 总线。AMBA 总线在周期级别上定义了多种信号的行为，但准确的时序取决于所使用的处理工艺和操作频率。

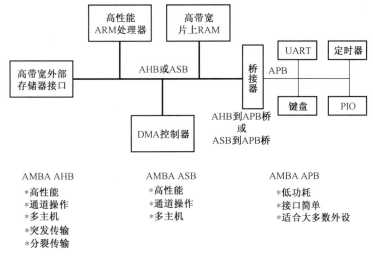

图 4-15 典型的 AMBA 2.0 总线系统结构

AMBA 信号的命名均采用大写，且用第一个字母来指示信号和哪个总线相关联，如 H 表示 AHB 信号，B 表示 ASB 信号，P 表示 APB 信号等。信号名最后的小写字母 n 表示该信号低电平有效，如 BRESn 表示这是 ASB 总线的低电平有效的复位信号。

1. AHB 总线

AHB 作为高性能系统的中枢总线，支持多处理器与片上存储器、片外存储器及低功耗外设宏功能单元之间的有效连接。

一个典型的 AHB 总线系统如图 4-16 所示，主要包括以下 5 个部分。

① AHB 主机。主机能够通过提供地址和控制信息发起读/写操作。在多主系统中，任何时候只允许一个主机处于有效状态并能使用总线。

② AHB 从机。从机在给定的地址空间范围内响应主机发起的读/写操作，并将成功、失败或等待类状态信号返回给有效的主机。

③ AHB 仲裁器。仲裁器确保每次只有一个主机被允许发起数据传输。

④ AHB 译码器。译码器用来对传输地址进行译码，并产生从机选择信号。

⑤ AHB 多路选择器。选择器根据仲裁器和译码器的输出，确定参与此次传输的主机(由仲裁器选定)和从机(由译码器选定)。

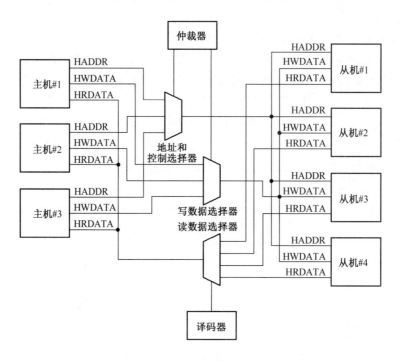

图 4-16　基于多路选择器的 AHB 总线互连

AHB 总线的主要信号的定义如表 4-2 所示。

表 4-2　AHB 总线的主要信号的定义

名　　称	来　　源	说　　明
HCLK 总线时钟	时钟源	时钟为所有总线传输提供时基,所有信号时序都与 HCLK 的上升沿有关
HREST*n* 复位	复位控制器	总线复位信号,用于复位系统和总线,低电平有效
HADDR[31:0] 地址总线	主机	32 位系统地址总线
HTRANS[1:0] 传输类型	主机	表示当前传输的类型,可以是不连续、连续、空闲和忙
HWRITE 传输方向	主机	高电平时表示一个写传输,低电平时表示读传输
HSIZE[2:0] 传输大小	主机	表示传输的大小,可以是字节(8 位)、半字(16 位)或字(32 位)等,协议允许的最大传输大小是 1024 位
HBURST[2:0] 突发类型	主机	表示传输是否组成了突发的一部分。支持 4 个、8 个或 16 个节拍的突发传输,突发传输可以是增量或回环的
HPROT[3:0] 保护控制	主机	提供总线访问的附加信息,并且主要是打算给那些希望执行某种保护级别的模块使用的。这个信号指示当前传输是否为预取指或数据传输,同时也表示传输是保护模式访问还是用户模式访问。对带存储器管理单元的总线主机而言,这些信号也用来指示当前传输是高速缓存的(cache)还是缓冲的
HWDATA[31:0] 写数据总线	主机	写数据总线用来在写操作期间,从主机到从机传输数据。建议最小数据宽度为 32 位,在高带宽运行时也容易扩展数据总线

（续表）

名　　称	来　源	说　　明
HSELx 从机选择	译码器	每个 AHB 从机都有自己独立的从机选择信号，并且用该信号来表示当前传输是否打算送给选中的从机。该信号是地址总线的组合译码
HRDATA[31:0] 读数据总线	从机	读数据总线用来在读操作期间，由从机向主机传输数据。建议最小数据宽度为 32 位，在高带宽运行时也容易扩展数据总线
HREADY 传输完成	从机	当该信号为高电平时，表示总线上的传输已经完成。在扩展传输时该信号可能会被拉低。总线上的从机要求该信号作为输入/输出信号
HRESP[1:0] 传输响应	从机	传输响应给传输状态提供了附加信息。提供 4 种不同的响应：OKEY、ERROR、RETRY 和 SPLIT

表 4-3 给出了多主系统中需要用到的一些仲裁信号。表中信号名后缀 x 表示模块 x，如 HBUSREQx 可能分别表示 HBUSREQarm、HBUSREQdma 或 HBUSREQtic 等。

表 4-3　多主系统中的 AHB 仲裁信号

名　　称	来　源	描　　述
HBUSREQx 总线请求	主机	从主机 x 传向仲裁器，用来表示该主机请求（控制）总线的信号。系统中每个总线主机都有一个 HBUSREQx 信号，最多 16 个主机
HLOCKx 锁定的传输	主机	当该信号为高时，表示主机请求锁定对总线的访问，并且在该信号为低之前，其他主机不应该被允许授予总线
HGRANTx 总线授予	仲裁器	该信号用来表示主机 x 目前是优先级最高的主机。当 HREADY 为高电平时，传输结束，地址/控制信号的所有权发生改变。所以主机应在 HREADY 和 HGRANTx 都为高电平时，获得对总线的访问
HMASTER[3:0] 主机号	仲裁器	表示哪个主机正在执行传输，被支持分块传输的从机用来确定哪个主机正在尝试一次访问
HMASTLOCK 锁定顺序	仲裁器	表示当前主机正在执行一个锁定顺序的传输。该信号与 HMASTER 信号有相同时序
HSPLITx[15:0] 分块完成请求	从机（支持分块）	表明主机应该被允许重试一个分块传输。每一位对应一个主机

在传输开始之前，AHB 主机必须被授予访问总线的权限：首先由主机向仲裁器发出一个请求信号，然后由仲裁器指示主机何时能够使用总线。被授权的主机通过提供地址信号，以及传输方向、传输宽度和传输类型等控制信号来发起传输。每次传输包括一个地址阶段，以及一个或多个数据阶段。所有从机必须在地址阶段采样地址，而数据阶段可以通过 HREADY 信号延长。

图 4-17 是插入了等待周期的 AHB 总线传输时序。主机在 HCLK 上升沿之后将地址和控制信号驱动到总线上，然后在下一个时钟上升沿，从机采样地址和控制信号并进行响应。若从机在数据阶段的第一个时钟周期不能准备好，则将 HREADY 拉为低电平（并因此插入等待周期），准备好后再将 HREADY 重新置为高电平。HREADY 信号变为高电平层的下一个时钟上升沿，主机对从机进行响应（若为写周期，则主机撤销地址、控制及数据信号；若为读周期，则主机采样数据后撤销地址及控制信号）。

图 4-18 为 AHB 主机接口示意图，图 4-19 为 AHB 主机传输时序，表 4-4 则给出了 AHB 主机传输时序参数的定义。

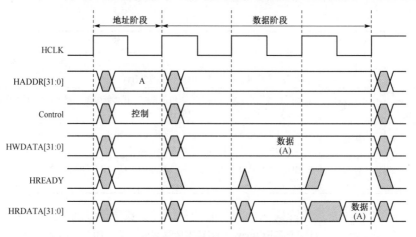

图 4-17　有等待状态的 AHB 总线传输时序图

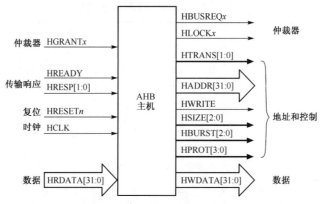

图 4-18　AHB 主机接口示意图

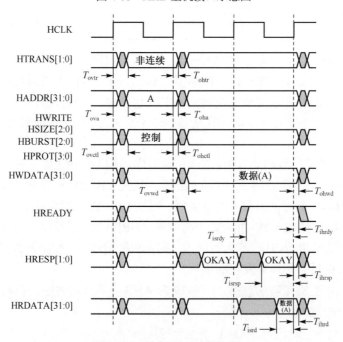

图 4-19　AHB 主机传输时序

表 4-4　AHB 主机传输时序参数表

信 号 方 向	参　数	说　明
输出	T_{ovtr}	在 HCLK 之后传输类型的有效时间
输出	T_{ohtr}	在 HCLK 之后传输类型的保持时间
输出	T_{ova}	在 HCLK 之后地址的有效时间
输出	T_{oha}	在 HCLK 之后地址的保持时间
输出	T_{ovctl}	在 HCLK 之后控制信号的有效时间
输出	T_{ohctl}	在 HCLK 之后控制信号的保持时间
输出	T_{ovwd}	在 HCLK 之后写数据的有效时间
输出	T_{ohwd}	在 HCLK 之后写数据的保持时间
输入	T_{isrdy}	在 HCLK 之前准备信号的建立时间
输入	T_{ihrdy}	在 HCLK 之后准备信号的保持时间
输入	T_{isrsp}	在 HCLK 之前响应的建立时间
输入	T_{ihrsp}	在 HCLK 之后响应的保持时间
输入	T_{isrd}	在 HCLK 之前读数据的建立时间
输入	T_{ihrd}	在 HCLK 之后读数据的保持时间

2．APB 总线

APB 总线提供了一个复杂度低且功率优化的外设接口，可用于连接无流水的低带宽设备。APB 总线表现为一个局部二级总线：APB 桥是 APB 总线上唯一的主模块，也是 AHB 总线上的一个从模块。APB 桥的主要功能是锁存来自 AHB 总线的地址、数据和控制信号，并提供二级译码，以产生 APB 总线上从模块的选择信号，从而实现 AHB 协议到 APB 协议的转换。

APB 总线具有以下优点：

① 易于实现较高频率的操作；

② 性能与时钟占空比无关；

③ 使用单时钟沿能够简化设计。

表 4-5 给出了 APB 总线主要信号的定义，图 4-20 和图 4-21 则分别给出了 APB 主机（APB 桥）和 APB 从机（外设）的接口示意图。

表 4-5　APB 总线信号定义

名　称	说　明
PCLK（总线时钟）	PCLK 的上升沿用来作为所有 APB 传输的时基
PRESETn（APB 复位）	低电平有效。通常连接到系统总线复位信号
PADDR[31:0]（APB 地址总线）	APB 地址总线，由外设总线桥接单元驱动
PSELx（APB 选择）	表示从机设备被选中且要求一次数据传输。每个总线从机都有一个 PSELx 信号
PENABLE（APB 选通）	表示一次 APB 传输的第二个周期。该信号的上升沿出现在 APB 传输的中间
PWRITE（APB 传输方向）	高电平表示 APB 写访问，低电平表示 APB 读访问
PRDATA（APB 读数据总线）	该信号由被选中的从机在读周期（PWRITE 为低）期间驱动。宽度可达 32 位
PWDATA（APB 写数据总线）	该信号由外设总线桥接单元在写周期（PWRITE 为高）期间驱动。宽度可达 32 位

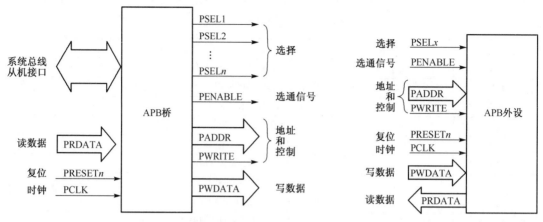

图 4-20 APB 主机(桥)接口示意图   图 4-21 APB 主机(外设)接口示意图

图 4-22 给出了 APB 总线的读/写传输时序。APB 总线上的选择信号 PSEL 和使能信号 PENABLE 确定了当前总线状态,地址信号 PADDR 和写信号 PWRITE 则确定了当前的具体操作(读还是写),以及操作对象(哪一个外设接口)。APB 总线支持两组数据线,读操作时使用 PRDATA,写操作时使用 PWDATA。

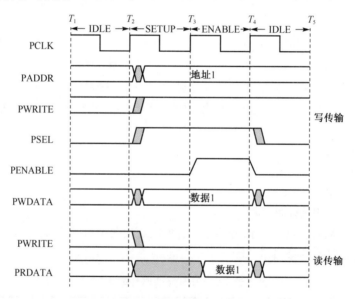

图 4-22 APB 总线传输时序

在系统初始化完成后,APB 总线处于 IDLE 状态(T_1 周期)。在传输启动后,总线进入 SETUP 状态(T_2 周期),此时 PSEL=1,PENABLE=0。SETUP 状态下,主机送出有效地址及其他控制信号,等待从机响应。一个时钟周期后,总线进入 ENABLE 状态(T_3 周期),此时 PSEL=1,PENABLE=1。ENABLE 状态下完成数据传输后,总线再次进入 IDLE 状态(T_4 周期)。为了降低功率消耗,地址信号和写信号将在传输之后不再改变,直到下一个传输发生为止。

同理,如果 APB 从机无法在 ENABLE 状态下立即完成响应,则应在 T_2 后插入等待周期,直至从机准备好。

4.2.2　PCI 系统总线

计算机系统总线从最初的 8 位 PC/XT、16 位 ISA、32 位 EISA、64 位 PCI，再到现在的 PCI-X 和 PCI-E，总的来说几乎是每 3 年性能就能提高一倍。

PCI（Peripheral Component Interconnect，外部设备互连）总线是 Intel 公司于 1991 年下半年首先提出的，得到了 IBM、Compaq、AST、HP 和 DEC 等 100 多家计算机公司的响应，并于 1993 年正式推出了 PCI 局部总线标准。

PCI 总线支持多总线结构和线性突发（Burst）传输。最大允许 32/64 位并行数据传送，采用地址/数据总线复用方式，最高总线时钟可达 33/66 MHz，因此 PCI 总线的峰值传输速度可达 132/264/528 MB/s。

PCI 总线在高速微处理器与其他低速总线之间架起了一座"桥梁"。使得微机结构也随之升级为现在的基于 PCI 总线的三级总线结构，如图4-23所示。

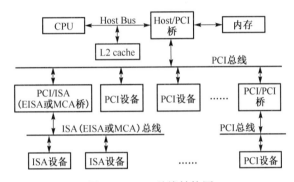

图 4-23　PCI 总线结构图

1. PCI 总线的特点

PCI 总线具有如下几方面的特点。

（1）线性突发传输
PCI 总线的数据传输是一种线性突发的数据传输模式，亦即数据帧的传输模式，可确保总线不断满载数据，使 PCI 总线达到其峰值传输速度。PCI 总线每启动一次数据传输都是以数据帧为基础的，一帧少则单次 32 位传输，多则可传输一个任意长度的数据块。

（2）同步总线操作
PCI 总线是一种同步总线，总线上除中断等少数几个信号外全部与总线时钟的上升沿同步。PCI 总线时钟的工作范围可以很宽，由主板决定，一般为 33 MHz。为了使总线适应各种速度接口设备的要求，总线可以有多种方式申请等待周期，使 PCI 总线在接口设计和应用上灵活性更高。

（3）多总线主控方式
在 PCI 总线上可以存在多个具有总线管理控制能力的主控设备。当一个具有总线控制管理能力的外部设备有任务处理需暂时接管总线时，可以向 PCI 总线申请总线请求并经响应后接管总线，以加速执行高吞吐量、高优先级的任务。

(4) 不受微处理器限制

PCI 总线通过 CPU 局部总线到 PCI 总线之间的桥接器形成一种独特的中间缓冲器设计方式，将中央处理器子系统与外部设备分开，使 PCI 总线具有独立于微处理器的结构特点。一般来说，在中央处理总线上增加更多的设备或模块会降低系统的性能和可靠程度。而有了缓冲器的设计方式，用户可随意增添外部设备以扩展计算机系统，而不必担心在不同时钟频率下会导致系统性能的降低。

独立于微处理器的总线设计还可使总线设计、开发和应用人员在进行接口设计时不必过分关心微处理器的性能、时序和结构，只需按总线标准设计即可；还可保证微处理器的变化不会使任何个别系统的设计变得过时；既可保证技术不断升级，又能确保 PCI 总线上的现有设备不至于被淘汰。

(5) 自动配置功能

PCI 总线标准为 PCI 接口提供了一套完整的自动配置功能，使 PCI 接口所需要的各种硬件资源，如中断、内存、I/O 地址等通过即插即用的 BIOS 在系统启动时进行自动配置，达到对计算机资源的优化使用和合理配置，从而使 PCI 接口达到真正的即插即用(Plug and Play，PnP)目的，使接口的设计和应用更加简易。

(6) 编码总线命令

PCI 总线没有读/写等控制线，总线的操作状态即总线命令由 4 条(对 32 位总线而言)信号线编码表示，最多可表示 16 种操作，在总线规模最小的前提下提供最强的总线功能。

(7) 地址/数据总线复用

PCI 总线上的地址总线和数据总线是分时复用的。在每个总线操作的第一个周期传送地址，之后接着传送数据。因此，PCI 总线在进行简单的 I/O 操作时(仅读/写一个数据)其效率并不很高，而在进行突发(或并发)读/写操作时，这种复用方式与非复用方式相比总线性能无多大差异。PCI 总线通过这种方式达到在总线规模最小的前提下性价比最高的目的。

(8) 总线错误监视

PCI 总线专门有两条信号线监视总线上的数据和系统工作的有效性，当总线上传输的地址或数据出现错误时能及时指出并纠正。

(9) 兼容性强

PCI 总线通过各种总线桥接器达到与目前已得到广泛应用的各种总线标准的完全兼容，对保护用户的已有投资和 PCI 总线的推广应用以及更新换代发挥了重要作用。

2. PCI 总线的信号线定义

PCI 总线标准所定义的信号线通常分成必备的和可选的两大类，必备的信号线中，用于主控设备的有 49 条，用于目标设备的有 47 条。主控设备是指取得了总线控制权的设备，而被主设备选中以进行数据交换的设备称为从设备或目标设备。另外还有一些用于 64 位扩展、中断请求、高速缓存支持等的可选信号线，包括电源线、地线和保留引脚等，PCI 总线共 120 条。PCI 信号线的分类如图 4-24 所示。

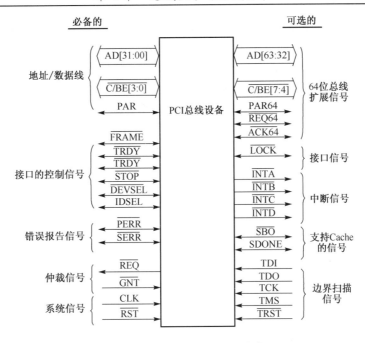

图 4-24 PCI 总线的定义和分类

在 PCI 总线标准中,为便于对总线信号的功能进行描述,信号线常使用以下几种信号标示。

● T/S。表示双向的三态输入/输出信号。

● S/T/S。表示低电平有效的持续三态信号,在任一时刻只能由一个主控设备驱动。若主控设备将这种信号输出为低电平,那么该主控设备必须先将该信号置为高电平且维持至少一个时钟周期,之后该信号才能变为悬空(高阻状态)。该信号至少维持一个时钟周期的高阻状态之后,另一主控设备才能驱动它。该信号需要上拉电阻,以维持该信号高阻状态至另一主控设备驱动为止。

● 在时序波形图上,两个互相指着对方尾部的半圆形箭头表示 S/T/S 和 T/S 信号的过渡周期,在此标识前后的信号驱动源发生了改变。例如,当地址/数据复用总线上的信号在主控通过总线读数据时,第一个时钟周期为主控输出地址,而第二个时钟周期则为目标输出数据,在这之间有一过渡周期,使地址/数据总线的驱动源改变。

(1) 系统信号

✧ CLK。总线时钟信号,为输入信号。其值决定了 PCI 总线的工作频率,对 33 MHz PCI 总线,最高为 33 MHz,对 66 MHz PCI 总线则最高为 66 MHz。除 $\overline{\text{RST}}$ 和 $\overline{\text{INTA}}\sim\overline{\text{INTD}}$ 之外,其余 PCI 信号都在 CLK 的上升沿同步。

✧ $\overline{\text{RST}}$。复位信号,为输入信号。用来复位 PCI 总线上的接口设备,使与 PCI 专用寄存器和定序器相关的信号恢复到规定的初始状态。

(2) 地址和数据信号

✧ AD[31:00]。是一组 32 位的地址、数据复用双向(输入/输出)三态信号,T/S。在 FRAME 有效后的第一个时钟周期是地址期,AD[31:00]上传输的是 32 位地址;在 $\overline{\text{IRDY}}$ 和 $\overline{\text{TRDY}}$ 同

时有效时是数据期，AD[31:00]上传输的是 32 位数据。一个 PCI 总线的传输中包含了一个地址期和接着的一个(单次读/写)或许多个(块读/写或突发传输)数据期。PCI 总线支持突发方式的读/写功能。地址期为一个时钟周期，该周期中 AD[31:00]线上含有 32 位物理地址。对于 I/O 操作，它是字节寻址的地址(数据为 1 字节，地址仍为 32 位的连续 I/O 地址，详见下文关于总线命令的内容)；若是存储器操作和配置寄存器操作，则是双字地址(数据为 4 字节，即双字，地址为高 30 位，低 2 位 $AD_1 \sim AD_0$ 无意义)。在数据期，AD[7:0]为最低字节，AD[31:24]为最高字节。$\overline{\text{IRDY}}$ 有效时表示写数据稳定有效，$\overline{\text{TRDY}}$ 有效时表示读数据稳定有效，可在时钟的上升沿对数据进行锁存，$\overline{\text{IRDY}}$ 和 $\overline{\text{TRDY}}$ 均无效时为等待周期。

  ◇ C/BE[3:0]。是总线命令和字节使能多路复用三态信号，T/S。在地址期中，这 4 条线上传输的是总线命令。PCI 总线用编码方式表示总线命令，四条线可表示 16 种不同的总线命令。在数据期内，此信号线传输字节使能，$\overline{\text{C/BE}}$ 3 使能最高字节，$\overline{\text{C/BE}}$ 0 使能最低字节。

  (3) 接口控制信号

  ◇ $\overline{\text{FRAME}}$。帧周期信号，S/T/S。由当前主控设备驱动，表示一次数据帧访问的开始和持续时间。$\overline{\text{FRAME}}$ 有效预示着总线传输的开始，$\overline{\text{FRAME}}$ 开始后的第一个时钟周期为地址期，之后则为数据周期。$\overline{\text{FRAME}}$ 有效期间，意味着数据传输继续进行，直至 $\overline{\text{FRAME}}$ 失效后还有最后一个数据周期。

  ◇ $\overline{\text{IRDY}}$。主控设备准备好信号，S/T/S。该信号的有效表明发起本次传输的主控已准备好，否则(无效)即为等待周期。在写周期，该信号有效表示数据已在 AD[31:00]中且稳定有效；在读周期，该信号有效表示主控已做好接收数据的准备。

  ◇ $\overline{\text{TRDY}}$。目标设备准备好信号，S/T/S。该信号有效表示目标设备(从设备)已做好完成当前数据传输的准备工作，也就是说，可以进行相应的数据传输。该信号要与 $\overline{\text{IRDY}}$ 配合使用，两者同时有效才能完整传输数据。在读周期中，该信号有效表示目标已将有效数据提交到 AD[31:00]中；在写周期中，该信号有效表示目标已做好接收数据的准备。同理，$\overline{\text{IRDY}}$ 和 $\overline{\text{TRDY}}$ 中任何一个无效时，都为等待周期。从上可知，PCI 总线可通过 $\overline{\text{IRDY}}$ 或 $\overline{\text{TRDY}}$ 无效在数据传输过程中由主控或目标根据自身的响应速度灵活地插入多个等待周期，以使总线适用于各种档次速度的接口设备。

  ◇ $\overline{\text{STOP}}$。停止数据传送信号，S/T/S。该信号有效表示从设备要求主设备终止当前的数据传送。很显然，该信号应由从设备发出，用来表示在整个数据期中，AD[31:00]上哪些字节为有效数据。

  ◇ $\overline{\text{LOCK}}$。总线锁定信号，S/T/S。该信号有效表示驱动它的设备所进行的操作可能需要多个传输周期才能完成，且对此设备的操作是排他性的(独占)，而此时总线上未被锁定的设备的非互斥(锁定)访问仍然可以在总线的空闲时间中进行。$\overline{\text{LOCK}}$ 信号的控制是由 PCI 总线上发起数据传输的设备根据它自己的约定并结合 $\overline{\text{GNT}}$ 信号来完成的。即使有几个不同的设备在使用总线，对 $\overline{\text{LOCK}}$ 信号的控制权也只属于一个主控。如果某一设备具有可执行存储器，那么它必须能实现锁定，以使主控实现对该存储器的完全独占性访问。对于支持锁定的目标设备，必须能提供一个互斥访问块，且该块不能小于 16 字节。

  ◇ IDSEL。初始化设备选择信号，输入。在 PCI 接口配置参数读/写传输期间作为片选信号，它是一个主桥到 PCI 插卡的点对点连接信号，一般采用高位地址线实现，由 PnP BIOS 上电时进行驱动，以实现对 PCI 接口的自动配置。

◇ $\overline{\text{DEVSEL}}$。设备选择信号，S/T/S。该信号由从设备在识别出地址时发出，当它有效时，说明总线上有某处的某一设备已被选中，并作为当前访问的从设备。

(4) 总线仲裁信号

◇ $\overline{\text{REQ}}$。总线占用请求信号，T/S。该信号一旦有效即表明驱动它的设备要求使用总线。它是一个点到点的信号线，任何主设备都有其 $\overline{\text{REQ}}$ 信号。

◇ $\overline{\text{GNT}}$。总线占用允许信号，T/S。用来向申请占用总线的设备表示其请求已获得批准，可以立刻使用总线。这也是一个点到点的信号线，任何主控都应有自己的 $\overline{\text{GNT}}$ 信号。

(5) 错误报告信号

◇ $\overline{\text{PERR}}$。数据奇偶校验错误报告信号，S/T/S。一个设备只有在响应设备选择信号（$\overline{\text{DEVSEL}}$）并完成数据期后才能报告一个 $\overline{\text{PERR}}$，即比实际数据传输晚一个时钟周期。对于每个接收数据的设备，如果发现数据有错误，就应在数据收到后的两个时钟周期内将 $\overline{\text{PERR}}$ 激活。该信号的持续时间与数据期的多少有关，如果是一个数据期，则最少持续时间为一个时钟周期；若是一连串的数据期并且每个数据期都有错，那么 $\overline{\text{PERR}}$ 的持续时间将多于一个时钟周期。由于该信号是持续的三态信号，因此该信号在释放前必须先驱动为高电平。另外，对于数据奇偶错的报告既不能丢失也不能推迟。该信号在特殊周期中不起作用。

◇ $\overline{\text{SERR}}$。系统错误报告信号，漏极开路。该信号的作用是报告在特殊周期中的地址数据奇偶错，以及其他可能引起灾难性后果的系统错误。

(6) 中断信号

中断线共有 4 条，分别是 $\overline{\text{INTA}}$、$\overline{\text{INTB}}$、$\overline{\text{INTC}}$ 和 $\overline{\text{INTD}}$，均为 OD（漏极开路）。其作用是实现中断请求。

中断在 PCI 总线中是可选项，不一定必须具有，并且中断信号属电平触发，低电平有效，使用漏极开路方式驱动。中断信号的建立和撤销与时钟不同步。对于单功能设备，只有一条中断线，只能使用 $\overline{\text{INTA}}$；而多功能设备最多可有 4 条中断线，所谓的多功能设备是指将几个相互独立的功能集中在一个设备中。

一个多功能设备上的任何功能都可以连接到 4 条中断线中的任意一条，两者的最终对应关系是由中断引脚寄存器来定义的（见配置寄存器部分）。显然这提供了很大的灵活性。如果一个设备要实现两个中断，就定义为 $\overline{\text{INTA}}$ 和 $\overline{\text{INTB}}$，以此类推。对于多功能设备，可以多个功能公用同一条中断线，或者各自占用一条中断线，或者是两种情况的组合。

(7) 其他可选信号

◇ 高速缓存支持信号。为了使具有缓存功能的 PCI 卡上存储器能够和写直达（Write-through）或写回式（Write-back）的 cache 相配合工作，可缓存的 PCI 卡上存储器应能实现两条高速缓存支持信号作为输入。如果可缓存的存储器位于 PCI 总线上，那么连接写回式 cache 和 PCI 的桥接器（CPU 局部总线到 PCI 总线的主桥）要能够将这对信号作为输出，而连接写直达 cache 的桥接器只需要实现一个信号。上述的两个信号定义如下。

① $\overline{SBO}$。试探返回信号，为双向信号。当该信号有效时，表示命中了一个修改过的行。当该信号无效而 SDONE 信号有效时，表示有一个"干净"的试探结果。

② SDONE。监听完成信号，为双向信号。用来表示当前监听的状态。该信号无效时，表明监听仍在进行，否则表明监听已经完成。

◇ 64 位总线扩展信号。必须注意的是，如果要进行 64 位扩展，以下信号都要使用。

① AD[63:32]。扩展的 32 位地址和数据多路复用信号线，T/S。在地址期，若使用了 DAC 命令且 $\overline{REQ64}$ 有效，则这 32 条线上含有 64 位地址的高 32 位，否则这些位是保留的；在数据期，当 $\overline{REQ64}$ 和 $\overline{ACK64}$ 同时有效时，这 32 条线上含有高 32 位数据。

② $\overline{C/BE[7:4]}$。总线命令和字节使能多路复用信号线，T/S。在数据期，若 $\overline{REQ64}$ 和 $\overline{ACK64}$ 同时有效时；该 4 条线上传输的是字节使能信号。在地址期，如果使用了 DAC 命令且 $\overline{REQ64}$ 信号有效，则表明 $\overline{C/BE[7:4]}$ 上传输的是总线命令，否则这些位是保留的且不确定。

③ $\overline{REQ64}$。64 位传输请求，S/T/S。该信号由当前主设备驱动，并表示本设备要求采用 64 位通路传输数据。它与 $\overline{FRAME}$ 有相同的时序。

④ $\overline{ACK64}$。64 位传输认可，S/T/S。表明从设备将采用 64 位传输方式。此信号由从设备驱动，并且和 $\overline{DEVSEL}$ 具有相同的时序。

⑤ PAR64。奇偶双字校验，T/S。是 AD[63:32] 和 $\overline{C/BE[7:4]}$ 的校验位。当 $\overline{REQ64}$ 有效且 $\overline{C/BE[7:4]}$ 上是 DAC 命令时，PAR64 将在初始地址期之后一个时钟周期有效，并在 DAC 命令的第二个地址期过后的一个时钟处失效。

当 $\overline{REQ64}$ 和 $\overline{ACK64}$ 同时有效时，PAR64 在各数据期内稳定有效，并且在 $\overline{IRDY}$ 或 $\overline{TRDY}$ 发出后的一个时钟处失效。PAR64 信号一旦有效，将保持到数据传输完成之后的一个时钟周期处。该信号与 AD[63:32] 的时序相同，但延迟一个时钟周期。主设备是为了地址和写数据的正确性而输出 PAR64，从设备是为了读数据而发出 PAR64。

◇ 其他

TDI、TDO、TCK、TMS 和 $\overline{TRST}$ 为边界扫描信号。$\overline{PRSNT_1}$ 和 $\overline{PRSNT_2}$ 为判断 PCI 插槽上是否有接口插卡存在的信号。

3. 总线命令

总线命令的作用是规定主、从设备之间信息的传输类型，它出现在地址期的 $\overline{C/BE[3:0]}$ 总线上，共 16 种，表 4-6 给出了总线命令的编码及类型说明。其中，命令编码中的"1"表示高电平，"0"表示低电平。

表 4-6　总线命令表

$\overline{C/BE[3:0]}$	命令类型说明
0　0　0　0	中断应答(中断识别)
0　0　0　1	特殊周期
0　0　1　0	I/O 读(从 I/O 口地址中读数据)
0　0　1　1	I/O 写(向 I/O 口地址空间写数据)
0　1　0　0	保留

（续表）

$\overline{C/BE}[3:0]$	命令类型说明
0 1 0 1	保留
0 1 1 0	存储器读(从内存空间映像中读数据)
0 1 1 1	存储器写(从内存空间映像中写数据)
1 0 0 0	保留
1 0 0 1	保留
1 0 1 0	配置读
1 0 1 1	配置写
1 1 0 0	存储器多行读
1 1 0 1	双地址周期
1 1 1 0	存储器读一行
1 1 1 1	存储器写并无效

4. 总线上的数据传输过程

PCI 是地址/数据复用总线，每一个 PCI 总线传输由两个节拍组成：地址节拍和数据节拍。一个地址节拍由 $\overline{FRAME}$ 信号从非激活状态(高电平)转换到激活状态(低电平)的时钟周期开始。在地址节拍，总线主设备通过 $\overline{C/BE}[3:0]$ 端发送总线命令，如果是总线读命令，紧接着地址节拍的时钟周期称为总线转换周期，在这一个时钟周期内，AD[31:0]既不被主设备驱动，也不被从设备驱动，以避免总线冲突。对于写操作，没有总线转换周期，总线直接从地址节拍进入数据节拍。

PCI 总线的地址节拍时间是一个 PCI 时钟周期，数据节拍数取决于要传送的数据个数，一个数据节拍至少需要一个 PCI 时钟周期，在任何一个数据节拍都可以插入等待周期。$\overline{FRAME}$ 从有效变成无效表示当前正在进行最后一个数据节拍。

图 4-25 表示了总线上一次突发(Burst)读操作的时序图。从图中可看出，一旦 $\overline{FRAME}$ 信号有效，就开始了地址期，并在时钟 2 的上升沿处稳定有效。在地址期内，AD[31:00]上的地址有效，$\overline{C/BE}[3:0]$ 上是一个有效的总线命令。数据期是从时钟 3 的上升沿开始的，在此期间，AD[31:0]线上传送的是数据,而 $\overline{C/BE}$ 线上的信息却反映出数据线上的哪些字节是有效的。要特别指出的是：无论是读操作还是后面要讲的写操作，从数据期的开始一直到传输的完成，$\overline{C/BE}$ 的输出缓冲器必须始终保持有效。

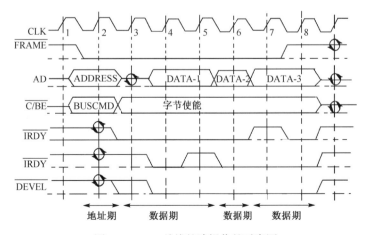

图 4-25　PCI 总线的读操作的时序图

图中的 $\overline{\text{DEVSEL}}$ 信号和 $\overline{\text{TRDY}}$ 信号是由按地址期内发出地址选中的设备(从设备)提供的,但要保证 $\overline{\text{TRDY}}$ 信号在 $\overline{\text{DEVSEL}}$ 信号之后出现。而 $\overline{\text{IRDY}}$ 信号是发起读操作的设备(主设备)根据总线的占用情况自动发出的。数据的真正传输是在 $\overline{\text{IRDY}}$ 和 $\overline{\text{TRDY}}$ 同时有效的时钟前沿进行的,这两个信号的其中之一无效时,就表示需插入等待周期,此时不进行数据传输。一个数据期可以包含一次数据传输和若干个等待周期,在图 4-23 中,时钟 4、6、8 处各进行了一次数据传输,而在时钟 3、5、7 处插入了等待周期。

在读操作中的地址期和数据期之间,AD 线上要有一个交换期(过渡期),使 AD 总线由主设备驱动过渡到由从设备驱动。在时钟 7 处尽管是最后一个数据期,但由于主设备因某种原因不能完成最后一次传输(具体表现是此时 $\overline{\text{IRDY}}$ 信号无效),故 $\overline{\text{FRAME}}$ 不能撤销,只有在时钟 8 处, $\overline{\text{IRDY}}$ 信号变为有效后, $\overline{\text{FRAME}}$ 信号才能撤销。

图 4-26 表示总线上一次写操作的时序关系。总线上的写操作与读操作相类似,也是 $\overline{\text{FRAME}}$ 信号的有效预示着地址期的开始,且在时钟 2 的上升处达到稳定有效。整个数据期也与读操作基本相同,只是在第三个数据期中由从设备连续插入了 3 个等待周期,时钟 5 处传输双方均插入了等待周期。

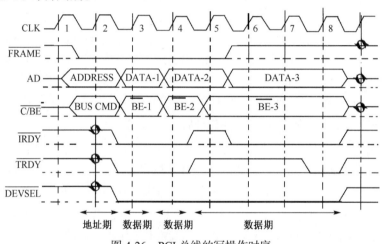

图 4-26 PCI 总线的写操作时序

值得注意的是,当 $\overline{\text{FRAME}}$ 撤销时必须要有 $\overline{\text{IRDY}}$ 发出为前提,以表明是最后一个数据期。另外,从图中可以看出,主设备在时钟 5 处因撤销了 $\overline{\text{IRDY}}$ 而插入等待周期,表明要写的数据将延迟发送,但此时,字节使能信号不受等待周期的影响,不得延迟发送。

写操作与读操作的不同是,在写操作中地址期与数据期之间没有交换周期。这是因为,在此类操作中,数据和地址是由同一个设备(主设备)驱动的。

最后要强调的是,上述的读/写操作均是以多个数据期为例来说明的,这是 PCI 总线传输的一般情况,因 PCI 总线传输是以突发传输为代表的,一次传输多个数据。如果是一个数据期时,则 $\overline{\text{FRAME}}$ 信号在没有等待周期的情况下,应在地址期(读操作应在交换周期)过后即撤销。

5. PCI 地址空间

PCI 总线定义了 3 个地址空间:内存地址空间、I/O 地址空间和配置地址空间。

PCI 总线的每个设备都有自己的地址译码,从而省去了中央译码电路。PCI 支持正向和负向两种地址译码方式。所谓正向地址译码方式，是指每个设备都监视地址线上的访问地址是否落在它的地址范围，因此速度较快。而负向译码是当正向译码时未选中其他所有设备后才选中某个设备的译码方法，因此这种译码方法只能用于总线上的一个设备，并且由于它要等到总线上其他所有设备都拒绝后才能行动，所以速度较慢。

① I/O 地址空间。全部 32 位 AD 线都被用来提供一个完整的字节端口地址译码。在 I/O 访问中，AD[1:0]很重要，一方面用来产生 $\overline{\text{DEVSEL}}$ 信号，另一方面用来表示传输的最低有效字节，并且要与 $\overline{\text{C/BE[3:0]}}$ 配合。例如，当 $\overline{\text{C/BE0}}$ 有效时，AD[1:0]必须为 00b，当 $\overline{\text{C/BE3}}$ 有效时，AD[1:0]必须为 11b。

② 内存地址空间。在存储器地址空间，要用 AD[31:2]译码得到一个双字(4 字节)地址的访问。在线性增长方式下，每个周期过后地址按 4 字节增长，直到传输结束。在存储器访问期间，AD[1:0]=00b 时，突发传输顺序为线性增长方式；当 AD[1:0]=01b 时为 cache 行切换方式，当 AD[1:0]=1x 时是保留的。

③ 配置地址空间。在地址配置空间中，要用 AD[7:2]将访问落实到双字(4 字节)地址。当一个设备收到配置命令时，若 IDSEL 信号建立且 AD[1:0]=00b，则该设备即被选为访问的目标。否则就不参与当前的传输。如果译出的命令符合某桥接器的编号，且 AD[1:0]=01b，则说明配置访问时对该桥接器后面的设备。

6. PCI 总线配置

定义 PCI 总线配置空间的目的在于提供一套适当的配置措施，使之实现完全的设备再定位，无须用户干预安装、配置和引导，由设备无关的软件进行系统地址映射。

(1)配置寄存器的组织

一个 PCI 总线的物理设备可能包含一个或多个 PCI 功能设备或逻辑设备。每个 PCI 功能设备都有一个容量为 256 字节并具有特定记录结构的地址空间，用于实现该逻辑设备的配置。PCI 协议定义了该配置空间的起始 64 字节的用途，如表 4-7 所示。其余的 182 字节因设备而异，PCI 标准对此没有具体规定，PCI 设备可以自行定义和使用。一个设备的配置空间不仅在系统自举时可以访问，在其他时间内也是可以访问的。

表 4-7　配置寄存器

地 址 偏 移	简　　　称	寄存器名称
0x00~0x01	VID	厂商标识寄存器
0x02~0x03	DID	设备标识寄存器
0x04~0x05	PCICMD	命令寄存器
0x06~0x07	PCISTS	状态寄存器
0x08	RID	版本标识寄存器
0x09~0x0B	CLCD	设备分类代码寄存器
0x0C	CALN	cache 大小寄存器
0x0D	LAT	延时计时寄存器
0x0E	HDT	头区域类型寄存器
0x0F	BIST	内建自测试寄存器
0x10~0x27	BADR0~BADR5	基址寄存器(0~5)
0x28~0x2B	CCP	卡总线 CIS (Card Information Structure，卡信息结构)指针

(续表)

地址偏移	简　称	寄存器名称
0x2C~0x2D	SVID	子系统厂商标识寄存器
0x2E~0x2F	SID	子系统标识寄存器
0x30~0x3B	XROM	扩展 ROM 基址寄存器
0x34~0x3B	—	保留
0x3C	INTLN	中断线寄存器
0x3D	INTPIN	中断引脚寄存器
0x3E	MINGNT	最小授予寄存器
0x3F	MAXLAT	最大延时寄存器
0x40~0xFF	—	与具体设备有关

(2) 配置寄存器的功能

设备识别功能。有 5 个寄存器与设备的识别有关,所有的 PCI 设备必须实现这些寄存器,以便配置软件读取它们。

① 厂商标识寄存器用以标明设备的制造商,有效的厂商标识由 PCI SIG 分配,以保证其唯一性,0x0FFF 是非法码。

② 设备标识寄存器用以标明特定的设备,具体代码由厂商分配。

③ 版本标识寄存器用于指定设备的版本号,具体由厂商确定。

④ 头区域类型寄存器的位 7 为 1 时,表示该设备为多功能设备,位 7 为 0 时,表示该设备为单功能设备。位 6 至位 0 指明 0x10~0x3F 的布局情况,目前这 7 位只有一个编码 0000000b,对应表 4-7 的布局排列,其他的编码为保留的。

⑤ 设备分类代码寄存器用于对设备进行分类,其中位于 0x0B 地址的字节为基本分类代码,对设备的功能进行粗略的分类;位于 0x0A 地址的字节为子分类代码,对设备功能进行更详细的分类;位于 0x09 地址的字节用来标识一个专用的寄存器级编程接口,以便独立于设备的软件可以与设备交互数据。

其他各个寄存器的功能可参阅有关资料。

(3) 配置寄存器的访问

在通常的访问中,每个设备都对自己的地址进行译码,而对配置地址空间的访问则要求设备外部进行译码选择,即通过初始化设备选择号 IDSEL 来选择 PCI 设备,也就是将 IDSEL 作为类似"芯片选择"信号。对于某一 PCI 设备,只有当输入给它的 IDSEL 信号有效,并且在地址期内 AD[1:0] 为 00b 时,它才能被作为配置访问的目标设备。因此,在对设备的配置寄存器进行访问时,PCI 桥(包括 HOST/PCI 桥和 PCI/PCI 桥)应提供 IDSEL 信号以选择 PCI 设备。

高 21 位地址线 AD[31:11] 在 0 类配置访问的地址期内没有用,因此系统的设计者可直接用这些地址信号线作为连接到各个 PCI 设备的 IDSEL 信号,最多可以连接 21 个设备。由于一个 PCI 设备只能在每条信号线接一个负载,所以 PCI 设备的 IDSEL 引脚通过电阻隔离连接到相应的 AD 引脚。

另外一种方法是,桥接器内部对目标设备号进行译码并产生相应的 IDSEL 信号,但桥接器不实现 IDSEL 信号的直接输出,而是在桥接器内部将对应于设备 0 的 IDSEL 信号通过 AD16 输出,对应于设备 1 的 IDSEL 信号通过 AD17 输出,依次类推,对应于设备 15 的 IDSEL 信号通过 AD31 输出,这样可以支持 PCI 总线上连接 16 个设备。

7. PCI 总线的电气规范

PCI 总线规范中提供了 5 V 和 3.3 V 两种信号环境，信号环境不能混合使用。也就是说，对一个给定的 PCI 总线，所有的元件必须使用同一个信号规则。

PCI 总线是一个 CMOS 总线，其静态电流非常小。实际上，直流驱动电流主要消耗在上拉电阻上。

PCI 总线的信号驱动采用反射波方式，而不是入射波方式。所谓的反射波方式驱动指的是，总线驱动器只把总线信号的幅度驱动到所要求幅度(高电压或低电压)的一半，然后电波沿着总线向目标传播，到达目标后再向原点反射，从而使原来的电压振幅叠加以达到要求的电压级别。实际上，在这段传播时间内总线驱动处于开关范围的中间，这段时间的长短至少为 10 ns，在 33 MHz 时钟下，相当于总线周期的 1/3。PCI 的上述两个电气特征，决定了 PCI 总线 I/O 缓冲区特性的定义方式与众不同。

PCI 总线驱动器在瞬变开关上花费了较多的时间，并且直流电流很小，从而无法使用按直流驱动源的能力定义缓冲区的传统方法。PCI 总线驱动器的指标要用交流开关特性来定义，而不用直流驱动能力，尤其是驱动器在其整个有源开关范围内的电压/电流关系为主要技术指标时更应如此。这些电压/电流关系要求：在典型配置为主板上有 6 个负载和 2 个扩展连接器，或者 2 个负载和 4 个扩展连接器的情况下，达到可接受的开关行为。但是也有可能达到不同或更大的配置，这取决于实际设备、布局安排及主板上的负载阻抗等因素。

PCI 总线的直流特性如表 4-8 所示。对漏极开路(OD)输出的 PCI 总线需接上拉电阻，5 V 环境下典型上拉电阻为 $R=2.7$ kΩ(±10%)，3 V 环境下典型上拉电阻为 $R=8.2$ kΩ(±10%)。

表 4-8　PCI 总线直流特性表

名　　称	含　　义	5 V 环境		3.3 V 环境(V_{CC}=3.3 V)		单　位
		最 小 值	最 大 值	最　小	最大 V_{CC}	
V_{CC}	电源电压	4.75	5.25	3.0	3.6	V
V_{IH}	输入高电压	2.0	V_{CC}+0.5	0.475V_{CC}	V_{CC}+0.5	V
V_{IL}	输入低电压	−0.5	0.8	−0.5	0.325V_{CC}	V
I_{IL}	输入漏电流		70		+10	μA
V_{OH}	输出高电压	2.4		0.9V_{CC}		V
V_{OL}	输出低电压		0.55		0.1V_{CC}	V
C_{IN}	输入引脚电容		10		10	pF
C_{CLK}	CLK 引脚电容	5	12	5	12	pF
C_{IDSEL}	CLK 引脚电容		8		8	pF
L_{PIR}	引脚电感		20		20	pH
I_{PIN}	开关电流高	−44		39.6		mA
I_{OH}	开关电流低	95		52.8		mA

4.2.3　PCI-E 总线标准

如前文所述，最初的 PCI 总线是 32 位的，频率为 33 MHz，带宽为 133 MB/s。后来分别出现了 64 位/33 MHz 和 64 位/66 MHz 的总线，带宽也分别达到了 266 MB/s 和 533 MB/s。之后几家厂商联合制定了 PCI-X 标准 64 位/133 MHz，带宽达到了 1 GB/s。PCI-X 2.0 和 3.0 的时钟频率又分别提高到 266 MHz、533 MHz，甚至 1 GHz，带宽也因此成倍增加。由于 PCI 和 PCI-X 都是并行总线，随着频率的增大，串扰问题越来越明显，而 PCI-E 串行总线的优势则得以充分显现。

PCI 总线使用并行结构,同一条总线上的所有外部设备共享总线带宽。PCI-E 总线使用了高速差分总线,并采用端到端的连接方式,这使得 PCI-E 与 PCI 总线采用的拓扑结构有所不同。PCI-E 总线还使用了一些网络通信技术,如支持多种数据路由方式,支持基于多通路的数据传递方式,支持基于报文的数据传送方式,并充分考虑了在数据传送的服务质量(Quality of Service,QoS)问题。

1. PCI-E 总线速率

PCI-E 是 Intel 公司提出的新一代总线接口,采用了目前业内流行的点对点串行连接。与 PCI 总线及更早期计算机总线的共享并行结构相比,PCI-E 总线的每个设备都有自己的专用连接,无须向整个总线请求带宽。PCI-E 总线的高数据传输速率能够实现 PCI 总线无法提供的高带宽,而全双工串行数据包方式进一步保证了 PCI-E 接口的每个引脚可以获得比传统标准 I/O 更多的带宽,这样就能降低 PCI-E 设备生产成本和体积。另外,PCI-E 总线也支持高阶电源管理,支持热插拔,支持数据同步传输,可为优先传输数据进行带宽优化。

PCI-E 总线标准支持 1 到 32 条通道,有非常强的伸缩性,可以满足不同系统设备对数据传输带宽的需求。PCI-E 插槽是可以向下兼容的,比如 PCI-E X16 插槽可以插 X8、X4 和 X1 的卡(X2 模式用于内部接口而非插槽模式)。

表 4-9　PCI 及 PCI-E(1.0 标准)总线速率表

总线标准	总　线	时　钟	传输速度
PCI 32 位	32 位	33 MHz 66 MHz	133 MB/s 266 MB/s
PCI 64 位	64 位	33 MHz 66 MHz	266 MB/s 533 MB/s
PCI-X	64 位	66 MHz 100 MHz 133 MHz	533 MB/s 800 MB/s 1066 MB/s
PCI-E X1	8 位	2.5 GHz	500 MB/s(双工)
PCI-E X4	8 位	2.5 GHz	2 GB/s(双工)
PCI-E X8	8 位	2.5 GHz	4 GB/s(双工)
PCI-E X16	8 位	2.5 GHz	8 GB/s(双工)

(1)PCI-E 1.0 标准

按照这个标准,PCI-E X1 采用单向 2.5 G 的波特率进行传输。由于每一帧为 10 位(1 位起始位,8 位数据位,1 位结束位),所以单向传输速率为 2.5 G × 8/10=2 Gb/s=250 MB/s。由此可以计算出 PCI-E X16 的单向传输速率为 250 MB/s×16=4 GB/s(双向传输速率为 8 GB/s)。PCI-E(1.0 标准)总线与 PCI 总线的速率对比如表 4-9 所示。显然,PCI-E 总线能够提供更高的传输速率和质量。

(2)PCI-E 2.0 标准

按照这个标准,PCI-E X1 采用单向 5 G 的波特率进行传输。由于每一帧为 10 位(1 位起始位,8 位数据位,1 位结束位),所以单向传输速率为 5 G × 8/10=4 Gb/s =500 MB/s。由此可计算出 PCI-E X16 的单向传输速率为 500 MB/s × 16=8 GB/s(双向传输速率为 16 GB/s),PCI-E X32 的单向传输速率为 500 MB/s × 32=16 GB/s(双向传输速率为 32 GB/s)。

（3）PCI-E 3.0 标准

按照这个标准，PCI-E X1 采用单向 8 G 的波特率进行传输。因为采用 128b/130b 编码，编码损耗几乎可以忽略不计。PCI-E X32 的双向传输速率高达 64 GB/s。

2．PCI-E 总线使用的信号

PCI-E 总线插槽如图 4-27 所示。

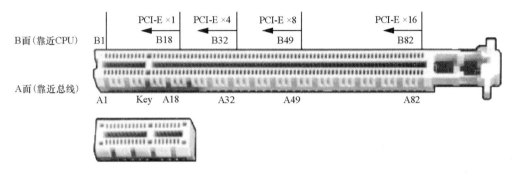

图 4-27　PCI-E 总线插槽图

PCI-E 链路使用"端到端的数据传送方式"，发送端和接收端都含有 TX（发送逻辑）和 RX（接收逻辑），其结构如图 4-28 所示。在 PCI-E 总线的物理链路的一个数据通路中，有两组差分信号，共 4 条信号线。其中发送端的 TX 部件与接收端的 RX 部件使用一组差分信号线连接，该链路又称为发送端的发送链路，同时也是接收端的接收链路；而发送端的 RX 部件与接收端的 TX 部件使用另一组差分信号线连接，该链路又称为发送端的接收链路，同时也是接收端的发送链路。一个 PCI-E 链路可以由多个数据通路组成。

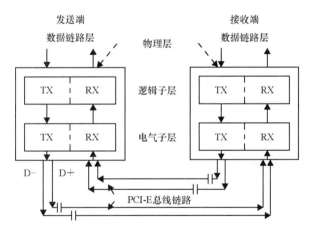

图 4-28　PCI-E 总线的物理链路

PCI-E 总线物理链路之间的数据传送使用基于时钟的同步传送机制，但是在物理链路上并没有时钟线，PCI-E 总线的接收端含有时钟恢复模块（Clock Data Recovery，CDR），该模块将从接收报文中提取接收时钟，从而进行同步数据传递。

PCI-E 信号名称如表 4-10 所示。PCI-E 设备使用两种电源供电，分别是 3.3 V 的与 $3.3V_{aux}$ 的。PCI-E 设备使用的主要逻辑模块均使用 3.3 V 电源供电，而一些与电源管理相关的逻辑使用 3.3V$_{aux}$ 电源供电。在 PCI-E 设备中,一些特殊的寄存器通常使用 3.3V$_{aux}$ 电源供电,如 Sticky 寄存器,此时即使 PCI-E 设备的 3.3 V 电源被移除,这些与电源管理相关的逻辑状态和这些特殊寄存器的内容也不会发生改变。

在 PCI-E 总线中,使用 3.3V$_{aux}$ 电源供电的主要原因是为了降低功耗和缩短系统恢复时间。因为 3.3 V$_{aux}$ 电源在多数情况下并不会被移除,因此当 PCI-E 设备的 3.3 V 电源恢复后,该设备不用重新恢复使用 3.3 V$_{aux}$ 电源供电的逻辑,从而设备可以很快地恢复到正常工作状态。

表 4-10　PCI-E 总线信号

引　脚	名　称	说　明	引　脚	名　称	说　明
x1 模式					
B$_1$	+12 V	+12 V 电源	A$_1$	PRSNT1#	热插拔检测
B$_2$	+12 V	+12 V 电源	A$_2$	+12 V	+12 V 电源
B$_3$	+12 V	+12 V 电源	A$_3$	+12 V	+12 V 电源
B$_4$	GND	地	A$_4$	GND	地
B$_5$	SMCLK	SMBus 时钟	A$_5$	JTAG2	TCK 测试时钟
B$_6$	SMDAT	SMBus 数据	A$_6$	JTAG3	TDI 测试数据输入
B$_7$	GND	地	A$_7$	JTAG4	TDO 测试数据输出
B$_8$	+3.3 V	3.3 V 电源	A$_8$	JTAG5	TMS 测试模式选择
B$_9$	JTAG1	TRST#测试复位	A$_9$	+3.3 V	3.3 V 电源
B$_{10}$	3.3 V$_{aux}$	3.3 V 备用电源	A$_{10}$	+3.3 V	3.3 V 电源
B$_{11}$	WAKE#	链路激活信号	A$_{11}$	PERST#	复位
	KEY	防护键		KEY	防护键
B$_{12}$	RSVD	保留	A$_{12}$	GND	地
B$_{13}$	GND	地	A$_{13}$	REFCLK+	参考时钟差分对
B$_{14}$	PETp0	发送差分对, 0 通道	A$_{14}$	REFCLK-	参考时钟差分对
B$_{15}$	PETn0	发送差分对, 0 通道	A$_{15}$	GND	地
B$_{16}$	GND	地	A$_{16}$	PERp0	接收差分对, 0 通道
B$_{17}$	PRSNT2#	热插拔检测	A$_{17}$	PERn0	接收差分对, 0 通道
B$_{18}$	GND	地	A$_{18}$	GND	地
x4 模式					
B$_{19}$	PETp1	发送差分对, 1 通道	A$_{19}$	RSVD	保留
B$_{20}$	PETn1	发送差分对, 1 通道	A$_{20}$	GND	地
B$_{21}$	GND	地	A$_{21}$	PERp1	接收差分对, 1 通道
B$_{22}$	GND	地	A$_{22}$	PERn1	接收差分对, 1 通道
B$_{23}$	PETp2	发送差分对, 2 通道	A$_{23}$	GND	地
B$_{24}$	PETn2	发送差分对, 2 通道	A$_{24}$	GND	地
B$_{25}$	GND	地	A$_{25}$	PERp2	接收差分对, 2 通道
B$_{26}$	GND	地	A$_{26}$	PERn2	接收差分对, 2 通道
B$_{27}$	PETp3	发送差分对, 3 通道	A$_{27}$	GND	地
B$_{28}$	PETn3	发送差分对, 3 通道	A$_{28}$	GND	地
B$_{29}$	GND	地	A$_{29}$	PERp3	接收差分对, 3 通道
B$_{30}$	RSVD	保留	A$_{30}$	PERn3	接收差分对, 3 通道
B$_{31}$	PRSNT2#	热插拔检测	A$_{31}$	GND	地
B$_{32}$	GND	地	A$_{32}$	RSVD	保留
x8 模式					
B$_{33}$	PETp4	发送差分对, 4 通道	A$_{33}$	RSVD	保留
B$_{34}$	PETn4	发送差分对, 4 通道	A$_{34}$	GND	地
B$_{35}$	GND	地	A$_{35}$	PERp4	接收差分对, 4 通道
B$_{36}$	GND	地	A$_{36}$	PERn4	接收差分对, 4 通道
B$_{37}$	PETp5	发送差分对, 5 通道	A$_{37}$	GND	地
B$_{38}$	PETn5	发送差分对, 5 通道	A$_{38}$	GND	地
B$_{39}$	GND	地	A$_{39}$	PERp5	接收差分对, 5 通道

（续表）

引 脚	名 称	说 明	引 脚	名 称	说 明
B_{40}	GND	地	A_{40}	PERn5	接收差分对，5 通道
B_{41}	PETp6	发送差分对，6 通道	A_{41}	GND	地
B_{42}	PETn6	发送差分对，6 通道	A_{42}	GND	地
B_{43}	GND	地	A_{43}	PERp6	接收差分对，6 通道
B_{44}	GND	地	A_{44}	PERn6	接收差分对，6 通道
B_{45}	PETp7	发送差分对，7 通道	A_{45}	GND	地
B_{46}	PETn7	发送差分对，7 通道	A_{46}	GND	地
B_{47}	GND	地	A_{47}	PERp7	接收差分对，7 通道
B_{48}	PRSNT2#	热插拔检测	A_{48}	PERn7	接收差分对，7 通道
B_{49}	GND	地	A_{49}	GND	地
x16 模式					
B_{50}	PETp8	发送差分对，8 通道	A_{50}	RSVD	保留
B_{51}	PETn8	发送差分对，8 通道	A_{51}	GND	地
B_{52}	GND	地	A_{52}	PERp8	接收差分对，8 通道
B_{53}	GND	地	A_{53}	PERn8	接收差分对，8 通道
B_{54}	PETp9	发送差分对，9 通道	A_{54}	GND	地
B_{55}	PETn9	发送差分对，9 通道	A_{55}	GND	地
B_{56}	GND	地	A_{56}	PERp9	接收差分对，9 通道
B_{57}	GND	地	A_{57}	PERn9	接收差分对，9 通道
B_{58}	PETp10	发送差分对，10 通道	A_{58}	GND	地
B_{59}	PETn10	发送差分对，10 通道	A_{59}	GND	地
B_{60}	GND	地	A_{60}	PERp10	接收差分对，10 通道
B_{61}	GND	地	A_{61}	PERn10	接收差分对，10 通道
B_{62}	PETp11	发送差分对，11 通道	A_{62}	GND	地
B_{63}	PETn11	发送差分对，11 通道	A_{63}	GND	地
B_{64}	GND	地	A_{64}	PERp11	接收差分对，11 通道
B_{65}	GND	地	A_{65}	PERn11	接收差分对，11 通道
B_{66}	PETp12	发送差分对，12 通道	A_{66}	GND	地
B_{67}	PETn12	发送差分对，12 通道	A_{67}	GND	地
B_{68}	GND	地	A_{68}	PERp12	接收差分对，12 通道
B_{69}	GND	地	A_{69}	PERn12	接收差分对，12 通道
B_{70}	PETp13	发送差分对，13 通道	A_{70}	GND	地
B_{71}	PETn13	发送差分对，13 通道	A_{71}	GND	地
B_{72}	GND	地	A_{72}	PERp13	接收差分对，13 通道
B_{73}	GND	地	A_{73}	PERn13	接收差分对，13 通道
B_{74}	PETp14	发送差分对，14 通道	A_{74}	GND	地
B_{75}	PETn14	发送差分对，14 通道	A_{75}	GND	地
B_{76}	GND	地	A_{76}	PERp14	接收差分对，14 通道
B_{77}	GND	地	A_{77}	PERn14	接收差分对，14 通道
B_{78}	PETp15	发送差分对，15 通道	A_{78}	GND	地
B_{79}	PETn15	发送差分对，15 通道	A_{79}	GND	地
B_{80}	GND	地	A_{80}	PERp15	接收差分对，15 通道
B_{81}	PRSNT2#	热插拔检测	A_{81}	PERn15	接收差分对，15 通道
B_{82}	RSVD	保留	A_{82}	GND	地

说明：A 为顶层，B 为底层。

关于 PETpx, PETnx, PERpx 和 PERnx 等信号，PE 表示"高速 PCI-E"，T 表示"发送"，R 表示"接收"，p 表示"正 (+)"，n 表示"负 (-)"。

PCI-E 链路的最大宽度为×32，但是在实际应用中，×32 的链路宽度极少使用。在一个微处理器系统中，一般提供×16 的 PCI-E 插槽，并使用 PETp0~15、PETn0~15 和 PERp0~15、PERn0~15 共 64 条信号线组成 32 对差分信号，其中 16 对 PET*xx* 信号用于发送链路，另外 16 对 PER*xx*

信号用于接收链路。除此之外，PCI-E 总线还使用了下列辅助信号。

（1）PERST#信号

该信号为全局复位信号，由微处理器系统提供。微处理器系统需要为 PCI-E 插槽和 PCI-E 设备提供该复位信号。PCI-E 设备使用该信号复位内部逻辑。当该信号有效时，PCI-E 设备将进行复位操作。PCI-E 总线定义了多种复位方式，其中冷复位和热复位这两种复位方式的实现与该信号有关。

（2）REFCLK+和 REFCLK-信号

在一个微处理器系统中，可能含有许多 PCI-E 设备，这些设备可以作为 Add-In 卡与 PCI-E 插槽连接，也可以作为内置模块与微处理器系统提供的 PCI-E 链路直接相连，而无须经过 PCI-E 插槽。PCI-E 设备与 PCI-E 插槽都具有 REFCLK+和 REFCLK-信号，其中 PCI-E 插槽使用这组信号与微处理器系统同步。

在一个微处理器系统中，通常采用专用逻辑向 PCI-E 插槽提供 REFCLK+和 REFCLK-信号，如图 4-29 所示。其中 100 MHz 的时钟源由晶振提供，并经过一个"一推多"的差分时钟驱动器生成多个同相位的时钟源，与 PCI-E 插槽一一对应连接。

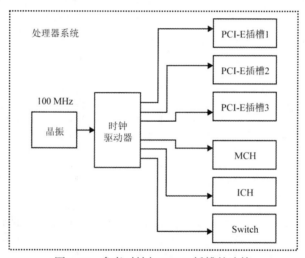

图 4-29　参考时钟与 PCI-E 插槽的连接

PCI-E 插槽需要使用参考时钟，其频率范围为 100 MHz ± 300 ppm。微处理器系统需要为每一个 PCI-E 插槽、存储器控制集线器（Memory Controller Hub，MCH）、输入/输出控制集线器（Input/output Controller Hub，ICH）和 Switch 提供参考时钟。而且，在一个微处理器系统中，要求时钟驱动器产生的参考时钟信号到每一个 PCI-E 插槽（MCH、ICH 和 Swith）的距离差在 15 英寸[①]之内。通常信号的传播速度接近光速，约为 6 英寸/ns，由此可见，不同 PCI-E 插槽之间 REFCLK+和 REFCLK-信号的传送延时差约为 2.5 ns。

当 PCI-E 设备作为 Add-In 卡连接在 PCI-E 插槽时，可以直接使用 PCI-E 插槽提供的 REFCLK+和 REFCLK-信号，也可以使用独立的参考时钟，只要这个参考时钟在 100 MHz ± 300 ppm 范围内即可。内置的 PCI-E 设备与 Add-In 卡在处理 REFCLK+和 REFCLK-信号时使用

---

① 1 英寸=2.54 cm。——编者注

的方法类似,但是 PCI-E 设备可以使用独立的参考时钟,而不使用 REFCLK+和 REFCLK−信号。

在 PCI-E 设备配置空间的 Link Control Register 中,含有一个"Common Clock Configuration"位。当该位为 1 时, 表示该设备与 PCI-E 链路的对端设备使用"同相位"的参考时钟;如果为 0, 则表示该设备与 PCI-E 链路的对端设备使用的参考时钟是异步的。

在 PCI-E 设备中,"Common Clock Configuration"位的默认值为 0,此时 PCI-E 设备使用的参考时钟与对端设备没有任何联系, PCI-E 链路两端设备使用的参考时钟可以异步设置。这个异步时钟设置方法对于使用 PCI-E 链路进行远程连接时尤为重要。

在一个微处理器系统中,如果使用 PCI-E 链路进行机箱到机箱间的互连,因为参考时钟可以异步设置,机箱到机箱之间进行数据传送时仅需差分信号线即可,与参考时钟无关,从而极大降低了连接难度。

(3) WAKE#信号

当 PCI-E 设备进入休眠状态,主电源已经停止供电时, PCI-E 设备使用 WAKE#信号向微处理器系统提交唤醒请求,使微处理器系统重新为该 PCI-E 设备提供主电源+3 V。在 PCI-E 总线中, WAKE#信号是可选的,因此使用 WAKE#信号唤醒 PCI-E 设备的机制也是可选的。值得注意的是,产生该信号的硬件逻辑必须使用备用电源+3 V_{aux} 供电。

WAKE#是一个漏极开路信号,一个微处理器的所有 PCI-E 设备可以将 WAKE#信号进行线与后,统一发送给微处理器系统的电源控制器。当某个 PCI-E 设备需要被唤醒时,该设备首先置 WAKE#信号有效,然后在经过一段延时之后,微处理器系统开始为该设备提供主电源+3 V,并使用 PERST#信号对该设备进行复位操作。此时 WAKE#信号需要始终保持为低,当主电源+3 V 上电完成之后, PERST#信号将置为无效并结束复位, WAKE#信号也将随之置为无效,结束整个唤醒过程。

PCI-E 设备除了可以使用 WAKE#信号实现唤醒功能,还可以使用 Beacon 信号实现唤醒功能。与 WAKE#信号实现唤醒功能不同, Beacon 使用 In-band 信号,即差分信号 D+和 D−实现唤醒功能。Beacon 信号是直流平衡的,由一组通过 D+和 D−信号生成的脉冲信号组成。这些脉冲信号宽度的持续时间最小值为 2 ns,最大值为 16 μs。当 PCI-E 设备准备退出 L2 状态(该状态为 PCI-E 设备使用的一种低功耗状态)时,可以使用 Beacon 信号,提交唤醒请求。

(4) SMCLK 和 SMDAT 信号

SMCLK 和 SMDAT 信号与 x86 微处理器的 SMBus(System Mangement Bus)相关。SMBus 总线于 1995 年由 Intel 公司提出,由 SMCLK 和 SMDAT 信号组成。SMBus 总线源于 I^2C 总线,但是与 I^2C 总线存在一些差异。

SMBus 总线的最高总线频率为 100 kHz,而 I^2C 总线可以支持 400 kHz 和 2 MHz 的总线频率。此外 SMBus 上的从设备具有超时功能,当从设备发现主设备发出的时钟信号保持低电平超过 35 ms 时,将引发从设备的超时复位。在正常情况下, SMBus 的主设备使用的总线频率最低为 10 kHz,以避免从设备在正常使用过程中出现超时。

在 SMBus 中,如果主设备需要复位从设备,可以使用这种超时机制。而 I^2C 总线只能使用硬件信号实现这种复位操作,在 I^2C 总线中,从设备出现错误时,单纯通过主设备是无法复位从设备的。

SMBus 还支持 Alert Response 机制。当从设备产生一个中断时,并不会立即清除该中断,直到主设备向 0b0001100 地址发出命令。

上文所述的 SMBus 和 I^2C 总线的区别局限于物理层和链路层,实际上 SMBus 还含有网络层。SMBus 还在网络层上定义了 11 种总线协议,用来实现报文传递。

SMBus 总线在 x86 微处理器系统中得到了大规模普及,其主要作用是管理微处理器系统的外部设备,并收集外设的运行信息,特别是一些与智能电源管理相关的信息。PCI 和 PCI-E 插槽也为 SMBus 总线预留了接口,以便于 PCI/PCI-E 设备与微处理器系统进行交互。

在 Linux 系统中,SMBus 总线得到了广泛的应用,ACPI 也为 SMBus 总线定义了一系列命令,用于智能电池、电池充电器与微处理器系统之间的通信。在 Windows 操作系统中,有关外部设备的描述信息也是通过 SMBus 总线获得的。

(5) JTAG 信号

JTAG(Joint Test Action Group)是一种国际标准测试协议,与 IEEE 1149.1 兼容,主要用于芯片内部测试。目前绝大多数器件都支持 JTAG 测试标准。JTAG 信号由 TRST#、TCK、TDI、TDO 和 TMS 信号组成。其中,TRST#为复位信号;TCK 为时钟信号;TDI 和 TDO 信号分别与数据输入和数据输出对应;而 TMS 信号用于模式选择。

JTAG 允许多个器件通过 JTAG 接口串联在一起,并形成一个 JTAG 链。目前 FPGA 和 EPLD 可以借用 JTAG 接口实现在线编程(In-System Programming,ISP)功能。微处理器也可以使用 JTAG 接口进行系统级调试工作,如设置断点、读取内部寄存器和存储器等一系列操作。除此之外,JTAG 接口也可用作"逆向工程",分析一个产品的实现细节,因此在正式产品中一般不保留 JTAG 接口。

(6) PRSNT1#和 PRSNT2#信号

PRSNT1#和 PRSNT2#信号与 PCI-E 设备的热插拔相关。在基于 PCI-E 总线的 Add-in 卡中,PRSNT1#和 PRSNT2#信号直接相连,而在系统主板上,PRSNT1#信号接地,而 PRSNT2#信号通过上拉电阻接为高。PCI-E 设备的热插拔结构如图 4-30 所示。

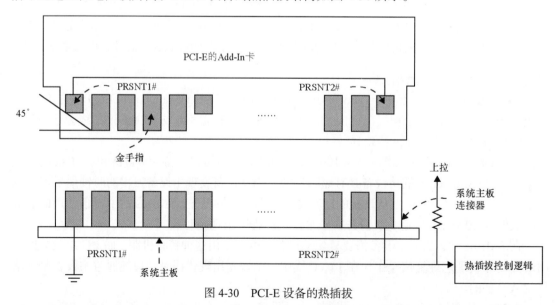

图 4-30   PCI-E 设备的热插拔

如图 4-30 所示,当 Add-In 卡没有插入时,系统主板的 PRSNT2#信号由上拉电阻接为高,而当 Add-In 卡插入时,主板的 PRSNT2#信号将与 PRSNT1#信号通过 Add-In 卡连通,此时 PRSNT2#信号为低。系统主板的热插拔控制逻辑将捕获这个"低电平",得知 Add-In 卡已被插入,从而触发系统软件进行相应的处理。

Add-In 卡拔出的工作机制与插入类似。当 Add-In 卡连接到系统主板时,系统主板的 PRSNT2#信号为低;当 Add-In 卡拔出后,系统主板的 PRSNT2#信号为高。系统主板的热插拔控制逻辑将捕获这个"高电平",得知 Add-In 卡已被拔出,从而触发系统软件进行相应。

不同的微处理器系统处理 PCI-E 设备热插拔的过程并不相同。在一个实际系统中,热插拔设备的实现也远比图 4-30 中的示例复杂得多。值得注意的是,在实现热插拔功能时,Add-In Card 需要使用"长短针"结构。

如图 4-28 所示,PRSNT1#和 PRSNT2#信号使用的金手指长度是其他信号的一半。因此,当 PCI-E 设备插入插槽时,PRSNT1#和 PRSNT2#信号在其他金手指与 PCI-E 插槽完全接触,并经过一段延时后,才能与插槽完全接触;当 PCI-E 设备从 PCI-E 插槽中拔出时,这两个信号首先与 PCI-E 插槽断连,再经过一段延时后,其他信号才能与插槽断连。系统软件可以使用这段延时,进行一些热插拔处理。

3. PCI-E 总线的层次结构

PCI-E 总线采用了串行连接方式,并使用数据报文(Packet)进行数据传输,采用这种结构有效去除了在 PCI 总线中存在的一些边带信号,如 INTx 和 PME#等信号。在 PCI-E 总线中,数据报文在接收和发送过程中,需要通过多个层次,包括事务层、数据链路层和物理层。PCI-E 总线的层次结构如图 4-31 所示。

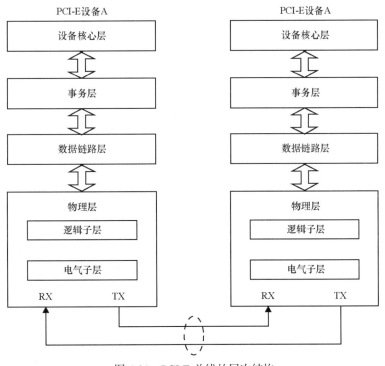

图 4-31 PCI-E 总线的层次结构

PCI-E 总线的层次结构与网络中的层次结构有类似之处，但是 PCI-E 总线的各个层次都是使用硬件逻辑实现的。在 PCI-E 体系结构中，数据报文首先在设备核心层(Device Core)中产生，然后再经过该设备的事务层(Transaction Layer)、数据链路层(Data Link Layer)和物理层(Physical Layer)，最终发送出去。而接收端的数据也需要通过物理层、数据链路层和事务层，并最终到达设备核心层。

(1)事务层

事务层定义了 PCI-E 总线使用的总线事务，其中多数总线事务与 PCI 总线兼容。这些总线事务可以通过 Switch 等设备传送到其他 PCI-E 设备或者 RC。RC 也可以使用这些总线事务访问 PCI-E 设备。

事务层接收来自 PCI-E 设备核心层的数据，并将其封装为事务层报文 (Transaction Layer Packet，TLP)后，发向数据链路层。此外，事务层还可以从数据链路层中接收数据报文，然后转发至 PCI-E 设备的核心层。

事务层的一个重要工作是处理 PCI-E 总线的"序"。在 PCI-E 总线中，"序"的概念非常重要，也较难理解。在 PCI-E 总线中，事务层传递报文时可以乱序，这为 PCI-E 设备的设计制造了不小的麻烦。事务层还使用流量控制机制保证 PCI-E 链路的使用效率。

(2)数据链路层

数据链路层保证来自发送端事务层的报文能够可靠、完整地发送到接收端的数据链路层。来自事务层的报文在通过数据链路层时，将被添加 Sequence Number 前缀和 CRC 后缀。数据链路层使用 ACK/NAK 协议保证报文的可靠传递。

PCI-E 总线的数据链路层还定义了多种数据链路层报文(Data Link Layer Packet，DLLP)，DLLP 产生于数据链路层，终止于数据链路层。值得注意的是，TLP 与 DLLP 并不相同，DLLP 并不是由 TLP 加上 Sequence Number 前缀和 CRC 后缀组成的。

(3)物理层

物理层是 PCI-E 总线的最底层，将 PCI-E 设备连接在一起。PCI-E 总线的物理电气特性决定了 PCI-E 链路只能使用端到端的连接方式。PCI-E 总线的物理层为 PCI-E 设备之间的数据通信提供传送介质，为数据传送提供可靠的物理环境。

物理层是 PCI-E 体系结构中最重要，也最难以实现的组成部分。PCI-E 总线的物理层定义了链路训练状态机(Link Training and Status State Machine，LTSSM)，PCI-E 链路使用该状态机管理链路状态，并进行链路训练、链路恢复和电源管理。

PCI-E 总线的物理层还定义了一些专门的"序列"，有的书籍将物理层的这些"序列"称为 PLP(Physical Layer Packer)，这些序列用于同步 PCI-E 链路，并进行链路管理。值得注意的是，PCI-E 设备发送 PLP 与发送 TLP 的过程有所不同。对于系统软件而言，物理层几乎不可见，但是系统程序员仍有必要较为深入地理解物理层的工作原理。

4.2.4　通用异步串行总线标准

串行总线标准(协议)就是通信的收发双方共同遵循的传输数据帧结构、传输速率、检错与纠错、数据/控制信息类型等相关约定。串行通信协议包括同步协议和异步协议，这里主要讨论异步串行通信协议。下面介绍一些常见的异步串行通信标准。

(1) RS-232C 标准

RS-232 是异步串行通信中应用最早也是目前应用最为广泛的标准串行总线标准之一，它有多个版本，其中应用最广的是修订版 C，即 RS-232C。该协议对信号电平、控制信号定义等内容做了明确规定。

RS-232C 标准最初是为远距离通信应用中连接数据终端设备 (Data Terminal Equipment, DTE) 与数据通信设备 (Data Communication Equipment, DCE) 而制定的。后来该标准也被广泛应用于计算机系统。在微机系统中，主机可看成 DTE，通信设备 (如调制解调器) 可理解为 DCE。标准中所提到的"发送"和"接收"都是从 DTE (微机主机端) 的角度来说的。

RS-232C 标准规定了 22 条控制信号线 (包括主信道和辅信道)，可用 25 芯 DB 插座连接。因实际应用中通常只使用主信道，且常用的只有 8 条信号，所以也常采用 9 芯 DB 插座 (见表 4-11)。

表 4-11　RS-232C 信号定义

DB25 引脚号	DB9 引脚号	功 能 说 明	DB25 引脚号	DB9 引脚号	功 能 说 明
1		保护地	14		(辅信道) 发送数据 (TxD)
2	3	发送数据 (TxD)	15		发送信号单元定时 (DCE 为源)
3	2	接收数据 (RxD)	16		(辅信道) 接收数据 (RxD)
4	7	请求发送 (RTS)	17		接收信号单元定时 (DCE 为源)
5	8	清除发送 (CTS)	18		未定义
6	6	数据通信设备准备好 (DSR)	18		(辅信道) 请求发送 (RTS)
7	5	信号地 (公共地)	20	4	数据终端准备好 (DTR)
8	1	数据载体检测 (DCD)	21		信号质量检测
8		(保留供数据通信设备测试)	22	9	振铃指示 (RI)
10		(保留供数据通信设备测试)	23		数据信号速率选择 (DTE/DCE 为源)
11		未定义	24		发送信号单元定时 (DTE 为源)
12		(辅信道) 数据载体检测 (DCD)	25		未定义
13		(辅信道) 清除发送 (CTS)			

一般来说，主机端的 RS-232C 连接器为插头 (形式)，通信设备端的连接器为插座形式。传输电缆的长度与电容值有关。标准规定被驱动电路 (终端) 的电容，包括电缆连接电容必须小于 2500 pF。对于多芯电缆，每英尺 (约为 0.305 m) 电容为 40~50 pF，所以满足电容特性要求的电缆长度最长为 50 英尺 (约为 15 m)。

RS-232C 采用负逻辑，它的 EIA 电平与 TTL 电平不同。RS-232C 要求：空号 (Space) 和控制、状态信号的逻辑 "0" 对应于电平+3~+15 V，传号 (Mark) 和控制、状态信号的逻辑 "1" 对应于电平–3~–15 V。因此，计算机与外设的数据通信必须经过相应的电平转换才能互连。

(3) RS-422 标准

RS-232 是一种基于单端非对称电路的总线标准，即只有一条信号线与一条地线。这种结构对共模信号没有抑制能力，它同差模信号叠加在一起，在传输电缆上产生较大的压降损耗，压缩了有用信号的动态范围，因而不可能实现远距离与高速传输。后续推出的 RS-422 和 RS-423 等标准就试图克服 RS-232 的这个缺陷。

RS-422 标准有 RS-422A 与 RS-422B 等版本，它采用了平衡差分传输技术，即每路信号都使用一对以地为参考的正负信号线。

从理论上讲，这种电路结构对共模信号的抑制比为无穷大，从而大大减小了地线电位差引起的信号偏斜，能够明显提高传输速率与距离。

RS-422 标准有点对点全双工与广播两种通信方式。广播方式下只允许一个发送驱动器工作，而接收器可以多达 10 个，最高传输速率为 10 Mb/s，最远传输距离约为 1218 m(4000 英尺)。

(4) RS-485 标准

RS-485 实质上是 RS-422 标准的改进增强版本，该标准兼容了 RS-422，且其技术性能更加先进，因而得到了广泛的应用。RS-485 不仅传输距离远，通信可靠，而且使用单一+5 V 或+3 V 电源，逻辑电平与传统数字逻辑 TTL 兼容。RS-485 对传输介质物理层没有任何严格要求，只需将普通双绞线捆绑在一起即可简便地组成网络，如图 4-32 所示。除点到点与广播通信方式外，RS-485 还具有多点通信方式，接收器节点数可达 32 个(后期版本则多达 64/128/256 个节点)。在多点系统中，通常使用一个设备作为主站，其余的作为从站，当主站发送数据时，在数据串中嵌入从站固有的 ID 识别码，从而实现主站与任一从站之间的通信。如果不附带任何从站识别码，则可以面向所有从站而实现广播通信。RS-485 标准器件的数据传输速率目前有 32 Mb/s、20 Mb/s、12 Mb/s、10 Mb/s、2.5 Mb/s 及数百 kb/s 等各种规格。

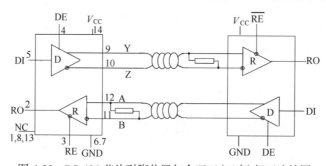

图 4-32　RS-485 芯片引脚位置与全双工(三态)相互连接图

习题

4.1　阐述总线的概念。计算机系统为什么需要采用总线结构?

4.2　现代微处理器系统中采用了怎样的层次化总线结构?

4.3　如何评价一种总线的性能?

4.4　微处理器系统什么情况下需要总线仲裁? 总线仲裁有哪几种方式? 各有什么特点?

4.5　从时序控制的角度讲，同步总线传输对收发模块有什么要求? 什么情况下应该采用异步传输方式，为什么?

4.6　从数据传输格式的角度讲，并行总线与串行总线各有什么优缺点?

4.7　现代高性能微处理器系统中有哪些并行总线和串行总线?

4.8　串行传输的特点是什么? 什么是串行传输的全双工和半双工方式?

4.9　串行总线中，发送时钟和接收时钟与波特率有什么关系?

4.10　异步串行标准中定义的起始位和停止位有什么作用?

4.11　最新的 AMBA 总线定义了哪些子标准? 它们各有什么特点? 适用于什么场合?

4.12　AMBA 总线中，APB 桥的作用是什么?

4.13　与 PCI 总线相比，PCI-E 总线主要做了哪些改进?

参考资料

第5章 存储器系统

存储器是计算机系统的重要组成部分，其作用是存放程序和数据。计算机以存储程序方式工作，亦即计算机根据事先以二进制数形式存入存储器中的程序来运行，因而存储器不仅使计算机具有记忆功能，而且是计算机能高速自动运行的基础。

存储器直接关系到整个计算机系统的性能。不同类型的存储器件性能和成本都有较大差异，如何以合理的成本搭建出容量和速度都满足要求的存储器系统，始终是计算机体系结构设计中的关键问题之一：一方面人们不断采用新的高速器件来提高存储器的存取速度，另一方面则通过改进其组织形式来改善存储系统的整体性能。

本章简要介绍了常用存储器件的结构和特点，讲述了现代计算机系统中存储器的分层构建策略及关键技术，最后重点讨论了计算机系统中存储器模块的设计。

5.1 存储器件的分类

计算机系统对存储器的基本要求是能够可靠、快速地进行信息存取。从最早的延迟线、电子管、磁鼓等存储器件，到后来的磁带、磁盘存储器件，再到现在广泛使用的半导体存储器件，多年来存储器件在扩大容量、加快速度、缩小体积、降低成本的过程中得到了不断发展。

存储器由存储介质（如半导体、磁和光等）和读/写数据的控制部件组成。不同的存储介质采用不同的存储原理，而不同的读/写控制部件则决定了数据的存取方式。

5.1.1 按存储介质分类

按存储介质分类，存储器可分为半导体存储器、磁介质存储器和光介质存储器。

1. 半导体存储器

半导体存储器存取速度快，但成本较高，适合存放少量频繁使用的数据。根据不同的制造工艺和电路结构，半导体存储器可分为 TTL、MOS、ECL 和 I^2L 等多种类型；而根据存储器内容是否可以在掉电后仍然保存，半导体存储器可分为易失性和非易失性两大类。习惯上，人们把易失性半导体存储器统称为随机存取存储器（Random Access Memory，RAM），而把非易失性半导体存储器统称为只读存储器（Read Only Memory，ROM）。

（1）易失性存储器

易失性存储器是指需要持续维持电源供应，才能确保存储内容不变化或不丢失的存储器。最常见的 MOS 型易失性存储器有两种基本类型：静态 RAM（Static RAM，SRAM）和动态 RAM（Dynamic RAM，DRAM）。SRAM 中的基本存储单元是由 MOS 管构成的双稳态电路，存储的信息由双稳态电路的逻辑状态表征。DRAM 存储的信息由电容上的电位来表征。由于电容总存在充电/放电回路，即使不访问存储器，电容上的电荷也会发生变化，从而引起电位变化并导致存储信息的丢失。为保持存储的信息不丢失，DRAM 需要定期刷新(类似于读/写访问)，刷新周期为每秒几百甚至上千次。DRAM 的密度高于 SRAM，但由于不能在刷新操作的同时执行读/写操作，存取速度低于 SRAM。在计算机系统中，一般采用速度较快但成本较高的 SRAM 构成高速缓冲存储器(cache)，成本较低、速度较慢的 DRAM 可用于构成主存。

现代计算机中可以采用以下几种技术来提高 DRAM 主存的读写速度。

① 同步动态随机存储器(Synchronous DRAM，SDRAM)

SDRAM 是一种预读式 RAM，它利用程序通常顺序存储指令和数据项的特点(即程序的局部性原理)，在存取当前存储位置期间就开始准备下一个数据的读/写操作。SDRAM 内含两个交错的存储体/阵列，在 CPU 从一个存储体/阵列访问数据的同时，另一个存储体/阵列即做好读/写下一个数据的准备。这样，通过两个存储阵列的紧密切换，主存读取效率可以得到成倍提高。通过与 CPU 共享同一个时钟周期，SDRAM 可以在系统时钟的控制下进行数据的读出和写入，即理论上可以与 CPU 以相同的速度同步工作。

② 双数据速率同步动态随机存储器(Double Data Rate SDRAM，DDR SDRAM)

DDR 也称为 SDRAM II，是 SDRAM 的更新换代产品。DDR 是在普通 SDRAM 技术的基础上，采用延时锁定环(Delay-Locked Loop，DLL)技术提供数据选通信号，对数据进行精确定位，从而可以同时在时钟脉冲的上升沿和下降沿实现数据的可靠传输(这也就是"双数据速率"的含义)。与第一代 SDRAM 仅在时钟脉冲的下降沿传输数据相比，DDR 无须提高时钟频率就能使主存的传输速率和带宽加倍。目前主流个人计算机采用的 DDR4 内存已能在 1.2 V 的低电压下达到 3200 兆次/秒的传输速率。

③ 接口动态随机存储器(Direct Rambus DRAM，DR DRAM)

DR DRAM 是 Rambus 公司在 Intel 公司的支持下制定的 DRAM 标准。DR DRAM 与传统 DRAM 的区别在于它采用了高性能接口取代现有的存储器接口。该高性能接口的引脚定义会随命令而变，同一组引脚线既可以定义成地址线，也可以定义成控制线，因此其引脚数仅为正常 DRAM 的 1/3。当需要扩展芯片容量时，只需改变命令而不必增加芯片引脚数。DR DRAM 采用异步的、面向块传输的协议传输地址信息和数据信息，并可利用上升沿和下降沿在同一个时钟周期内传输两次数据。

④ 带高速缓存动态随机存储器(Cached DRAM，CDRAM)

CDRAM 是日本三菱电气公司开发的专有技术，通过在每个 DRAM 芯片内集成少量的高速 SRAM 作为缓存来提高读/写速度。在接收到针对特定字的读请求时，CDRAM 可以检索这个字及其后面的几个字，额外的字存储在 SRAM 缓冲器中以备将来的顺序请求使用。

⑤ 虚拟通道存储器(Virtual Channel Memory，VCM)

VCM 是日本 NEC 公司开发的一种"缓冲式 DRAM"，它集成了所谓的"通道缓冲"，通过内存前端进程对其进行读/写操作，而内存单元与通道缓冲之间的数据传输，以及内存单元的预充电和刷新等内部操作，则独立于前端进程。VCM 为这种后台与前台的"并行处理"创建了一个支撑架构，因而能保持非常高的平均数据传输速度。同时，由于不用对传统内存架构进行"大手笔"的更改，VCM 保持了与传统 SDRAM 的高度兼容。采用 VCM 技术后，系统设计人员不必再受限于目前的内存工作方式，因为内存通道的运行与管理都可移交给主板芯片组去解决。该技术一般在大容量 SDRAM 中采用。

（2）非易失性存储器

非易失性存储器（No-Volatile Memory，NVM）写速度较慢，且重写次数有限，所以早期一般具有专门的用途，或仅用于在小系统中作为辅助存储器。例如，手机中的程序和数据存储；数码相机的存储卡；计算机主板上的 BIOS（Basic Input/Output System）程序存储器。NVM 技术的研究重点主要涉及写速度、破坏性和低成本。

最早的 NVM 是只读存储器（Read Only Memory，ROM），其存储内容在生产期间永久写入。为满足软件开发人员在开发过程中需要不断修改程序的要求，之后推出了多种可重写入的 NVM，如 EPROM（可擦除可编程 ROM）可以利用专用的编写器写入数据，并利用紫外光照射擦除数据；EEPROM（电可擦除可编程 ROM）可根据 CPU 的命令编程、擦除和再编程。Flash 存储器又称为闪速存储器，简称闪存，其存储密度和读性能可以和 DRAM 媲美，而且价格低廉，但其每次写入都有轻微的破坏性（寿命有限）。闪速存储器主要有 NOR Flash 和 NADN Flash 两种。NOR Flash 采用了类似 SDRAM 的随机读取技术，因此允许用户直接运行装载在 NOR Flash 里的代码，降低了系统中 SRAM 的需求量，从而节约了成本。NAND Flash 的存取以"块"的形式来组织，通常一次读取 512 字节（1 块），这种技术降低了 NAND Flash 的成本。计算机系统中一般使用小容量的、速度较快的 NOR Flash 存储器来存储操作系统等重要信息，而使用大容量的、成本低廉的 NAND Flash 作为外部存储器。固态硬盘（Solid State Disk，SSD）的存储介质就是 NAND Flash。目前 Flash 芯片的主要生产厂商包括 Intel、AMD、Samsung 和东芝等公司。

2. 磁介质存储器

磁介质存储器价格低、容量大、读写方便，信息可较长时间保存，通常用来作为辅助存储器。由磁性材料生产的存储器主要有磁带、软磁盘和硬盘。早期的计算机多用磁带作为辅助存储器，但由于读写控制较复杂，不便于随机存取，现在仅主要用于一些特殊部门（如银行）对大量数据进行备份。软磁盘容量较小且容易损坏，目前已被 Flash 存储器取代。由于制造工艺技术的提高，硬盘容量愈来愈大，尺寸愈来愈小，并且价格愈来愈低，是计算机系统中主要的辅助存储设备之一。

一些特殊的硬盘能提供更好的性能，如磁盘阵列（Disk Array，DA）。DA 使用多个磁盘组合来代替一个大容量的磁盘，这不仅能够比较容易地构建大容量的磁盘存储系统，而且可以提高系统的性能，因为磁盘阵列中的多个磁盘可以并行工作。在磁盘阵列中增加冗余信息盘可以提高其可靠性，这种磁盘阵列称为独立磁盘冗余阵列（Redundant Array of Independent Disks，RAID）。

3. 光介质存储器

多媒体技术的发展需要存储大数据量的数字视频信息，比硬盘价格更低的光盘解决了数字视频信息存储的需要。光介质存储器容量大，体积小，方便携带，但其写入操作与读操作不同，需要专门处理，因此适合存放大量无须更改的数据。目前，光盘有只读型、一次写入型和多次写入型等多种形式。

5.1.2 按读写策略分类

存储器的读写策略包括存储器的数据访问方式和存取方式。

1. 按数据访问方式分类

按数据访问方式的不同,存储器可分为并行存储器(Parallel Memory,PM)和串行存储器(Serial Memory,SM)。其中并行存储器可以同时读/写传送多位,速度相对较快,但需要较多数目的数据信号线。串行存储器每次读/写传送 1 位,速度相对较慢,但只需要一条数据线,因而适用于便携式系统。

2. 按数据存取顺序分类

按数据存取顺序的不同,存储器可分为随机存取存储器(Random Access Memory,RAM)、顺序存取存储器(Sequential Access Memory,SAM)和堆栈存取存储器。

(1)随机存取存储器

随机存取又称为直接存取。在随机存取方式下,数据存取时不受任何特定顺序的限制。随机存取有两层含义:可按地址随机访问任意存储单元;访问存储单元所需的时间与数据存储的位置(即地址)无关。

计算机系统中 CPU 直接寻址的存储器都采用随机存取方式。

(2)顺序存取存储器

在顺序存取方式下,数据按照特定的线性或时序顺序写入存储介质,并且可以按照完全相同的顺序读回。顺序存取也称为"先进先出"(First In First Out,FIFO),非常适合作为缓冲存储器。但因为存取时间取决于数据访问的读/写机制,以及所需访问的数据在存储介质中的位置,所以一般效率较低。磁带就是典型的顺序存取存储器。

小容量的顺序存取存储器也称为队列(Queue),可用于缓冲数据。队列具有输入和输出两个相对独立的端口,当队列为非满状态时,输入端允许数据写入;另一方面,只要队列为非空状态,就允许将最先写入的内容依次经输出端口读出,如图 5-1 所示。

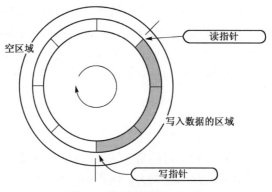

图 5-1　队列存储器(FIFO)

高速实时数据采集、高速通信及图像处理系统中常常使用队列进行数据缓冲。而为了提高指令读取速度,大多数计算机也都设置了指令队列,可以通过预取方式提前将若干条指令取入 CPU 内部。

(3) 堆栈存取存储器

与队列不同,堆栈类似一个储物桶,它采用"先进后出"(First In Last Out,FILO)或"后进先出"(Last In First Out,LIFO)的存取原则。堆栈通常一端固定(栈底),一端浮动(栈顶),压入数据(进栈)和取出数据(出栈)的操作都针对栈顶单元。栈顶的当前地址存放在专门的寄存器或存储单元,即堆栈指针(Stack Pointer,SP)中,其值能随着数据的进出自动修改。根据压入数据时 SP 的值是增大还是减小的,可将堆栈分为向下生成和向上生成两类,如图 5-2所示。

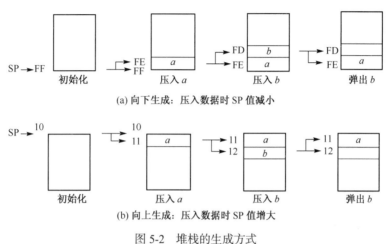

(a) 向下生成:压入数据时 SP 值减小

(b) 向上生成:压入数据时 SP 值增大

图 5-2 堆栈的生成方式

计算机可以使用堆栈来保存暂时不用的数据,在执行子程序和处理中断等操作时,也需要使用堆栈,并在需要时按反顺序弹出恢复。一般情况下,堆栈容量要求较大时可在主存中划定一个区域,或专门设置一个小存储器作为堆栈区;容量要求较小时可用一组寄存器来构建堆栈区。

5.2 半导体存储芯片的基本结构与性能指标

冯·诺依曼计算机系统结构中的存储器主要是指现代计算机中的主存(磁盘、光盘等辅存属于输入/输出设备)。主存主要采用半导体存储器件构成。通常,RAM 用于在程序中保存需要动态改变的数据或者需要动态加载的程序,而 ROM 则用于存储程序代码(特别是引导程序和监控程序),以及不变或很少改变的数据及参数。

5.2.1 随机存取存储器

随机存取存储器芯片内部包括存储矩阵(存储体)及片内控制电路两部分。

存储矩阵由多个基本存储单元组成,每个基本存储单元用来存储 1 位二进制数信息。为了减少译码/驱动电路及芯片内部的走线,一般认为这些基本单元总是排成矩阵形式,存储矩阵(体)规模的大小直接决定存储芯片的容量。

片内控制电路则包括片内地址译码、片内数据缓冲和片内存储逻辑控制等几个部分。其作用是当 RAM 芯片接收到有效地址信号后,片内地址译码电路将寻找到相应的一个或多个基本存储单元,并在存储逻辑控制电路的作用下通过片内数据缓冲完成数据读/写。

1. 基本存储单元

(1) 6管 SRAM 基本存储单元

SRAM 的基本存储单元由双稳态锁存器构成。双稳态锁存器有两个稳定状态,可用来存储 1 位二进制数信息。只要不掉电,其存储的信息可以始终稳定地存在,故称其为"静态"RAM。SRAM 的主要特点是存取时间短,但集成度较低,成本较高。

图5-3给出了一个基本的 6 管 ($T_1 \sim T_6$) NMOS 静态存储单元。其中 T_1 与 T_2 构成一个反相器,T_3 与 T_4 构成另一个反相器,两个反相器的输入与输出交叉连接,构成作为基本数据存储单元的双稳态电路,两个稳态分别表示存储"0"和"1":当 T_1 导通且 T_3 截止时,输出 F 为"0"状态,E 为"1"状态;当 T_3 导通且 T_1 截止时,输出 F 为"1"状态,E 为"0"状态。F 或 E 点的电平状态表示了被存储数据的两种信息:"1"和"0"。图 5-3 中的 T_5 和 T_6 为门控管,其导通或截止由行选线 X_i(字线)确定,用来控制双稳电路输出端 F 或 E 与位线 B 或 $\overline{B}$ 之间的连接状态;T_7 和 T_8 也是门控管,其导通与截止由列选线 Y_j(位线)确定,用来控制位线 B 或 $\overline{B}$ 与数据线 D 或 $\overline{D}$ 之间的连接状态。门控管 T_7 和 T_8 是同一列中所有基本存储单元公用的。当基本存储单元所在行、列对应的 X_i 和 Y_j 均为 1 时,F 和 E 分别与 D 和 $\overline{D}$ 连通,这种情况称为"选中"。基本存储单元处于选中状态时,即可对其进行读/写操作。

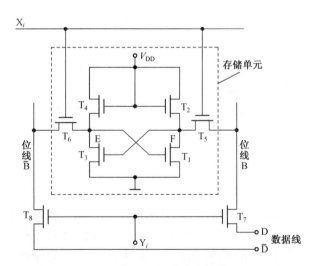

图 5-3　基本的 6 管 NMOS 静态存储单元(SRAM)

对 SRAM 基本存储单元执行写"1"操作(D 线为高电平,$\overline{D}$ 线为低电平)时,CPU 送出的地址码经行、列地址译码器译码,首先使得相应的行选信号 X_i 和列选信号 Y_j 均为"1",$T_5 \sim T_8$ 管导通,外部驱动把高、低电平分别加在 F 和 E 点上(F="1",E="0"),使 T_1 管截止,T_3 管导通,锁存器被强制变换到指定的稳定状态。当地址选择信号撤销后,相应的行列选通信号也随之撤销(即 X_i 和 Y_j 均为"0"),$T_5 \sim T_8$ 管截止,T_1 和 T_3 管将保持被写入的状态不变,从而实现写入功能。只要系统不掉电,触发器将一直保持写入的信息。写"0"的操作与之类似。

同理，对 SRAM 基本存储单元执行读出操作时，被选中基本存储单元的行选信号 X_i 和列选信号 Y_j 均为 "1"，T_5~T_8 管导通，触发器的 F 和 E 点分别驱动数据线 D 和 $\overline{D}$，经读出放大器便可判别保存的信息是 "0" 还是 "1"。

(2)单管 DRAM 基本存储单元

为了减少 MOS 管的数目，提高集成度和降低功耗，可以采用另一种类型的存储器——动态随机访问存储器(DRAM)，其基本存储单元由一个 NMOS 管和一个电容构成，如图 5-4 所示。DRAM 通过电容 C 存储电荷来保存信息：电容 C 存有电荷时为逻辑 "1"，没有电荷时为逻辑 "0"。因为任何电容都存在电荷泄漏(即 "放电现象")，时间长了存放的信息就会丢失或出现错误，所以需要周期性地对这些电容定时充电(将存储单元中的内容读出再写入)，以补充泄漏的电荷，这个过程称为 "刷新" 或 "再生"。由于需要刷新，所以这种 RAM 称为 "动态" RAM。

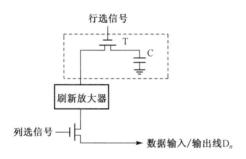

图 5-4　基本的单管动态存储单元(DRAM)

对 DRAM 基本存储单元执行写操作时，CPU 送出的地址码经行、列地址译码器译码，首先使得相应的行选信号和列选信号均为 "1"，MOS 管处于导通状态，该基本存储电路被选中，由外部数据线 D_n 送来的信息通过刷新放大器和 T 管送到电容 C 上，完成写入。

对 DRAM 基本存储单元执行读操作时，刷新放大器读取被选中的基本存储电路中电容 C 的电压值，并将此电压值放大转换至对应的逻辑电平 "0" 或 "1"(如果电量水平大于 50%，就读取 "1" 值；否则读取 "0" 值)，从而将数据信息读取到数据线 D_n 上。

对 DRAM 基本存储单元进行刷新操作时，行选信号选中的基本存储单元中的电容信息都被送到各自对应的刷新放大器上，刷新放大器将信息放大后又立即重写到电容 C。由于刷新时列选信号总为 "0"，因此电容上的信息不会被送到数据线 D_n 上。

2. 存储器与片内控制电路

RAM 芯片的内部结构如图 5-5(a)所示，系统地址总线上送来的有效地址信号经译码后选中存储矩阵中的基本存储单元，并在读/写逻辑的控制下，通过数据缓冲器完成数据的输入/输出。

根据存储矩阵中基本存储单元排列方式的不同，片内译码电路可以有单译码和双译码两种基本结构。单译码也称为字译码，对应 $n \times m$ 的长方存储矩阵，如图 5-5(b)所示；双译码也称为复合译码，对应 $n \times n$ 的正方存储矩阵，如图 5-5(c)所示。容量较大的存储器中可以采用单译码和双译码的混合方式。

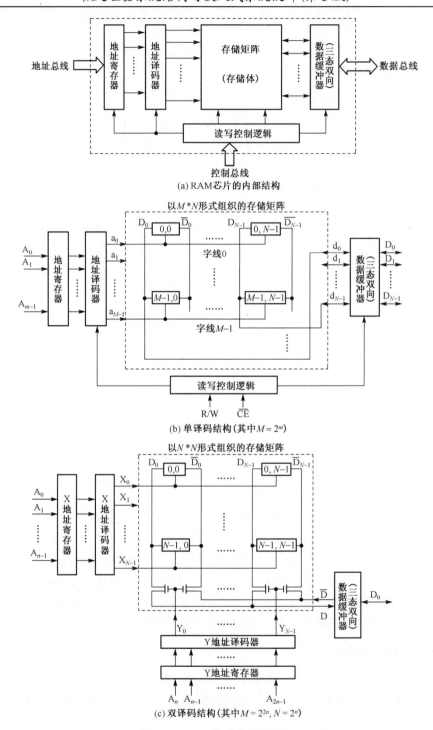

图 5-5　RAM 芯片的内部结构

单译码结构中只有一个(行)地址译码器，外部送来的地址信号经片内译码后产生字线(也称为行选线)，选中存储矩阵中的一行(字)，该行(字)的 N 位将同时输入或输出。图 5-5(b)所示的基本存储单元以"M 行(字)×N 列(位)"的形式排列，每行公用字选线 a_i(i=0, $\cdots$, M-1)，每列公用数据线 D_j(j=0, $\cdots$, N-1)。该 RAM 芯片的容量记为"$M×N$ 位"，

其数据引脚数为 N，地址引脚数为 m。显然 m 与 M 之间的关系是 $M=2^m$。单译码结构的优点是结构简单，缺点是当字数大大超过位数时，存储器会形成纵向很长而横向很窄的不合理结构，所以这种方式只适用于容量不大的存储器。

双译码结构中有两个地址译码器：行地址译码器和列地址译码器。外部送来的地址信号从两个方向分别译码后，得到有效的行选信号和列选信号，然后共同确定被选中的一个基本存储单元。图 5-5(c) 所示的基本存储单元以 "$N×N$" 的形式排列，每行公用行选线 $X_i(i=0,\cdots,M-1)$，每列公用列选线 $Y_j(j=0,\cdots,N-1)$，所有基本存储单元公用数据线 $D_i(i=0,\cdots,M-1)$。该 RAM 芯片的容量记为 "$M×1$ 位"，其数据引脚数为 1，地址引脚数为 $2n$。显然 n、N 与 M 之间的关系是 $M=2^{2n}$，$N=2^n$。与单译码结构相比，双译码结构可以有效减少片内选择线数和驱动器数。例如，当存储容量为 64 K 个单元(位)时，RAM 芯片地址引脚数为 16，其内部采用单译码结构时片内需要 2^{16}=64 K 条选择线，而采用双译码结构时，片内只需要 2^8+2^8=512 条选择线。

3. RAM 存储芯片示例

（1）SRAM 芯片

SRAM 芯片有很多种型号，下面以简单的 6264 为例进行介绍。该芯片存储容量为 8 K×8 位，工作电压为 5 V，28 脚 DIP 封装。其引脚定义如图 5-6 所示，控制逻辑见表 5-1。

6264 存储器芯片引脚信号如下。

① 地址线共 13 条(A_0~A_{12})，即 6264SRAM 芯片中有 8 K 个可寻址的存储单元。

② 数据线共 8 条(I/O_0~I/O_7)，即 6264SRAM 芯片中的每个存储单元可存放 8 位二进制数信息。

③ 控制线 $\overline{CE_1}$、CE_2、$\overline{OE}$ 和 $\overline{WE}$。

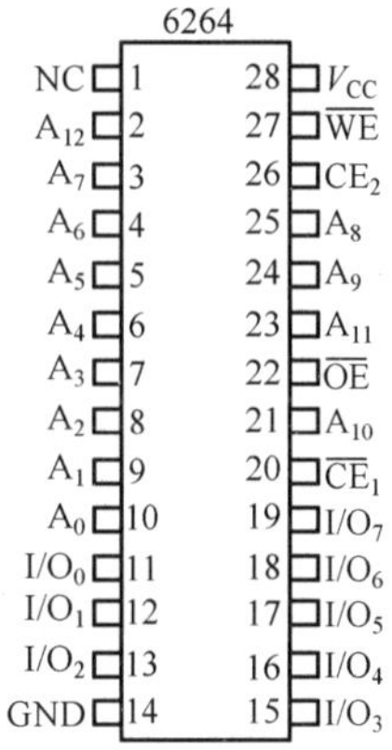

$\overline{CE_1}$ 是 6264SRAM 芯片的片选控制线，当

A_0~A_{12}	地址线
I/O_0~I/O_7	双向数据线
$\overline{CE_1}$	片选线1
CE_2	片选线2
$\overline{WE}$	写入允许线
$\overline{OE}$	输出允许线

图 5-6 6264SRAM 引脚图

输入低电平时片选有效；CE_2 也是 6264SRAM 芯片的片选控制线，当输入高电平时片选有效。6264SRAM 采用两条片选控制线，可为不同的设计需求服务。若设计需要用高电平控制片选，则将控制线 $\overline{CE_1}$ 接地，片选控制信号从控制线 CE_2 输入；若设计需要用低电平控制片选，则将控制线 CE_2 接 V_{CC}，片选控制信号从控制线 $\overline{CE_1}$ 输入。

表 5-1 6264SRAM 的控制逻辑

$\overline{CE_1}$	CE_2	$\overline{WE}$	$\overline{OE}$	方　式	I/O_0~I/O_7
H	×	×	×	未选中(掉电)	高阻
×	L	×	×	未选中(掉电)	高阻
L	H	H	H	输出禁止	高阻
L	H	H	L	读	OUT
L	H	L	H	写	IN
L	H	L	L	写	IN

$\overline{OE}$ 是从 6264SRAM 芯片存储单元中读取数据的控制线，称为输出允许线；$\overline{WE}$ 是向 6264SRAM 芯片存储单元中存入数据的控制线，称为写入允许线。

从表 5-1 中可知，当片选控制 $\overline{CE_1}$ 和 CE$_2$ 任何一个信号无效时，数据线 I/O$_0$~I/O$_7$ 为高阻态；当片选控制都有效时，若 $\overline{WE}$ =H 且 $\overline{OE}$ =H，则数据线 I/O$_0$~I/O$_7$ 也为高阻态；只有当片选控制都有效时，若 $\overline{WE}$ =H 且 $\overline{OE}$ =L，则 I/O$_0$~I/O$_7$ 输出数据有效，即 CPU 读有效；若 $\overline{WE}$ =L 且 $\overline{OE}$ =×，则 I/O$_0$~I/O$_7$ 写入数据有效，即 CPU 写有效。

(2) DRAM 芯片

典型 1 M×1 位的 DRAM 芯片的引脚信号如图 5-7 所示，其中：

① 地址线 A$_0$~A$_9$ 分时传送行地址和列地址。由于不希望有太多的引脚，大多数 DRAM 芯片采用分时复用的方式传输地址，也即将地址分为行地址和列地址两部分分时在地址线上传送。

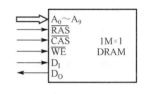

② 数据输入/输出线 D$_I$/D$_O$。DRAM 芯片通常将数据输入和输出分开。

图 5-7　DRAM 的引脚信号定义

③ 控制信号线 $\overline{WE}$ 、$\overline{RAS}$ 和 $\overline{CAS}$ 。写使能信号 $\overline{WE}$ 为高电平时表示读操作，为低电平时表示写操作；行地址选通信号 $\overline{RAS}$ 有效时表明要对 DRAM 进行读/写操作，并且当前地址线上传送的是行地址(低 10 位)，DRAM 在该信号的后沿将地址线上的地址锁存入行地址锁存器；列地址选通信号 $\overline{CAS}$ 有效时表明要对 DRAM 进行读/写操作，并且当前地址线上传送的是列地址(高 10 位)，DRAM 在该信号的后沿将列地址锁存到内部列地址锁存器。

图 5-8 给出了 DRAM 芯片的典型读/写操作时序：首先在地址线上出现有效的行地址，然后 $\overline{RAS}$ 有效。经过一定时间之后，地址线上的行地址被撤除，改送列地址，而 $\overline{CAS}$ 变为有效。当行、列地址都被锁存到 DRAM 芯片内部的锁存器之后，即可根据 $\overline{WE}$ 信号进行读写操作。

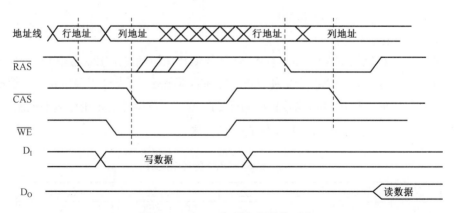

图 5-8　DRAM 典型读/写操作时序

DRAM 内部保存信息的电荷会随着时间而泄漏，因此需要周期性地进行刷新(数据更新)，即将数据读出(但并不送到芯片的外部引脚上)后再写入。DRAM 基本的刷新策略如下所示。

① 集中刷新。集中刷新方式将整个刷新周期分为两部分，前一部分可进行读、写或维持(不读不写)，后一部分不进行读/写操作而集中对 DRAM 进行刷新操作。由于在刷新的过程中不允许读/写，故这种刷新策略存在"死时间"，但控制简单。

② 分散刷新(隐式刷新)。分散刷新方式在每个读、写或维持周期之后插入刷新时间，刷新存储矩阵的一行存储单元。这种方式的优点是控制简单，不存在死时间；缺点是刷新时间占整个读/写时间的一半，故只用于低速系统。

③ 异步刷新。异步刷新利用刷新周期中 CPU 不访问存储器的时间进行刷新操作。如果按照预定的时间刷新存储器时，恰好 CPU 正在访问存储器，则刷新操作可以向后稍微延迟一段时间，只要保证在刷新周期内所有的行都能得到刷新即可。这种方式结合了前两种刷新方式的优点：对 CPU 访存的效率和速度影响小，又不存在死时间，其缺点是控制比较复杂。

刷新操作有多种模式，有的芯片支持其中一种模式，有的芯片同时支持多种模式。下面介绍常见的两种刷新模式。

① 只用 $\overline{\text{RAS}}$ 信号的刷新模式。如图 5-9 所示，在这种刷新操作中，只使用 $\overline{\text{RAS}}$ 信号来控制刷新操作，$\overline{\text{CAS}}$ 信号处于高电平(无效)。由于一行中的所有单元同时刷新，故无须给出列地址。这种方法消耗的电流小，但是需要外部刷新地址计数器。

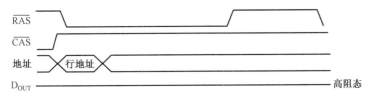

图 5-9　只用 $\overline{\text{RAS}}$ 信号的刷新模式

② $\overline{\text{CAS}}$ 在 $\overline{\text{RAS}}$ 之前的刷新模式。该方式又称为自动刷新模式，如图 5-10 所示，这种刷新操作利用 $\overline{\text{CAS}}$ 信号比 $\overline{\text{RAS}}$ 信号提前动作来实现刷新。在正常的读/写操作中，$\overline{\text{RAS}}$ 是先于 $\overline{\text{CAS}}$ 有效的；若在 $\overline{\text{CAS}}$ 下降之后 $\overline{\text{RAS}}$ 才变低，则 DRAM 芯片进入刷新周期。此时外部产生的地址被忽略，而是由 DRAM 器件内部的刷新地址计数器产生刷新地址。每一个刷新周期自动将这个地址计数器加 1，因此无须外加的刷新地址计数器。

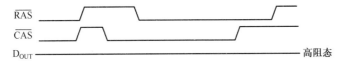

图 5-10　$\overline{\text{CAS}}$ 在 $\overline{\text{RAS}}$ 之前的刷新模式

与 SRAM 相比，DRAM 通常需要较复杂的控制逻辑电路(DRAM 控制器)支持。例如，DRAM 的片内地址是分两次按行地址和列地址送入的，若总线访问存储器一次给出存储单元的所有物理地址信号，就可能需要进行地址的分配。此外，DRAM 还需要定时刷新，刷新时要给出刷新的行地址，刷新的时序与读/写操作也不相同。图 5-11 给出了一个典型 DRAM 控制器的基本结构，它主要由以下几部分组成。

① 地址多路开关。地址多路开关一方面将系统地址总线转换成分时的 DRAM 行、列地址，另一方面在地址总线与刷新地址之间进行切换。

② 刷新地址计数器。每次刷新均由该计数器提供刷新地址。

③ 刷新定时器。提供刷新定时信号(刷新请求)。

④ 仲裁电路。因 CPU 访存与刷新是异步的，故有可能发生冲突。仲裁电路可以依据一定的策略决定哪种操作优先级更高(通常是刷新优先)。

⑤ 时序发生器。负责产生行、列地址选通信号及读/写控制信号等。

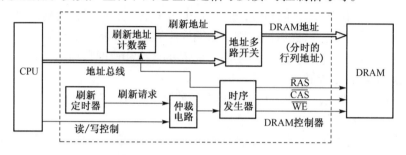

图 5-11　DRAM 控制器的典型结构

5.2.2　只读存储器

只读存储器又分为掩膜式 ROM(Mask ROM，MROM)和可编程 ROM(Programmable ROM，PROM)。用户可以通过某种手段对一次性可编程 ROM(One Time Programmable ROM，OTP ROM)一次性写入信息，而可擦除可编程 ROM(Erasable Programmable ROM，EPROM)则可进行多次擦写。可擦除可编程 ROM 又分为紫外线擦除 EPROM(Ultra Violet EPROM，UV-EPROM)和电擦除 EPROM(Electric EPROM，EEPROM/E^2PROM)。闪速存储器也是一种可以电擦除的非易失性半导体存储器。

1. 掩膜式 ROM

掩膜式 ROM 芯片是制造厂根据 ROM 要存储的信息，对芯片图形(掩膜)通过二次光刻生产出来的，故称其为掩膜式 ROM。其存储的内容固化在芯片内，用户可以读出，但不能改变。这种芯片存储的信息稳定，大批量生产时成本很低，适用于存放一些可批量生产的固定不变的程序或数据。

图 5-12 是一个简单的 4×4 位掩膜 MOS 管 ROM 示意图，采用单译码结构，两位地址线 A_1 和 A_0 经过译码器译码后可分别选中 4 个存储单元(每个单元存储 4 位)。对于图5-12中的矩阵，行、列交叉处连接 MOS 管表示存储"0"信息；没有连接 MOS 管则表示存储"1"信息。若地址线 A_1A_0=00，则选中单元 0，与其相连的 MOS 管(与位线交叉处)相应导通，位线 D_2 和 D_0 输出为"0"，而位线 D_3 和 D_1 没有 MOS 管与字线相连，则输出为"1"。因此，选中存储单元 0 时输出数据为"1010"。同理，单元 1 存放的数据为"1101"，单元 2 存放的数据为"0101"，单元 3 存放的数据为"0110"，该掩膜 ROM 的内容见表 5-2。

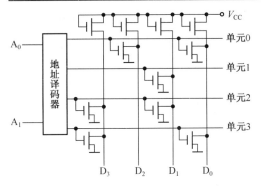

图 5-12 4×4 位掩膜 MOS 管 ROM 示意图

表 5-2 4×4 位掩膜 ROM 的内容

位线 字线	D_3	D_2	D_1	D_0
单元 0	1	0	1	0
单元 1	1	1	0	1
单元 2	0	1	0	1
单元 3	0	1	1	0

2．一次性可编程 ROM

如果用户要根据自己的需要来确定 ROM 中的存储内容，则可使用一次性可编程 ROM，即 OTP ROM。OTP ROM 出厂时各单元内容全为"0"或全为"1"，用户可用专门的 PROM 写入器将信息写入，这种写入是破坏性的，因此对这种存储器只能进行一次编程。一旦编程之后，信息就永久性地固定下来。用户可以读出其内容，但是再也无法改变它的内容。

OTP ROM 根据写入原理可分为熔丝型和反熔丝型两类。图 5-13 是熔丝型 OTP ROM 基本存储单元示意图。该基本存储电路由一个三极管和一根熔丝组成。出厂时每一根熔丝都与位线相连，存储的都是"0"信息。如果用户在使用前根据程序的需要，利用编程写入器将选中基本存储电路的熔丝烧断，则该存储单元将存储"1"信息。由于熔丝烧断后无法再接通，因而 OTP ROM 只能一次编程写入，编程后就不能再修改。

在正常只读状态工作时，加到字线上的是比较低的脉冲电位，足以开通存储单元中的晶体管，但不会造成熔丝烧断，也就不会破坏原来存储的信息。

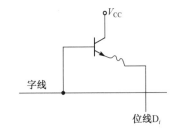

图 5-13 熔丝型 OTP ROM 基本存储单元示意图

3．可擦除可编程的 ROM

ROM 和 OTP ROM 都只能进行一次编程，这给许多方面的应用带来不便，因此又出现了两类可擦除的 ROM 芯片。这类芯片允许用户通过一定的方式根据需要多次写入、修改和擦除其中所存储的内容，且写入的信息不会因为掉电而丢失。可擦除的 PROM 芯片因其擦除的方式不同可分为两类：一类是通过紫外线照射来擦除，称为 UV-EPROM 或光擦电写 PROM；另外一类是通过加高电压（相对工作电压而言的高电压）的方法来擦除，称为 EEPROM 或电擦电写 PROM。需要注意的是，尽管 EPROM 芯片既可读出所存储的内容，也可对其擦除和写入，但它们和 RAM 还是有本质区别的。首先，它们不能像 RAM 芯片那样随机、快速地写入和修改，它们的写入需要一定的条件；另外，RAM 中的内容在掉电之后会丢失，而 EPROM/EEPROM 中的内容一般可保存几十年。与掩膜 ROM 和 OTP ROM 相比，EPROM 成本较高，可靠性较低，但由于它能多次改写，使用灵活，所以常用于产品研制开发阶段。

初期的 EPROM 元件用的是浮栅雪崩注入 MOS 管（Floating gate Avalanche injection Metal-Oxide-Semiconductor，FAMOS）。FAMOS 集成度低、速度慢，因此很快被性能和结构

更好的叠栅注入 MOS(Stacked gate avalanche Injection MOS，SIMOS)取代。SIMOS 管属于 NMOS 管，其结构如图 5-14(a)所示。与普通 NMOS 管不同的是，SIMOS 有两个栅极，一个是控制栅 CG，另一个是浮栅 FG。FG 在 CG 的下面，被绝缘材料 SiO_2 所包围，与四周绝缘。单个 SIMOS 管构成一个 EPROM 存储元件，如图 5-14(b)所示。SIMOS EPROM 芯片出厂时 FG 上没有电子，都是"1"信息。编程写入时在 CG 和漏极 D 加高电压，通过向某些元件的 FG 注入一定数量的电子，把它们写为"0"信息。

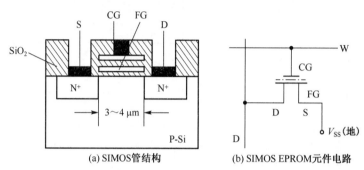

(a) SIMOS管结构　　(b) SIMOS EPROM元件电路

图 5-14　SIMOS EPROM

利用紫外线照射可以消除浮栅电荷，从而擦除 EPROM 中的信息。由于紫外线光子能量较高，可使浮栅中的电子获得能量，形成光电流，从浮栅流入基片，因而使浮栅恢复初态。EPROM 封装方法与一般集成电路不同，其芯片上方有一个石英玻璃窗口，只要将此芯片放入一个靠近紫外线灯管的小盒中照射约 20 min 后，读出每个单元的内容均为 0xFF，则说明该 EPROM 的原信息已被全部擦除，恢复到出厂状态。为了防止写好信息的 EPROM 因光线长期照射而引起的信息破坏，常用遮光胶纸贴于石英窗口上。

EPROM 的擦除是对整个芯片进行的，不能只擦除某个单元或者某个位，擦除时间较长，并且擦/写均需离线操作，使用起来很不方便，因此，能够在线擦写的 EEPROM(也称为 E^2PROM)芯片取代 EPROM 得到了广泛应用。E^2PROM 采用金属氮氧化硅(MNOS)工艺，其基本存储单元结构如图 5-15 所示。E^2PROM 在绝缘栅 MOS 管的浮栅附近增加了一个栅极(控制栅)，通过给控制栅加正电压，在浮栅和漏极之间形成隧道氧化物，利用隧道效应电子便可注入浮栅，完成数据的编程写入。如果向控制栅加负电压，就可以使浮栅上的电荷泄放，完成信息擦除。

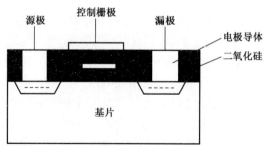

图 5-15　E^2PROM 基本存储单元结构示意图

E^2PROM 的主要优点是能在应用系统中进行在线读写，并且可以实现字节或全片擦除，因而使用上比 EPROM 更方便。但 E^2PROM 集成度较低、存取速度较慢，且重复改写的次数有限制(氧化层会被磨损)。

4．闪速存储器

E^2PROM 的编程时间相对 RAM 而言太长，特别是对大容量的芯片更是如此。人们希望有一种写入速度类似于 RAM，掉电后存储内容又不丢失的存储器。1983 年 Intel 公司首先提出基于 EPROM 隧道氧化层的 ETOX（EPROM Tunnel OXide）原理，并在 1988 年推出了可快速擦写的非易失性存储器，即闪速（Flash）存储器。随后日本东芝公司又推出基于冷电子擦除原理和 E^2PROM 的 NAND 体系结构的闪速存储器。从原理上讲，闪速存储器属于 ROM 型存储器，但是它可以随时改写信息；从功能上讲，它又相当于 RAM，所以过去 ROM 与 RAM 的定义和划分已逐渐淡化。

闪速存储器根据采用的工艺不同具有不同的体系结构，目前至少有以下 5 种常用体系结构：最初的两种占主流的体系结构是 Intel 公司的"或非"NOR 型和东芝公司的"与非"NAND 型；后来日立公司和三菱公司在 NOR 型的基础上汲取 NAND 型的优点分别开发出"与"AND 型和采用划分位线技术的 DINOR 型；美国 Sundisk 公司则采用一种独特的 Triple-Poly 结构来提高存储器的密度。

闪速存储器兼有 ROM 和 RAM 两者的性能，又有与 DRAM 一样的高密度，具有大存储量、非易失性、低价格、可在线改写和高速读等特性，是近年来发展最快、最有前途的存储器，其特点如下。

① 按区块（Sector）或页面（Page）组织。除了可进行整个芯片的擦除和编程操作，还可以进行区块或页面的擦除和编程操作，从而提高了应用的灵活性。

② 可进行快速页面写入。CPU 可以将页数据按芯片存取速度（一般为几十纳秒到 200 ns）写入页缓存，再在内部逻辑的控制下，将整页数据写入相应页面，大大加快了编程速度。

③ 具有内部编程控制逻辑。当编程写入时，由内部逻辑控制操作，CPU 可做其他工作。CPU 可以通过读出验证或状态查询获知编程是否结束，从而提高了 CPU 的效率。

④ 具有在线系统编程能力。擦除和写入都无须把芯片取下。

⑤ 具有软件和硬件保护能力。可以防止有用数据被破坏。

就外部接口而言，闪速存储器区别于其他静态存储器的最大特点是：

① 内部设有命令寄存器和状态寄存器，因而可以通过软件实现灵活控制。

② 采用命令方式可以使闪存进入各种不同的工作状态，例如整片擦除、页面擦除、整片编程、字节编程、分页编程、进入保护方式、读识别码等。

③ 目前的闪速存储器内部可以自行产生编程电压（V_{PP}），所以只用 V_{CC} 供电，在工作状态下，在系统中就可实现编程操作。

闪速存储器是在 EPROM 与 E^2PROM 的基础上发展起来的，它与 EPROM 一样，用单管来存储 1 位信息，其典型结构与逻辑符号如图 5-16 所示。基本存储电路通过沉积在衬底上被场氧化物包围的多晶硅浮空栅来保存电荷，以此维持衬底上源、漏极之间导电沟道的存在，从而保持浮空栅上的信息存储。若浮空栅上保存有电荷，则在源、漏极之间形成导电沟道，达到一种稳定状态，可以认为该单元电路保存"0"信息；若浮空栅上没有电荷存在，则在源、漏极之间无法形成导电沟道，为另一种稳定状态，可以认为该单元电路保存"1"信息。

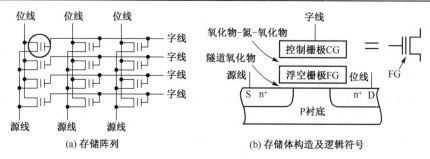

(a) 存储阵列　　　　　　　　　(b) 存储体构造及逻辑符号

图 5-16　闪速存储器结构示意图

上述这两种稳定状态可以相互转换。状态 0 到状态 1 的转换过程,是将浮空栅上的电荷移走的过程,如图 5-17(a)所示。若在源极与栅极之间加一个正向电压 U_{GS}=12 V(或其他值),则浮空栅上的电荷将向源极扩散,从而导致浮空栅的部分电荷丢失,不能在源、漏极之间形成导电沟道,由此完成状态的转换,该转换过程称为对闪速存储器的擦除。当要进行状态 1 到状态 0 的转换时,如图 5-17(b)所示,在栅极与源极之间加一个正向电压 U_{GS},而在漏极与源极之间加一个正向电压 U_{SD},保证 $U_{GS}>U_{SD}$。来自源极的电荷向浮空栅扩散,使浮空栅带上电荷,于是源、漏极之间形成导电沟道,由此完成状态的转换,该转换过程称为对闪速存储器编程。进行正常的读取操作时只要撤销 U_{GS},加一个适当的 U_{SD} 即可。据测定,正常使用情况下在浮空栅上编程的电荷可以保存 100 年而不丢失。

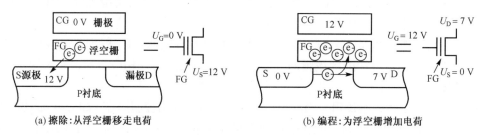

(a) 擦除:从浮空栅移走电荷　　　　　　　　　(b) 编程:为浮空栅增加电荷

图 5-17　闪速存储器擦除与编程说明示意图

5.2.3　存储器芯片的性能指标

除了价格,半导体存储芯片的主要性能指标还包括存取速度、存储容量及功耗等。通常这些性能指标是互相矛盾的,因此选取存储芯片时应在满足主要要求的前提下兼顾其他。

1. 存储容量

存储芯片的容量表示该芯片能存储多少个用二进制数表示的信息位。如果一个存储芯片内有 N 个存储单元,每个单元可存放 M 位二进制数,则该芯片的存储容量用 $N×M$ 表示。其中,存储单元数 N 与芯片地址线数有关,而存储字长 M 与芯片数据线数有关。如图 5-18 所示,若存储芯片地址总线宽度为 20(A_0~A_{19}),则其内部可寻址单元数为 1 M(即 2^{20});数据总线宽度为 4(D_0~D_3),表示每个存储单元由 4 位组成,该存储芯片的容量应表示为 1 M × 4(位)。

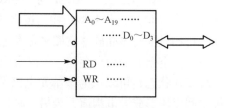

图 5-18　半导体存储芯片逻辑示意图

2．存取速度

半导体存储芯片的存取速度可以用多项指标表示，如存取时间(指从收到读/写命令到完成读出或写入信息所需的时间)、存取周期(连续两次访问存储器的最小时间间隔)和数据传送速率(单位时间内能传送的数据量)等。

存取时间又称为存储器访问时间，即启动一次存储器操作(读或写)到完成该操作所需的时间。具体地讲，从一次读操作命令发出到该操作完成，将数据读入数据缓冲寄存器为止所经历的时间，即为存储器存取时间；CPU 在读/写存储器时，其读写时间必须大于存储器芯片的额定存取时间。

存取周期是连续启动两次独立的存储器操作所需的最小时间间隔。通常手册上给出存取时间的上限值，称为最大存取时间。存取周期往往比存取时间大得多，因为对于任何一种存储器，在读/写操作之后总要有一段恢复内部状态的时间。

存储芯片的型号后面通常会给出时间参数。例如，2732A-20 和 2732A-25 表示同一芯片型号 2732A 有两种不同存取时间的芯片类型，其中 2732A-20 的存取时间是 200 ns，而2732A-25 的存取时间是 250 ns。存储芯片手册中也会给出典型存取时间或最大存取时间。选择存储芯片时应注意其存取时间应适合 CPU 主频，以充分发挥系统的性能。

就整个存储器来讲，另一个表示速度的指标是"带宽"。带宽是指存储器在连续访问时的数据吞吐量。带宽的单位通常是位/秒(b/s)或字节/秒(B/s)。

3．功耗

功耗有两种定义方法，一种是存储芯片中存储单元的功耗，单位为 μW/单元；另一种是存储芯片的功耗，单位为 mW/芯片。存储芯片手册中一般会给出芯片的工作功耗和静态功耗，大多数半导体存储芯片的维持功耗远小于工作功耗。

功耗是便携式系统的关键指标之一，它不仅表示存储芯片所需的能量，还影响系统的散热。一般来讲，使用功耗低的存储器芯片构成存储系统，不仅可以减少对电源功率的要求，而且还可以提高存储系统的可靠性，但功耗与速度通常成正比。

4．可靠性

可靠性指在规定的时间内存储器无读/写故障的概率，通常用平均故障间隔时间(Mean Time Between Failure，MTBF)来表示。计算机要正确地运行，必然要求存储器系统具有很高的可靠性。存储器发生的任何错误会使计算机不能正常工作。

存储器的其他性能指标还包括工作电源电压、工作温度范围、可编程存储器的编程次数等。

5.3　存储系统的层次结构

常用存储器件或设备的速度、易失性、存取方法、便携性、价格和容量等特性都不尽相同。通常来说，速度越快则每位价格越高；容量越大则速度越慢。例如，SRAM 的访问时间为 2~25 ns，费用约为每兆字节 50 美元；DRAM 的访问时间为 30~120 ns，费用约为每兆字节 0.06 美元；硬盘的访问时间为 10^7~10^8 ns，费用为每兆字节 0.001~0.01 美元。可以看到，随着等级(价格)的降低，容量呈指数级增长，相应的访问时间也呈指数级增长(当然具体数值随技术发展也在不断更新)。

　　现代的高性能计算机系统要求存储器速度快、容量大,并且价格合理。然而按照当前的技术水平,仅用单一的存储介质是很难满足要求的。因此现代计算机系统通常把各种不同存储容量、存取速度和价格的存储器按一定的体系结构组成多层结构,并通过管理软件和辅助硬件有机组合成统一的整体,使所存放的程序和数据按层次分布在各种存储器中,以解决存储容量、存取速度和价格之间的矛盾。

5.3.1　存储系统的分层管理

　　尽管计算机程序往往需要巨大的、快速的存储空间,但程序对存储空间的访问并不是均匀的。对大量典型程序运行情况的分析结果表明,在一个较短的时间间隔内,存储器访问往往集中在一个很小的地址空间范围内。程序指令地址的分布本来就是连续的,再加上循环程序段和子程序都要重复执行多次,因此对指令地址的访问就自然地具有相对集中的倾向。数据分布的这种集中倾向不如指令明显,但对数组的操作以及工作单元的选择也可能使数据访问地址相对集中。这种对局部范围内存储器地址频繁访问,而对此范围以外的存储器地址较少访问的现象称为存储器访问的局部性(Locality)。局部性有两种含义,一种称为引用局部性,指的是程序会访问最近访问过的数据和指令;另一种称为时间局部性,指的是访问一个数据之后,很可能在不久的将来再次访问该数据。

　　图 5-19 给出的典型多层(级)存储体系结构正是基于存储器访问的局部性原理搭建的。该设计要达到的目标是:整个存储系统的速度接近 M_1,而价格和容量接近 M_n。由于绝大多数程序访问的指令和数据是相对簇聚的,因此可以把近期需要使用的指令和数据放在尽可能靠近 CPU 的上层存储器中(任何上层存储器中的数据都是其下一层中数据的子集)。CPU 访问存储器时,首先访问 M_1,若在 M_1 中找到所需数据(称为"命中")则直接存取,若找不到(称为"不命中"或"失效"),则将 M_2 中包含所需数据的块或页调入 M_1,若在 M_2 中也找不到,就访问 M_3,依次类推。

图 5-19　多层(级)存储体系结构

　　在多层存储系统中,每一层都需要确定映像、查找、替换和更新等操作规则。

(1)映像规则

　　映像规则用于确定一个新的块(页)被调入本级存储器时应放在什么位置上。

　　最简单的直接映像(Direct Mapping)方式规定每一个块(页)只能被放到唯一的指定位置。直接映像时的地址变换速度快,实现简单,缺点是不够灵活,降低了命中率。全相联映像(Fully Associative Mapping)方式允许任一块(页)放在存储器的任意位置。

　　全相联映像方式的优点是可以灵活地进行块的分配,块的冲突率低,但实际上由于成本太高而并不会被采用。

　　组相联映像方式是直接映像和全相联映像方式的一种折中方案。组相联映像将块(页)分组,不同组的块(页)对应不同的映射位置,而同组的块(页)可放在相应映射组内的任一位置,即组间为直接映像,而组内的字块为全相联映像。组的容量是一个块时就成了直接映像,组的容量是整个上层存储器容量时就成了全相联映像,组的容量是 n 个块时就成了 n 路组相联映像。组相联映像的主要优点是块的冲突概率较低，利用率大幅度提高；主要缺点是实现难度和成本比直接映像更高。

(2) 查找规则

查找规则用于确定需要的块 (页) 是否存放在本级存储器中，以及如何查找。查找规则与映像规则相关，通常可采用目录表的方式按索引查找。

(3) 替换规则

替换规则用于确定本级存储器不命中且已满时应替换哪一块 (页)。在全相联映像和组相联映像方式时，下层存储器的数据块可以写入上层存储器中的若干位置，因此存在选择替换哪一块的问题，先入先出法 (First In First Out，FIFO) 选择将最早调入的块作为被替换的块，而最近最少使用法 (Least Recently Used，LRU) 选择将最久未被访问块作为被替换的块，另一种随机替换算法 (RANDom substitution，RAND) 是在组内随机选择一块来替换。由于 FIFO 和 RAND 算法都没有利用存储器访问局部性原理，因此不能提高系统的命中率，而 LRU 算法的命中率比 FIFO 算法和 RAND 算法的更高。

块 (页) 替换时应避免出现颠簸现象 (命中率有时很高，有时又很低)。例如，在一个具有 4 个块的全相联映像存储器中，如果程序运行的信息集中在 4 个块中，并且这 4 个块都已被调入，则上层存储器的访问全部命中；而如果程序循环地轮流访问 5 个块，在采用先入先出替换方式时每次替换出去的块恰好是下一次要访问的，则上层存储器的访问全部失效。这种情况时最好采用 LRU 算法来提高命中率。

(4) 更新规则

更新规则用于确定"写数据"时应进行的操作。写操作可能会导致数据不一致问题，即同一个数据在上下两层中可能出现两个不同的副本。通常采用的更新规则有如下 3 种。

① 标志交换 (Flag-swap) 法，又称按写分配法 (Write-allocate)，如图 5-20 (a) 所示。在这种方式下，CPU 暂时只向上层存储器写入，并用标志加以注明，直到经过修改的字块从上层存储器中被替换出来时才真正写回下层存储器。

② 写直达 (Write Through) 法，又称写贯穿法，如图 5-20 (b) 所示。在这种方式下，从 CPU 发出的写信号同时送到相邻的两层，以保证上下两层中的相同数据能同步更新。写直达法的优点是操作简单，但由于下层存储器存取速度较慢，将对整个系统的写速度造成影响。

③ 回写 (Write Back) 法，如图 5-20 (c) 所示。为了克服写直达法的弊端，尽量减少对下层存储器的访问次数，可以采用回写法进行更新。在这种方式下，数据一般只写到上层存储器中并设置一个修改标志，当该数据需要再次被更改时才将原更新的数据写入下层存储器，然后再接受再次更新的数据。

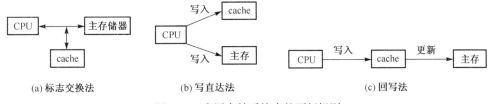

图 5-20　多层存储系统中的更新规则

命中率(或失效率)通常可以用来衡量多层存储体系结构把握访问局部性的性能，它是指利用 CPU 产生的有效地址可直接(或不能)在存储体系结构的高层访问到所需信息的概率。由于命中率或失效率和硬件的具体速度无关，所以不能片面地根据它们来评价存储体系结构的性能好坏。考虑到存储体系结构实现方面的一些具体情况，一般可以用存储器的平均访问时间来评价一个存储体系结构的性能：

$$存储器平均访问时间 = 命中时间 + 失效率 \times 失效开销$$

上式中的命中时间是指访问上层存储器所需的时间，其中包括判定访问是否命中的时间；失效开销是指用下一级存储器中相应块替代上一级中的块的时间，加上将该块发送到相应设备(通常是 CPU)的时间。失效开销可以进一步分为访问时间和传输时间两个部分，前者是指在出现失效时访问到块中第一个字的时间(取决于低层存储器的延迟)；后者是指传输块中其他字的附加时间(取决于两层存储器之间的带宽和块的大小)。

显然，在设计一个多层存储体系结构时通常希望命中时间、失效率及失效开销等性能参数尽可能小。一般而言，对命中时间的改善比对失效率的改进更难。下面一些常用技术可以用于降低失效率、减少失效开销或减少命中时间，从而进一步改进多层存储系统的性能。

- 采用增加块大小、增加上层存储器容量、提高相联度、预取、编译器优化等方法可以有效降低失效率。但是，显然这些方法会增加失效开销或命中时间，从而导致延长存储器平均访问时间。
- 采用让读失效优先于写、写缓冲合并、请求字处理技术、非阻塞技术、多级技术等可以减少失效开销。
- 采用减小上层存储器容量、保持简单结构、访问流水化等技术可以减少命中时间。

5.3.2　虚拟存储器与地址映射

早期计算机的内存容量小且价格昂贵，为了能将较大的程序装入内存，通常由程序员把程序分成许多能装入内存的较小片段，称其为覆盖段(Overlay)。编写好的程序事先存在大容量外存中，程序运行时首先将第一个覆盖段装入内存，等运行结束后再读入下一个覆盖段，依次类推。程序员除了负责将程序划分成覆盖段，还需要决定每个覆盖段保存在外存的什么位置，并安排覆盖段在内存和外存之间的调度。1961 年，英国曼彻斯特的一组研究人员提出了一种自动执行覆盖过程的方法，这种现在称为"虚拟内存"的技术将程序员从大量烦琐的管理工作中解放出来。"虚拟内存"技术的最终目的是利用次级存储器(下层存储器，如磁盘)来扩展物理存储器(上层存储器，如内存)的容量。该机制掩盖了下层存储器的物理细节，向上提供了一个克服物理存储器和物理寻址方案局限性的地址空间和存储器存取方案。

多层存储系统也需要使用这种虚拟存储器(Virtual Memory)技术来实现相邻层之间的数据调度。其主要思想是将虚拟地址空间和物理地址空间分离，并通过存储器管理单元(Memory Management Unit，MMU)，使用地址映射表来完成两者之间的映射联系。虚拟地址空间指的是程序使用的地址空间(也称为逻辑地址空间或程序空间)，而物理地址空间指的是物理存储器实际的硬件地址空间(也称为实存空间)。物理地址空间的大小由总线上的地址线数决定，例如，16 位地址线对应的可寻址物理空间为 2^{16} 字节，32 位地址线对应的可寻址物理空间为 2^{32} 字节。虚拟地址空间可能比物理地址空间大得多，通常使用需求驱动的页面调度(Demand Paging)技术来进行管理，即一个页面只有在其需要被访问时(即处于该页面的某个或某些单元被访问时），才从下层存储器（虚拟地址空间）调入上层存储器（物理地址空间）。例如，虚拟内存页面在创建之初均存放在磁盘上，程序运行时若出现访问未命中（失效），则 MMU 通过查找地址映射表将程序虚（Virtual）地址变换成实（Physical）地址，确定数据在磁盘中的位置，并将所需页面从磁盘调入内存。

系统首先将虚拟地址空间和物理地址空间划分成同样大小的多个页帧，然后用地址映射表（页表）保存虚拟页在物理存储器中的存放情况，即表中的每一项（行）对应一个虚拟页，它记录了该虚拟页是否在物理存储器中，以及具体在哪个页帧中。MMU 则利用该页表完成虚拟地址到物理地址的映射。

假设虚拟地址为 32 位，物理地址为 15 位，页的大小为 4 KB（见图 5-21），当前页表内容如图 5-22 所示（从页表中可以看出，虚拟页号为 14 的页当前已调入物理存储器，且存放在物理存储器的第 4 个页帧中）。MMU 将虚拟地址分成虚拟页号（20 位）和页内偏移量（12 位）两部分，将物理地址分成页帧号（3 位）和页内偏移量（12 位）两部分，如图 5-23 所示。MMU 首先根据虚拟地址中的虚拟页号在页表中找到对应项，然后检查其是否在内存中，如果在，则将表项中存放的内存页帧号取出，连同虚拟地址中的页内偏移量一起形成物理地址。如果需要的虚拟页不在内存中，即缺页（Page Fault），那么系统就按照一定的规则将所需的页调入或进行置换。

图 5-21　虚拟页与物理页帧的划分

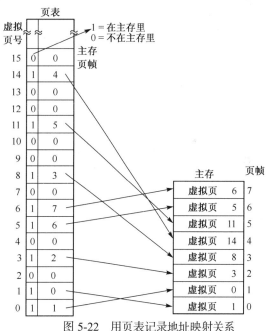

图 5-22　用页表记录地址映射关系

另一种常用的存储器地址映射技术称为分段技术。与分页技术的不同之处在于，在分段技术中，段的大小可变。一个应用程序可以使用多个大小不等的段，如代码段、数据段和堆栈段等。每个段都是一个独立的受保护的地址空间，段管理部件负责检查段的合法性，并完成逻辑地址（一般包括段基址和偏移量两部分）到物理地址的转换（见图 5-24）。

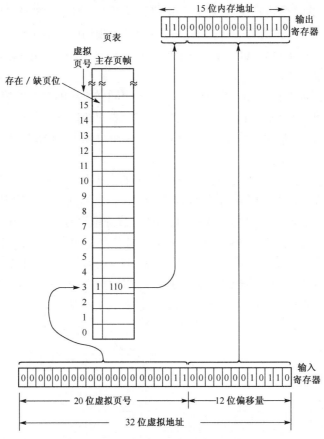

图 5-23　虚拟地址到物理地址的转换

在现代计算机中，实际使用的地址映射技术可能非常复杂，如混合采用分页和分段技术、多次映射等。为了防止数据遭到破坏(如一个用户程序不合法地访问不属于自己的内存空间)，操作系统应提供相应的保护机制，如页表保护机制和段保护机制等。

使用虚拟存储器可以带来很多好处，比如：

- 可以简化寻址方式。每个程序单元可以编译到其自身的内存空间，从地址 0 开始，并一直延伸到超出物理内存的极限。程序和数据结构在加载时无须进行地址重置，也不必只为能满足内在的各种限制而将程序分解为多个片段。
- 可以高效利用物理存储器。由于无须一次性将整个完整程序调入物理内存，使用成本较低的下一级存储器能降低系统成本。
- 便于访问控制。由于对每个内存访问必须进

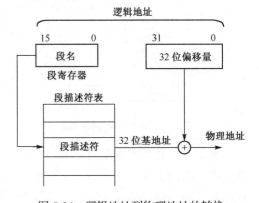

图 5-24　逻辑地址到物理地址的转换

行地址转换，所以可在这个转换过程中添加对读、写和执行的优先级的检查。这种方式允许硬件层对系统资源的访问进行控制，同时还可以防止有问题的程序或非法侵入者对系统中的其他程序和用户资源造成损害。

需要注意的是，有效地址、逻辑地址、虚拟地址和物理地址等术语常在没有进行仔细定义的情况下使用。通常，有效地址指的是 CPU 在执行程序时计算出来的地址；逻辑地址一般与有效地址同义，但前者主要是从 CPU 外部来看待地址时使用的术语；虚拟地址由 MMU 在进行地址转换前根据逻辑地址生成；物理地址则指物理内存的地址。例如，PowerPC601 CPU 生成长度为 32 位的逻辑地址，而 MMU 将其翻译成长度为 52 位的虚拟地址，然后再将这个 52 位的虚拟地址翻译成物理地址。进行多次转换的好处是系统结构设计师可以方便地在同一微处理器系列里构建不同的版本，而每个版本可以有不同大小的逻辑地址空间、虚拟地址空间和物理地址空间。

5.3.3　现代计算机的多层次存储体系结构

大多数现代计算机采用图5-25所示的三级存储器层次结构：cache+主(内)存+辅(外)存。这种结构由以下两个主要部分组成。

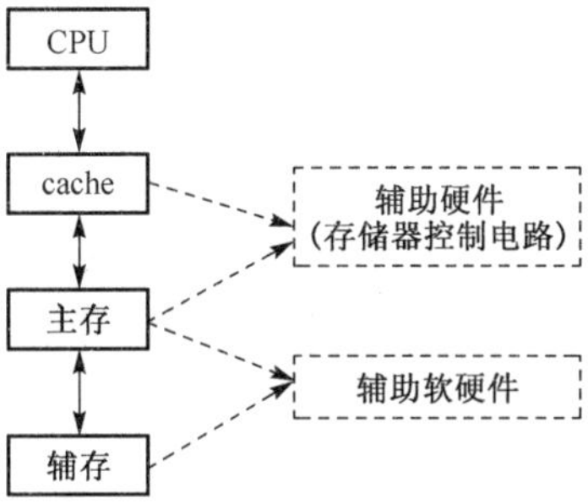

(1) cache 存储器系统 (cache-主存层次)

通常来说，CPU 与主存之间的速度大致相差一个数量级。为了弥补主存速度的不足，现代计算机在主存和 CPU 之间设置了一级或多级 cache。从整体上看，cache 存储器系统的存取速度接近于 cache 的存取速度，而容量和每位存储的平均价格却接近于主存。cache 存储器系统主要负责解决高速度和低成本之间的矛盾。

图 5-25　三级存储器层次结构

CPU 在某一小段时间内要访问的程序和数据被事先从主存调入 cache 中，CPU 工作时将直接访问 cache 以获得最快的存取速度。当 CPU 需要的信息在 cache 中找不到时(称为"未命中")，CPU 将会采用一定的策略从主存中将所需信息调入 cache。因为 CPU 对程序的访问具有局部性，因此在采用合适的调换策略之后就可以保证 CPU 读取 cache 中数据的命中率较高，从而大大降低主存的读写次数，提高计算机的整体运行速度。由于速度要求高，这个层次的功能完全由硬件实现，无须软件干预，因此对用户是完全透明的。

(2) 虚拟存储器系统 (主存-辅存层次)

辅存具有价格低廉和可长时间保持数据的特点，因此计算机中将辅存作为主存的补充，形成了主存-辅存层次。辅存一般用来存放暂时不用的程序和数据，同时作为虚拟存储来延续主存空间，从而实现在较小的主存上运行较大的程序。由于 CPU 不能直接访问辅存，主存-辅存层次通过附加的硬件及存储管理软件来控制。从整体上看，主存-辅存层次的存取速度接近于主存的存取速度，而容量和每位存储的平均价格却接近于辅存。虚拟存储器系统主要负责解决大容量和低成本之间的矛盾。

在某些场合下，CPU 内部的寄存器也被归入计算机存储体系结构中，这样得到的四级存储器结构如图 5-26 所示。金字塔形状表明了这种结构的特点：越靠近金字塔上层的存储器离 CPU 越近，访问频率越高，存取速度越快，但价格也越高，因此容量也越小。下面分别讨论每个存储层次。

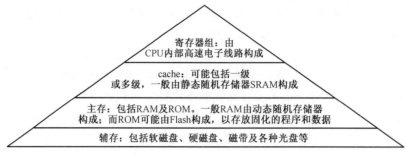

图 5-26　四级存储器层次结构

1. 寄存器组

位于 CPU 内部的寄存器读/写速度快但数量较少，通常用于保存中间结果（数据寄存器）和控制程序执行（控制寄存器）。寄存器组可以是一组彼此独立的寄存器，也可以采用小规模的半导体存储器构成，其中每个存储单元视为一个寄存器。寄存器的数量、长度及使用方法会影响指令集的设计。

为了减少程序运行过程中访问存储器的次数，RISC 机通常设置较多（几十个甚至上百个）寄存器，同时依靠编译器来使寄存器的使用最大化，即尽量使最频繁访问的操作数能够保持在寄存器中。

数据寄存器的长度应能适应大多数数据类型。为保证向后兼容，一些计算机允许将一个寄存器拆成两个短寄存器来使用。

寄存器可以是通用的，也可以指定（约定）用途。如果使用指定寄存器存放操作数，则指令通常可以隐含表示该操作数地址，从而减小指令长度，但同时也限制了程序员的灵活性。

2. 高速缓冲存储器（cache）

在现代微处理器设计中，高速缓存技术是一种用来缓解冯·诺依曼瓶颈，提高检索信息的软硬件系统的性能的重要优化技术，它有效地解决了处理速度和存储速度之间的匹配问题。实际上，正是 cache 和流水线共同构成了 RISC 成功的两大技术支柱。

高速缓存技术的核心思想是高速的暂时存储：高速缓存保存所选择数据的一个本地副本，只要有可能，就用这个本地副本回应请求。由于高速缓存比常规的请求响应机构回应得更快，所以提高了性能。

cache 介于 CPU 和主存之间，可以集成在 CPU 内部，也可以位于 CPU 外部。CPU 与 cache 之间以"字"为单位交换数据，而 cache 与主存之间以"块"为单位交换，如图 5-27 所示。CPU 从 cache 中读出数据的方式主要有以下两种。

第一种方式是贯穿读出式（Look Through），如图 5-28 所示。在这种方式下，cache 位于CPU 与主存之间，CPU 对主存的所有数据请求都首先送到 cache，由 cache 自行在自身查找。如果命中，则切断 CPU 对主存的请求，并将数据送出；如果不命中，则将数据请求传给主存。该方法的优点是降低了 CPU 对主存的请求次数，缺点是延迟了 CPU 对主存的访问时间。

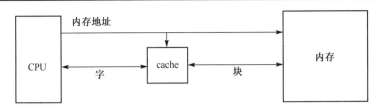

图 5-27　cache-主存结构模型

第二种方式是旁路读出式(Look Aside)，如图5-29所示。在这种方式下，CPU 发出数据请求时，并不是单通道地穿过 cache，而是向 cache 和主存同时发出请求。由于 cache 速度更快，如果命中，则 cache 在将数据回送给 CPU 的同时，还来得及中断 CPU 对主存的请求；若不命中，则 cache 不做任何动作，由 CPU 直接访问主存。它的优点是没有延时，缺点是每次 CPU 都要访问主存，会占用部分总线时间。

图 5-28　贯穿读出式原理　　　　　　　图 5-29　旁路读出式原理

cache 的命中率与 cache 的大小、替换算法、程序特性等因素有关。采用图 5-28 所示的结构时，设 cache 的存取时间为 t_c，命中率为 h，主存的存取时间为 t_m，则平均存取时间 $t_a = t_c \times h + (t_c + t_m) \times (1-h)$。

【例 5.1】　某微机存储器系统由一级 cache 和主存组成。若采用图 5-29 所示的结构，已知主存的存取时间为 80 ns，cache 的存取时间为 6 ns，cache 的命中率为 85%，试求该存储系统的平均存取时间。

解： 由题意得到该系统的平均存取时间 $t_a = 6\,\text{ns} \times 85\% + 80\,\text{ns} \times (1-85\%) = 5.1 + 12 = 17.1\,\text{ns}$

可以看出，有了 cache 以后，CPU 访问主存的速度大大提高了。但要注意的是，增加 cache 只是加快了 CPU 访问存储器系统的速度，而 CPU 访问存储器系统仅仅是计算机全部操作的一部分，所以增加 cache 对系统整体速度只能提高 10%~20%左右。并且，cache 未命中时 CPU 还需要访问主存，这时反而延长了存取时间。

3．主存储器(Primary Memory)

主存储器简称为主存，用于存放当前的运行程序和数据。因为主存储器可以通过程序直接访问，因此其组织访问方式对程序员来说非常重要。

主存容量由最大可编址空间来描述。若主存地址用 n 位二进制表示，则其最大可编址空间为 2^n 字节，也就是说，存储单元数量最多为 2^n 个。主存最重要的特性是最小可编址单位。在现代计算机中，主存一般按字节编址，即存储单元的长度都标准化为 8 个二进制位(1字节)。长度大于 1 字节的数据可存放在连续的几个单元中，根据字节存放顺序的不同可以分为大端(Big Endianness)存储和小端(Little Endianness)存储。在大端存储系统中，数据的最高字节存储在最低地址中，而小端存储系统中数据的最高字节存储在最高地址中。图 5-30 给出了一个 4 字节数据在小端存储系统中的存放方式。

虽然主存按字节编址,但一般按字长进行访问。字长即CPU每次可以读/写的数据位数。为了不降低访存指令的速度,一般会将信息按整数边界存储。例如,某计算机字长为32位,可能存取的信息长度为8位(字节)、16位(半字)、32位(单字)和64位(双字)。若按照图5-31(a)的形式任意相连存储,则访问半字、双字和最后的单字时需要操作两次,而若按照图5-31(b)的形式按整数边界存储,那么虽然浪费了7字节空间,但读写效率较高。

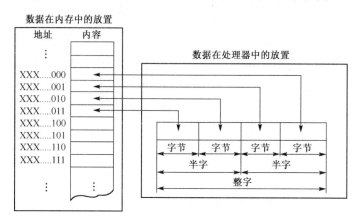

图5-30   小端存储系统中存放的32位数据

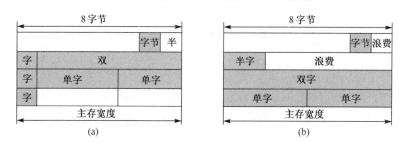

图5-31   各种宽度信息的存储。(a)任意方式; (b)对齐方式

4. 辅助存储器(Auxiliary Memory)

无论主存储器的容量有多大,它总是无法满足人们的期望。为了进一步增加计算机的存储容量,可以在主存储器以外增加一级容量更大、价格更低但速度也更慢的辅助存储器(如磁盘、光盘和磁带等),简称为辅存,又称次级存储器(Secondary Storage)。对高级程序员来说,辅存中的信息通常以文件(File)的形式存放。一个较大的文件通常包含多个数据块(物理记录块,如磁盘的扇区),并按块为单位进行存取。辅存的读写由专门的硬件电路(如磁盘驱动器)管理。

辅存也常用来实现虚拟存储器,以便为编程人员提供更大的程序空间。主存和辅存可以在系统软件和辅助硬件的管理下共同表现为一个单一的可直接访问的大容量主存储器,这样程序员在开发程序时不必考虑实际主存空间的大小。

5.4   主存储器设计技术

主存储器的容量和性能对于整个计算机系统的性能起着至关重要的作用。采用什么样的存储介质、怎样组织存储系统,以及怎样连接和控制存储器的操作,是计算机主存设计的基本问题。

5.4.1　存储芯片选型

任何存储芯片的存储容量都是有限的。要构成一定容量的内存，往往单个芯片不能满足字长或存储单元数的要求，甚至字长和存储单元数都不能满足要求。这时，就需要用多个存储芯片进行组合，以满足对存储容量的需求，这种组合称为扩展存储器。扩展存储器可以选用现成的存储芯片进行构建，也可以通过半导体技术集成在 SoC（片上系统）芯片中。设计者应根据实际功能的需要，确定合适的存储介质类型（如 SRAM、DRAM 或 Flash 等），并综合考虑速度、字长、容量、功耗和封装等性能需求。

一般来说，存储芯片性能非常可靠，因此多数计算机系统仅依赖内存控制器在启动时对存储芯片进行检错。一些具有内置检错功能的存储芯片通常会采用奇/偶校验检错机制。但是奇/偶校验只能检错而不能纠错，因此若某字节数据没有通过奇/偶校验，则该字节将被丢弃，并且系统会重试一次。高端服务器通常会采用一种称为纠错码（ECC）的检错方式。类似于奇/偶校验，ECC 同样采取附加校验位的方法来监测每字节数据。区别在于 ECC 有好几位校验位（具体数目取决于总线宽度），而不是 1 位。ECC 内存采用特定的算法，能够检测并纠正1 字节中出现的 1 位错误。ECC 内存也可以检测出 1 字节中出现超过 1 位错误的情形，但无法纠正（不过这种错误非常罕见）。

5.4.2　存储芯片的组织形式

1. 存储模块结构-存储芯片互连

计算机系统通常需要将多个存储芯片按一定规则互连扩充为主存。与存储芯片以位（bit）为容量单位不同，主存的容量通常以字节为单位。多个容量为 $N×M$ 的存储芯片互连时通常有以下两种策略。

① 若 $M<8$，则应先对存储芯片进行位扩展，即把多个存储芯片互连成字节模块，以实现按字节编址。

② 若 $N<$ 主存容量，则应进行字扩展，即把多组字节模块互连，增加可寻址单元的数量，达到主存容量要求。

当存储器芯片的位宽不符合计算机系统的位宽要求时，需要使用多个存储器芯片进行位扩展，如图 5-32（a）所示，64 KB 的主存储器可以使用 8 片 64 K×1 位的存储芯片通过位扩展实现。进行位扩展时，所有芯片的地址线和控制线（读/写信号、片选信号等）互连形成整个模块的地址线和控制线，而各芯片的数据线并列形成整个字节模块的数据线（8 位宽度）。

上述主存储器也可以使用 8 片 8 K×8 位的存储芯片通过字扩展实现，如图 5-32（b）所示。在进行字扩展时，部分地址总线被用来形成对各芯片的片选线，同时所有芯片的地址线和读/写信号线互连。

如果采用 16 K×4 位的芯片实现 64 KB 的主存储器，则应如图 5-32（c）所示同时进行位扩展和字扩展。

图5-32（a）采用的组织方式无须译码器，硬件连线比较简单，而且系统数据总线的负载较轻——每条数据线只挂接了 1 个芯片。因此，在设计大容量存储器时可以优先选用容量为 $N×1$的存储芯片。

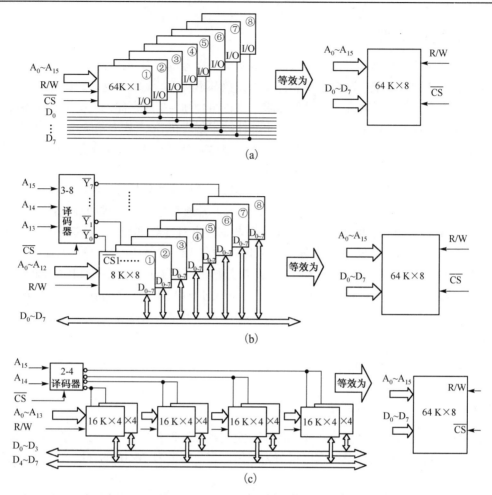

图 5-32　存储器芯片扩展为存储模块。(a)位扩展(用 64 K × 1 位的芯片扩展实现 64 KB 存储器);(b)字扩展(用 8 K × 8 位的芯片扩展实现 64 KB 存储器);(c)字、位扩展(用 16 K × 4 位的芯片扩展实现 64 KB 存储器)

2. 存储系统组织形式-存储模块互连

现代计算机中,存储系统的访问速度与 CPU 的工作速度是否匹配,对系统的整体性能影响很大。为了适应更复杂的信息处理需求,改善主存的访问速度和吞吐量,可以在上述字/位扩展的基础上,构建一些特殊的存储系统,如并行存储器、多体交叉存储器、双端口存储器和相联存储器等。

(1)并行存储器

并行存储器允许在一个存取周期内并行存取多个字,从而提高整体信息的吞吐量。在图 5-33(a)所示的普通单字宽存储结构中,存储器、cache 和 CPU 等部件的宽度都是一个字;而图 5-33(b)所示的单体多字宽存储结构则通过增加存储器和 cache 的宽度来提高存取操作的并行性,从而降低 cache 的失效开销,提高数据访问速率。

在多字宽存储结构中,存储器的内部组织方式如图 5-34 所示。存储器内部包括多个并行的存储体(体 0~体 3),每个存储体的数据操作均为一个字宽。由于使用同一个地址寄存器,当

CPU 给出一个地址时，各存储体中的相应单元将同时被选中，存储器接收或给出一个多字宽的并行数据。

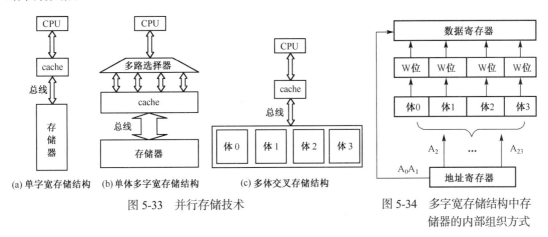

(a) 单字宽存储结构　　(b) 单体多字宽存储结构　　(c) 多体交叉存储结构

图 5-33　并行存储技术

图 5-34　多字宽存储结构中存储器的内部组织方式

并行存储器的缺点是多路选择器的使用增加了成本，且用户扩充主存时的最小增量也增加了相应的倍数。

(2) 多体交叉存储器

多体交叉存储器(Interleaved Memory)中的内部结构及工作原理如图 5-35 所示，容量相同的多个单字宽存储体(体 0~体 3)相互独立，它们都有自己的读/写线路、地址寄存器和数据寄存器，可以被 CPU 分时访问。如果将系统低位地址线用于寻址不同的存储体(即片选)，而高位地址线用于寻址不同的存储单元(即字选)，则各存储体的地址将按字交叉编址，如图 5-35(b)所示。这种低位多体交叉编址方式的特点也示于表 5-3 中。在理想情况下，程序和数据会连续地存放在主存单元中。由于交叉存储结构中地址连续的存储单元实际分布在不同的物理存储器中，因此当 CPU 访问程序和数据时可以在一个存取周期内分时访问多个存储体，比如在等待第一个数据的同时就发出下一个地址。图 5-35(c)给出了 4 体交叉存储器的分时启动时序，CPU 可以在一个存取周期内连续访问 4 个存储体，各存储体的读/写过程重叠进行，相当于存储器带宽增加到原来的 4 倍，所以多体交叉存储系统也是一种并行存储器结构。

表 5-3　低位多体交叉编址方式编址特点

体	地址编码序列	地址后两位
0	0, 4, 8, ..., $4i+0$, ...	00
1	1, 5, 9, ..., $4i+1$, ...	01
2	2, 6, 10, ..., $4i+2$, ...	10
3	3, 7, 11, ..., $4i+3$, ...	11

多体交叉存储结构利用这种存储体之间潜在的并行性缩短存取时间，从而大幅提高了主存的有效访问速度。但当遇到程序转移或 CPU 随机访问少量数据时，被访问的存储单元地址不一定均匀分布在多个存储模块之间，这样就可能产生存储器冲突，从而降低使用率。

【例 5.2】　在图 5-35 所示的具有 4 个存储体的低位多体交叉存储器中，如果 CPU 要访问的字地址为以下十进制数值,试问该存储器比单体存储器的平均访问速率提高多少(忽略初启时的延时)？

(a) 1，2，3，4，…，100
(b) 2，4，6，8，…，200
(c) 3，6，9，12，…，300

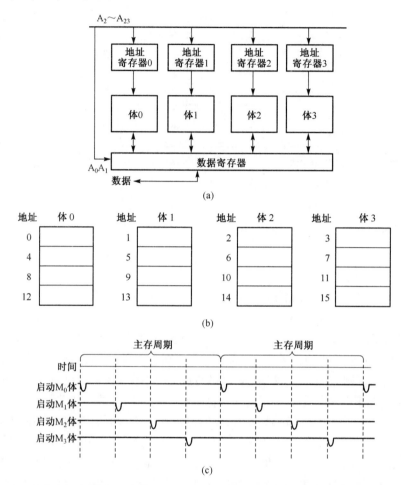

图 5-35　多体交叉存储器的内部结构及工作原理。(a) 多体交叉结构中存储器的内部组
织；(b) 4 体交叉存储器的地址安排；(c) 4 体交叉存储器的分时启动时序图

解：

(a) 因为在一个具有 4 个存储体的低位多体交叉存储器中，访存地址的低两位用于对不同的存储体寻址，当访问地址为连续的 100 个地址，即十进制数 1、2、3、4、…和 100 时，对应的二进制数为 000001B、000010B、000011B、0000100B、…和 1100100B，最低两位二进制数为 01、10、11、00、…、01、10、11 和 00，对应访问的存储体为体 1、体 2、体 3、体 0、…、体 1、体 2、体 3 和体 0，各个存储体访问可以交叉进行，即每隔 1/4 周期启动一次访问操作，这样访问速率可达到单体存储器的 4 倍。

(b) 当访问地址为不连续的 100 个地址，即十进制数值 2、4、6、8、…和 200 时，它们对应的二进制数为 000010B、000100B、000110B、00001000B、…和 11001000B，最低两位二进制数为 10、00、10、…和 00，对应访问的存储体为体 2、体 0、体 2、体 0、…和体 0。当存储器以每隔 1/4 周期进行访问时，由于存在存储体冲突，即地址 2 和地址 6 处于同一存储体，地址 4 和地址 8 处于同一存储体，需要等到存储体上一个访问结束，才能启动下一个访问操作。两个存储体访问可以交叉进行，即每隔 1/2 周期启动一次访问操作，这样访问速率可达到单体存储器的 2 倍。

（c）当访问地址为不连续的 100 个地址，即十进制数值 3、6、9、12、…和 300 时，它们对应的二进制数为 000011B、000110B、00001001B、00001100B、…和 10010110B，最低两位二进制数为 11、10、01、00、…和 10，对应访问的存储体为体 3、体 2、体 1、体 0、…、体 3、体 2、体 1、体 0，4 个存储体访问可以交叉进行，即每隔 1/4 周期启动一次访问操作，因此访问速率可达到单体存储器的 4 倍。

（3）双端口存储器

常规存储器每次只能接收一个地址，访问一个单元。为了能够同时读取两个数据，比如 CPU 和外设同时操作主存，可以采用双端口式（多端口）存储器。如图 5-36 所示，双端口存储器具有两组（L 组和 R 组）读/写操作电路和数据输入/输出端口。这两组端口可以独立地对存储单元操作，从而提高了存储器的吞吐量。当两个端口地址不同时，读/写操作不会发生冲突，而当端口地址相同时，需要仲裁电路确定哪个端口的优先级高，从而推迟优先级低的操作。

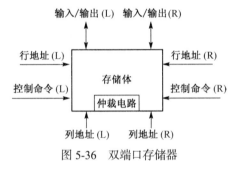

图 5-36　双端口存储器

（4）相联存储器

常规存储器按地址进行访问，即根据当前地址信号选中相应存储单元，然后进行读写操作。而相联存储器（Association Memory）又称联想存储器，它不是根据地址而是根据内容寻址，即根据所存信息的特征进行存取。如图 5-37 所示，需要查找的信息首先存放在检索字寄存器中，然后通过设定屏蔽字寄存器选择检索字中的某些位片，根据选中的位片在相联存储器中找到多个相关信息，并输出到数据存储器。

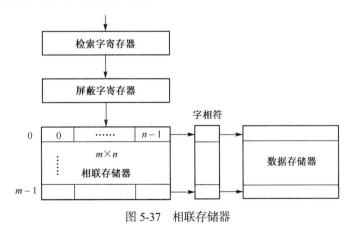

图 5-37　相联存储器

5.4.3 地址译码技术

微处理器地址线和系统总线中地址线的数目确定了主存的最大可寻址范围,用户扩展主存储器所用地址空间时需要综合考虑系统的具体配置。

为了确定当前的读/写对象,译码电路需要根据总线上的相关信息产生地址选择信号,即地址译码。除了总线地址信号,译码电路也可能需要根据数据交换时的流向(读/写)、数据宽度(16位、32位和64位等)、中断传送方式或DMA传送方式等要求,选择相关控制信号参与译码。如图5-38所示,为减小电路规模,常利用系统高位地址信号和相关控制信号产生片选信号,以选中相关模块(或芯片),系统低位地址信号则作为字选信号,在片选有效的模块(或芯片)上选中具体单元,以进行数据存取。

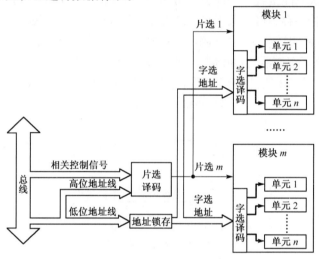

图 5-38　两级地址译码示意图

1. 固定地址译码

在根据系统需求确定地址空间后,片选信号可以采用全译码、部分译码或线译码三种方式(或三种方式的组合)来实现。全译码指所有未参加字选的高位地址线全部参加译码,以形成片选信号;部分译码指只选用高位地址线中的一部分进行译码,以产生片选信号,未参加译码的高位地址线不做处理;线译码则指使用单独的地址信号线作为片选信号。

【例5.3】　假设某系统地址总线宽度为32位,现需要将0x000C0000~0x000CFFFF地址范围划分为8个同样大小的地址空间,提供给总线上的8个模块,试设计接口中的译码电路。

解:分析可知,系统地址总线中的低13位(A_0~A_{12})作为字选线选择模块中的单元,高19位(A_{13}~A_{31})用于产生8个模块的片选信号,各模块的地址空间见表5-4。图5-39所示虚线框中即为全译码方式下的片选产生电路。

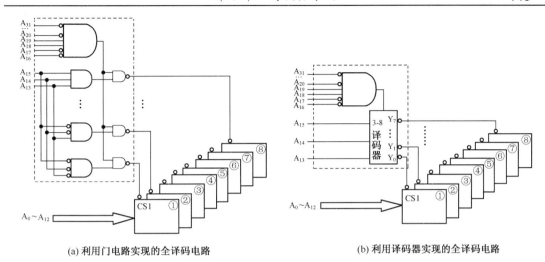

(a) 利用门电路实现的全译码电路 (b) 利用译码器实现的全译码电路

图 5-39 全译码电路设计

表 5-4 例 5.3 中全译码方式下各模块地址空间的划分

模 块	A$_{31}$~A$_{16}$	A$_{15}$	A$_{14}$	A$_{13}$	A$_{12}$~A$_0$	地址空间（范围）
①	0x0000000000001100	0	0	0	0x1111111111111~0x0000000000000	0x000C1FFF~0x000C0000
②	0x0000000000001100	0	0	1	0x1111111111111~0x0000000000000	0x000C3FFF~0x000C2000
③	0x0000000000001100	0	1	0	0x1111111111111~0x0000000000000	0x000C5FFF~0x000C4000
④	0x0000000000001100	0	1	1	0x1111111111111~0x0000000000000	0x000C7FFF~0x000C6000
⑤	0x0000000000001100	1	0	0	0x1111111111111~0x0000000000000	0x000C9FFF~0x000C8000
⑥	0x0000000000001100	1	0	1	0x1111111111111~0x0000000000000	0x000CBFFF~0x000CA000
⑦	0x0000000000001100	1	1	0	0x1111111111111~0x0000000000000	0x000CDFFF~0x000CC000
⑧	0x0000000000001100	1	1	1	0x1111111111111~0x0000000000000	0x000CFFFF~0x000CE000

若采用部分译码电路，则系统中 8 个模块需要至少 3 条高位地址线（如 A$_{13}$~A$_{15}$）直接参与片选译码，未直接参与译码的高位地址线（如 A$_{16}$~A$_{31}$）可以不处理，即系统地址信号的高 16 位可以为任意值，各模块的地址空间见表 5-5。部分译码方式下，高地址位取值不唯一会导致地址重叠问题，系统必须采用其他方法保证重叠地址不能被多次分配，否则会出现寻址冲突。另外，因为每个模块都有多个地址段可供选择，所以各模块地址也可以是不连续的。

表 5-5 例 5.3 中部分译码方式下各模块地址空间的划分

模 块	A$_{31}$~A$_{16}$	A$_{15}$	A$_{14}$	A$_{13}$	A$_{12}$~A$_0$	地址空间（范围）
①	0x0000000000000000					0x00001FFF~0x00000000
	......					......
	0x0000000000001100	0	0	0	0x1111111111111~0x0000000000000	0x000C1FFF~0x000C0000
	......					......
	0x1111111111111111					0x0FFFF1FFF~0x0FFFF0000
②	......					......
	0x0000000000001100	0	0	1	0x1111111111111~0x0000000000000	0x000C3FFF~0x000C2000
	......					......
③	......					......
	0x0000000000001100	0	1	0	0x1111111111111~0x0000000000000	0x000C5FFF~0x000C4000
	......					......

（续表）

模　块	A31~A16	A15	A14	A13	A12~A0	地址空间(范围)
	......					......
④	0x0000000000001100	0	1	1	0x1111111111111~0x0000000000000	0x000C7FFF~0x000C6000
	......					......
	......					......
⑤	0x0000000000001100	1	0	0	0x1111111111111~0x0000000000000	0x000C9FFF~0x000C8000
	......					......
	......					......
⑥	0x0000000000001100	1	0	1	0x1111111111111~0x0000000000000	0x000CBFFF~0x000CA000
	......					......
	......					......
⑦	0x0000000000001100	1	1	0	0x1111111111111~0x0000000000000	0x000CDFFF~0x000CC000
	......					......
	......					......
⑧	0x0000000000001100	1	1	1	0x1111111111111~0x0000000000000	0x000CFFFF~0x000CE000
	......					......

图 5-40 给出的线译码电路中，系统高位地址线直接（或经反相器）分别接至各存储芯片的片选端（未使用的高位地址线不处理）。各模块的地址空间见表 5-6。与部分译码方式一样，为避免寻址冲突，系统必须采用其他方法保证重叠地址不能被多次分配，且 A_{13}~A_{20} 不应同时有效，以确保这 8 个存储芯片不会被同时选中。

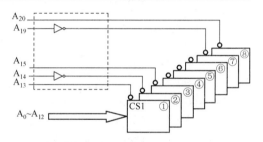

图 5-40　线译码电路设计

表 5-6　例 5.3 中线译码方式下各模块地址空间的划分

模　块	A31~A21	A20~A13	A12~A0	地址空间(范围)
	0x00000000000			0x00179FFF~0x0017800
	......			......
①	0x00000000110	0x10111100	0x1111111111111~0x0000000000000	0x00D79FFF~0x00D78000
	......			......
	0x11111111111			0xFFF79FFF~0XFFF78000
	......			......
②	0x00000000110	0x10111111	0x1111111111111~0x0000000000000	0x00D7FFFF~0x00D7E000
	......			......
③	0x00000000110	0x10111001	0x1111111111111~0x0000000000000	0x00D73FFF~0x00D72000
	......			......
......	......	......	......	......
	......			......
⑦	0x00000000110	0x11111101	0x1111111111111~0x0000000000000	0x00DFBFFF~0x00DFA000
	......			......
	......			......
⑧	0x00000000110	0x00111101	0x1111111111111~0x0000000000000	0x00C7DFFF~0x00C7C000
	......			......

2．可变地址译码

在某些系统中，用户要求接口的地址空间能适应不同的地址分配场合，或为系统以后扩充留有余地，则接口可采用比较器或地址开关完成可变地址译码。

【例 5.4】 设计一个端口地址译码电路，要求每个模块内端口占用地址数为 4，模块端口地址在 0x1000~0x13DF 范围内可选，如表 5-7 所示。

表 5-7 可变译码方式下各模块端口地址空间的划分

A_{15}~A_{10}	A_9~A_2	A_1A_0	模块端口地址空间（范围）
0x000100	0x00000000	0x11~0x00	0x1000~0x1003
	0x00000001		0x1004~0x1007
	……		……
	0x11110111		0x13DC~0x13DF

解：分析可知，地址信号应分成 3 部分进行处理：最低 2 位（A_1 和 A_0）用于区分模块内部的 4 个端口；最高 6 位（A_{15}~A_{10}）的值固定，可作为片选译码的使能端；中间 8 位（A_9~A_2）的值可变，用于确定每段端口的起始地址。

图 5-41（a）中采用比较器来实现地址可变。比较器的一个输入端为地址信号 A_9~A_2，另一个输入端与拨动开关 DIP 相连，当比较器的两个输入端相同时即可得到有效的片选信号。用户通过手动设置拨动开关即可调整端口占用的地址空间。图 5-41（b）则允许用户采用跳线开关来改变端口占用的地址空间。

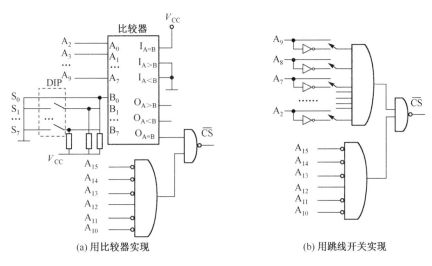

(a) 用比较器实现　　　　　　　　　　　　(b) 用跳线开关实现

图 5-41　可变译码电路

【例 5.5】 采用全译码法设计一个 12 KB 的内存储器系统，其中包括 8 KB 的 EEPROM 和 4 KB 的 SRAM。设系统地址总线宽度为 16 位，EEPROM 存储器起始地址为 0x0000。设 8 KB 的 EEPROM 由两片 2732A 芯片（4 K×8）组成，4 KB 的 SRAM 由两片 6116 芯片（2 K×8）组成。

解：

（a）字选线设计

2732A 芯片的容量为 4 KB，需要低 12 位（A_0~A_{11}）地址总线作为字选线；6116 芯片的容量为 2 KB，需要低 11 位（A_0~A_{10}）地址总线作为字选线。

（b）片选线设计

该存储系统可看成由 3 个 4 KB 模块组成，其中 2 片 6116 视为一个模块。若采用 3-8 译码器完成片选译码，则系统地址总线的 $A_{12} \sim A_{14}$ 作为译码器输入，最高位 A_{15}（固定值）用于译码器使能。系统地址空间分配见表 5-8，连线设计如图 5-42 所示。

表 5-8 例 5.5 中各存储芯片地址空间分配

	译 码 使 能	片 选 译 码			模 块 字 选		地址空间（范围）
	A_{15}	A_{14}	A_{13}	A_{12}	A_{11}	$A_{10}\ A_0$	
第一片 2732A	0	0	0	0	0		0x0000~0x0FFF
	0	0	0	0	1		
第二片 2732A	0	0	0	1	0	0x0000~0x07FF	0x1000~0x1FFF
	0	0	0	1	1		
第一片 6116	0	0	1	0	0		0x2000~0x27FF
第二片 6116	0	0	1	0	1		0x2800~0x2FFF

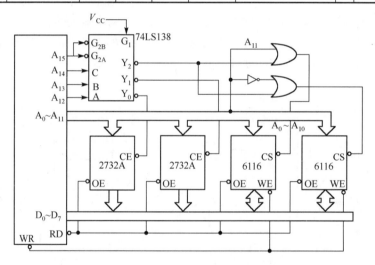

图 5-42 例 5.5 的存储器系统结构

5.4.4 存储器接口设计

1. 存储总线

CPU 的取指令周期和对存储器的读/写都有固定的时序，因此对存储器的存取速度有一定的要求，当对存储器进行读操作时，CPU 发出地址信号和读命令后，存储器必须在读允许信号有效期内，将选中单元的内容送到数据总线上。同理，在进行写操作时，存储器也必须在写脉冲有效期间，将数据写入指定的存储单元。否则，就会出现读/写错误。

在计算机系统中，接口通常分为存储器接口和外部设备接口。因为存储器的结构比较规则，存储总线种类相对比较单一，所以存储器接口设计也相对比较简单。

常用的存储总线多为同步并行总线，也有部分存储器采用串行接口，如 I^2C 总线、SPI 总线和 Microwire 总线等。存储器接口设计时还需要注意总线负载及时序匹配，如异步存储器可通过握手信号协调时序，同步存储器则可通过延长数据读写周期(如插入等待周期)协调时序。

一些特殊结构的存储器还需要一些额外控制电路，如 DRAM 存储器需要定时刷新控制电路，而双端口存储器有两组读/写端口，需要仲裁电路，如图 5-43 所示。

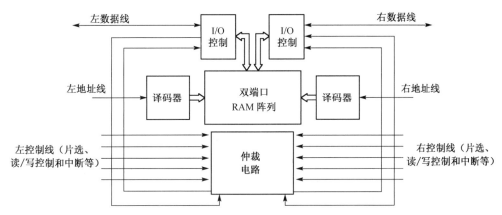

图 5-43　双端口存储器结构

经过扩展的存储芯片组对外表现为统一的数据线、地址线和控制线，系统三总线可按实际要求通过地址译码器、数据缓冲器等与之互连，如图 5-44 所示。其中主要的控制线包括读、写及片选线。

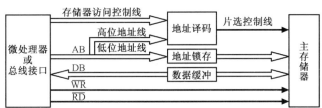

图 5-44　主存储器与系统的连接

下面简述计算机系统三总线与存储器的连接方法。

① 数据线的连接。本节假设系统数据总线宽度为 8 位，而用户扩展存储器的数据总线宽度也是 8 位，所以只需将两者直接相连即可。如果考虑总线负载问题，则可以加接数据收发器。

② 控制线的连接。本节将主要只考虑主要的读/写控制信号。对 RAM 芯片来说，它的读/写信号($\overline{\text{RD}}$ / $\overline{\text{WE}}$)可以直接和总线上的存储器读/写信号(如 ISA 总线上的$\overline{\text{SMEMR}}$ / $\overline{\text{SMEMW}}$)相连；对 ROM 芯片来说，只需将其输出允许线($\overline{\text{OE}}$)和存储器读信号相连(注意上述信号在连接时是否需要反向)。

③ 地址线的连接。系统要实现对存储单元访问，首先要选择某一存储模块，即片选；然后再从该模块中选中所需存储单元，以进行数据的存取，即字选。所以，参加寻址的地址线实际是分成两个部分来使用的，如下所示。

　◎ 字选线。系统地址总线中的低位地址线用来作为字选，直接接在用户扩展存储器的地址线上。显然这些地址线的数目 N 与扩展存储器的容量 L 有这样的关系：$L=2^N$。

　◎ 片选线。系统地址总线中余下的高位地址线经译码后用来作为片选，分别选择扩展存储器中的不同模块。一般情况下，片选信号可以采用线选、全译码和部分译码等三种方式(或三种方式的组合)来实现。片选信号的具体实现形式与扩展存储器的地址范围有关。

2. 总线隔离

当总线上挂接的器件超过负载限额时，会引起脉冲沿变坏，产生传输错误：从高电平驱动门拉出过大电流，将导致高电平输出变低，而向低电平驱动门灌入过大电流，将导致低电平拉高。因此，为最大程度减轻总线负载和减小总线冲突，接口通常使用驱动器(输出端)和缓冲器(输入端)来实现设备与总线的隔离，如图5-45(a)所示。驱动器和缓冲器实际上是同类器件，主要作用是在输出端增强驱动能力，在输入端减轻负载。驱动器和缓冲器的主要特点是有较高的噪声容限，扇出能力大，并且引入延时可忽略。

为减少总线冲突(如多个设备同时发送信息)，接口中的缓冲器多采用三态器件。当片选信号无效时，三态缓冲器输出为高阻状态，在电气上与总线断开。为满足一定的时序关系，驱动/缓冲器也可能需要寄存/锁存功能，如图 5-45(b)所示。在需要双向传输的场合下，需要考虑选用双向驱动/缓冲器，如图 5-45(c)所示。

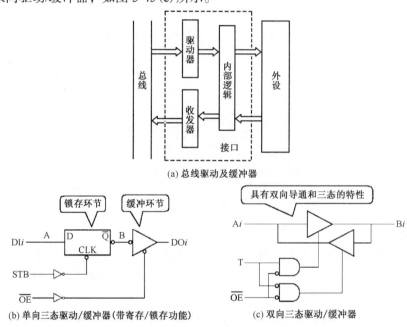

(a) 总线驱动及缓冲器

(b) 单向三态驱动/缓冲器(带寄存/锁存功能)　　(c) 双向三态驱动/缓冲器

图 5-45　总线隔离技术

在工业控制系统中，被控制的对象往往是强电系统，若无隔离措施，则输出端的强干扰将通过器件的电容耦合和地线回路干扰计算机稳定工作，因此还会常在接口中加入光电隔离/耦合器，以消除被控对象对计算机的干扰。

习题

5.1　填空题。

(1)半导体存储器分为两大类：易失性存储器(RAM)和非易失性存储器(ROM)。闪速存储器属于_____。

(2) 基本静态存储器 RAM 靠_____存储信息；基本动态存储器 RAM 靠_____存储信息。

(3) 已知某计算机控制系统中 RAM 容量为 4 K×8 位，首地址为 0x4800，则其最后一个单元的地址为_____。

(4) 某计算机系统中内存首地址为 0x3000，末地址为 0x63FF，则其内存容量为_____。

(5) 在计算机系统中，下列部件能够存储信息：主存、CPU 内的寄存器、cache、磁带和磁盘。按照 CPU 存取速度排列，从快到慢依次是_____、_____、_____、_____和_____。由半导体材料构成的有_____。

(6) 启动一次存储器操作（读或写）到完成该操作所需要的时间称为_____；连续启动两次独立的存储器操作所需间隔的最小时间称为_____；通常_____略长一些。

(7) cache 是一种位于_____和_____之间规模较_____，但存取速度很快的一种_____。

(8) 在 cache 的地址映射中，若主存中的任意一块均可以映像到 cache 内的任一块中，则这种映像方式称为_____。

(9) EPROM 存储芯片在没有写入信息时，各个单元的内容为_____。

5.2　选择题。

(1) 计算机的存储器采用多层次存储体系结构的主要目的是（　　）。
　　A. 便于读写数据　　　　　　B. 减小机箱的体积
　　C. 便于系统升级　　　　　　D. 解决存储容量、价格和存取速度之间的矛盾

(2) 在多层次存储体系结构中，cache-主存结构的作用是解决（　　）问题。
　　A. 主存容量不足　　　　　　B. 主存与辅存速度不匹配
　　C. 辅存与 CPU 速度不匹配　D. 主存与 CPU 速度不匹配

(3) 下列说法中正确的是（　　）。
　　A. 虚拟存储器技术提高了计算机的速度
　　B. cache 与主存统一编址，cache 的地址空间是主存地址空间的一部分
　　C. 主存是由易失性的随机读写存储器构成的
　　D. cache 的功能全部由硬件实现

5.3　什么是高速缓冲存储器技术和虚拟存储器技术？计算机中采用这两种存储器技术的根本目的是什么？

5.4　简述 cache-主存层次与主存-辅存层次的不同。

5.5　cache 中一般可以采用哪些块替换算法？

5.6　什么是虚拟地址？试简述虚拟存储器的基本工作原理。

5.7　下列 ROM 芯片各需要多少个地址输入端？多少个数据输出端？
　　(1) 16×4 位　　(2) 32×8 位　　(3) 256×4 位　　(4) 512×8 位

5.8　反映存储器工作速度的主要技术指标有哪些？提高存储器工作速度的技术有哪些？

5.9　DRAM 为什么需要刷新？

5.10　用 16 K×1 位的 DRAM 芯片组成 64 K×8 位的存储器，要求：
　　(1) 画出该存储器组成的逻辑图。
　　(2) 设存储器读、写周期均为 0.5 μs，CPU 最快在每个 1 μs 内需要访存一次。试问采用哪种刷新方式比较合理？两次刷新的最大时间间隔是多少？

5.11 若某系统有24条地址线,字长为8位,其最大寻址空间为多少? 现用SRAM 2114(1 K×4) 存储芯片组成存储系统, 试问采用线选译码时最多可以扩充多少片 2114 存储芯片?

5.12 在有 16 条地址总线的机系统中画出下列情况下存储器的地址译码和连接图。

(1)采用 8 K×1 位存储芯片，形成 64 KB 存储器。

(2)采用 8 K×1 位存储芯片，形成 32 KB 存储器。

(3)采用 4 K×1 位存储芯片，形成 16 KB 存储器。

5.13 试为某 8 位计算机系统设计一个具有 8 KB ROM 和 40 KB RAM 的存储器。要求 ROM 用 EPROM 芯片 2732 组成，从 0x0000 地址开始；RAM 用 SRAM 芯片 6264 组成，从 0x4000 地址开始。

5.14 试根据下图EPROM的接口特性,设计一个EPROM写入编程电路, 并给出控制软件的流程。

5.15 下图给出尚未完成的 RAM 系统扩充原理图，系统已占用了内存地址 空间: 0x0000~ 0x27FF。

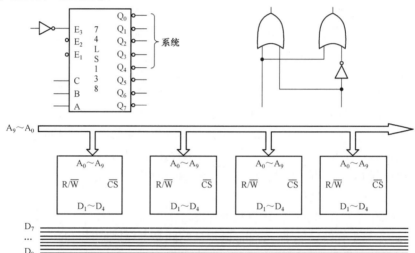

5.16 某计算机系统的存储器地址空间为 0xA8000~0xCFFF，数据总线宽度为 16 位。若采用 单片容量为 16 K×1 位的 SRAM 芯片，

(1)系统存储容量为多少?

(2)组成该存储系统共需该类芯片多少个?

(3)整个系统应分为多少个芯片组?

5.17 由一个具有 8 个存储体的低位多体交叉存储体中, 如果微处理器的访存地址为以下八进 制值。求该存储器比单体存储器的平均访问速度提高多少(忽略初启时的延时)?

(1) 1001_8, 1002_8, 1003_8, $\cdots$, 1100_8

(2) 1002_8, 1004_8, 1006_8, $\cdots$, 1200_8

(3) 1003_8, 1006_8, 1011_8, $\cdots$, 1300_8

参考资料

第6章 输入/输出接口

一个完整的微处理器硬件系统除了前面已经介绍的微处理器(CPU)、存储器，还包括外部设备(常简称为外设)。外部设备多种多样，微处理器与外部设备在速度、信号形式等方面存在很大差异。为保证主机与外部设备之间能够可靠地进行信息传输，必须在微处理器与外设之间加入一个中间环节，以解决微处理器与外设之间的差异，这个中间环节就是输入/输出接口。本章主要介绍计算机系统输入和输出接口的概念、电路结构，以及计算机主设备与接口电路之间的信息传输方式等。

6.1 输入/输出接口基础

输入/输出接口简称 I/O 接口，有时也称为 I/O 电路或 I/O 控制器。I/O 接口不仅包括外部设备与 CPU 或计算机之间的硬件电路，也包括相应的驱动程序。不同外部设备所需要的接口电路和驱动程序是不同的，同一种外部设备连接到不同的计算机时，所需要的接口电路和驱动程序也不同。

6.1.1 输入/输出接口的功能与结构

1. 接口的概念

微处理器通过接口电路可以接收外部设备送来的信息或将信息发送给外部设备。外部设备为什么一定要通过接口电路和微处理器系统的总线相连接呢？能不能将外部设备与微处理器系统的数据总线、地址总线和控制总线直接连接呢？

从时序上看，微处理器对外部设备的输入/输出操作与微处理器对存储器的读/写操作非常相似。然而，微处理器与存储器的接口电路简单而统一(在微处理器总线的基础上设计适当的译码电路和总线驱动即可)，与外部设备之间却需要不同种类的接口电路，这是为什么呢？

从第 5 章可知，用来保存信息的存储器的功能和传送方式单一，类型有限(只有只读类型或可读可写类型)，且访问速度基本上可与 CPU 工作速度相匹配。因此，存储器可以通过三总线及简单规范的接口电路与 CPU 相连，即通常所说的直接将存储器挂接在微处理器的三总线上。

但是外部设备的功能却是各种各样的。有些外部设备作为输入设备，有些外部设备作为输出设备，也有些外部设备既作为输出设备又作为输入设备，每一种外部设备的工作原理和作用可能并不相同。对于一个具体的外部设备来说，它所使用的信息可能是数字的，也可能是模拟的。模拟信息显然需要经过模数、数模接口电路转换为微处理器能识别和接受的数字信息。

即使外部设备提供的是数字信息，也不一定能被微处理器所接受。外部设备输入的串行数据信息需要进行串并转换后，才能送入 CPU；反之，CPU 的并行数据需要转换为串行数据才能为串行外部设备所使用。因此接口电路需要完成并串和串并转换。

并行数据的外部设备是否就不需要接口呢？也不是，因为 CPU 需要通过总线与多个外部设备打交道，而任意时刻 CPU 只能与一个外部设备交换信息。也就是说，一个外部设备不能长时间与 CPU 相连，只有被 CPU 选中的外设才能接收数据总线上的数据或者将外部信息送到数据总线上。所以，即使是并行设备，也需要通过接口与三总线，即 CPU 相连。

除了上面的这些原因，外设的工作通常比 CPU 的工作速度慢得多，而且不同外设的工作速度也不同，因此接口电路也起缓冲和速度匹配作用。对于输入设备来说，接口通常起转换和缓冲作用。转换的含义包括模拟量到数字量的转换、串行数据到并行数据的转换、数据格式的转换和电平的转换等。总之，是将输入设备送来的信息转换为 CPU 能接受的形式。对于输出设备来说，接口要将 CPU 送来的输出并行数据放到缓冲器中，并将它变成外部设备所需的形式，这种形式可以是并行的、串行的，或者是模拟量。

一种简单的 I/O 接口如图 6-1 所示，包括两个数据寄存器(端口 A 寄存器和端口 B 寄存器)、一个控制寄存器、一个状态寄存器、一个数据缓存寄存器和一个时序控制电路。I/O 接口与 CPU 的数据传送通过数据总线进行。片选信号用于指明该接口是否被选中。被选中时，寄存器选择信号选择 I/O 接口内部的寄存器。I/O 读和 I/O 写控制数据的传送方向，其中"读"意味着数据从 I/O 传输到 CPU，"写"意味着数据从 CPU 传输到 I/O 接口。

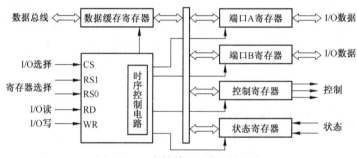

图 6-1 一个简单 I/O 接口的组成

图 6-1 中左边给出的是与 CPU 的接口信号，右边给出的是与外部设备的接口信号。CPU 对接口电路的端口 A 或 B 的读/写操作可实现微处理器系统与外设的数据传送。CPU 对 I/O 接口的控制寄存器的写操作可实现对外设的控制操作。而外设的状态信息可由 CPU 读取接口电路的状态寄存器获得。

接口(Interface)和端口(Port)是两个不同的概念。端口是指接口电路中的一些寄存器。这些寄存器分别用来存放数据信息(如图 6-1 中的端口 A 寄存器和端口 B 寄存器)、控制信息(图中的控制寄存器)和状态信息(图中的状态寄存器)，与其相对应的分别是数据端口、控制端口和状态端口。若干个端口加上相应的控制逻辑才能组成接口的硬件电路。

在接口电路中，按端口寄存器存放信息的物理意义来分，端口可分为三类数据端口、控制端口和状态端口。数据端口是存放 CPU 与外设交互的数据信息。状态端口存放反映外设当前工作状态的信息，如外设是否准备好，是否忙碌，打印机是否缺纸等。CPU 通过这些状态信息来确保与外设正确连接与交互。控制端口存放 CPU 送给外设的控制命令，如启动/停止外设，开始转换，打印机的走纸/换行等，CPU 对外设的控制操作都是通过控制端口进行的。一般来说，CPU 对数据端口是可读可写的，而对状态端口只能读，对控制端口只能写。

2. 接口分类

接口种类的划分方式有很多，根据其在整个系统中的工作性质和作用，可分为如下几类。

(1)按数据传输方式可分为串行接口、并行接口

并行接口是指微处理器与 I/O 接口之间、I/O 接口与外部设备之间均以多个位的并行方式传送数据。串行接口是指接口与外设之间采用串行方式(即单个位)传送数据。一般来说,并行接口适用于传输距离较近、传输速度较高的场合,接口电路相对简单。串行接口则适用于传输距离较远、传输速度相对较低的场合,传输线路成本较低,接口电路相对前者更复杂。现代的高速串行接口也用于对传输速度要求特别高的场合。

(2)按时序控制方式可分为同步接口、异步接口

同步接口是指与同步总线相连的接口,其数据传输由统一的时序信号同步控制。异步接口则是指与异步总线相连的接口,其信息传送采用异步应答的方式进行。

(3)按主机访问 I/O 设备的控制方式可分为程序查询接口、程序中断接口、直接存储器访问(DMA)接口,以及更复杂的通道控制器和 I/O 处理机

程序查询方式是指 CPU 通过程序来查询接口的状态寄存器,并执行相应接口的数据访问操作。作为一种特例,即需传送的数据总是准备好的,无须任何状态联络信息,CPU 直接执行输入/输出指令即可实现读取接口数据或输出数据到输出接口的操作,这种特例也称为无条件传送方式。程序中断接口是指接口与 CPU 之间采用中断方式进行联络,即接口向 CPU 提出中断请求,CPU 响应中断请求后运行中断服务程序,与接口进行信息交换,因此接口中包含中断控制逻辑。DMA 接口是指接口与主存间采用 DMA 方式进行数据交换,这种交换方式一旦建立后,无须 CPU 参与即可实现存储器与外部设备间的数据传送。通道是一种通过运行通道程序控制 I/O 操作的控制器,比一般的接口更复杂,可为 CPU 分担管理 I/O 功能。通道的进一步发展,就是 I/O 处理机。

(4)按工作对象可分为面向 CPU 的外围接口和面向外设的 I/O 接口

面向 CPU 的外围接口只能和 CPU 配套使用,以增强 CPU 的性能。例如中断控制器可以提高 CPU 的中断控制能力,总线仲裁控制器可以提高 CPU 的总线控制能力。面向外设的 I/O 接口是针对不同外设的,例如显示器接口、键盘接口、磁盘接口和以太网接口等。

3. I/O 接口的功能

简单来说,接口电路的基本功能是在 CPU(或系统总线)与外设之间传输信号,提供缓冲作用,以满足接口两边的时序要求。一般来说,I/O 接口包括以下功能。

① 设备选择功能(或称为地址译码功能)。如果计算机系统中包含多台外部设备,那么相应地就有多个接口,为了能够区别选择,必须给它们分配不同的地址码,这与存储器编址的原理完全一样。需要指出的是,在一个 I/O 接口中往往可能包含多个端口寄存器,因此一个 I/O 接口需要占用多个地址码。与存储器的片选、字选操作类似,通常将高位地址用于外设接口芯片的选择,低位地址用于进行芯片内部寄存器或锁存器的选择。

② 数据收发和格式转换功能。接口能接收来自 CPU 的数据,并转换为外设所需的格式后发送给外设;接口还需要实现接收外设来的数据,并转换为满足 CPU 的数据格式后送给 CPU,如串并、并串转换,单多字节转换,电平转换,模拟/数字转换等。需要说明的是,外设的输入/输出数据、状态信息和控制信号,都是以数据的形式与 CPU

进行交互的，即通过微处理器系统的数据总线进行传输。

③ 接收解释执行 CPU 的控制命令的功能。微处理器发往外设的各种命令都以代码的形式先送到接口，经由接口电路译码后，再形成一系列控制信号送到外设。

④ 接收外设状态信息并发送给 CPU 的功能。接口电路能提供接口电路的寄存器空或满、外设的忙或闲等状态信号，并将这些状态信息通过数据总线发送给 CPU。

⑤ 支持主机的程序查询、中断和 DMA 等接口信息传输控制方式的功能。在主机和外设之间提供一种或多种信息传输方式的电路。

⑥ 提供 CPU 和外设所需的缓冲、暂存、驱动能力，满足一定的负载要求和时序要求。主机和 I/O 设备通常按照各自独立的时序工作，为了协调它们之间的信息交换，接口往往需要进行缓冲暂存，并满足各自时序要求。I/O 接口的一侧与 CPU 或系统总线相连，需要满足 CPU 或系统总线的驱动能力要求。另一侧与外设相连，距离可能较远，对驱动能力的要求可能更高。

⑦ 错误检测功能。接口的数据错误包括传输错误和覆盖错误，传输错误是由于接口和设备之间距离较远，受到噪声干扰从而引起的错误。覆盖错误是由于外设来不及从接口缓冲器中读走数据，而 CPU 又发送下一个数据给接口缓冲器，从而将上次的数据覆盖掉；或者 CPU 来不及读取接口缓冲器的数据，而外设又发送了一个新数据给接口缓冲器，从而覆盖掉缓冲器中原来的数据。对于传输错误，接口电路通常采取奇/偶校验方式检错并通过重发方式纠错。对于覆盖错误，接口需要相应的机制和电路，并通过查询缓冲器的状态来避免覆盖错误的发生。

⑧ 复位功能。接口能够接收 CPU 或系统总线的复位信号，并实现接口电路的全局复位。

实际上，上述功能并不是每个接口电路或芯片都必须同时具备的，可根据系统的情况选择其中一部分。对于不同配置和不同用途的微机系统而言，其接口的功能和实现方式各异，接口电路的复杂程度亦相差甚远。

6.1.2　输入/输出端口编址

CPU 为了能够访问接口电路中的端口，就必须对它们进行唯一的身份识别，即对每一个端口赋以一个唯一的地址。因此带来了一个问题，这些端口的地址与存储器的地址究竟是什么关系？应该如何编址？计算机系统中有两种编址方法，即统一编址和独立编址。

1. 统一编址

统一编址又称为存储器映像编址。这种编址方式是将存储器和 I/O 端口统一编址，即在存储器空间中划分出一段地址空间作为访问 I/O 端口的地址空间，如图 6-2 所示。这种访问方式使用存储器访问指令来实现对 I/O 端口的读写。它的好处在于不用单独设置 I/O 端口的访问指令，因此可以充分利用存储器访问指令的强大功能，编写程序很方便。

统一编址方式的缺点是减小了有效的存储器空间，程序员必须知道 I/O 端口的地址在存储器地址空间中的分配情况。这种方式被大多数 RISC 的 CPU 所采用，例如使用加载/存储指令访问 I/O 端口。51 系列和 ARM 系列处理器均采用这种编址方法。

统一编址的微机系统中，存储器、I/O 接口和 CPU 通常挂接在同一总线上，如图 6-3 所示。

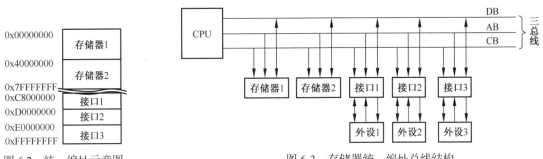

图 6.2 统一编址示意图　　　　　　　　图 6-3 存储器统一编址总线结构

2. 独立编址

独立编址又称为分离编址，即存储器和 I/O 端口的地址空间彼此独立。如图 6-4 所示，这种方式下的 I/O 地址空间与存储器地址空间可以重叠，CPU 通过不同指令来区分操作对象是 I/O 接口还是存储器。

这种编址方式的好处是程序员无须同时兼顾考虑 I/O 端口的地址空间和存储器的地址空间分配情况，因为它们完全是独立的。缺点是需要专门的 I/O 访问指令(例如输入指令 IN、输出指令 OUT)，不能利用灵活的存储器访问指令访问 I/O 端口。

对 I/O 端口的操作使用专门的指令，指令执行时系统总线上有相应的控制信号(如 80x86 用 M/$\overline{\text{IO}}$ 信号)指明当前指令的寻址空间是存储器(M/$\overline{\text{IO}}$ 信号为高电平时)或 I/O 空间(M/$\overline{\text{IO}}$ 信号为低电平时)，如图 6-5 所示。

图 6-4 独立编址示意图

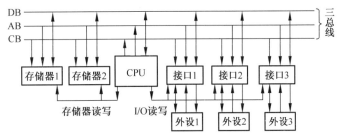

图 6-5 独立编址总线结构

6.2 接口地址译码

微处理器对 I/O 接口电路的访问最终归结为对端口的操作访问。在进行输入/输出操作时，CPU 总线或系统总线上的地址需要转变为能够访问端口的信号，这就是接口地址译码(端口地址译码)。

接口地址译码与存储器空间译码相似，也包括片选和字选两部分。字选由接口内部的地址译码电路实现，用来确定接口内部端口的具体地址。片选由片外译码电路实现，用来确定接口芯片内的所有端口占用的地址范围，这是系统设计师主要应考虑的问题。第 5 章讨论的存储器片选信号的全译码、部分译码和线选译码这 3 种方法同样可适用于接口地址译码。

在分析或设计接口电路之前，首先需要搞清楚系统 I/O 端口地址的分配使用情况，需要知道哪些地址已经分配给了别的设备，哪些地址是为今后的开发而预留的，哪些地址是可以使用的，这些可以使用的 I/O 端口地址又是如何分配各个接口芯片的。

　　接口地址译码电路设计需要考虑的主要问题包括：能够使用的端口地址范围和分配使用情况，需要参与地址译码的地址线和控制信号线有哪些，需要的译码输出信号线是什么，译码电路的输入和输出信号的有效状态是高电平还是低电平，是否需要增加额外的驱动能力等。

【例 6.1】　使用数字逻辑门电路设计 I/O 端口地址为 0x77A 的译码电路(设地址线为 16 位)。假设 AEN 信号为端口工作模式信号，即当 AEN 为低电平时，地址信号线用于端口访问操作，当 AEN 为高电平时，地址信号线用于 DMA 等其他访问操作。

　　解：要产生 0x77A 端口地址，译码电路的输入地址线应该具有表 6-1 所示的值。只有当 AEN 为低电平时，即不是 DMA 操作时译码才有效；当 AEN 为高电平时，即 DMA 等操作时，译码无效。译码电路如图6-6所示，译码电路的输出信号为低电平，当 $\overline{\text{Write}}$ 信号有效时，可对 0x77A 端口进行写操作($\overline{\text{W}}_{77A}$ 信号低电平)；当 $\overline{\text{Read}}$ 信号有效时，则可对 0x77A 端口进行读操作($\overline{\text{R}}_{77A}$ 信号低电平)。

表 6-1　译码电路输入地址值

地址线	A_{15} A_{14} A_{13} A_{12}	A_{11} A_{10} A_9 A_8	A_7 A_6 A_5 A_4	A_3 A_2 A_1 A_0
二进制	0　0　0　0	0　1　1　1	0　1　1　1	1　0　1　0
十六进制	0	7	7	A

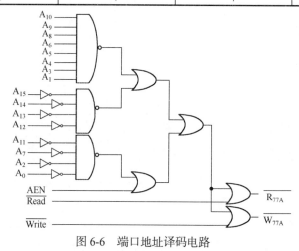

图 6-6　端口地址译码电路

【例 6.2】　用数字逻辑门电路和译码器 74LS138 设计一个系统接口芯片的 I/O 端口地址译码电路(设地址线为 16 位，端口地址从 0x0000 开始)。接口芯片数为 7 个，每个接口芯片内部的端口地址数为 32 个。

　　为了让每个被选中的接口内部都能拥有 32 个端口地址，需要留出 5 条低位地址线不参加片选译码。74LS138 为 3-8 译码器，有 3 个译码输入端，因此地址线的最高 8 位应该作为 74LS138 的使能控制信号。译码电路输入地址线的值如表 6-2 所示。

表 6-2　译码电路输入地址线的值

地址线	A_{15} A_{14} A_{13} A_{12} A_{11} A_{10} A_9 A_8	A_7 A_6 A_5	A_4 A_3 A_2 A_1 A_0
用途	控制	片选	片内端口寻址
十六进制	0x00	0x00~0x07	0x00~0x1F

74LS138 译码器的 3 个使能控制信号 G_1、$\overline{G_{2A}}$ 和 $\overline{G_{2B}}$ 都有效时,译码器才起作用,否则无论译码输入选择端如何,译码输出都是无效的高电平。译码器任意时刻的输出至多只有一个输出为低电平,如图 6-7 所示。从 74LS138 译码器的真值表可知,$\overline{DMACS}$ 的端口地址范围是 0x0000~0x001F,$\overline{INTRCS}$ 的端口地址范围是 0x0020~0x003F 等。

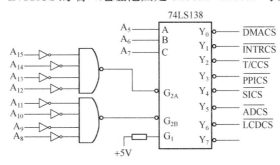

图 6-7 固定式多端口地址译码电路

6.3 接口信息传输方式

由于外部设备和接口电路的多样性,CPU 与外设接口交换信息的方式可能采用程序查询、程序中断、直接存储器访问(DMA)或通道等多种方式。

6.3.1 程序查询传输方式

程序查询传输方式是指 CPU 直接通过程序指令对 I/O 接口进行操作访问,CPU 与外部设备交换信息的每一过程均在程序中直接表现出来。

如果程序员确信外设已经准备就绪,或外设没有必要提供准备就绪信号,程序就能直接对外设进行数据传输。例如,大屏幕广告牌的信息输出就是这种情况,CPU 输出信息时不必查询广告牌中显示器件的状态(即使某些发光管已经坏了)。

简单外设的输入/输出接口电路如图 6-8 所示,图中为连接按键和发光二极管的接口电路。CPU 输入时,通过读指令使输入缓冲器端口被选中(读信号有效,写信号无效),按键状态数据总线传送到微处理器内部,完成数据输入的操作。CPU 输出时,总是认为外设已经准备好了,通过写指令选中输出锁存器端口(写信号有效,读信号无效),将数据总线上的数据锁存至输出锁存器中,驱动发光二极管,完成输出任务。

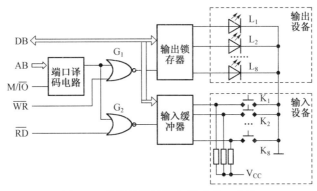

图 6-8 简单外设的输入/输出接口电路

　　然而，许多外部设备的状态是很难事先预知的，比如打印机是否收到了打印数据、模数转换芯片是否完成了模拟信号到数字信号的转换等。这就要求 CPU 在传输数据操作前，需要先通过程序查询这些外部设备和接口的状态。I/O 接口中需要增加状态端口。有些设备的状态信息较多，可组成一个或多个字，占用一个或几个 I/O 端口地址，由 CPU 用输入指令读取。CPU 每次与外设传输数据信息之前，先通过程序指令读取外设接口的状态，当确知外设准备好之后再开始数据传输。这种方式有效地解决了 CPU 与外设之间的同步和可靠数据传输问题，但 CPU 花费了许多时间用于查询外设的工作状态，工作效率较低。

　　采用程序查询方式控制的外设接口在硬件上应至少具备状态端口和数据端口。能够完成查询控制的程序流程如下：

① 从状态口中读取状态字。

② 根据约定的状态字格式，判断外设是否已就绪。

③ 若外设没有准备好，重复前两步，直至就绪为止。

④ CPU 执行输入/输出指令，从数据口读数据（或向数据口写数据）。

⑤ 使状态字复位，为下次数据传输做好准备。

　　程序查询方式的输入接口电路一般具有图 6-9 所示的结构。可以看到，虽然所有信息最终都是 CPU 从数据总线上读入的，但外设的状态和数据确实来自两个不同的端口，必须分别用选通信号（即端口地址）将端口上的内容输入数据总线。

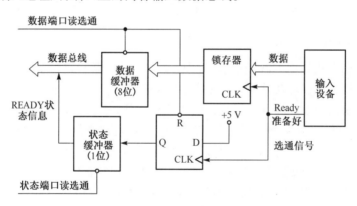

图 6-9　程序查询的输入接口电路

　　一个完整的程序查询输入过程如下：输入装置把"准备好（Ready）"信息作为选通信号同时送往锁存器和 D 触发器，这个动作一方面使已就绪的输入数据进入锁存器保存，另一方面使 D 触发器输出高电平有效的状态信号并送到状态缓冲器中。CPU 首先发出状态端口的选通信号（即对状态端口寻址），将 1 位状态信息从数据线读入。判定外设就绪后，再发出数据端口的选通信号（对数据端口寻址）。这个低电平有效的选通信号也具有双重功能：从数据缓冲器中读取输入数据，同时使 D 触发器复位。后一功能正好使状态缓冲器清零，状态信息由此得以清除，为下一个数据的输入做好准备。

　　外设的状态和控制信息往往只有少量几位或 1 位，因此不同的外设可以使用同一状态口或控制口的不同位。也就是说，一个外设可能同时占有多个端口地址，而一个端口地址也可能被多个外设公用。

　　与输入方式类似，查询方式的输出也必须先由 CPU 读取外设的状态，等外设的数据缓冲器空或处于输出状态后，才执行输出指令。相应的接口电路如图 6-10 所示。

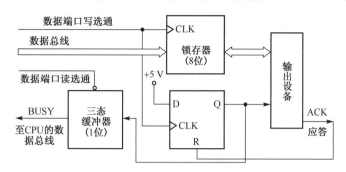

图 6-10　程序查询的输出接口电路

一个完整的程序查询输出过程为：输出装置在空闲的情况下发出一个高电平有效的应答（ACKnowledge）信号，它使 D 触发器的输出清零。当 CPU 发出状态口读选通信号后，就从数据线上得到 1 位为"0"的 BUSY 信号，知道外设此时不忙，于是执行输出操作。数据口写选通信号一方面把数据总线上的数据送到锁存器中，同时也使 D 触发器输出置位，由此保持状态信号始终为"1"，以阻止 CPU 在外设未收完数据时输出新的数据，并覆盖原有数据而引起错误。

【例 6.3】　图 6-11 所示为打印机接口电路原理图，微机系统通过接口电路送出数据（端口地址为 0x78）之前，需要先查询状态位（端口地址为 0x7A，数据中的 D_2 位为打印机状态）是否为 0，以判断先前送出的数据是否已被打印机接收打印，若状态位为 0，则表明先前送出的数据已被打印，可以再送下一个数据；若状态位为 1，则表明先前送出的数据还没打印，就不能再送数据出去，否则将覆盖原来的数据而引起打印错误。

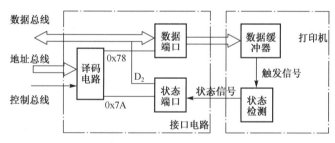

图 6-11　程序查询方式的打印机接口电路原理图

6.3.2　程序中断传输方式

在程序查询方式中，CPU 的利用率不高，这是因为 CPU 处于"主动查询"状态时会执行大量的状态查询指令。如果 CPU 采取不断查询的方法，则长期处于"等待"状态，不能进行别的处理，也不能对其他事件做出响应。即使采取定时查询的方法，也不能完全克服上述缺点。如果查询的时间间隔较长，就不能对外部状态的改变及时做出响应，甚至会丢失信息。如果查询的时间间隔较短，则无效查询的次数急剧增加，CPU 效率降低。程序中断传输方式能够有效改善这一现象。

在程序中断传输方式下，CPU 处于"被动通知"的状态。当外部设备需要传输数据时，外设触发中断控制器的中断请求信号并由中断控制器把该信号送给 CPU,CPU 收到中断请求信号后, 暂停当前程序的运行, 而转去执行读/写接口数据的中断服务程序, 实现 CPU 与外设的数据传输操作。执行完中断服务程序后, CPU 再回去继续执行被中断的程序。

1. 中断的概念

"中断"是一种信号, 它告诉微处理器某种特殊(意外)事件需要处理或为其服务。例如用户使用键盘时, 每次击键都会发出一个中断信号, 告诉 CPU 有"键盘输入"事件发生, 要求 CPU 读入该键的键值。中断一般由外部事件触发, 而习惯上将 CPU 内部事件引起的中断称为异常(如发生被零除的错误)。

"中断"也表示一个过程。如上所述, 中断是指 CPU 在执行现行程序的过程中, 可以接受和检测到中断请求信号; 在系统允许处理中断的条件下, CPU 会暂停现行程序的运行, 转去执行中断服务子程序, 为中断请求者服务; 服务完成后, CPU 将返回原来的程序继续向下执行。图6-12所示为某非预料事件通过中断向 CPU 请求服务的过程示意图。

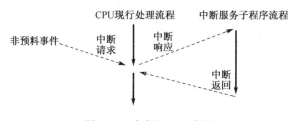

图 6-12　中断过程示意图

下面介绍中断涉及的几个概念。

(1) 中断源

中断源是指引起中断的事件或发出中断请求的来源, 如掉电、数据校验出错等异常事件, 键盘、磁盘、网口等外设操作请求等, 如图 6-13 所示。通常计算机系统的中断处理模块可以管理多个中断源和处理多种不同类型的中断。中断处理模块会对中断源加以命名或通过编号进行区分, 这个编号就是所谓的中断类型码(或称中断类型号)。

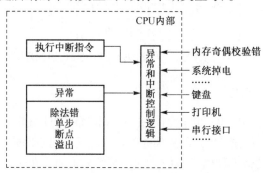

图 6-13　计算机系统的中断源

(2) 中断向量

中断向量即中断服务子程序的入口地址, 也就是中断服务子程序第一条指令在存储器中的存放地址。一般来说, 每个中断源都有自己的中断名或中断向量, 也都有自己对应的中断服务子程序。显然，中断处理模块应该定义将中断类型码和中断向量联系起来的方式，这样在中断产生时，CPU 才知道应转到什么地方去执行中断服务子程序。系统根据中断类型码获得中断向量的过程通常称为"中断索引"。

(3) 断点

断点通常是指被中断主程序下一条待执行指令的存放地址，也就是中断返回时的程序地址。为了保证在中断服务子程序执行完后能正确返回到原来的程序，中断系统必须能在中断发生时自动保存断点，并在中断返回时自动恢复断点。

(4) 现场

现场指中断发生前程序的运行状态，一般主要指系统标志寄存器和相关数据寄存器中的内容。为了保证在中断返回后能继续正确地执行原来的程序，中断系统必须保证在中断发生时对现场进行保护，并在中断返回时恢复现场。

(5) 中断优先级

系统中多个中断源可能同时提出中断请求时，需要按中断的轻重缓急给每个中断源指定一个优先级，这就是中断优先级。当多个中断源同时提出中断请求时，中断系统就按优先级对中断源进行排队，根据预先定义好的顺序优先处理重要的(优先级高的)中断请求。

(6) 中断嵌套

系统在为某个中断请求服务时，可能再次接收到其他中断请求信号，如果后来的中断请求的优先级比正在处理的中断请求的优先级高，则中断系统应该能再次中断正在执行的中断服务子程序，转去处理新的、优先级更高的中断请求，这就是中断嵌套。某些中断系统对中断嵌套的层数有一定的限制。

图 6-14 是两级中断嵌套的示意图，图中阿拉伯数字表示各程序片段的执行顺序。

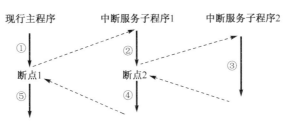

图 6-14　中断嵌套示意图

(7) 中断屏蔽

在某些情况下，CPU 可能暂时不对中断请求信号做出响应或处理，这种情况称为中断屏蔽。中断屏蔽可能在两种情况下发生：一种情况是中断系统允许设置中断屏蔽标志(或中断允许标志)，以屏蔽某些中断源的请求；另一种情况是当系统在处理优先级较高的中断请求时，不会响应后到的级别较低的中断请求，也就是中断系统会自动屏蔽优先级低的中断，不允许其产生中断嵌套。需要说明的是，电源故障、RAM 校验错误等特殊情况的中断请求是不可屏蔽的。这里的"不可屏蔽"，是指该中断不受中断屏蔽标志位影响，即只要当前指令执行完毕，CPU 就会检测并响应这些中断请求。

2. 中断处理过程

在计算机系统中,中断的整个过程大体上可以分为 5 个阶段:中断请求及检测、中断优先级的判断、中断响应、中断处理和中断返回。

(1) 中断请求及检测

虽然中断请求可能在任意时刻被送到 CPU,但实际上 CPU 只是在当前指令执行完后才进行中断请求的检测。中断请求的检测是由 CPU 内部的硬件电路自动完成的。

(2) 中断优先级的判断

如果同时有多个中断源提出中断请求,CPU 将进行优先级排队,然后在允许中断的条件下响应和处理优先级最高的中断请求。图 6-15 中开始部分的查询分支就是 CPU 对中断优先级的判断过程。通常 CPU 内部的中断优先级判断也是由硬件电路自动完成的。

(3) 中断响应

中断响应是指 CPU 从确定响应目标到跳转至中断服务子程序入口的过程。这个过程仍然是由 CPU 内部的硬件电路自动完成的。图 6-15 中的大虚线框内即为 CPU 的中断响应过程。

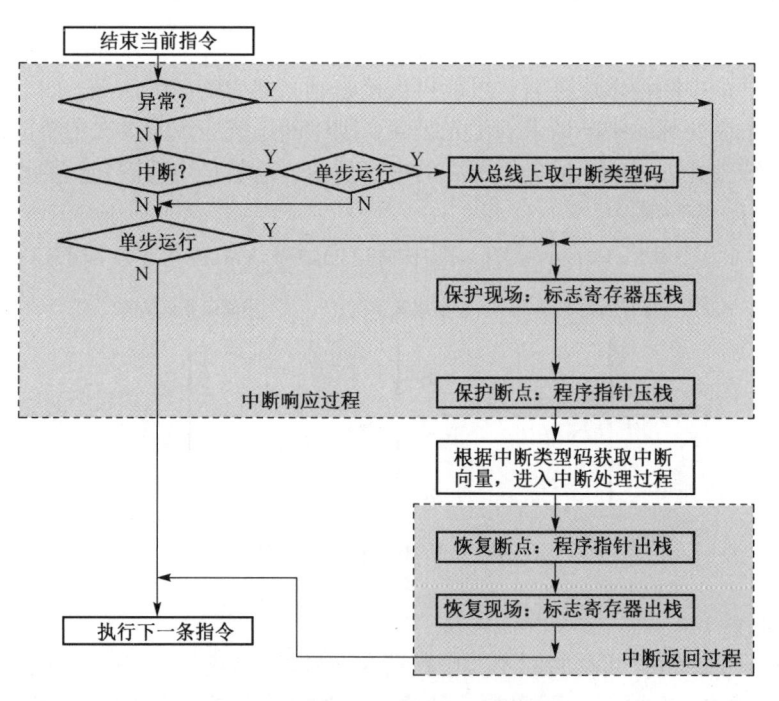

图 6-15　CPU 的中断处理过程示例

① 获取中断类型码。在计算机系统中,不同类型中断源的中断名或类型码的获取方式并不相同。一般外设中断源的类型码可通过总线从外设处获取,如图 6-16 所示。图中,ALE 为地址锁存使能信号,高电平有效;$\overline{\text{INTA}}$ 为 CPU 向外设送出的中断应答信号,低电平有效;$AD_0 \sim AD_7$ 是地址/数据分时复用线。在中断响应的第一个总线周期内,ALE 信号和 $\overline{\text{INTA}}$ 信号均出现一次有效电平,但数据线呈高阻态;第二个总

线周期内，ALE 和 $\overline{\text{INTA}}$ 仍各有一次有效电平，并且 CPU 将采样数据线，得到由外设输入的 8 位中断类型码 N。

② 保护现场和断点。为了在中断处理结束后能正确返回和继续执行被中断的程序，系统自动将现场数据(标志寄存器内容)和断点地址(程序指针值)压入堆栈保护。

③ 获取中断向量。系统通过中断类型码获取中断向量并赋给程序指针，然后按新程序指针执行中断服务程序，从而进入中断处理。

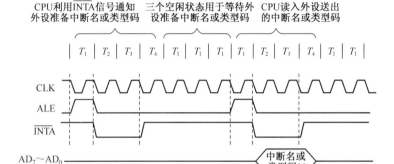

图 6-16 中断响应周期示例

(4) 中断处理

中断处理就是执行中断服务子程序的过程，如图 6-17 中虚线框内所示。中断处理过程是整个中断过程的核心，是由用户编写的程序控制完成的。

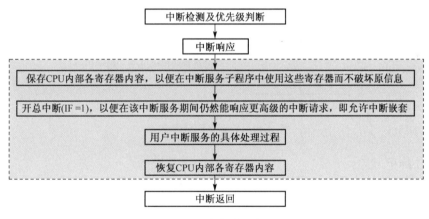

图 6-17 中断处理流程

(5) 中断返回

任何中断服务子程序的最后一条执行指令都是中断返回指令，该指令告诉系统进入中断返回过程。中断返回过程包括断点恢复和现场恢复，如图 6-15 所示。

3. 中断优先级判断

对外设优先级的判断一般可以采用软件查询、硬件排序或采用专用芯片管理等方法来实现。

(1)软件查询

用软件查询的方法来实现中断优先级的判定是最简单的中断判优方法：查询的顺序就确定了外设的中断优先级——先查询的优先级更高。软件查询判优系统的接口电路示意图如图 6-18 所示，软件查询判优流程如图 6-19 所示。

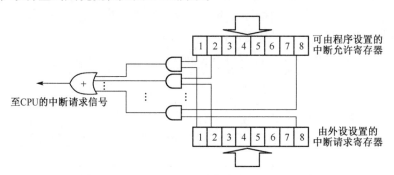

图 6-18　软件查询判优系统的接口电路示意图

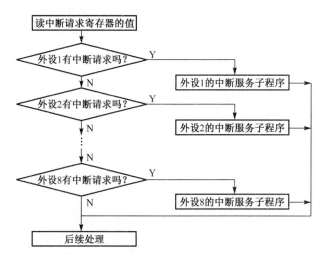

图 6-19　软件查询判优流程

(2)硬件排序

硬件排序判优的实现方法很多，常用的有中断优先级编码电路和菊花链式优先级排队电路。

中断优先级编码电路如图 6-20 所示，当任一外设对应的中断请求位和中断允许位同时为 1 时，即可产生中断请求信号。而该中断请求信号是否能送至 CPU 的中断请求信号引脚，则取决于两个方面：比较器输出为 1 时，中断请求信号可通过与门 1 送出；"优先级失效"信号为 1 时，中断请求信号可通过与门 2 送出。

在图 6-20 中，编码器每位输入线的有效电平都对应一个编码，在多位输入线有效时编码器只输出优先级最高的编码；优先级寄存器中记录的是 CPU 当前正在处理的中断的编码；比较器输出为 1(即 A＞B)说明可以产生中断嵌套；"优先级失效"信号说明当前 CPU 未处理任何中断，所以无须再判断中断能否嵌套。

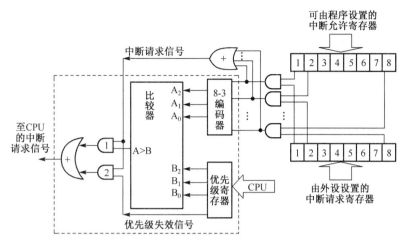

图 6-20 用编码器和比较器实现的中断优先级编码电路

与上面的编码电路不同的是,菊花链式电路利用对 CPU 的中断响应信号的传送处理来实现中断优先级排队。如图 6-21 所示,任一个外设的中断请求都可以通过或门直接送到 CPU 的中断请求信号引脚,若 CPU 允许处理,则发中断响应信号给外设,通知外设送出中断类型码(或中断向量)。菊花链式电路被用来确定中断响应信号到底送到哪一个外设,即确定到底哪一个外设可以把自己的中断类型码(或中断向量)送至 CPU。

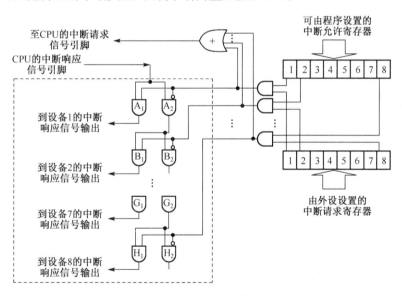

图 6-21 菊花链式优先级排队电路

在图 6-21 中,假设中断请求信号和中断响应信号都是高电平有效的。CPU 送出中断响应信号后,若设备 1 无中断请求,则与门 A_1 关门, A_2 开门,中断响应信号继续向下一级传送;若设备 2 有中断请求,则与门 B_1 开门,中断响应信号送至设备 2,同时 B_2 关门,中断响应信号不再向下传送(无论后面的设备是否有中断请求)。

显然,设备接入菊花链的顺序就确定了设备的中断优先级:越靠近链前端(靠近 CPU)的设备优先级越高。

此外，中断优先级的判断和处理还可以使用功能比较完善的中断控制器芯片。一般来讲，中断控制器的功能包括：

① 判断外部送来的中断请求信号是否有效、是否被屏蔽；

② 对多个同时送来的中断请求信号进行优先级判断，以确定是否通知 CPU；

③ 在中断请求被响应后负责将中断类型码(或中断向量)送给 CPU；

④ 在 CPU 处理中断的过程中继续负责对外部中断请求的管理。

4．程序中断传输接口

中断控制方式一改 CPU 主动读取外设状态的方式，转而由外设在需要输入/输出服务时向 CPU 提出请求，即 CPU 是被动响应外设的。如果 CPU 接受了外设的服务请求，就中断当前正在执行的程序，转入外设的服务程序中，处理完后再返回中断处继续执行。

中断控制方式的输入接口电路如图 6-22 所示。由图可知，当外设准备好输入一个数据时，发出选通信号使数据进入锁存器中，并同时将中断请求触发器置 1。此时 CPU 是否能够收到中断请求，取决于中断屏蔽触发器。如果中断屏蔽触发器允许中断(Q_1 输出为 1)，与门被打开，因而可以产生中断请求信号 INT；但如果中断屏蔽触发器关闭，则无论外设是否准备好，CPU 都无法得到有效的 INT 申请。在正常情况下，CPU 收到中断请求后，如果内部也允许中断，就在当前指令执行完后响应中断。

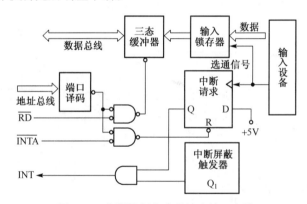

图 6-22　中断控制方式的输入接口电路

CPU 在中断服务程序中对数据口寻址，读取输入数据。中断程序执行完后，CPU 返回断点处继续执行原来的程序。中断控制方式充分发挥了 CPU 的效能，大大提高了 CPU 的工作效率。有了中断后，就允许 CPU 与多个外设同时工作，并可实现实时控制。

6.3.3　直接存储器访问(DMA)传输方式

如前所述，程序中断传输方式能够处理随机事件，可以提高 CPU 的利用率。但无论是程序查询传输方式，还是程序中断方式，数据的传输都是由 CPU 执行程序的方式完成的，而且都是在 CPU 与 I/O 设备之间传输数据。由于每次中断处理过程都需执行保护断点、保护现场、读/写数据、恢复现场、恢复断点等一连串操作。所以对于高速的批量数据传输，程序中断方式很难满足要求。为了解决这类问题，计算机系统中引入了直接存储器访问(Direct Memory Access，DMA)方式。DMA 是通过硬件控制实现主存与 I/O 设备间的直接数据传送，在传送过程中无须 CPU 程序干预。

控制主存与 I/O 设备间之间直接数据传输的硬件就是 DMA 控制器（Direct Memory Access Controller，DMAC）。在进入 DMA 方式之前，DMAC 是计算机系统的外设接口，是总线的从属模块。CPU 对 DMAC 进行初始化后（包括主存中待传送数据的地址、每次传送数据的字节数、数据的传送方向等），计算机系统才能进入 DMA 方式，这时 CPU 必须出让系统总线的控制权（CPU 与系统总线间的连线处于高阻态），转由 DMAC（作为主设备）接管，并实现主存与 I/O 设备间的直接高速数据传输。

1. DMAC 组成

典型的 DMAC 硬件结构如图 6-23 所示。在 DMAC 能够工作之前，CPU 需要对它进行初始化，根据操作对其内部的相应寄存器进行初始化设置。当外设准备好输入（输出）数据后，向 DMAC 发出 DMA 请求信号，DMAC 向 CPU 发出有效的总线请求，当 CPU 在现行总线周期结束后发出总线请求应答信号时，DMAC 就认为可以接管总线了。

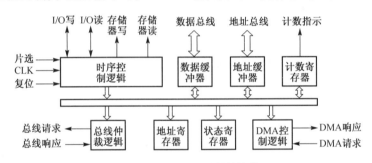

图 6-23　DMAC 的硬件结构

在 DMAC 内部还有地址寄存器和传输次数计数寄存器，地址寄存器的内容是 DMA 传输时主存储器的初始地址，计数寄存器用于对主存储器与 I/O 之间传输的字节数计数，通过计数指示的输出信号表明该次 DMA 传送过程是否完成。状态寄存器反映了 DMAC 的工作状态。

DMAC 的引脚信号包括以下 4 类。

① 与 I/O 接口设备相关联的 DMA 请求和 DMA 应答信号。

② 用于与 CPU 协商总线使用权的总线请求和总线响应信号。

③ CPU 对 DMAC 进行初始化操作的地址总线、数据总线，以及相关读写控制信号（I/O 写、I/O 读、片选）等。

④ DMA 操作的地址总线、数据总线、计数指示，以及相关读写控制信号（I/O 写、I/O 读、存储器写、存储器读）等，其中有些信号在不同操作模式下是复用的。

DMA 方式不只限于内存与外设之间的数据交换，还可以扩展至存储器的两个区域之间、两个高速外设之间的数据交换。一个 DMA 控制器应该能够控制传输的字节数、判断 DMA 是否结束、发出各种控制命令等，具体地说，DMAC 必须具备以下功能。

① 向 CPU 发出总线请求信号。

② 当 CPU 允许出让总线控制权时，能够接收 CPU 发出的总线应答信号，并接管总线进入 DMA 方式。

③ 具有寻址功能，对存储器及 I/O 寻址并修改地址指针。

④ 具有控制逻辑，能发出读/写控制信号。

⑤ 决定传输的字节数，并判断 DMA 是否结束。

⑥ 发出 DMA 结束信号，交出总线权，使 CPU 恢复正常工作状态。

2. DMA 传送过程

DMA 传送包括 3 种情况：主存储器到 I/O 端口的 DMA 读传送；I/O 端口到主存储器的 DMA 写传送；存储器到存储器间的传送。DMA 传送系统连接示意图如图 6-24 所示。

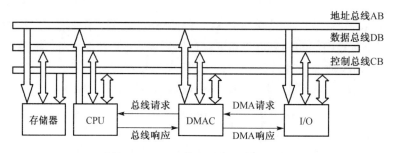

图 6-24　DMA 传送系统连接示意图

从图 6-24 中可以看出，系统总线分别受到 CPU 和 DMAC 控制，即 CPU 可以向地址总线、数据总线和控制总线发送信息，DMAC 也可以向地址总线、数据总线和控制总线发送信息。但是，同一时刻系统总线只能受一个主控器件控制。当 CPU 控制系统总线时，DMAC 与一般的 I/O 器件一样，是总线的从属设备，受到 CPU 的控制；而当 DMAC 控制总线时，CPU 必须与总线脱离，即处于高阻态。

DMA 传送的工作过程如下。

① I/O 设备通过端口向 DMAC 发出 DMA 请求，请求传送数据。

② DMAC 在接到 I/O 端口的 DMA 请求后，向 CPU 发出总线请求信号，请求 CPU 脱离系统总线。

③ CPU 在执行完当前指令的当前总线周期后，向 DMAC 发出总线响应信号。

④ CPU 随即与系统的控制总线、数据总线和地址总线脱离电气联系，即处于高阻态。这时 DMAC 接管这三总线的控制权。

⑤ DMAC 向 I/O 端口发出 DMA 应答信号。

⑥ DMAC 把进行 DMA 传送涉及的 RAM 地址送到系统地址总线上；如果进行 I/O 端口到主存储器的传送，则 DMAC 向 I/O 端口发出 I/O 读命令，向主存储器发出存储器写命令；如果进行主存储器到 I/O 端口的传送，则 DMAC 向主存储器发出存储器读命令，向 I/O 端口发出 I/O 写命令，从而完成一次总线传送。

⑦ 当设定的字节数传送完成后，DMA 传送过程结束。也可由来自外部的终止信号迫使传送结束。当 DMA 传送结束后，DMAC 就将总线请求信号变为无效，并放弃对系统总线的控制，CPU 检测到总线请求信号无效后，也将总线响应信号变为无效，于是 CPU 重新控制三总线，继续执行被打断的当前指令的其他总线周期。

显然，以上的工作无须 CPU 进行干预。

在 I/O 设备和主存储器之间的数据直接传输过程中，每传输一个数据字，地址加 1，计数减 1。当计数值没有达到 0 时，DMAC 继续检查 DMA 请求信号。如果是高速设备（如硬盘），则 DMA 请求仍为有效状态。这时 DMAC 继续保持总线请求信号为有效状态，传输 I/O 数据，直到计数值达到 0 为止，再撤销总线请求信号。这种一次请求总线传输一整块数据的方法为突发传输（Burst Transfer）方式。如果是慢速设备，传输完一个数据字后，下一个字还没准备好，这时没有 DMA 请求。DMAC 撤销总线请求，恢复 CPU 操作。当 I/O 数据准备好时，再启动一次一个数据字的传输过程。这种方法称为周期窃取（Cycle Stealing）方式。

如果计数值达到 0，则 DMAC 撤销总线请求并向 CPU 发出中断请求。CPU 可以在中断服务程序中，读取计数寄存器的内容。如果其值为 0，则说明整个数据块已正确地传输。

显然，如果需要传送 n 个数据，则突发传输方式只需要 CPU 和 DMAC 完成 1 次总线控制权的交换，而周期窃取方式则需要完成 n 次 CPU 和 DMAC 的总线控制权的交换。相比之下，突发传输方式效率更高。无论是突发传输方式还是周期窃取方式，在完成了总线控制权的交换之后，CPU 和 DMAC 都各自独立地去做自己的工作，即 DMA 方式实现了 CPU 和 I/O 数据传输之间的并行工作。

DMA 方式主要是直接依靠硬件实现数据传送的，它不运行程序，不能处理较复杂的事件。因此 DMA 方式并不能完全取代中断方式，当某事件处理已不只是单纯的数据传送时，还须采用中断方式。事实上，在以 DMA 方式传送完一批数据后，往往采用中断方式通知 CPU 进行结束处理。

综上所述，DMA 方式具有下列特点。

① 可在 I/O 设备和存储器之间直接传送数据。

② 传送时，源和目的均直接由硬件指定。

③ 传输的数据块长度需要指定，计数由硬件自动进行。

④ 在一批数据传输完成后，一般通过中断方式通知 CPU 进行后续处理。

⑤ CPU 和 I/O 设备能在一定程度上并行工作，效率高。

⑥ 一般用于高速批量数据的传输。

一个 DMAC 一般可能有多个通道，即可以同时服务于多个 I/O 设备。每个通道都有自己的一套寄存器和 DMA 请求/响应信号线。

6.3.4　通道传输方式

在大型计算机系统中，外设的数量一般比较多，I/O 操作频繁，速度要求高，而且设备的种类、工作方式和速度等都有比较大的区别。单纯依靠主 CPU 采取中断和 DMA 管理方式已不能满足需要。程序查询传送方式和程序中断传送方式都需要靠 CPU 运行程序实现 I/O 操作，而 DMA 方式只能实现简单的数据直接传送。为提高 CPU 利用率，同时提高 I/O 传输速度，往往采用通道控制方式管理的 I/O 操作。

通道是一个为 CPU 分担管理 I/O 操作的专用控制器，它通过运行通道程序进行 I/O 操作的管理，为主机和 I/O 设备提供一种数据传输通道，故称为"通道"。从逻辑上讲，通道也是一种"接口"，但与普通的接口相比，通道具有更强的功能，它可运行简单的"通道程序"。CPU 先给通道准备好数据和命令，然后发出简单的通道命令，启动通道开始工作。若启动成功，则 CPU 可以继续执行自己的运算等处理。而通道则运行相应的通道程序，管理有关的 I/O 设备，当运行完指定的任务后，再通知 CPU。这就使 CPU 摆脱了大量的 I/O 管理工作，可以高速地处理其他事情。

主机通过系统总线或其他方式连接多个通道，每个通道又通过局部 I/O 总线连接多台 I/O 设备。通道间可以并行工作，各自管理其 I/O 设备。但当通道与 CPU 交换数据时，每次只能接通一个通道。

通道方式与中断方式类似，都是以程序方式进行 I/O 管理，但通道方式无须 CPU 运行中断处理程序，几乎完全取代主 CPU 去管理 I/O 操作，使 CPU 效率大为提高。

通道方式与 DMA 方式相比，相同之处是二者在进行数据传送时都可以直接访问主存储器，无须 CPU 干预。不同之处是，DMA 方式依靠纯硬件控制传输，只能进行数据的直接传输；而通道方式可以通过通道程序实现除数据传输外的其他处理操作。因此可以认为，通道方式是在 DMA 方式的基础上发展起来的、功能更强的一种 I/O 管理方式，常常覆盖 DMA 方式。

6.4　并行接口

按照数据的传送方式，CPU 与外设交换数据的方式有两种：一种是串行传送，数据按位一位一位地传送；另一种是并行传输，即数据的各个位同时传送。实现并行传送的接口电路称为并行接口。并行接口是计算机系统中最常用的接口之一，它可以利用多条数据线同时传送多位的数据信息。根据外设的特性和并行通信协议的要求，并行接口可以使用、也可以不使用握手联络线。

6.4.1　无联络信号的并行接口

通过无联络信号接口连接的外设一般都是很简单的，如按键、数码管等。CPU 与无联络信号的外设接口传输数据时，认为外设总是处于准备好的状态，因此通常只需使用数据端口，无须使用控制端口和状态端口。无联络信号的并行接口电路如图 6-25 所示。

1. 键盘接口

键盘是计算机系统中使用最普遍的输入设备，通过键盘可实现人机对话并控制计算机系统的运行操作。按键盘接口获得的按键状态不同，可将键盘分为线性键盘和矩阵键盘，而矩阵键盘又可分为非编码键盘和编码键盘。

线性键盘的每一个按键需要占用 I/O 端口的一条口线，如图 6-26 所示。由程序读取口线的电平状态，以判断按键的操作情况。按键状态的判断、按键的去抖动和按键的定义等都需要软件处理。

矩阵键盘比线性键盘节约了更多的口线，或者说口线数目相同时，矩阵键盘的按键数比线性键盘的按键数更多。若口线的数目为 M 和 N，则矩阵键盘的按键数为 $M \times N$，而线性键盘的按键数为 $M+N$。但是，矩阵键盘仍需要通过软件对按键进行判断和定义，有些矩阵键盘接口简单，且接口电路由计算机系统直接访问和控制，键盘的扫描、去抖动、判断和编码等操作都需要 CPU 完成，造成 CPU 的效率降低。矩阵键盘是将按键按照行、列方式排列起来的矩阵开关，图 6-27 所示是 8×8 矩阵键盘，行线与 8 位并行输入端口相接，而列线与 8 位并行输出端口相接。

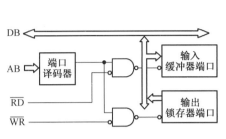

图 6-25 无联络信号并行接口电路

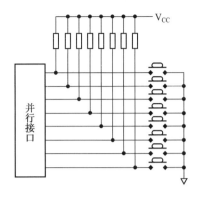

图 6-26 线性键盘结构图

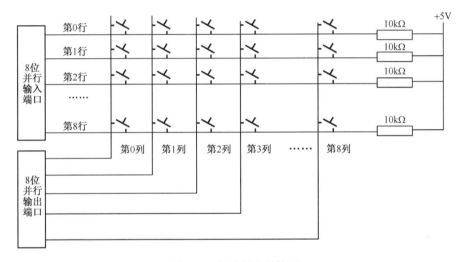

图 6-27 矩阵键盘结构图

识别矩阵键盘的键是否处于按下的状态，通常有行扫描法和行反转法。行扫描法的基本过程是首先快速判断是否有键按下，先使输出端口的各位都为低电平的零状态，相当于各列都接地，再从输入端口读取数据，如果读取的数据是 0x0FF，则说明当前所有行线处于高电平状态，没有键被按下，程序应该在循环中等待。如果并行输入端口读取的数据不是 0x0FF，则说明必有行线处于低电平，也就是说肯定有键被按下。为了消除键的抖动，经过一定的延迟后，进入下一步，确定到底哪个键被按下。

程序先将键号寄存器置零，将计数值设为键盘列的数目，然后再设置扫描初值。扫描初值 1111 1110B 使第 0 列为低电平，而其他列为高电平。输出扫描初值后，马上读取行线的值，看是否有行线处于低电平，若无，则将扫描初值循环左移一位，变为 1111 1101B，这样使第 1 列为低电平，而其他列为高电平，即从第 1 列的第 0 号键开始扫描检查。同时使键号为 8，计数值减 1，如此循环，一直到计数值为 0 为止。

如果在此过程中，查到有行线为低电平，则将行线数据保留，并右移一位，使进位位为第 0 行线的状态。如果此位为低电平对应的 0 值，则表明第 0 行线的 0 号键(第二次循环中为 8 号键等)闭合，否则继续循环右移。由于已经确定了此列上有键闭合，所以一定可以在此列线中查出某行处于低电平。行扫描法的程序流程如图 6-28 所示。

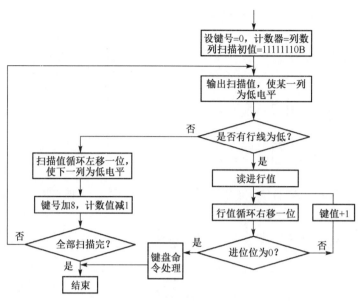

图 6-28　行扫描法程序流程

2. 数码显示接口

　　一个八段数码管是由 8 个发光二极管（Light Emitting Diode，LED）按照图 6-29 所示的方式排列的常用发光器件，有共阴极和共阳极两种结构。当使用共阴极结构时，阴极控制端为低电平，数码显示输入控制端为高电平的发光管亮，而数码显示输入控制端为低电平的发光管则不亮；如果阴极控制端为高电平，则无论数码显示输入控制端的电平如何，所有发光管都不亮。当使用共阳极结构时，阳极控制端为高电平，数码显示输入控制端为低电平的发光管亮，而数码显示输入控制端为高电平的发光管则不亮；如果阳极控制端为低电平，则无论数码显示输入控制端的电平如何，所有发光管都不亮。表 6-3 为八段数码管的显示码表。由于发光二极管需要较大的驱动电流（一般每段需要 3~10 mA），所以接口电路中需要增加电流驱动电路，可采用三极管或专门的驱动电路。

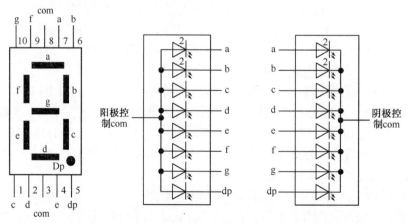

图 6-29　八段 LED 数码管器件

LED 显示接口电路有静态显示和动态显示两种接口方式。数码管显示时，静态显示方式是指相应的段(发光二极管)恒定地导通或截止，直到显示另一个字符为止；动态显示方式是指共阴极结构数码管的公共端直接接地，而共阳极结构数码管的公共端则直接接正电源。各个数码管的输入控制端相互独立，并与接口电路的输出端相连，因此当数码管的个数为 M 时，需要的接口口线数为 $8×M$。所以显示位数较多时需要采用动态显示方式。动态显示方式将各个数码管的对应段输入控制端分别并连在一起，因此无论数码管的个数是多少，都只需要 8 条口线，该端口为段选端口。各个数码管的公共端分别连接一条口线，该口线为位选口线。当数码管的个数为 M 时，则需要的位选口线数为 M，因此动态显示方式总共需要 $8+M$ 条口线。

表 6-3　八段数码管的显示代码表

代码 数字	共阴极接法									共阳极接法								
	D_7	D_6	D_5	D_4	D_3	D_2	D_1	D_0	八段代码	D_7	D_6	D_5	D_4	D_3	D_2	D_1	D_0	八段代码
	dp	g	f	e	d	c	b	a		dp	g	f	e	d	c	b	a	
0	0	0	1	1	1	1	1	1	0x3F	1	1	0	0	0	0	0	0	0xC0
1	0	0	0	0	0	1	1	0	0x06	1	1	1	1	1	0	0	1	0xF9
2	0	1	0	1	1	0	1	1	0x5B	1	0	1	0	0	1	0	0	0xA4
3	0	1	0	0	1	1	1	1	0x4F	1	0	1	1	0	0	0	0	0xB0
4	0	1	1	0	0	1	1	0	0x66	1	0	0	1	1	0	0	1	0x99
5	0	1	1	0	1	1	0	1	0x6D	1	0	0	1	0	0	1	0	0x92
6	0	1	1	1	1	1	0	1	0x7D	1	0	0	0	0	0	1	0	0x82
7	0	0	0	0	0	1	1	1	0x07	1	1	1	1	1	0	0	0	0xF8
8	0	1	1	1	1	1	1	1	0x7F	1	0	0	0	0	0	0	0	0x80
9	0	1	1	0	1	1	1	1	0x6F	1	0	0	1	0	0	0	0	0x90
A	0	1	1	1	0	1	1	1	0x77	1	0	0	0	1	0	0	0	0x88
B	0	1	1	1	1	1	0	0	0x7C	1	0	0	0	0	0	1	1	0x83
C	0	0	1	1	1	0	0	1	0x39	1	1	0	0	0	1	1	0	0xC6
D	0	1	0	1	1	1	1	0	0x5E	1	0	1	0	0	0	0	1	0xA1
E	0	1	1	1	1	0	0	1	0x79	1	0	0	0	0	1	1	0	0x86
F	0	1	1	1	0	0	0	1	0x71	1	0	0	0	1	1	1	0	0x8E
P	0	1	1	1	0	0	1	1	0x73	1	0	0	0	1	1	0	0	0x8C
H	0	1	1	1	0	1	1	0	0x76	1	0	0	0	1	0	0	1	0x89
L	0	0	1	1	1	0	0	0	0x38	1	1	0	0	0	1	1	1	0xC7
.	1	0	0	0	0	0	0	0	0x80	0	1	1	1	1	1	1	1	0x7F
不显示	0	0	0	0	0	0	0	0	0x00	1	1	1	1	1	1	1	1	0xFF

图 6-30 所示为 6 位共阴极 LED 数码管的显示接口电路。8 位段选码由一个 I/O 端口控制，在每次输出段码之后，6 个数码管同时获得了该段码值。要想每个数码管显示不同的字符，就必须采用扫描方法，轮流点亮各个 LED 数码管，即在每一时刻只使某一位数码管显示字符。在该时刻，段选控制端口输出相应字符的显示码；位选控制端口输出的位选码中，对应该数码管的位为 0(低电平，因数码管为共阴极结构)，而其他位为 1(高电平)。

在下一个时刻，段选控制端口输出另一字符的显示码；位选控制端口输出的位选码中，只有另外一个数码管的位选码为 0，其他位都为 1，这样就在另一个数码管上显示了其他字符。以此类推，将各个显示码依次送出到数码管，并将位选码依次循环移位后送出。当扫描速度较快时，由于数码管的余辉和肉眼视觉的暂停特性，就能同时看到各个数码管显示出不同的字符。6 位数码管动态显示"HELLO2"的段选码和位选码如表 6-4 所示。

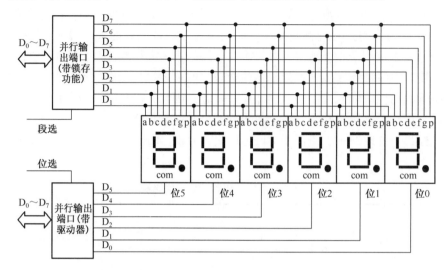

图 6-30　6 位 LED 数码管的显示接口电路

表 6-4　6 位数码管动态显示状态

段选码(字形码)	位选码	数码管显示状态
0x5B	0xFE	□□□□□2
0x3F	0xFD	□□□□O□
0x38	0xFB	□□□L□□
0x38	0xF7	□□L□□□
0x79	0xEF	□E□□□□
0x76	0xDF	H□□□□□

6.4.2　带联络信号的并行接口

　　为了保证数据传输的可靠性,一些外设(如打印机或模数转换器)需要通过握手联络 (Handshake)并采用查询方式或中断方式来实现数据交换。带联络信号的接口电路除了具备数据端口,通常还应该具备状态端口和控制端口,其接口电路结构如图 6-31 所示。

　　在图 6-31(a)所示带联络信号的输入接口电路中,数据输入的过程如下。

　① 输入设备发出的选通信号,一方面将准备好的数据送到接口电路的数据锁存器中,另一方面使接口电路中的 D 触发器置 1,并将该信号送到状态缓冲寄存器中等待 CPU 查询;

　② CPU 读接口中的状态缓冲寄存器,并检查状态信息以确定外设数据是否准备好;

　③ 若 READY=1,则说明外设已将数据送到接口的数据缓冲寄存器中,CPU 读数据端口以获取输入数据,同时数据端口的读信号将接口中的 D 触发器清零,即令 READY=0,完成本次数据传送。

　　在图 6-31(b)所示带联络信号的输出接口电路中,输出数据的过程如下。

　① CPU 读接口中的状态缓冲寄存器,并检查状态信息以确定外设是否可以接收数据;

② 若 BUSY=0，则说明接口中的数据锁存器空，CPU 向数据端口写入需发送的数据，同时数据端口的写信号将接口中的 D 触发器置 1，即令 BUSY=1，该信号一方面用于通知输出设备数据已准备好，另一方面被送到状态寄存器以备 CPU 查询；

③ 输出设备从接口的数据锁存器中读出数据；

④ 输出设备发出响应信号 ACK 将接口中的 D 触发器清零，即令 BUSY=0，完成本次数据传送。

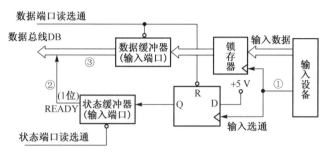

(a) 带联络信号的输入接口电路

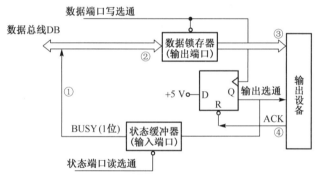

(b) 带联络信号的输出接口电路

图 6-31 带联络信号的接口电路框图

6.4.3 可编程并行接口

可编程通用并行接口(GPIO)允许用户通过写入不同的控制字改变其工作方式，从而适应更多的应用场合。图 6-32 为可编程多功能输入/输出接口框图(图中只给出一条口线的电路)，该信号引脚可以作为普通 I/O 输入或输出，也可以作为多功能引脚的其他复用信号的输出。I/O 输入时的可编程控制位包括输入信号的毛刺滤除电路使能允许控制位和中断允许控制位。I/O 或多功能复用信号输出时的可编程使能控制位包括上拉电阻的使能控制位，三态输出的控制位，另外有一个 I/O 数据输出或多功能信号输出的选择控制位。

一般来说，可编程并行接口的编程控制寄存器包括工作模式选择寄存器、中断允许寄存器、上拉使能寄存器、三态使能寄存器和多功能选择寄存器等。

图 6-33 所示可编程并行接口内部结构主要包括 4 部分：数据总线缓冲器、读/写控制逻辑、输入/输出端口(A、B 和 C)和可编程控制寄存器。其中数据总线缓冲器用于总线隔离，读/写控制逻辑根据计算机系统或 CPU 输入的信号进行译码，产生控制内部不同模块操作所需的信号，可编程控制寄存器根据软件写入的控制字确定输入/输出端口的工作方式。

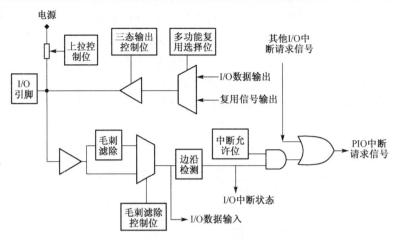

图 6-32　可编程多功能输入/输出接口框图

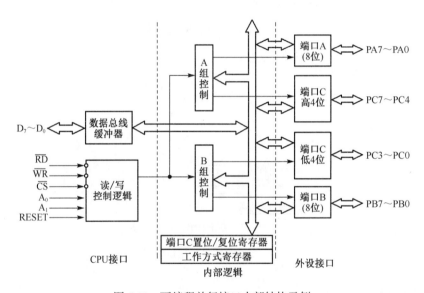

图 6-33　可编程并行接口内部结构示例

　　这个可编程并行接口有两个控制字,其中一个是工作方式控制字,另一个是端口 C 的置位/复位控制字。这两个控制字占用同一个端口地址,并通过控制字的最高位(即特征位)的不同值来区分。

　　工作方式控制字和端口 C 置位/复位控制字格式如图 6-34 所示。当控制字的最高位为 1 时,其余各位的作用按图 6-34(a)所示的方式选择控制字,这时,接口的端口 A、B 和 C 具有不同的工作方式和输入/输出形式。根据实际使用的需要而设置相应的位,设置一次即可。如果外部设备使用的端口 A、B 和 C 连接发生了变化,则需要重新设置该寄存器的各个位的值。例如,当控制字为 10011010 时,端口 A 工作在方式 0 的输入,端口 B 工作在方式 0 的输入,端口 C 的高 4 位为输入,低 4 位为输出。需要注意的是,该控制字的操作仅仅设置了端口 A、B 和 C 的工作方式和状态,并没有对其进行输入/输出的实际操作,即口线上没有真正意义的值存在。

　　当控制字的最高位为 0 时,其余各个位的作用如图 6-34(b)所示,次低 3 位选择端口 C 的具体口线,最低位的值即为选择的口线的值。当需要设置所有口线时,则需要做多次类似的操作。例如，当控制字为 00011010 时，对端口 C 的位 5 进行清零操作，即端口 C 的位 5 口线上的值为逻辑 0（正逻辑约定时为低电平），但这时端口 A、B 和 C 的其他位的口线的值仍然保持原有状态或未定义。

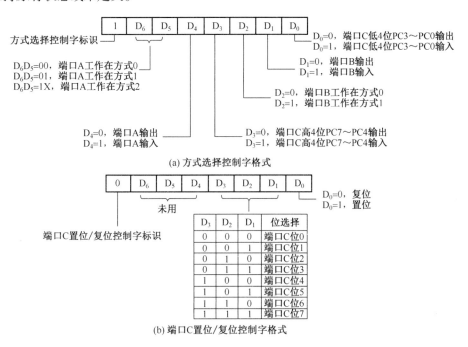

图 6-34　可编程并行接口芯片的控制字格式

方式 0 即为无联络信号的并行输入/输出端口。A、B 和 C 端口都可以通过初始化设置而工作在无联络信号的输入或输出方式。

方式 1 为带联络信号的并行单向输入或输出端口。联络信号由端口 C 的固定口线提供，如图 6-35 所示。这时端口 C 的这些口线不再是普通的 I/O 口线，而是专门为端口 A 或端口 B 服务的联络信号，其作用、功能和时序都与端口 A 或 B 相关联。方式 1 下的输入、输出时序如图 6-36 所示。

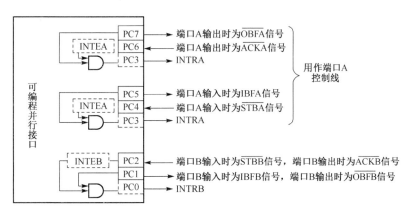

图 6-35　方式 1 的联络信号

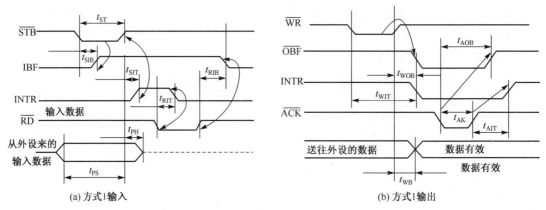

图 6-36　方式 1 下的接口工作时序

方式 2 为带联络信号的并行双向端口，只有端口 A 才工作在这种方式下。联络信号也是由端口 C 的固定口线提供的，如图 6-37 所示。需要注意的是，端口 C 的某个口线不能既作为方式 1 的联络信号，又同时作为方式 2 的联络信号。正因为如此，该可编程并行接口芯片的工作方式需要恰当选择。方式 2 的各信号时序如图 6-38 所示。

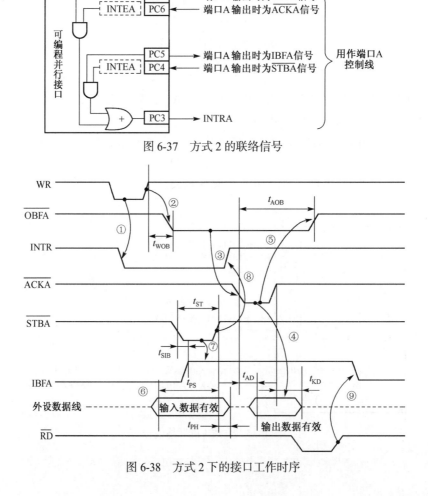

图 6-37　方式 2 的联络信号

图 6-38　方式 2 下的接口工作时序

6.5　串行接口

串行接口与并行接口一样，是计算机系统中主要的数据传送接口之一。串行传送的特点是数据以位(Bit)为单位进行传送，因此只需要一条数据线。实现串行传送的电路称为串行接口。串行接口包括同步串行接口和异步串行接口。

6.5.1　同步串行接口

同步串行接口为实现数据的同步传送，需要在数据收发双方之间有同步的时钟信号。I^2C 和 SPI 等都是广泛使用的同步串行接口。

1. I^2C 接口

I^2C(Inter-Integrated Circuit)是一种两线式半双工串行同步总线接口，最早由 Philips 公司开发，已广泛应用于视/音频、IC 卡、智能仪器仪表和工业测控等众多领域，具有接口线少、控制方式简单、器件封装形式小、通信速率较高等优点，因而能够有效减少电路板的空间和芯片引脚的数量，降低互连成本。它的另一个优点是支持多主控(Multimastering)，即总线上任何能够进行发送和接收的设备都可以成为主控。当然，在任何时间点，总线上都只能有一个活动主控，该主控决定了总线的时钟频率和信号传输方式。I^2C 总线接口信号只有两个：串行数据线 SDA 和串行时钟 SCL。I^2C 总线接口的典型应用如图 6-39 所示。

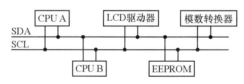

图 6-39　I^2C 总线接口的典型应用示意图

图 6-40 给出了 I^2C 总线接口电路的原理框图。I^2C 接口内部包括分频寄存器、地址寄存器、数据寄存器、控制寄存器和状态寄存器等多个可以编程的寄存器，系统通过端口地址实现对这些寄存器的访问操作。输入/输出数据移位寄存器实现并行数据与串行数据的串并或并串转换。而起始状态、停止状态和仲裁控制模块根据 I^2C 接口信号的状态，产生 I^2C 接口操作所需的起始状态和停止状态，并对接口信号进行判决和从接口仲裁。

I^2C 总线数据传送过程包括起始、寻址、数据传送方向、从接口应答、数据传送、数据应答及结束，合计 6 个状态，如图 6-41 中的Ⓐ、Ⓑ、Ⓒ、Ⓓ、Ⓔ和Ⓕ所示。

- 传送起始状态 START。当总线上无主接口驱动(时钟线 SCL 和数据线 SDA 都处于高电平状态)时，主接口可通过发送起始信号(如图 6-41 中Ⓐ所示，SCL 为高电平期间，SDA 由高到低的下降沿)占用总线，同时唤醒总线上的其他从接口设备。
- 从接口地址发送阶段。主接口发送 7 位的从接口地址(高位先发送)，后紧跟读/写方向位(见图 6-41 中Ⓒ处)，以告知从接口将要传送的数据方向是什么。每个从接口的地址是唯一的。发送的从接口地址不能是主接口工作于从接口状态时所分配的地址，因为在同一时刻，I^2C 接口不能既是主接口又是从接口。被寻址的从接口在第 9 个时钟周期(见图 6-41 中Ⓓ处)将数据信号 SDA 拉为低电平作为应答位。

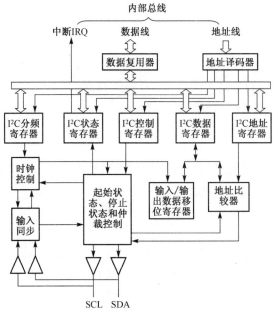

图 6-40　I^2C 总线接口电路的原理框图

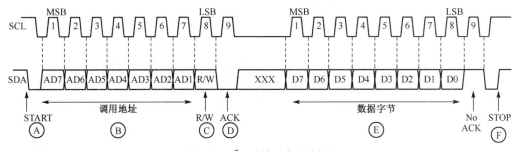

图 6-41　I^2C 总线时序示意图

● 数据传送阶段。从接口寻址成功后，就可以按照读/写方向位设置的传送方向串行连续传送字节帧。每个 SCL 时钟周期发送一位数据，高位先发送，SCL 为低电平期间，发送下一个数据位；而 SCL 为高电平期间，数据位保持稳定。在第 9 个时钟周期，I^2C 数据接收接口必须将 SDA 信号拉为低电平，表示对接收字节的应答。因此每传送 1 字节需要 9 个时钟周期。

　　如果从接口将 SDA 拉为高电平，则表示没有对主发送接口应答。然后主接口产生停止状态 STOP，中止数据传送或产生新的启动状态 START，以启动一次新的传送。从接口发送而主接口接收时，如果主接口没有对从发送口发完 1 字节后做出应答，表明从接口发完了数据。从接口则释放 SDA 信号，以便让主接口产生 STOP 状态或 START 状态。

● STOP 状态。主接口通过产生 STOP 状态中止传送，并释放总线。STOP 状态是指 SCL 高电平期间，SDA 从低电平变为高电平的状态（见图 6-41 中Ⓕ处）。需要说明的是，即使从接口有应答，主接口也可以产生 STOP 状态，并且从接口必须释放总线。

● 主接口可重复产生 START 状态。当主接口产生 START 状态前，没有产生 STOP 状态以结束 I^2C 传送时，需要重复产生 START 状态。主接口通过重复产生 START 状态以通知所有从接口在没有释放总线的情况下，转换接收/发送模式。

2. SPI 接口

串行外围设备接口(Serial Peripheral Interface，SPI)是一种全双工同步串行总线接口，最早是由 Motorola 公司针对其 MC68HC 系列处理器定义的，在嵌入式设备中主要用于微处理器与 EEPROM、闪存和模数转换器等外围低速模块之间的信号传递。SPI 总线接口以主从方式工作(通常为一个主设备和一个或多个从设备)，可以同时接收数据和发送数据，一般对外提供 4 个信号：串行时钟(SCLK)、主机输入/从机输出数据线(MISO)、主机输出/从机输入数据线(MOSI)和从机选择线(SS)。SPI 总线接口的典型应用如图 6-42 所示。

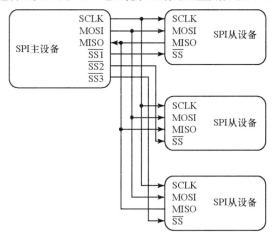

图 6-42　SPI 总线接口的典型应用示意图

图 6-43 给出了 SPI 总线接口电路的原理框图。接口内部包括接收控制、发送控制、时钟控制以及数据收/发缓冲等多个可以编程的寄存器。有些 SPI 总线接口还提供多种时钟源的选择与分频，以适应更多的应用需求。

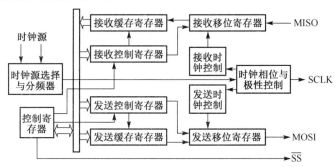

图 6-43　SPI 总线接口电路的原理框图

根据外设工作需求，SPI 总线接口输出的串行同步时钟极性(POL)和相位(PHA)均可以进行配置。其中 POL 对传输协议没有重大的影响，PHA 则用于对两种不同的数据传输协议进行选择。显然，SPI 总线上所有主接口和从接口的时钟相位和极性应保持一致。SPI 总线接口的时序如图 6-44 所示，说明如下：

如果 POL=0，则串行同步时钟的空闲状态为低电平；

如果 POL=1，则串行同步时钟的空闲状态为高电平；

如果 PHA=0，则在串行同步时钟的第一个跳变沿(上升或下降)数据被采样；

如果 PHA=1，则在串行同步时钟的第二个跳变沿(上升或下降)数据被采样。

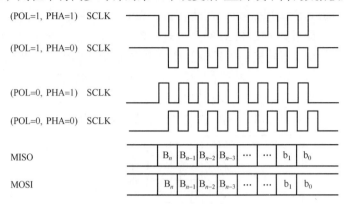

图 6-44　SPI 总线接口的时序

6.5.2　异步串行接口

异步串行接口之间进行数据传输时，只使用数据线，而不像前述的同步串行接口那样需要时钟信号。异步串行接口通常用于实现远程通信。

异步串行接口电路的基本任务包括：

- 实现数据的串并、并串转换。
- 实现串行数据的格式化(如自动加入起始位、校验位或同步字符等)。
- 实现差错控制。
- 实现接口间联络信号的解释和控制等。

典型串行通信接口电路组成如图 6-45 所示。一般包括发送模块、接收模块、状态寄存模块及调制解调、中断及波特率控制模块等。

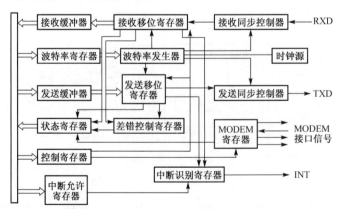

图 6-45　异步串行接口电路的原理框图

例如，发送模块包括发送缓冲器、发送移位寄存器和发送同步控制器等。该模块接收来自 CPU 的并行数据，进行并串转换，并根据控制模块规定的帧结构形式将发送数据成帧，按照设置的波特率由 TXD 引脚发送出去。

接收模块包括接收缓冲器、接收移位寄存器和接收同步控制器等。从外部 RXD 引脚输入的数据，在本地时钟和波特率发生器的控制下，经过同步控制器送入移位寄存器，经过串并转换后进入接收缓冲器，同时经过错误检测控制、帧解析后得到真实的数据，然后可以由 CPU 读取。

在串行异步接口中，另一个很重要的模块是波特率控制模块，其中，波特率发生器由本地时钟按照波特率寄存器设置值进行合适的分频，并经锁相和同步产生数据接收和移位所需的时钟。

接口中的控制寄存器还可以对串行通信协议所定义的帧结构、停止位、校验方式和调制解调等进行设置。

1. 波特率

通信线路上传送的所有位数据信息都保持一致的信号持续时间。每一位数据的最短持续传输时间与硬件电路的切换速率相关。因此，通信线路的传送速度可以每秒最多能传送的位数（即每秒硬件电路状态最多能改变的次数）来衡量，这个速度就是波特率，单位是波特（Baud）。

串行通信的发送方在发送时钟的上升沿（下降沿）作用下，将发送移位寄存器的数据按位串行移出；而接收方在接收时钟的上升沿（下降沿）作用下，将来自通信线路上的串行数据按位串行移入串行移位寄存器，串行通信不传输时钟信号。接收方的移位时钟只能来源于本地时钟。本地时钟如何才能保证满足串行通信接收移位的要求呢？这是通过波特率发生器实现的，本地时钟通过波特率发生器进行合适的分频，满足串行传输所需的时钟频率要求，如图 6-46 所示。

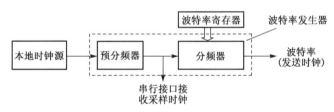

图 6-46　波特率发生器原理框图

对于异步串行数据传输来说，为了保证正确接收数据，要求接收器采用比波特率更高的时钟频率对接收数据进行采样，以提高定位采样的分辨率和抗干扰能力。波特率与接收采样时钟之间的分频倍数称为波特率因子，即

$$波特率 = \frac{f_{SCLK}}{PD \times BD}$$

其中 f_{SCLK} 为串行接口的本地时钟频率，单位为赫兹。PD 为预分频因子，BD 为波特率因子（通常取 16、32 或 64 等值）。

当收发双方的时钟源频率不严格一致时，累积的位时间错位会造成停止位采样落在实际停止位之外而产生帧错误，或数据采样值落在其他数据位处而产生校验错误等。

2. 串行传输帧结构

在串行传输中，收发双方都按通信协议进行。所谓通信协议是指通信双方共同遵守的约定,包括波特率、校验方式和帧格式等。图6-47给出了一种常用的异步串行通信数据帧格式。

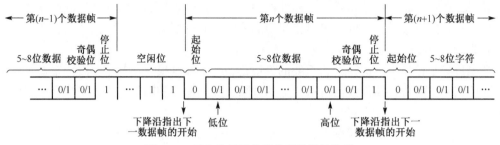

图6-47　异步串行通信的典型数据帧格式

采用串行接口传输数据时,总是以"起始位"开始,以"停止位"结束。包括起始位、数据位和停止位在内的一组信息称为一个数据帧(或字符帧)。数据帧与数据帧之间没有固定的时间间隔要求。每个数据帧开头都有1位起始位;数据本身由5~8位组成;数据位后面是0或1位奇偶校验位;最后是1位、1位半或2位停止位;停止位后面是0或多位空闲位,如图6-47所示,第 $n-1$ 个数据帧与第 n 个数据帧之间存在多位空闲位,而第 n 个数据帧与第 $n+1$ 个数据帧之间则没有空闲位。通常情况下,起始位与停止位/空闲位采用不同的逻辑电平,例如起始位采用逻辑0(低电平),则停止位/空闲位采用逻辑1(高电平),这样就保证了起始位开始处一定有一个下降沿。

【例6.4】　　使用某异步串行接口传送8位数据0x45时,信号线上的波形如图6-48所示。设波特率为9600,每字符为8位,另外加上1位起始位和1位停止位(无奇偶校验位),即实际每字符帧传送10位,则字符传输速率为960字符/秒。

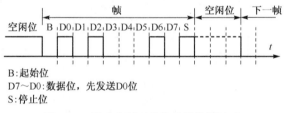

B:起始位
D7~D0:数据位,先发送D0位
S:停止位

图6-48　异步串行通信接收的数据波形

习题

6.1　简述I/O接口的功能和作用。

6.2　什么是I/O端口?一般接口电路中有哪些端口?

6.3　CPU对I/O端口的编址方式有哪几种?各有什么特点?80x86对I/O端口的编址方式属于哪一种?ARM对I/O端口的编址方式属于哪一种?还能举出其他CPU例子吗?

6.4　某微处理器系统有8个I/O接口芯片,每个接口芯片占用8个端口地址。若起始地址为0x9000,8个接口芯片的地址连续分布,用74LS138作为译码器,试画出端口译码电路图,并说明每个芯片的端口地址范围。

6.5　接口电路的输入需要用缓冲器,而输出需要用锁存器。为什么?

6.6　CPU与I/O设备之间的数据传送有哪几种方式?每种工作方式的特点是什么?各适用于什么场合?

6.7　常用的中断优先级的管理方式有哪几种？分别有哪些优缺点？

6.8　在微处理器与外设的几种输入/输出方式中，便于 CPU 处理随机事件和提高工作效率的 I/O 方式是哪一种？数据传输速率最快的是哪一种？

6.9　什么是并行接口？什么是串行接口？各有什么特点。

6.10　简述线性键盘与矩阵键盘的区别。如何消除键盘的抖动？

6.11　什么是矩阵键盘的行扫描法？什么是矩阵键盘的行反转法？

6.12　简述 LED 数码管的静态显示原理和动态显示原理。

6.13　串行通信双方为什么要约定通信协议？异步串行通信协议包括哪些内容？

6.14　采用异步串行通信时，接收器如何确定起始位？采样数据时为什么要在数据位的中间时刻？

参考资料

第7章　ARM 微处理器编程模型

在各种类型的嵌入式微处理器中，基于 ARM 内核构建的各种 ARM 微处理器，以其高性能、低成本和低功耗在嵌入式领域得到了广泛的应用。本章以ARM内核为例介绍嵌入式微处理器的体系结构及编程模型。

7.1　ARM 内核体系结构

1991 年，ARM 公司成立于英国剑桥，专门从事基于 RISC 技术的芯片设计、开发和授权。ARM 微处理器及技术的应用已渗入工业控制、无线通信、网络应用和消费电子类等多个领域。

作为知识产权供应商，ARM 公司本身不直接从事芯片生产，而是转让设计许可，由合作公司生产各具特色的芯片。世界各大半导体生产商从 ARM 公司购买其设计的 ARM 内核，再根据各自不同的应用领域，加入适当的外围电路，从而形成自己的 ARM 芯片进入市场。

目前，世界较大的半导体公司都在使用 ARM 公司的授权设计芯片，这样就使 ARM 技术既能够获得更多的第三方工具、软件和制造商的支持，又能够降低整个系统的研发成本，从而使产品更容易进入市场，被消费者所接受，也因此更具有竞争力。

在开发设计第一款 ARM CPU 时，RISC 的例子只有加州大学伯克利分校的 RISC I/RISC II 及斯坦福大学的无互锁流水线处理器(Microprocessor without Interlocking Pipeline Stages，MIPS)，而它们当时仅仅用于教学和研究，ARM 微处理器是第一个为商业用途而开发的 RISC 处理器，对于当时的 RISC 体系结构既有继承又有抛弃，ARM 最终采用的 Berkeley RISC 处理器体系结构特征如下。

① 加载/存储体系结构，也称为寄存器/寄存器体系结构或 R-R 系统结构。其特点是操作数和运算结果不能直接在主存储器中存取，而是必须借用大量的标量或向量寄存器来进行中转，采用这一结构时必然要使用更多的通用寄存器存储操作数和运算结果。由于寄存器与运算器之间的数据传输速度远高于主存与运算器之间的数据传输速度，采用这一结构有助于提高计算机整体的运行速度。

② 采用固定长度精简指令集。这样使得机器译码变得容易，可以通过硬件直接译码的方式完成对指令的解析。虽然由于与复杂指令集相比，采用精简指令集需要更多指令来完成相同的任务，但采用硬件直接译码的速度却高于采用微码方式译码。通过采用高速缓存等提高存储器存取速度的技术，采用固定长度精简指令集的机器可以获得更高的性能。

③ 三地址指令格式。除了除法指令，ARM 的大部分数据处理指令采用三地址指令，即在指令中包含了目的操作数、源操作数和第二源操作数。

RISC 处理器体系结构的以上特征也是 ARM 微处理器区别于以 x86 为代表的 CISC 处理器的主要特征。

在 Berkeley RISC 中被 ARM 设计者放弃的技术特征包括以下方面。

① 寄存器窗口。由于 Berkeley 原型机中包含了寄存器窗口，使得寄存器窗口的机制密切地伴随着 RISC 的概念，Berkeley RISC 处理器的寄存器窗口使得任何时候总有 32 个寄存器是可见的。进程进入和退出时都会使用一组新的寄存器，减少了因寄存器保存和恢复导致的处理器和存储器之间的数据拥塞和时间开销，这是寄存器窗口的优点。但是寄存器窗口以大量寄存器资源为代价，使得芯片成本增加，因此在 ARM 微处理器设计时未采用寄存器窗口。尽管在 ARM 中用来处理异常的影子(Shadow)寄存器和窗口寄存器在概念上基本相同，但是在异常模式下对进程进行处理时，影子寄存器的数量是很少的。

② 延迟转移。程序跳转会中断指令流水线的平滑流动而造成 "断流"，多数 RISC 处理器采用延迟转移来改善这一问题，即在后续指令执行后才进行转移。ARM 并没有采用延迟转移，因为它使异常处理过程更加复杂。

③ 所有指令单周期执行。ARM 被设计为使用最少的时钟周期来访问存储器，但并不是所有指令都单周期执行。例如，低成本 ARM7 的最简单的加载/存储指令最少也需要访问两次存储器(一次取指令，一次数据读/写)。较高性能的 ARM9 使用分开的数据和指令寄存器，才有可能把加载/存储指令的指令存储器和数据访问存储器操作在单周期内执行。

最初的 ARM 设计最关心的是必须保持设计的简单性：把简单的硬件和指令集结合起来，这是 RISC 体系结构的思想基础。但是 ARM 仍然保留一些 CISC 体系结构的特征，并且因此达到了比纯粹的 RISC 体系结构更高的代码密度，使得 ARM 在开始时就获得了高能效和小面积的优势。

自诞生以来，ARM 体系结构发展并定义了 8 种不同的版本。从 v1 到 v8，ARM 指令集功能不断扩大。但只要支持相同的 ARM 体系结构版本，上层应用软件就是兼容的。

下面介绍 ARM 体系结构各版本的特点。

1. v1 版体系结构。v1 版体系结构只在原型机 ARM1 中出现过，其基本性能如下：

- 基本的数据处理指令(无乘法运算)；
- 基于字节、半字和字的存/取指令；
- 转移指令，包括子程序调用及链接指令；
- 供操作系统使用的软件中断指令(SWI)；
- 寻址空间为 64 MB。

2. v2 版体系结构。v2 版体系结构对 v1 版进行了扩展，增加了如下功能：

- 乘法和乘加指令；
- 支持协处理器操作指令；
- 快速中断模式；
- 存储器与寄存器交换指令(SWP/SWPB)；
- 寻址空间为 64 MB。

3. v3 版体系结构。v3 版体系结构对 ARM 体系结构进行了较大的改进，其功能如下：

- 当前程序状态信息从原来的 R15 寄存器移到一个新的寄存器中，即当前程序状态寄存器(CPSR)；

- 增加了程序状态保存寄存器(SPSR)，保存程序在异常中断时的程序状态，以便于对异常进行处理；
- 增加了 MRS/MSR 指令，以访问新增的 CPSR/SPSR；
- 增加了中止和未定义这两种处理器工作模式；
- 增加了从异常处理返回的指令功能；
- 寻址空间为 4 GB。

4. **v4 版体系结构**。v4 版体系结构在 v3 版的基础上进一步扩充，指令集中增加了以下功能：

- 符号化和非符号化半字及符号化字节的存/取指令；
- 增加了 16 位 Thumb 指令集；
- 完善了软件中断指令(SWI)的功能；
- 处理器系统模式引进特权方式时使用用户寄存器操作；
- 把一些未使用的指令空间捕获为未定义指令。

5. **v5 版体系结构**。v5 版体系结构在 v4 版的基础上增加了以下一些新的指令：

- 带有链接和交换的 BLX 指令；
- 计数前导零(CLZ)指令；
- 中断(BRK)指令；
- 增加了数字信号处理指令(在 v5TE 版中)；
- 为协处理器增加了更多可选择的指令。

6. **v6 版体系结构**。v6 版体系结构是 2001 年发布的，此体系结构在 v5 版的基础上增加了以下功能：

- 增加了进行多媒体处理的 SIMD 功能；
- 改进了内存管理，使系统性能提高 30%；
- 改进了混合端与不对齐数据支持，使小端系统支持大端数据(如 TCP/IP)。

7. **v7 版体系结构**。v7 版体系结构是 2005 年发布的，使用了能够带来更高性能、更低功耗、更高效率且代码密度更大的 Thumb-2 技术。首次采用了强大的信号处理扩展集，并对 H.264 和 MP3 等媒体编解码提供加速。

8. **v8 版体系结构**。v8 版体系结构于 2014 年发布，被目前大部分 ARM 微处理器采用，支持 64 位位宽。

　　注意，ARM 的体系结构版本号并不是 ARM 内核的版本号，例如 ARM7、ARM8、ARM9 和 Strong ARM 这几种版本的 ARM 内核，都是基于 v4 版体系结构设计的；最新推出的 Cortex 系列处理器是基于 ARM 的 v7(或 v8)版体系结构的，分为 Cortex-M、Cortex-R 和 Cortex-A 三类。其中 M 系列主要面向对成本非常敏感的传统单片机市场，R 系列主要用于硬盘控制器 等对实时性要求很高的领域，而 A 系列则主要面向以多媒体手机为代表的高端应用处理器市场。常见的 ARM 体系结构与 ARM 内核的版本对应关系如表 7-1 所示。

　　ARM 公司并不自行设计或生产微处理器芯片，而是将内核授权给其他 IC 厂商使用。

1991 年，ARM 公司推出首个采用嵌入式 RISC 内核的 ARM6 系列处理器，VLSI Technology 公司率先获得授权，一年后，夏普和 GEC Plessey 也成为授权用户。1993 年，TI 公司和 Cirrus Logic 亦签署了授权协议。从此，ARM 的知识产权产品和授权用户都急剧扩大。到目前为止，包括 Intel、Samsung、Xilinx、Apple、海思半导体在内，ARM 公司已有超过 1000 家授权合作伙伴。

表 7-1　常见的 ARM 体系结构与 ARM 内核的版本对应关系

内核	体系结构
ARM1	ARM v1
ARM2	ARM v2
ARM2aS，ARM3	ARM v2a
ARM6，ARM600，ARM610，ARM7，ARM700，ARM710	ARM v3
Strong ARM，ARM8，ARM810	ARM v4
ARM7TDMI，ARM710T，ARM720T，ARM740T，ARM9TDMI，ARM920T，ARM940T	ARM v4T
ARM9E-S，ARM10TDMI，ARM1020E	ARM v5TE
ARM1136J(F)-S，ARM1176JZ(F)-S，ARM11MPCor	ARM v6
ARM1156T2(F)-S	ARM v6T2
ARM Cortex-M，ARM Cortex-R，ARM Cortex-A	ARM v7，ARM v8

7.2　ARM 编程模型

随着技术的快速发展，ARM 微处理器家族也在不断补充新成员。以下内容主要面向目前最主流的 32 位 ARM 微处理器，更新的资料可参见 ARM 公司官网。

7.2.1　ARM 微处理器工作状态

32 位的 ARM 微处理器支持以下两种工作状态：
● ARM 状态。微处理器执行 32 位的字对齐的 ARM 指令。
● Thumb 状态，微处理器执行 16 位的、半字对齐的 Thumb 指令。

ARM 微处理器复位后开始执行代码时，处于 ARM 状态。随后在程序执行过程中，微处理器可以随时在这两种工作状态之间切换。值得注意的是，工作状态的切换并不影响微处理器的工作模式或寄存器的内容。

ARM 指令集和 Thumb 指令集均有切换微处理器工作状态的指令，切换方式如下：
● 进入 Thumb 状态。当操作数寄存器的最低位为 1 时，执行 BX 指令就可以进入 Thumb 状态。如果微处理器在 Thumb 状态时发生异常（异常处理要在 ARM 状态下进行），则当异常处理（如 IRQ、FIQ、Undef、Abort 和 SWI 等）返回时自动切换到 Thumb 状态。
● 进入 ARM 状态。当操作数寄存器的最低位为 0 时，执行 BX 指令就可以进入 ARM 状态。微处理器进行异常处理（如 IRQ、FIQ、Undef、Abort 和 SWI 等）时，系统自动进入 ARM 状态。

7.2.2　ARM 微处理器工作模式

32 位 ARM 微处理器支持的 7 种工作模式及其用途如表 7-2 所示。

表 7-2　微处理器工作模式及其用途

微处理器工作模式	寄存器后缀	用　　途
用户模式(User)	usr	ARM 微处理器的正常程序执行状态
快速中断模式(Fast Interrupt reQuest，FIQ)	fiq	处理高速中断，用于高速数据传输或通道处理
外部中断模式(Interrupt ReQuest，IRQ)	irq	用于普通的中断处理
管理模式(Supervisor)	svc	操作系统使用的保护模式，系统复位后的默认模式
中止模式(Abort)	abt	数据或指令预取中止时进入该模式
未定义模式(Undefined)	und	处理未定义指令，用于支持硬件协处理器的软件仿真
系统模式(System)	无	运行特权级的操作系统任务

　　ARM 微处理器的工作模式可以通过软件改变，也可能因外部中断或异常引发改变。ARM 微处理器内部可访问的寄存器包括通用寄存器、程序状态寄存器和程序计数器等。有些寄存器是 7 种工作模式公用的，有些则可能应用于不同模式下。

　　大多数应用程序运行在用户模式下。除了用户模式，其余所有 6 种模式称为非用户模式或特权模式(Privileged Mode)。在这些模式下，程序可以访问所有的系统资源，也可以任意地进行微处理器模式的改变。

　　当微处理器工作在用户模式时，正在执行的程序不能访问某些被保护的系统资源，也不能直接进行工作模式的切换。应用程序可以通过产生异常中断，在异常处理过程中切换工作模式，当应用程序产生异常中断时，微处理器进入相应的异常模式，即 FIQ、IRQ、Supervisor、Abort 或 Undefined 模式。在每一种异常模式中都有一组寄存器，供相应的异常处理程序使用，这样就保证了在进入该异常模式时不会破坏用户模式下的寄存器。

　　系统模式仅在 ARM v4 及更高版本中存在。该模式不能通过任何异常进入，且与用户模式有完全相同的寄存器，但是不受用户模式的限制。系统模式供需要访问系统资源的操作系统任务使用，但需要避免使用与其他异常模式有关的附加寄存器，以保证在任何异常出现时都不会使任务的状态不可靠。

7.2.3　寄存器组织

　　32 位 ARM 微处理器共有 37 个 32 位的物理寄存器，其中包括 31 个通用寄存器(含程序计数器 PC)和 6 个程序状态寄存器。这些寄存器不能同时访问，具体哪些寄存器可编程访问取决于微处理器的工作状态及具体的工作模式。

1．ARM 状态下的寄存器组织

　　ARM 状态下的寄存器分为通用寄存器、程序计数器和程序状态寄存器，其组织如表 7-3 所示。

　　(1)通用寄存器

　　通用寄存器包括 R0~R14，可以分为两类：不分组寄存器(R0~R7)和分组寄存器(R8~R14)。

不分组寄存器(R0~R7)

　　对于不分组寄存器 R0~R7，在微处理器的所有工作模式下，它们中的每一个都指向一个物理寄存器，且未被系统用于特殊用途。因此，在中断或异常处理中进行模式切换时，由于不同的微处理器工作模式均使用相同的物理寄存器，可能会破坏寄存器中的数据，进行程序设计时应引起注意。

分组寄存器(R8~R14)

对于分组寄存器 R8~R14，物理寄存器可能有分组，具体使用哪一组与微处理器当前的工作模式有关。为方便理解，可按如下规定物理寄存器的名字形式：

R13_<mode>

R14_<mode>

其中，<mode>是寄存器后缀，分别使用 usr、svc、fiq、irq、abt 和 und 表示 6 种模式。

例如，寄存器 R8~R12 在 FIQ 模式下实际访问的物理寄存器记为 R8_fiq~R12_fiq；在除 FIQ 模式外的其他模式下实际访问的物理寄存器为 R8_usr~R12_usr。

对于寄存器 R13 和 R14，每个寄存器对应 6 个不同的物理寄存器，其中的一个物理寄存器是用户模式和系统模式公用的，另外 5 个物理寄存器分别对应其他 5 种不同的工作模式。

寄存器 R13 通常作为堆栈指针(SP)，用于保存当前微处理器工作模式下堆栈的栈顶地址。寄存器 R14 通常作为链接寄存器(LR)，用于保存子程序的返回地址。当子程序的返回地址保存在堆栈中时，R14 也可以作为通用寄存器。

微处理器在不同工作模式时，允许每种模式有自己的堆栈指针和链接寄存器。

表 7-3 ARM 状态下的寄存器组织

工作模式 寄存器	User	System	Supervisor	Abort	Undefined	IRQ	FIQ
通用寄存器	R0						
	R1						
	R2						
	R3						
	R4						
	R5						
	R6						
	R7						
	R8						R8_fiq
	R9						R9_fiq
	R10						R10_fiq
	R11						R11_fiq
	R12						R12_fiq
	R13(SP)	R13_svc	R13_abt	R13_und	R13_irq	R13_fiq	
	R14(LR)	R14_svc	R14_abt	R14_und	R14_irq	R14_fiq	
程序计数器	R15(PC)						
程序状态寄存器	CPSR						
	无	SPSR_svc	SPSR_abt	SPSR_und	SPSR_irq	SPSR_fiq	

(2)R15，程序计数器(PC)

R15 作为程序计数器，用于保存微处理器准备读取的下一条指令的地址。

ARM 状态下，所有指令都是 32 位长度的，指令以字对准保存；Thumb 状态下，所有指令都是 16 位长度的，指令以半字对准保存。

由于 ARM 体系结构采用多级流水线技术，对于 ARM 指令集而言，通常 PC 总是指向当前指令之后两条指令的地址，即 PC 的值为当前指令的地址值加 8。

(3) 程序状态寄存器(PSR)

程序状态寄存器包括当前程序状态寄存器(Current Program Status Register, CPSR)和程序状态保存寄存器(Saved Program Status Register, SPSR)。

微处理器在所有工作模式下都可以访问当前程序状态寄存器，而在每一种异常工作模式下都还另有一个程序状态保存寄存器 SPSR。当异常发生时，SPSR 用于保存 CPSR 的当前值，当从异常退出时，可用 SPSR 来恢复 CPSR。用户模式和系统模式不属于异常模式，因此这两种模式没有 SPSR，当在这两种情况下访问 SPSR 时，结果是未知的。CPSR 和 SPSR 的格式如图 7-1 所示，主要分为两部分：条件码标志位和控制位，其中控制位部分包括了中断禁止位和当前模式位等。

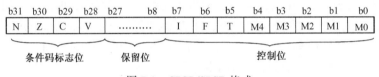

图 7-1　CPSR/SPSR 格式

条件码标志

N(Negative)、Z(Zero)、C(Carry)和 V(oVerflow)均为条件码标志位。其内容可被算术、逻辑运算等指令的结果所改变，且这些标志位可用于决定是否执行某条指令。

条件码标志的含义如下所示：

- 标志 N。N=1 表示运算结果为负数(最高位为 1)；N=0 表示运算结果为正数或零(最高位为 0)。
- 标志 Z。Z=1 表示运算结果为零；Z=0 表示指令运算结果为非零。
- 标志 C。
  - 对于加法运算(包括比较指令 CMN)，C=1 表示加法运算产生进位，C=0 表示加法运算未产生进位。
  - 对于减法运算(包括比较指令 CMP)，C=0 表示减法运算产生借位，C=1 表示减法运算未产生借位。
  - 对于包含移位操作的非加/减运算指令，C 为最后一个移出位。
- 标志 V。
  V=1 表示运算结果溢出，V=0 表示运算结果未溢出。

控制位

CPSR 的低 8 位，即 I、F、T 和 M4~M0 称为控制位。当发生异常时这些位可能被改变；当微处理器运行在特权模式时，这些位也可以由程序修改。各控制位的含义如下所示：

- 中断禁止位 I 和 F。I=1 表示禁止 IRQ 中断，F=1 表示禁止 FIQ 中断。
- T 标志位。
  对于 ARM 的 v4 及以上版本的 T 系列处理器，T=0 表示程序运行于 ARM 状态，T=1 表示程序运行于 Thumb 状态。
- 工作模式位 M4~M0。其含义如表 7-4 所示。

表 7-4　工作模式位的含义

M4~M0	微处理器工作模式	可访问的寄存器
10000	用户模式（User）	PC，CPSR 和 R0~R14
10001	快速中断模式（FIQ）	PC，CPSR，SPSR_fiq，R8_fiq~R14_fiq 和 R0~R7
10010	外部中断模式（IRQ）	PC，CPSR，SPSR_irq，R13_irq，R14_irq 和 R0~R12
10011	管理模式（Supervisor）	PC，CPSR，SPSR_svc，R13_svc，R14_svc 和 R0~R12
10111	中止模式（Abort）	PC，CPSR，SPSR_abt，R13_abt，R14_abt 和 R0~R12
11011	未定义模式（Undefined）	PC，CPSR，SPSR_und，R13_und，R14_und 和 R0~R12
11111	系统模式（System）	PC，CPSR（ARM v4 及以上版本）和 R0~R14

保留位。

CPSR 中的其他位为保留位，可能用于 ARM 版本的扩展，建议用户不要使用。

2．Thumb 状态下的寄存器组织

Thumb 状态下的寄存器组织是 ARM 状态下寄存器组织的子集。程序员可以访问 8 个通用寄存器（R0~R7）、PC、SP、LR、SPSR 和 CPSR。每种特权模式都有一组独立的 SP、LR 和 SPSR 物理寄存器。Thumb 状态的寄存器组织如表 7-5 所示，其特点如下。

① Thumb 状态的 R0~R7 与 ARM 状态的 R0~R7 是一致的。

② Thumb 状态的 CPSR 和 SPSR 与 ARM 状态的 CPSR 和 SPSR 是一致的。

③ Thumb 状态的 SP 映射到 ARM 状态的 R13。

④ Thumb 状态的 LR 映射到 ARM 状态的 R14。

⑤ Thumb 状态的 PC 映射到 ARM 状态的 R15。

表 7-5　Thumb 状态下的寄存器组织

工作模式 寄存器	User	System	Supervisor	Abort	Undefined	IRQ	FIQ
通用寄存器	R0						
	R1						
	R2						
	R3						
	R4						
	R5						
	R6						
	R7						
	R13（SP）	R13_svc	R13_abt	R13_und	R13_irq	R13_fiq	
	R14（LR）	R14_svc	R14_abt	R14_und	R14_irq	R14_fiq	
程序计数器	R15（PC）						
程序状态寄存器	CPSR						
	无	SPSR_svc	SPSR_abt	SPSR_und	SPSR_irq	SPSR_fiq	

Thumb 状态下，寄存器 R8~R15 并不是标准寄存器集的一部分，但用户可以使用汇编语言程序有限制地访问这些寄存器，将其用做快速的暂存器。

7.2.4 数据类型和存储格式

32 位 ARM 微处理器支持的数据类型有字节(8 位)、半字(16 位)和字(32 位)。

① 字节(Byte)。在 ARM 微处理器中，字节的长度均为 8 位。

② 半字(Half-Word)。在 ARM 微处理器中，半字的长度为 16 位，半字必须以 2 字节为边界对齐。

③ 字(Word)。在 ARM 微处理器中，字的长度为 32 位，字必须以 4 字节为边界对齐。

这三种数据类型都支持无符号数和有符号数，当某种数据类型表示无符号数时，N 位无符号数据值的表示范围是 $0\sim2^N-1$ 的非负整数；当某种数据类型表示有符号数时，N 位有符号数据值的表示范围是 $-2^{N-1}\sim2^{N-1}-1$ 的整数。

ARM 微处理器的 32 位地址线能支持的最大寻址空间为 4 GB(2^{32})。ARM 体系结构将存储器看成从 0x00000000 地址开始，以字节为单位的线性空间。每个字数据占 4 字节单元，每个半字数据占 2 字节单元。在这种多字节数据中，各字节的存放顺序可以是大端格式或小端格式的。

在大端格式中，32 位字数据的高字节存放在低地址单元中，而低字节则存放在高地址单元中。

在小端格式中，32 位字数据的高字节存放在高地址单元中，而低字节则存放在低地址单元中。

例如，32 位的字数据 0x12345678 写入以 0x00000000 地址开始的内存单元中，则结果可能为：

地 址	大 端 格 式	小 端 格 式
0x00000000	0x12	0x78
0x00000001	0x34	0x56
0x00000002	0x56	0x34
0x00000003	0x78	0x12

ARM 微处理器同时支持小端格式和大端格式，但默认格式通常为小端格式。

7.2.5 异常

在程序执行过程中发生的意外事件称为异常(Exception)。在 ARM 体系结构中，除了硬件中断异常，还包括软件中断、未定义指令(尽管它不是真正的"意外"事件)及复位等类型的异常。这些事件在微处理器中都使用同样的处理机制。

当发生异常时，微处理器必须先保存当前的状态；当异常处理完成后，需要将微处理器的状态恢复到处理异常之前，然后才能继续执行当前程序。ARM 微处理器允许多个异常同时发生，它们将会按固定的优先级进行处理。

1. ARM 支持的异常类型

ARM 体系结构支持的异常类型有 7 种，如表 7-6 所示。

表 7-6　ARM 体系结构支持的异常类型

异 常 类 型	具 体 功 能
复位 (Reset)	当微处理器的复位电平有效时，产生复位异常，ARM 微处理器立刻停止执行当前指令，程序跳转到复位异常处理程序处执行
未定义指令 (Undefined)	当 ARM 微处理器或协处理器遇到不能处理的指令时，产生未定义指令异常。可使用该异常机制进行软件仿真，扩展 ARM 或 Thumb 指令集
软件中断 (SWI)	该异常由执行 SWI 指令产生，可用于用户模式下的程序调用特权操作。可使用该异常机制实现系统功能调用，用于请求特定的管理功能
预取指令中止 (Prefetch Abort)	若微处理器预取指令的地址不存在，或该地址不允许当前指令访问，则存储器会向微处理器发出中止信号。但只有当预取指令被执行时，才会真正产生预取指令中止异常；若预取指令并未被执行（如指令流水线中发生了跳转），则不会发生预取指令中止异常
数据中止 (Data Abort)	若微处理器数据访问指令的地址不存在，或该地址不允许当前指令访问，则会产生数据中止异常。发生数据中止时，系统的响应与指令的类型有关
外部中断请求 (IRQ)	当微处理器的外部中断请求引脚 nIRQ 有效，且 CPSR 中的 I 位为 0 时，产生 IRQ 异常（系统的外设可通过该异常请求中断服务）；若将 CPSR 的 I 位置为 1，则会禁止 IRQ 中断。只有在特权模式下才能改变 I 位的状态。IRQ 的优先级比 FIQ 低，当程序执行进入 FIQ 异常时，IRQ 可能被屏蔽
快速中断请求 (FIQ)	FIQ 异常是为了支持数据传输或者通道处理而设计的。当微处理器的快速中断请求引脚 nFIQ 有效，且 CPSR 中的 F 位为 0 时，产生 FIQ 异常；若将 CPSR 的 F 位置为 1，则会禁止 FIQ 中断。只有在特权模式下才能改变 F 位的状态

以上 7 种异常可以分为如下 3 类：

- 指令执行引起的直接异常。软件中断、未定义指令（包括要求的协处理器不存在时的协处理器指令）和预取指令中止都属于这一类。
- 指令执行引起的间接异常。数据中止（在用加载/存储指令访问数据时的存储器故障）属于这一类。
- 外部产生的与指令流无关的异常。复位、IRQ 和 FIQ 属于这一类。

2. 异常优先级与异常嵌套

当多个异常同时发生时，系统根据固定的优先级决定异常的处理次序，如表 7-7 所示。

复位异常从确定的状态启动微处理器，使得所有其他未解决的异常都和当前微处理器运行的状态不再有关，因此具有最高优先级。

未定义指令异常和软件中断异常都依靠指令的特殊译码产生，由于两者是互斥的指令编码，因此不可能同时发生。

优先级判决最复杂的情况是 FIQ、IRQ 和第三个非复位的异常同时发生，如下所述。

表 7-7　异常优先级

优 先 级	异　　常
1（最高）	复位
2	数据中止
3	FIQ
4	IRQ
5	预取指令中止
6（最低）	未定义指令和软件中断

① FIQ 比 IRQ 优先级高并将 IRQ 屏蔽，所以 IRQ 将被忽略，直到 FIQ 处理程序明确地将 IRQ 使能或返回到用户代码为止。

② 如果第三个异常是数据中止，那么因为进入数据中止异常并未将 FIQ 屏蔽，所以微处理器将在进入数据中止处理程序后立即进入 FIQ 处理程序。数据中止处理程序将在 FIQ 处理程序返回时对其进行处理。

③ 如果第三个异常不是数据中止，则微处理器将立即进入 FIQ 处理程序，并在 FIQ 和 IRQ 异常都处理完成后再返回到产生第三个异常的指令，进行相应的处理。

3. 异常向量

当系统运行时,异常可能会随时发生。为保证 ARM 微处理器发生异常时能及时地处理,采用的方式是在存储器中为每个异常类型分配一个固定地址,该固定地址称为异常向量。

ARM 异常向量如表 7-8 所示。

表 7-8　ARM 异常向量

异 常 向 量	异 常 类 型	所进入工作模式
0x00000000	复位	管理模式
0x00000004	未定义指令	未定义模式
0x00000008	软件中断	管理模式
0x0000000C	预取指令中止(取指令时的存储器故障)	中止模式
0x00000010	数据中止(访问数据时的存储器故障)	中止模式
0x00000014	保留	保留
0x00000018	IRQ	外部中断模式
0x0000001C	FIQ	快速中断模式

一般来说,在异常向量指向的存储单元会保存一条跳转指令。当 ARM 微处理器发生异常时,程序计数器被强制设置为对应的异常向量,从而转到异常处理程序。FIQ 可以立即执行,因为它占据最高向量地址。当异常处理完成后,返回到主程序继续执行。

在 ARM 特权模式下,有两个寄存器用于保存返回地址和堆栈指针,其他需保存的用户寄存器可使用堆栈暂存,这样异常处理程序就可以使用这些寄存器。FIQ 异常类型还有额外的专用寄存器,使用这些寄存器可以使大多数情况无须保存用户寄存器而得到较好的性能。

4. 异常响应过程

除复位之外,ARM 微处理器对异常的响应过程如下:

① 将当前 CPSR 的值保存到异常对应的 SPSR 中,以实现对微处理器当前状态的保护。

② 根据异常类型,设置 CPSR 中的低 5 位,使微处理器进入 ARM 状态及相应的异常工作模式,设置 I=1 以禁止 IRQ 中断;如果发生 FIQ 中断,还要设置 F=1,以禁止新的 FIQ 中断。

③ 将 PC 值存入相应的链接寄存器 LR,以便程序在异常返回时能从正确的位置重新开始执行。

④ 将相应异常向量强制赋给 PC,以便执行相应的异常处理程序。

当 nRESET 信号变为低电平时产生复位异常。ARM 微处理器在 nRESET 信号再变为高电平时进行如下操作:

① 将 PC 和 CPSR 的当前值复制到 R14_svc 和 SPSR_svc 中。

② 强制 CPSR 中的低 5 位为 10011(即管理模式),并将 I 和 F 位置为 1,T 位清零。

③ 强制 PC 从地址 0x00 取下一条指令。

复位后,除 PC 和 CPSR 以外的所有寄存器值都不确定。

5. 异常返回过程

复位异常发生后,由于系统自动从 0x00 开始重新执行程序,因此复位异常处理程序执行完后无须返回。其他所有异常处理程序执行完后必须返回到原来程序处继续执行,为达到这一目的,需要执行以下操作:

① 恢复原来被保护的用户寄存器。

② 将 SPSR 中的值复制到 CPSR 中，以恢复被中断的程序运行状况。

③ 根据异常类型将 PC 值恢复成断点地址，以执行用户原来运行的程序。

④ 清除 CPSR 中的中断禁止标志 I 和 F，开放外部中断和快速中断。

需要注意的是，程序状态及断点地址的恢复必须同时进行，若分别进行，则只能顾及一方。例如，如果先恢复断点地址，那么异常处理程序就会失去对指令的控制，使 CPSR 无法恢复；如果先恢复 CPSR，那么保存断点地址的当前异常模式的 R14 就不能再访问了。为此 ARM 提供了两种返回处理机制，利用这些机制可以使上述两步作为一条指令的一部分同时完成。当返回地址保存在当前异常模式的 R14 中时采用其中一种机制，当返回地址保存在堆栈中时采用另一种机制。

当返回地址保存在当前工作模式的 R14 中，并从不同的模式返回时，所用的指令有所不同，下面简单介绍处理完各种不同异常之后返回程序的方法。

① FIQ 异常和 IRQ 异常。返回指令为

```
SUBS PC, R14_fiq, #4
SUBS PC, R14_irq, #4
```

该指令将寄存器 R14_fiq/R14_irq 的值减 4 后复制到程序计数器(PC)中，以实现从异常处理程序中返回，同时将 SPSR_fiq/SPSR_irq 寄存器的内容复制到当前程序状态寄存器(CPSR)中。

处理完 IRQ 和 FIQ 异常后，必须返回到被保存地址所指的上一条指令，以便执行因为进入异常处理程序而未执行的指令。

② 预取指令中止异常和数据中止异常。返回指令为

```
SUBS PC, R14_abt, #4    （对应预取指令中止异常）
SUBS PC, R14_abt, #8    （对应数据中止异常）
```

该指令恢复 PC(从 R14_abt)和 CPSR(从 SPSR_abt)的值，实现从异常处理程序返回。

处理完指令预取中止异常后，必须返回到被保存地址所指的上一条指令，以便执行在初次请求访问存储器时造成故障的指令。

处理完数据中止异常后，必须返回到被保存地址所指的再上面第二条指令，以便重新执行数据传送。

③ 软件中断异常未定义指令异常。返回指令为

```
MOVS PC, R14_svc
MOVS PC, R14_und
```

该指令恢复 PC(从 R14_svc/R14_und)和 CPSR(从 SPSR_svc/SPSR_und)的值，并返回到被保存地址所指的那条指令，即软件中断/未定义指令的下一条指令。

如果异常处理程序把返回地址复制到堆栈中(当发生相同的异常嵌套时，为了能够再次进入中断，SPSR 也必须同 PC 一样被保存)，可以使用如下的一条多寄存器传送指令来恢复用户寄存器并实现返回，即

```
LDMFD R13!,{R0-R3,PC}^
```

其中，寄存器列表后面的 "^" 表示从堆栈中装入 PC 的同时，CPSR 也得以恢复。

这里使用的堆栈指针 R13 是在特权模式下的寄存器。由表 7-3 可知，在除系统模式以外每个特权模式下都有自己的堆栈指针。该指针在系统启动时进行初始化。

习题

7.1 32 位 ARM 微处理器有几种工作模式？微处理器如何标识不同的工作模式？

7.2 ARM 微处理器中，PC、CPSR 和 SPSR 寄存器的作用各是什么？

7.3 从编程的角度讲，ARM 微处理器的工作状态有哪两种？这两种状态之间如何转换？

7.4 哪些特征是 ARM 和其他 RISC 体系结构所共有的？

参考资料

第 8 章　ARM 汇编指令

　　虽然在许多嵌入式系统的应用中更适宜采用 C 或 C++等高级语言编程，但对初学者而言，ARM 汇编指令和汇编语言编程是需要学习的重点内容。通过学习汇编指令和汇编语言编程，能够加深对计算机系统和微处理器工作原理的认识。本章重点介绍 ARM 汇编指令的格式、寻址方式和功能，为第 9 章 ARM 程序设计的学习奠定基础。通过本章的学习可以同时巩固第 3 章所介绍的微处理器体系结构的相关知识。

8.1　ARM 指令格式

8.1.1　ARM 指令的一般编码格式

　　ARM 汇编指令的一般书写格式如下：

　　<opcode>[<cond>][S]　　　　<Rd>, <Rn>, [<Op2>]

其中，<>中的参数是必选参数，[ ]中的参数是可选参数。

opcode	操作码助记符，通常用英文表示，如 MOV 和 SUB 等。
cond	条件码助记符，表示在何种条件下执行该指令，如 EQ、HI 等。该参数可缺省，表示该指令无条件执行。
S	决定执行指令时是否影响当前程序状态寄存器(CPSR)的值。该参数在大部分指令中可缺省。
Rd	目的操作数助记符。该操作数必须采用寄存器寻址方式，如 R1 和 R2 等。
Rn	源操作数助记符。该操作数必须采用寄存器寻址方式，如 R1 和 R2 等。
Op2	第二源操作数助记符。该操作数使用非常灵活，将在 8.1.3 节里详细介绍。

　　程序员编写的汇编指令必须先转换为机器指令，然后才能交由 CPU 执行。在计算机内部，ARM 机器指令的字长为固定的 32 位，指令中各项汇编助记符的二进制机器指令编码格式如图8-1所示。

　　8.3 节将对 ARM 机器指令编码的详细格式与 ARM 指令的功能和使用方法一起进行更详细的介绍。

指令类型	31 30 29 28	27 26 25	24 23 22 21	20	19 18 17 16	15 14 13 12	11 10 9 8	7 6 5	4	3 2 1 0
数据处理-立即数移位	cond[1]	0 0 0	opcode	S	Rn	Rd	shift amount	shift	0	Rm
杂项指令	cond[1]	0 0 0	1 0 × ×	0	× × × ×	× × × ×	× × × ×	× × ×	0	× × × ×
数据处理-寄存器移位[2]	cond[1]	0 0 0	opcode	S	Rn	Rd	Rs	0 shift	1	Rm
杂项指令	cond[1]	0 0 0	1 0 × ×	0	× × × ×	× × × ×	× × × ×	0 × ×	1	× × × ×
乘法/外部数据存取指令	cond[1]	0 0 0	× × × ×	×	× × × ×	× × × ×	× × × ×	1 × ×	1	× × × ×
数据处理-立即数[2]	cond[1]	0 0 1	opcode	S	Rn	Rd	rotate	immediate		
未定义指令	cond[1]	0 0 1	1 0 × 0	0	× × × ×	× × × ×	× × × ×	× × ×		× × × ×
装载立即数到指定寄存器	cond[1]	0 0 1	1 0 R 1	0	Mask	SBO	rotate	immediate		
存取立即数偏移量	cond[1]	0 1 0	P U B W	L	Rn	Rd	immediate			
存取寄存器中的偏移量	cond[1]	0 1 1	P U B W	L	Rn	Rd	shift amount	shift	0	Rm
多媒体指令[4]	cond[1]	0 1 1	× × × ×	×	× × × ×	× × × ×	× × × ×	× × ×	1	× × × ×
架构未定义	cond[1]	0 1 1	1 1 1 1	1	× × × ×	× × × ×	× × × ×	1 1 1	1	× × × ×
多寄存器数据存取	cond[1]	1 0 0	P U S W	L	Rn	register list				
转移指令	cond[1]	1 0 1	L		24-bit offset					
协处理器数据存取	cond[3]	1 1 0	P U N W	L	Rn	CRd	cp_num	8-bit offset		
协处理器数据处理	cond[3]	1 1 1 0	opcode1		CRn	CRd	cp_num	opcode2	0	CRm
协处理器寄存器传送	cond[3]	1 1 1 0	opcode1	L	CRn	Rd	cp_num	opcode2	0	CRm
软件中断	cond[1]	1 1 1 1			swi number					
无条件指令	1 1 1 1	× × ×	× × × ×	×	× × × ×	× × × ×	× × × ×	× × ×	×	× × × ×

[1] 条件码（cond）不能为 1111。如果条件码为 1111，则对 ARM v5 版之前的体系结构版本而言其执行结果是不可预测的。

[2] 如果操作码（opcode）为 10XX 且 S 字段为 0，则使用下一行编码替换。

[3] 体系结构未定义的指令使用了这些机器指令编码中的一小部分。

图 8-1　ARM 指令编码格式

8.1.2　ARM 指令的条件码域

当微处理器工作在 ARM 状态时，几乎所有 ARM 指令均可包含一个条件码域（简称为条件域）。只有当 CPSR 的值满足指定的条件时，带条件的指令才能执行。条件转移是绝大多数指令集的标准特征，但 ARM 将条件执行扩展到了所有的指令，包括监控调用和协处理器指令。但要注意，在 Thumb 状态下只有转移指令可以带条件执行。

每一条 ARM 指令包含 4 位的条件域，位于指令的最高 4 位。条件域编码共有 16 种（见表 8-1），每种编码可用两个英文字母表示，添加在指令助记符后面作为后缀，与指令同时使用。

表 8-1　ARM 指令的条件域编码

条件域编码	助记符后缀	标　志	含　义
0000	EQ	Z 置位	相等
0001	NE	Z 清零	不相等
0010	CS/HS	C 置位	无符号数大于或等于
0011	CC/LO	C 清零	无符号数小于
0100	MI	N 置位	负数

（续表）

条 件 码	助记符后缀	标　志	含　义
0101	PL	N 清零	正数或零
0110	VS	V 置位	溢出
0111	VC	V 清零	未溢出
1000	HI	C 置位，Z 清零	无符号数大于
1001	LS	C 清零，Z 置位	无符号数小于或等于
1010	GE	N 等于 V	有符号数大于或等于
1011	LT	N 不等于 V	有符号数小于
1100	GT	Z 清零且(N 等于 V)	有符号数大于
1101	LE	Z 置位或(N 不等于 V)	有符号数小于或等于
1110	AL	忽略	无条件执行
1111	无	无	ARM v5 版本以上时，与协处理器有关

8.1.3　ARM 指令的第二源操作数

在 ARM CPU 组成模型中，ALU 的输入操作数之一可经过桶形移位器进行预处理，该操作数即为 ARM 指令中的第二源操作数(Op2)。桶形移位器可以使第二源操作数具备更丰富的表示形式，灵活使用第二源操作数能够有效地提高代码效率。第二源操作数位于机器指令编码的最低 12 位(第 11 位~第 0 位)，其 11 种具体表现方式分成三类：立即数方式、寄存器方式和寄存器移位方式。

1. 立即数方式(#imm)

ARM 汇编指令中的第二操作数为立即数时，指令的编码格式如图 8-2 所示。立即数#imm 是一个无符号的 32 位数值常量，但在机器指令编码中只用最低 12 位表示(即 Rotate_imm 与 Immed_8 两部分，占用第 0 位到第 11 位)。指令执行时，先将 8 位无符号数值常量 Immed_8 的高位用 0 补到第 31 位，再循环右移偶数次，即 2*Rotate_imm，这样就能恢复出这个 32 位数值常量。

31	28 27	26 25	24	21 20	19	16 15	12 11	8 7	0
cond	0 0 1		opcode	S	Rn	Rd	Rotate_imm	Immed_8	

图 8-2　第二源操作数为立即数时的指令编码格式

从图 8-2 中可以看出，编码中的 Immed_8 表示 8 位无符号常量，在指令编码中占据第 7 位到第 0 位。第二源操作数的高 4 位，即第 11 位到第 8 位存放 Rotate_imm。由于 Rotate_imm 只有 4 位，只能表示 0~15。因此规定移位次数为 2*Rotate_imm，得到一个范围为 0~30，步长为 2 的移位值。

并不是所有的 32 位常量都是合法的立即数，以下常量可以通过上述构造方法得到，所以是合法的立即数。

0xFF、0x104、0xFF0、0xFF00、0xFF000 和 0xF000000F

而下面的常量不能通过上述方法构造得到，则是不合法的立即数。

0x101、0x102、0xFF1、0xFF04、0xFFFFFFFF 和 0xF000001F

如果需要对某个寄存器赋值一个不合法的立即数，则可以采用伪指令，具体方法将在 8.3.6 节中详细介绍。

2. 寄存器方式(Rm)

Rm 是存储第二源操作数的 ARM 寄存器。此时的第二源操作数是存储在 Rm 中的数值。如下所示，此时的 Rm 为 R3：

```
ADD R4, R2, R3      ;R2 + R3 → R4
SUB R1, R2, R3      ;R2 - R3 → R1
```

3. 寄存器移位方式

移位操作在 ARM 指令集中不作为单独的指令使用，只作为指令格式中的一个选项。数据处理指令的第二源操作数为寄存器 Rm 时，就可以由桶形移位器对它进行各种移位操作。移位值是 5 位无符号数，可以是常量，也可以是保存在寄存器中(除了 R15)的数。移位值的范围为 0~31。Rm 的可选移位方法可以是 ASR、LSL、LSR、ROR 和 RRX 这五种。移位操作的示意图如图 8-3 所示。

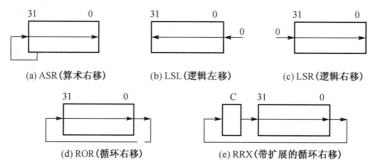

图 8-3　移位操作的示意图

(1) ASR (Arithmetic Shift Right，算术右移)

指令书写格式：Rm, ASR #n/Rs

指令操作：按 n(常量)或 Rs(通用寄存器，不能是 R15)内容指定的次数，将寄存器 Rm 中的内容向右移动，左端用第 31 位的值来填充。算术右移一位相当于有符号数除以 2。

(2) LSL (Logical Shift Left，逻辑左移)

指令书写格式：Rm, LSL #n/Rs

指令操作：按 n 或 Rs(通用寄存器，不能是 R15)内容指定的次数，将寄存器 Rm 中的内容向左移动，最低位用 0 填充。逻辑左移一次相当于无符号数乘以 2。

(3) LSR (Logical Shift Right，逻辑右移)

指令书写格式：Rm, LSR #n/Rs

指令操作：按 n 或 Rs(通用寄存器，不能是 R15)内容指定的次数，将寄存器 Rm 中的内容向右移动，最高位用 0 填充。逻辑右移一次相当于无符号数除以 2。

(4) ROR (ROtate Right，循环右移)

指令书写格式：Rm, ROR #n/Rs

指令操作：按 n 或 Rs(通用寄存器，不能是 R15)内容指定的次数，将寄存器 Rm 中的内容向右循环移动，左端用右端移出的位填充。

(5) RRX (Rotate Right with eXtend，带扩展的循环右移)

指令书写格式：Rm, RRX

指令操作：对寄存器 Rm 中的内容进行带扩展的循环右移操作，执行该指令时数据循环右移一位。与 ROR 指令不同，使用 RRX 指令时 32 位数据和 C 标志位共 33 位数据组成一个循环，向右移一次。C 标志位移入最高位，最低位移入 C 标志位。

8.2 ARM 寻址方式

所谓寻址，指的是微处理器根据指令中给出的信息，找出操作数所存放的物理地址，从而实现对操作数的访问过程。ARM 微处理器采用 RISC 体系结构，ALU 与存储器之间无法直接传递数据，只能使用加载/存储指令访问存储器，因此 ARM 将其指令系统支持的寻址方式分为两大类：数据处理类操作数寻址方式和内存操作数寻址方式。其中，数据处理类操作数寻址方式包括立即数寻址、寄存器寻址和比例尺寄存器寻址，而内存操作数寻址方式主要包括结合了不同变址(索引)功能的寄存器间接寻址。本节将简单介绍几类最常见的 ARM 微处理器寻址方式，更详细的内容可参见 ARM v4 或 v5 版体系结构的用户手册。

8.2.1 数据处理类操作数寻址方式

8.2.1.1 立即数寻址

采用立即数寻址时，指令中会直接给出操作数的数值，这个操作数称为立即数。例如，

```
MOV R0, #0xFF          ; 十六进制数 FF → R0
ADD R0, R0, #100       ; R0+ 100→ R0
```

以上第一条指令中的源操作数和第二条指令中的第二(源)操作数都采用了立即数(Immediate)寻址方式。在 ARM 的汇编指令中，立即数需要使用 "#" 作为前缀。对于以十六进制表示的立即数，要求在 "#" 后加上 "0x" 或 "&"；对于以二进制表示的立即数，要求在 "#" 后加上 "0b"；对于以十进制表示的立即数，可以在 "#" 后不做任何说明(缺省)或加上 "0d"。

8.2.1.2 寄存器寻址

采用寄存器寻址方式时，将寄存器中存放的数值直接作为操作数。这种寻址方式相当于 3.3.4 节中提到的寄存器直接寻址方式。例如，

```
ADD R0, R1, R2   ; R1+R2 → R0
```

上述指令中的三个操作数都采用了寄存器(Register)寻址方式。其中两个输入操作数存放在寄存器 R1 和 R2 中，该指令将 R1 和 R2 中存放的数值相加，结果存入寄存器 R0 中。

8.2.1.3 比例尺寄存器寻址

比例尺寄存器寻址是 ARM 指令中第二操作数特有的寻址方式。在该方式下，操作数由寄存器中的数值进行相应移位得到，其中移位方式在指令中以助记符形式表示(见 8.1.3 节)，移位位数则由指令中立即数或指定寄存器中存放的数值给出。例如，

```
ADD R0, R1, R2, LSL #1  ; R1+R2*2 → R0
```

```
MOV R1, R0, LSR R2
```

以上两条指令中的第二操作数都采用了比例尺寄存器(Scaled Register)寻址方式。其中第一条指令表示将 R2 中的值向左移 1 位，然后与 R1 中的值相加，结果存入 R0 中；第二条指令表示将 R0 中的值逻辑右移，移位次数由 R2 中保存的数值决定，移位后的结果存入 R1 中。

8.2.2　内存操作数寻址方式

8.2.2.1　单存取寻址

内存访问指令(LOAD/STORE 指令或其变形指令)采用的最基本寻址方式是将寄存器中存放的数值作为操作数的有效地址(即指针)，利用该寄存器的值即可得到存放在内存单元中的操作数。这种寻址方式相当于 3.3.4 节中提到的寄存器间接寻址方式。

在 ARM 汇编指令中，用于存放有效地址的寄存器必须用"[ ]"括起来。例如，

```
LDR R0, [R1]      ; [R0] → R1
```

上述指令中的源操作数采用的就是这种基本的内存操作数寻址方式。如图 8-4 所示，该指令表示将寄存器 R1 中存放的数值(0xA000000C)作为地址，将内存中该地址单元中的数值(0x00000003)传送到寄存器 R0 中。该指令执行完毕后，R0 中的数值和地址为 0xA000000C 的存储单元中的数值一致，均为 0x00000003；R1 中的值仍然为 0xA000000C。

图 8-4　LDR 指令中内存操作数寻址过程示意图

又如，

```
STR R0, [R1]      ; R0 → [R1]
```

上述指令中的目的操作数采用的也是基本的内存操作数寻址方式。如图 8.5 所示，该指令表示将 R0 中存放的数值(0x00000009)传送到 R1 所指向的内存单元(地址为 0xA000000C)中。该指令执行完毕后，地址为 0xA000000C 的存储单元的值和 R0 中的数值一致，均为 0x00000009；R1 中的值仍为 0xA000000C。

图 8-5　STR 指令中内存操作数寻址过程示意图

　　除了这种基本的内存操作数寻址方式，ARM 也支持由此扩展出的其他变址寻址方式，如偏移量(Offset)寻址、前索引(Pre-indexed)寻址、后索引(Post-indexed)寻址，以及多存取寻址等。例如，

```
LDR R0, [R1, #4]        ; R0←[R1+4]
```

上述指令中的源操作数采用了立即数偏移量(Immediate Offset)寻址方式。如图 8-6 所示，该指令表示将寄存器 R1 中的数值(0x00000008)加上偏移量 4，形成操作数有效地址(0x0000000C)，并将内存中该地址单元中存放的数值(0x00000003)传送到寄存器 R0 中。该指令执行完毕后,地址为 0xA000000C 的存储单元的值和 R0 中的数值一致,均为 0x00000003；R1 中的值仍为 0xA0000008。

图 8-6　立即数偏移量寻址过程示意图

　　如果希望在读/写内存单元数据之后修改 R1 中的数值(即回写指针值)，以指向下一个数据，可以使用前索引寻址方式。例如，

```
LDR R0,[R1, #4]!        ; R0←[R1+4]
                        ; R1←R1+4
```

上述指令中的源操作数采用的就是立即数前索引(Immediate Pre-indexed)寻址方式。如图 8-7 所示，该指令中的操作数有效地址的获取方式与立即数偏移寻址方式相同，不同的是该指令会将此有效地址重新写入 R1。该指令执行完毕后，地址为 0xA000000C 的存储单元的值和 R0 中的数值一致，均为 0x00000003；R1 中的值更新为 0xA000000C。指令中的符号"!"表示在完成数据传送后应该更新指针寄存器中的内容。

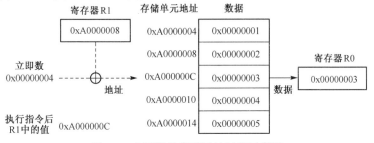

图 8-7　立即数前索引寻址过程示意图

　　如果希望先读/写寄存器所指内存单元，再修改 R1 中的数值(即回写指针值)，以指向下一个数据，则应该使用后索引寻址方式。例如，

```
LDR R0, [R1], #4        ; R0←[R1]
                        ; R1←R1+4
```

上述指令中的源操作数采用的就是立即数后索引(Immediate Post-indexed)寻址方式。如图 8-8

所示，该指令表示将寄存器 R1 中的数值(0xA0000008)作为地址，将内存中该地址单元中的数据(0x00000002)传送到寄存器 R0 中，并将 R1 中的数值加上偏移量 4 后作为新的有效地址再重新写入 R1。该指令执行完毕后，R0 中的数值和地址为 0xA0000008 的存储单元中的数值一致，均为 0x00000002；R1 中的值更新为 0xA000000C。

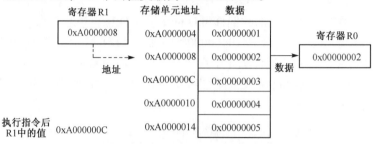

图 8-8　立即数后索引寻址过程示意图

实际上，以上各内存操作数寻址方式中的地址偏移量(即指令中的立即数)也可以使用寄存器或比例尺寄存器方式给出。例如，

```
LDR R0,[R1, R2]              ; R0←[R1+R2]
```

上述指令中的源操作数采用了寄存器偏移量(Register Offset)寻址方式。该指令表示将寄存器 R1 中的值加上寄存器 R2 中的值，形成操作数有效地址，并将内存里该地址单元中的数据传送到寄存器 R0 中。

又如，

```
STR R0,[R1],R2,LSL #2        ; R0→[R1]
                            ; R1←R1+R2*4
```

上述指令中的目的操作数采用了比例尺寄存器后索引(Scaled Register Post-indexed)寻址方式。该指令表示将寄存器 R1 中的数值作为地址，将内存里该地址单元中的数据传送到寄存器 R0 中，并将 R1 中的数值加上偏移量(寄存器 R2 中的值左移 2 位)后作为新的有效地址重新写入 R1。

8.2.2.2 多存取寻址

ARM 微处理器支持的另一大类内存操作数寻址方式是多存取(Load and Store Multiple)寻址。该寻址方式可以用一条指令传送最多 16 个通用寄存器的值。连续的寄存器之间用"?"连接，不连续的寄存器之间则用","分隔。根据多次存取时内存地址变化方式的不同，多存取寻址又可细分为前递增(Increment Before，IB)寻址、后递增(Increment After，IA)寻址、前递减(Decrement Before，DB)寻址和后递减(Decrement After，DA)寻址这 4 种方式。例如，

```
LDMIA R0! , {R1, R3, R4, R5}  ; R1←[R0]
                              ; R3←[R0+4]
                              ; R4←[R0+8]
                              ; R5←[R0+12]
```

上述指令中的源操作数采用了多存取后递增寻址方式。如图 8-9 所示，该指令表示将寄存器 R0 中的值作为操作数的有效地址，将内存里从该地址起，沿地址增加方向的连续 4 个单元的内容传送到寄存器 R1，R3，R4 和 R5 中。注意，在 ARM 的存储器和多个寄存器之间进行大块数据传输时，编号低的寄存器对应于内存中的低地址单元，编号高的寄存器对应于内存中的高地

址单元。无论寄存器在寄存器列表中如何排列，都将遵循该规则。该指令执行完毕后，寄存器 R0 中的指针值更新为 0xA0000018。

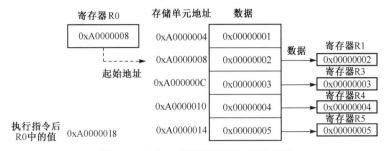

图 8-9   多存取后递增寻址过程示意图

在计算机中，堆栈可以看成一段按特定顺序(先进后出或后进先出)进行读写的特殊存储区。堆栈总是使用一个称为"堆栈指针"(Stack Point，SP)的专用寄存器来指示当前的栈顶，即堆栈当前的操作位置。当堆栈指针指向最后压入堆栈的数据时，称该堆栈为满堆栈；当堆栈指针指向下一个可放入数据的空位置时，称该堆栈为空堆栈。另外，根据堆栈的生成方式不同，可将堆栈分为递增堆栈和递减堆栈。当堆栈是向高地址方向生成(入栈操作时栈顶地址增大)时，称该堆栈为递增堆栈；当堆栈是向低地址方向生成(入栈操作时栈顶地址减小)时，称该堆栈为递减堆栈。ARM 微处理器支持如下 4 种类型的堆栈：

① 满递增堆栈。堆栈指针指向最后压入的数据，且堆栈存储区由低地址向高地址生成。
② 满递减堆栈。堆栈指针指向最后压入的数据，且堆栈存储区由高地址向低地址生成。
③ 空递增堆栈。堆栈指针指向下一个将要放入数据的空位置，且由低地址向高地址生成。
④ 空递减堆栈。堆栈指针指向下一个将要放入数据的空位置，且由高地址向低地址生成。
为便于使用堆栈，ARM 指令集专门定义了满递增(Full Ascending，FA)、满递减(Full Descending，FD)、空递增(Empty Ascending，EA)和空递减(Empty Descending，ED)这 4 种堆栈寻址方式。堆栈寻址其实就是一种特殊的多存取寻址，它和前述多存取寻址方式存在着如下的对应关系：

① 对内存读操作(加载指令)
● 多存取后递减寻址(指令 LDMDA)与满递增堆栈寻址(指令 LDMFA)等价。
● 多存取后递增寻址(指令 LDMIA)与满递减堆栈寻址(指令 LDMFD)等价。
● 多存取前递减寻址(指令 LDMDB)与空递增堆栈寻址(指令 LDMEA)等价。
● 多存取前递增寻址(指令 LDMIB)与空递减堆栈寻址(指令 LDMED)等价。
② 对内存写操作(存储指令)
● 多存取后递减寻址(指令 STMDA)与空递减堆栈寻址(指令 STMED)等价。
● 多存取后递增寻址(指令 STMIA)与空递增堆栈寻址(指令 STMEA)等价。
● 多存取前递减寻址(指令 STMDB)与满递减堆栈寻址(指令 STMFD)等价。
● 多存取前递增寻址(指令 STMIB)与满递增堆栈寻址(指令 STMFA)等价。

8.3   ARM 指令集

ARM 微处理器的指令集分为：数据处理指令、转移指令、程序状态寄存器访问指令和加载/存储指令等几种类型。

8.3.1　数据处理指令

数据处理就是对数据进行加工处理。数据处理指令分为数据传送指令、算术运算指令、比较指令、逻辑运算指令、测试指令和乘法指令等。

数据传送指令用于在寄存器之间进行数据的传输。算术运算指令完成基本的加、减运算。逻辑运算指令完成常用的逻辑运算，算术运算和逻辑运算指令要将运算结果保存在目的寄存器中，并且需要更新 CPSR 中的标志位。比较指令不保存运算结果，只更新 CPSR 中的标志位。数据处理指令的编码格式如图 8-10 所示。

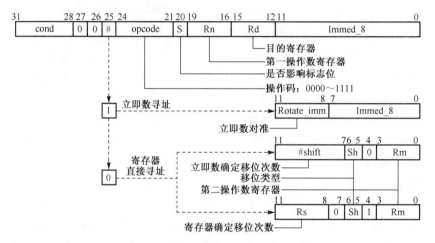

图 8-10　数据处理指令编码格式示意图

数据处理指令见表 8-2。

表 8-2　数据处理指令

指 令 格 式	操作码[24:21]	指 令 操 作	类 型 说 明
AND[<cond>][S] <Rd>, <Rn>, <Op2>	0000	Rd←Rn&Op2	逻辑与运算
EOR[<cond>][S] <Rd>, <Rn>, <Op2>	0001	Rd←Rn^Op2	逻辑异或运算
SUB[<cond>][S] <Rd>, <Rn>, <Op2>	0010	Rd←Rn−Op2	减法运算
RSB[<cond>][S] <Rd>, <Rn>, <Op2>	0011	Rd←Op2−Rn	逆向减法运算
ADD[<cond>][S] <Rd>, <Rn>, <Op2>	0100	Rd←Rn+Op2	加法运算
ADC[<cond>][S] <Rd>, <Rn>, <Op2>	0101	Rd←Rn+Op2+C	带进位加法运算
SBC[<cond>][S] <Rd>, <Rn>, <Op2>	0110	Rd←Rn−Op2−NOT(C)	带借位减法运算
RSC[<cond>][S] <Rd>, <Rn>, <Op2>	0111	Rd←Op2−Rn−NOT(C)	带借位逆向减法运算
TST[<cond>] <Rn>, <Op2>	1000	根据 Rn&Op2 的运算结果重新设置标志位 N、Z、C 和 V	位测试
TEQ[<cond>] <Rn>, <Op2>	1001	根据 Rn−Op2 的运算结果重新设置标志位 N、Z、C 和 V	测试相等
CMP[<cond>] <Rd>, <Op2>	1010	根据 Rn−Op2 的运算结果重新设置标志位 N、Z、C 和 V	比较
CMN[<cond>] <Rd>, <Op2>	1011	根据 Rn+Op2 的运算结果重新设置标志位 N、Z、C 和 V	负数比较
ORR[<cond>][S] <Rd>, <Rn>, <Op2>	1100	Rd←Rn |Op2	逻辑或运算

（续表）

指 令 格 式	操作码[24:21]	指 令 操 作	类 型 说 明
MOV[<cond>][S] <Rd>, <Op2>	1101	Rd←Op2	数据传送
BIC[<cond>][S] <Rd>, <Rn>, <Op2>	1110	Rd←Rn&(~Op2)	位清零
MVN[<cond>][S] <Rd>, <Op2>	1111	Rd←~Op2	数据取反传送

1. 数据传送指令

数据传送指令主要用于将一个寄存器中的数据传送到另一个寄存器中，或者将一个立即数传送到寄存器中，这类指令通常用来对寄存器进行初始化。

（1）数据直接传送指令

指令书写格式：MOV[<cond>][S] <Rd>, <Op2>

指令操作：将操作数 Op2 的值传送到目的寄存器 Rd 中。其中，

① <cond>为指令编码中的条件码，用于指示 MOV 指令在什么条件下执行。当<cond>缺省时，指令为无条件执行。

② S 用于决定指令的操作是否影响 CPSR 中的条件标志位。当 S 缺省时（S=0），指令不更新 CPSR 中条件标志位的值。

③ <Rd>只能是寄存器。

④ <Op2>可以是立即数或寄存器。

MOV 指令主要完成以下功能。

● 将数据从一个寄存器传送到另一个寄存器。

● 将一个数值常量传送到寄存器中。

● 实现无算术和逻辑运算的单纯移位操作，操作数乘以 2^n 可以用左移 n 位来实现。

● 当寄存器 PC 作为目的寄存器时，可以实现程序转移。

【例 8.1】　MOV 指令举例。

```
1)MOV R1, R0          ; 将寄存器 R0 的值传送到寄存器 R1 中(R1←R0)
2)MOV R0, #1          ; 将立即数 1 传送到寄存器 R0 中(R0←1)
3)MOV R1, R0, LSL #3  ; 将寄存器 R0 的值左移 3 位(R0*2³)后传送到 R1 中(R1←R0*8)
4)MOV PC, R14         ; 将寄存器 R14 的值传送到 PC 中，返回到调用代码
5)MOVS PC, R14        ; 将寄存器 R14 的值传送到 PC 中，返回到调用代码并恢复标志位
```

（2）数据取反传送指令

指令书写格式：MVN[<cond>][S] <Rd>, <Op2>

指令操作：将操作数 Op2 的值按位取反后传送到目的寄存器 Rd 中。其中，

① <cond>为指令编码中的条件码，用于指示 MOV 指令在什么条件下执行。当<cond>缺省时，指令为无条件执行。

② S 用于决定指令的操作是否影响 CPSR 中的条件标志位。当 S 缺省时（S=0），指令不更新 CPSR 中条件标志位的值。

③ <Rd>只能是寄存器。

④ <Op2>可以是立即数或寄存器。

与 MOV 指令不同的是，MVN 指令首先对源寄存器中的数据按位取反，再将取反以后的数据传送到目的寄存器中。

【例 8.2】　MVN 指令举例。

```
1)MVN R1, #0        ; 将立即数 0 按位取反后传送到寄存器 R1 中(R1←-1)
2)MVN R0, #4        ; 将立即数 4 按位取反后传送到寄存器 R0 中(R0←-5)
```

2. 算术运算指令

算术运算指令主要用于实现两个 32 位数据的加、减、乘、除、比较等运算。

（1）加法指令

指令书写格式：ADD[<cond>][S] <Rd>, <Rn>, <Op2>

指令操作：Rd←Rn+Op2，指令的执行结果影响 CPSR 中相应的标志位。其中，

① <cond>为指令编码中的条件码，用于指示 MOV 指令在什么条件下执行。当<cond>缺省时，指令为无条件执行。

② S 用于决定指令的操作是否影响 CPSR 中的条件标志位。当 S 缺省时（S=0），指令不更新 CPSR 中条件标志位的值。

当指令中有 S 时，需要注意下面两种情况。

- 如果<Rd>不是程序计数器 R15，则指令执行结果影响 CPSR 中的标志位 N、Z、C 和 V。若结果为正数，则 N=0，否则 N=1；若结果为零，则 Z=1，否则 Z=0；若无符号数运算产生进位，则 C=1，否则 C=0；若有符号数运算产生溢出，则 V=1，否则 V=0。
- 如果<Rd>是程序计数器 R15，则将当前工作模式下的 SPSR 的值复制到 CPSR。如果微处理器工作于用户模式或系统模式，则指令的执行结果不可预知，因为这两种模式没有自己专用的 SPSR。

③ <Rd>只能是寄存器。

④ <Rn>只能是寄存器。

⑤ <Op2>可以是立即数或寄存器。

【例 8.3】　ADD 指令举例。

```
1)ADD R0, R1, R2           ; R0←R1+R2
2)ADD R0, R1, #100         ; R0←R1+100
3)ADDS R0, R2, R3, LSL #1  ; R0←R2+R3*2, 结果影响 CPSR 中相应的标志位
```

（2）带进位的加法指令

指令书写格式：ADC[<cond>][S] <Rd>, <Rn>, <Op2>

指令操作：Rd←Rn+Op2+C，指令的执行结果影响 CPSR 中相应的标志位。

① <cond>为指令编码中的条件码，用于指示 ADC 指令在什么条件下执行。当<cond>缺省时，指令为无条件执行。

② S 用于决定指令的操作是否影响 CPSR 中的条件标志位。当 S 缺省时（S=0），指令不更新 CPSR 中条件标志位的值。

当指令中有 S 时，需要注意下面两种情况。

- 如果<Rd>不是程序计数器 R15，则指令执行结果影响 CPSR 中的标志位 N、Z、C 和 V。
- 如果<Rd>是程序计数器 R15，则将当前工作模式下的 SPSR 的值复制到 CPSR。如果微处理器工作于用户模式或系统模式，则指令的执行结果不可预知，因为这两种模式

没有自己专用的 SPSR。

③ <Rd>只能是寄存器。

④ <Rn>只能是寄存器。

⑤ <Op2>可以是立即数或寄存器。

ADC 指令常用于多字的加法运算。

【例 8.4】　实现两个双字(64 位)数据相加。将 R2 和 R3 中的 64 位数与 R0 和 R1 中的 64 位数相加，结果存放在 R4 和 R5 中。

```
ADDS R4, R2, R0      ; 低字相加
ADCS R5, R3, R1      ; 高字相加
```

【例 8.5】　实现两个四字(128 位)数的相加。

第一个四字(128 位)数：按字由低到高顺序存放于寄存器 R4、R5、R6 和 R7 中。

第二个四字(128 位)数：按字由低到高顺序存放于寄存器 R8、R9、R10 和 R11 中。

相加结果(128 位)：按字由低到高顺序存放于寄存器 R0、R1、R2 和 R3 中。

```
ADDS R0, R4, R8      ; 低字相加
ADCS R1, R5, R9      ; 加下一个字，带进位
ADCS R2, R6, R10     ; 加第三个字，带进位
ADCS R3, R7, R11     ; 加高字，带进位
```

(3)减法指令

指令书写格式：SUB[<cond>][S] <Rd>, <Rn>, <Op2>

指令操作：Rd←Rn–Op2，指令的执行结果影响 CPSR 中相应的标志位。

① <cond>为指令编码中的条件码，用于指示 SUB 指令在什么条件下执行。当<cond>缺省时，指令为无条件执行。

② S 用于决定指令的操作是否影响 CPSR 中的条件标志位。当 S 缺省时(S=0)，指令不更新 CPSR 中条件标志位的值。

当指令中有 S 时，需要注意下面两种情况。

● 如果<Rd>不是程序计数器 R15，则指令执行结果影响 CPSR 中的标志位 N、Z、C 和 V。这里应注意 C 标志位的设置。若减法运算没有产生借位，则 C=1，否则 C=0。C 标志在这里作为非借位标志。

● 如果<Rd>是程序计数器 R15，则将当前工作模式下的 SPSR 的值复制到 CPSR。如果微处理器工作于用户模式或系统模式，则指令的执行结果不可预知，因为这两种模式没有自己专用的 SPSR。

③ <Rd>只能是寄存器。

④ <Rn>只能是寄存器。

⑤ <Op2>可以是立即数或寄存器。

【例 8.6】　SUB 指令举例。

```
1)SUB R0, R1, R2        ; R0←R1-R2
2)SUB R0, R1, #100      ; R0←R1-100
3)SUB R0, R2, R1, LSL #1 ; R0←R2-R1*2
```

(4) 带借位减法指令

指令书写格式：SBC[<cond>][S] <Rd>, <Rn>, <Op2>

指令操作：Rd←Rn−Op2−NOT(C)，指令的执行结果影响 CPSR 中相应的标志位。

① <cond>为指令编码中的条件码，用于指示 SBC 指令在什么条件下执行。当<cond>缺省时，指令为无条件执行。

② S 用于决定指令的操作是否影响 CPSR 中的条件标志位。当 S 缺省时（S=0），指令不更新 CPSR 中条件标志位的值。

　　当指令中有 S 时，需要注意下面两种情况。

● 如果<Rd>不是程序计数器 R15，则指令执行结果影响 CPSR 中的标志位 N、Z、C 和 V。这里应注意 C 标志位的设置。若减法运算时没有借位产生，则 C=1，否则 C=0。C 标志在这里作为非借位标志。

● 如果<Rd>是程序计数器 R15，则将当前工作模式下的 SPSR 的值复制到 CPSR。如果微处理器工作于用户模式或系统模式，则指令的执行结果不可预知，因为这两种模式没有自己专用的 SPSR。

③ <Rd>只能是寄存器。

④ <Rn>只能是寄存器。

⑤ <Op2>可以是立即数或寄存器。

SBC 指令常用于多字的减法运算。

【例 8.7】　实现两个 64 位数相减。将存放在 R1 和 R0 中的数减去存放在 R3 和 R2 中的数，结果存入 R1 和 R0 中。

```
SUBS R1, R1, R3              ; 低字相减
SBCS R0, R0, R2              ; 高字相减
```

(5) 逆向减法指令

指令书写格式：RSB[<cond>][S] <Rd>, <Rn>, <Op2>

指令操作：Rd←Op2−Rn，指令的执行结果影响 CPSR 中的标志位 N、Z、C 和 V。

【例 8.8】　RSB 指令举例。

```
1)RSB R0, R1, R2            ; R0←R2-R1
2)RSB R0, R1, #25           ; R0←25-R1
3)RSB R0, R1, R2, LSL #2    ; R0←R2*4-R1
```

(6) 带借位的逆向减法指令

指令书写格式：RSC[<cond>][S] <Rd>, <Rn>, <Op2>

指令操作：Rd←Op2−Rn−NOT(C)，指令的执行结果影响 CPSR 中的标志位 N、Z、C 和 V。

【例 8.9】　有一个 64 位数存放在 R0 和 R1 中，求该数的负数并存入 R2 和 R3 中。

```
RSBS R2, R0, #0;
RSC R3, R1, #0;
```

3. 比较指令

比较指令通常用于将一个寄存器与一个 32 位的值进行减法运算，根据结果更新 CPSR

中的标志位。对于比较指令，无须使用 S 后缀即可改变标志位的值。需要注意的是，其运算结果不保存，因而不影响其他寄存器的内容。比较指令更新标志位后，其他指令可以通过条件码来改变程序的执行顺序。

（1）直接比较指令

指令书写格式：CMP[<cond>] <Rd>, <Op2>

指令操作：将操作数 Rd 的值减去操作数 Op2 的值，结果影响 CPSR 中相应的标志位 N、Z、C 和 V。

① <cond>为指令编码中的条件码，用于指示 CMP 指令在什么条件下执行。当<cond>缺省时，指令为无条件执行。

② <Rd>只能是寄存器。

③ <Op2>可以是立即数或寄存器。

【例 8.10】　CMP 指令举例。

```
1)CMP R1, R2              ; R1-R2，结果影响 CPSR 中相应的标志位
2)CMP R0, #20             ; R0-20，结果影响 CPSR 中相应的标志位
```

CMP 指令进行一次减法运算，并更改 CPSR 中的条件标志位。其与 SUB 指令的区别在于 CMP 指令不存储运算结果。通常，在进行两个数据大小判断时，常用 CMP 指令及相应的条件码来操作。

（2）负数比较指令

指令书写格式：CMN[<cond>] <Rd>, <Op2>

指令操作：将操作数 Rd 的值减去操作数 Op2 的负值（即 Rd+Op2），结果影响 CPSR 中相应的标志位 N、Z、C 和 V。

① <cond>为指令编码中的条件码，用于指示 CMN 指令在什么条件下执行。当<cond>缺省时，指令为无条件执行。

② <Rd>只能是寄存器。

③ <Op2>可以是立即数或寄存器。

【例 8.11】　CMN 指令举例。

```
1)CMN R1, R0            ; R1+R0，结果影响 CPSR 中相应的标志位
2)CMN R0, #200          ; R0+200，结果影响 CPSR 中相应的标志位
```

4．逻辑运算指令

逻辑运算指令对操作数按位进行与、或、异或等逻辑操作，位与位之间无进位或借位。

（1）逻辑与指令

指令书写格式：AND[<cond>][S] <Rd>, <Rn>, <Op2>

指令操作：将操作数 Rn 中的数据与 Op2 中的数据按位相与，结果存入寄存器 Rd 中，执行结果更新 CPSR 中的条件标志位 N 和 Z，计算 Op2 时更新标志位 C，不影响标志位 V。

根据逻辑与的运算规则，任何二进制位与 1 相与均保持不变，与 0 相与结果为 0。因此，AND 指令常用于需要将某数的特定位清零的场合。

【例 8.12】

1) 将寄存器 R0 中数据的高位清零, 保留最低两位。

```
AND R0, R0, #3
```

2) 将寄存器 R1 中的高 24 位清零, 保留低 8 位, 结果存入 R0 中。

```
AND R0, R1, #0xFF
```

(2) 逻辑或指令

指令书写格式: ORR[<cond>][S] <Rd>, <Rn>, <Op2>

指令操作: 将操作数 Rn 中的数据与 Op2 中的数据按位相或, 结果存入寄存器 Rd 中, 执行结果更新 CPSR 中的条件标志位 N 和 Z, 计算 Op2 时更新标志位 C, 不影响标志位 V。

根据逻辑或的运算规则, 任何二进制位与 0 相或均保持不变, 与 1 相或结果为 1。因此, ORR 指令常用于需要将某数的特定位置位的场合。

【例 8.13】

1) 保持寄存器 R1 中的高位不变, 将最低 2 位置位。

```
ORR R1, R1, #3
```

2) 保持寄存器 R1 中的高位不变, 将低 8 位置位, 结果存入寄存器 R2 中。

```
ORR R2, R1, #0x00FF
```

3) 将 R2 中的高 8 位数据移到 R3 的低 8 位中, R3 中原来的低 8 位数据移到高 8 位。

```
MOV R1, R2, LSR #24
ORR R3, R1, R3, LSL #24
```

(3) 逻辑异或指令

指令书写格式: EOR[<cond>][S] <Rd>, <Rn>, <Op2>

指令操作: 将操作数 Rn 中的数据与 Op2 中的数据按位相异或, 结果存入寄存器 Rd 中, 执行结果更新 CPSR 中的条件标志位 N 和 Z, 计算 Op2 时更新标志位 C, 不影响标志位 V。

根据逻辑异或运算的特点, 任何二进制位与 0 相异或均保持不变, 与 1 相异或则按位取反。两个相同的二进制位的异或结果为 0, 不同的二进制位的异或结果为 1。因此, EOR 指令常用于需要将某数的特定位取反的场合。

【例 8.14】

1) 将寄存器 R1 中的最低 3 位取反, 其他位保留。

```
EOR R1, R1, #7
```

2) 将寄存器 R2 中的低 8 位取反, 保留高位, 结果存入寄存器 R3 中。

```
EOR R3, R2, #0x00FF
```

3) 将寄存器 R1 与寄存器 R3 相异或, 结果存入 R2 中, 并更新 CPSR 中的标志位。

```
EORS R2, R1, R3
```

(4) 位清零指令

指令书写格式: BIC[<cond>][S] <Rd>, <Rn>, <Op2>

指令操作: 将操作数 Rn 与操作数 Op2 中相应位的反码相与, 结果存入寄存器 Rd 中,执行结果更新 CPSR 中的条件标志位 N 和 Z，计算 Op2 时更新标志位 C，不影响标志位 V。BIC 指令常用于清除某操作数中的相应位，其余位保持不变。

【例 8.15】

1）将寄存器 R2 中的位 0、位 2 和位 5 清除，其余位保留。

```
BIC R2, R2, #0x25
```

2）将寄存器 R0 清零。

```
LDR R1, = 0xFFFFFFFF
BIC R0, R0, R1
```

5. 测试指令

（1）位测试指令

指令书写格式：TST[<cond>] <Rn>, <Op2>

指令操作：将操作数 Rn 中的数据与 Op2 中的数据按位相与，根据执行结果更新 CPSR 中的条件标志位 N 和 Z。

TST 指令与 ANDS 指令的功能基本相同，区别在于 TST 指令不保存运算结果。

在实际应用中，TST 指令常用于检测某操作数中是否设置了特定位。一般情况下操作数 Rn 是要测试的数据，而操作数 Op2 提供位掩码。

【例 8.16】　测试寄存器 R0 中最低位的状态。

```
TST R0, #1
```

该指令将 R0 中的数据与二进制数 1 按位相与，根据执行结果设置 CPSR 中的条件标志位，用于测试寄存器 R0 的最低位是否置位。

（2）测试相等指令

指令书写格式：TEQ[<cond>] <Rn>, <Op2>

指令操作：将操作数 Rn 中的数据与 Op2 中的数据按位相异或，根据执行结果更新 CPSR 中的条件标志位。

TEQ 指令与 EORS 指令的功能基本相同，区别在于 TEQ 指令不保存运算结果。

TEQ 指令常用于比较两个操作数是否相等。

【例 8.17】　测试寄存器 R0 与寄存器 R1 中的数是否相等。

```
TEQ R0, R1
```

若指令执行结果使标志位 Z=1，则表示 R0 与 R1 中的操作数是相等的；若指令执行结果使标志位 Z=0，则表示不相等。

6. 乘法指令

乘法指令是将一对寄存器的内容相乘，然后根据指令类型把结果累加到其他的寄存器。乘法指令的二进制编码如图 8-11 所示。

31　　　　　28	27	26	25	24	23　　　21	20	19　　　16	15　　　12	11　　　8	7　4	3　　　0
cond	0	0	0	0	Mul	S	Rn/RdHi	Rd/RdLo	Rs	1 0 0 1	Rm

图 8-11　乘法指令的二进制编码

ARM 微处理器支持的乘法指令与乘加指令共有 6 条，如表 8-3 所示。根据运算结果可分为 32 位运算和 64 位运算两类。64 位乘法又称为长整型乘法指令，由于结果太大，不能放在一个 32 位的寄存器中，所以把结果存放在两个 32 位的寄存器 RdLo 和 RdHi 中。RdLo 存放低 32 位，RdHi 存放高 32 位。与前述的数据处理指令不同，指令中的所有源操作数和目的寄存器都必须为通用寄存器，不能为立即数或被移位了的寄存器。同时，目的寄存器 Rd 和操作数 Rm 必须是不同的寄存器。

表 8-3　乘 法 指 令

指 令 格 式	操作码[23:21]	指 令 操 作	类 型 说 明
MUL[<cond>][S] <Rd>, <Rm>, <Rs>	000	Rd=(Rm *Rs)[31:0]	乘法（32 位）
MLA[<cond>][S] <Rd>, <Rm>, <Rs>, <Rn>	001	Rd=(Rm *Rs+Rn)[31:0]	乘累积（32 位）
UMULL[<cond>][S] <RdHi>, <RdLo>, <Rm>, <Rs>	100	RdHi: RdLd=Rm*Rs	无符号数长乘
UMLAL[<cond>][S] <RdHi>, <RdLo>, <Rm>, <Rs>	101	RdHi: RdLd+=Rm*Rs	无符号数长乘累加
SMULL[<cond>][S] <RdHi>, <RdLo>,<Rm>, <Rs>	110	RdHi: RdLd=Rm*Rs	有符号数长乘
SMLAL[<cond>][S] <RdHi>, <RdLo>,<Rm>, <Rs>	111	RdHi: RdLd+=Rm*Rs	有符号数长乘累加

（1）32 位乘法指令

指令书写格式：MUL[<cond>][S] <Rd>, <Rm>, <Rs>

指令操作：将操作数 Rm 与操作数 Rs 中的值相乘，并把结果的低 32 位存入寄存器 Rd 中。

【例 8.18】　MUL 指令举例。

```
MUL R0, R1, R2          ; R0←R1×R2
MULS R0, R1, R2         ; R0←R1×R2，同时设置 CPSR 中的相应标志位
```

（2）32 位乘加指令

指令书写格式：MLA[<cond>][S] <Rd>, <Rm>, <Rs>, <Rn>

指令操作：将操作数 Rm 与操作数 Rs 中的值相乘，再将乘积加上 Rn 的值，并把结果的低 32 位存入寄存器 Rd 中。

【例 8.19】　MLA 指令举例。

```
MLA R0, R1, R2, R3          ; R0←R1×R2+R3
MLAS R0, R1, R2, R3         ; R0←R1×R2+R3，同时设置 CPSR 中的相应标志位
```

（3）64 位有符号数乘法指令

指令书写格式：SMULL[<cond>][S] <RdLo>, <RdHi>, <Rm>, <Rs>

指令操作：将有符号操作数 Rm 与有符号操作数 Rs 中的值相乘，并把乘积的低 32 位存入寄存器 RdLo 中，高 32 位存入寄存器 RdHi 中。

【例 8.20】　SMULL 指令举例。

```
SMULL R0, R1, R2, R3          ; R0←R2×R3 的低 32 位
                              ; R1←R2×R3 的高 32 位
```

（4）64 位有符号数乘加指令

指令书写格式：SMLAL[<cond>][S] <RdLo>, <RdHi>, <Rm>, <Rs>

指令操作：将有符号操作数 Rm 与有符号操作数 Rs 中的值相乘，再将 64 位乘积的低 32 位与寄存器 RdLo 中的值相加，结果存入寄存器 RdLo 中，高 32 位与寄存器 RdHi 中的值相加，结果存入寄存器 RdHi 中。

【例 8.21】　SMLAL 指令举例。

```
SMLAL R0, R1, R2, R3        ; R0←R2×R3 的低 32 位+R0
                            ; R1←R2×R3 的高 32 位+R1
```

(5) 64 位无符号数乘法指令

指令书写格式：UMULL[<cond>][S] <RdLo>, <RdHi>, <Rm>, <Rs>

指令操作：将无符号操作数 Rm 与无符号操作数 Rs 中的值相乘，并把乘积的低 32 位存入寄存器 RdLo 中，高 32 位存入寄存器 RdHi 中。

【例 8.22】　UMULL 指令举例。

```
UMULL R0, R1, R2, R3        ; R0←R2×R3 的低 32 位
                            ; R1←R2×R3 的高 32 位
```

(6) 64 位无符号数乘加指令

指令书写格式：UMLAL[<cond>][S] <RdLo>, <RdHi>, <Rm>, <Rs>

指令操作：将无符号操作数 Rm 与无符号操作数 Rs 中的值相乘，再将 64 位乘积的低 32 位与寄存器 RdLo 中的值相加，结果存入寄存器 RdLo 中，高 32 位与寄存器 RdHi 中的值相加，结果存入寄存器 RdHi 中。

【例 8.23】　UMLAL 指令举例。

```
UMLAL R0, R1, R2, R3        ; R0←R2×R3 的低 32 位+R0
                            ; R1←R2×R3 的高 32 位+R1
```

8.3.2　转移指令

转移指令又称为分支指令，用于实现程序流程的转移，这类指令可用来改变程序的执行流程或调用子程序。在 ARM 程序中可使用专门的转移指令，也可以通过直接向程序计数器 (PC) 写入转移地址值的方法实现程序流程的转移。

通过向程序计数器 (PC) 写入转移地址值，便可以在 4 GB 的地址空间中任意转移；若在转移之前结合使用 ARM 的 MOV LR, PC 等指令，则可保存将来的返回地址值，从而实现在 4 GB 地址空间中的子程序调用。

ARM 指令集中的转移指令可以完成从当前指令向前或向后的 32 MB 地址空间的转移。ARM 支持的转移指令可以分为两类，一类是实现简单分支的转移指令 B，另一类则是带返回的、用于实现子程序调用的转移链接指令 BL。

转移 (B) 和转移链接 (BL) 指令的二进制编码格式如图 8-12 所示。

图 8-12　转移和转移链接指令的二进制编码

带状态切换的转移 (BX) 和转移链接 (BLX) 指令的二进制编码格式如图 8-13 所示。

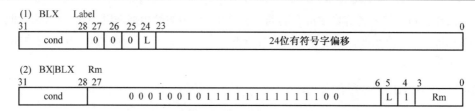

图 8-13 带状态切换的转移和转移链接指令的二进制编码

ARM 指令集中的转移指令如表 8-4 所示。

表 8-4 转移指令

指 令 格 式	指 令 类 型 说 明	指 令 操 作
B[<cond>] <label>	转移指令	PC←label
BL[<cond>] <label>	转移链接指令	PC←label LR←BL 后的第一条指令地址
BX[<cond>] <Rm>	带状态切换的转移指令	PC←Rm&0xFFFFFFFE T=Rm[0]&1
BLX[<cond>] <Rm> / <label>	带状态切换的转移链接指令	PC←label, T=1 PC←Rm&0xFFFFFFFE T= Rm[0]&1 LR←BL 后的第一条指令地址

1. 转移指令

指令书写格式：B[<cond>] <label>

指令操作：使程序转移到指定目标地址处执行。

① <label>为指令转移的目标地址。

② 指令只能实现从当前指令向前或向右的 32 MB 地址空间的转移。

【例 8.24】 B 指令举例。

1）无条件转移

```
    B AGAIN            ; 转移到 AGAIN 标号处执行
    ……
    ……
    AGAIN: ……         ; 转移到这里开始执行
```

2）执行 10 次循环

```
    MOV  R0, #10      ; 初始化循环次数
    LOOP: ……
    SUBS R0, #1       ; 根据比较结果设置 CPSR 的条件标志位
    BNE  LOOP         ; 当条件标志位 Z 不为 1 时，转移到 LOOP 处执行
```

2. 转移链接指令

指令书写格式：BL[<cond>] <label>

指令操作：将当前程序计数器（PC）的值（下一条指令的地址）送到 R14 中保存，并使 ARM 转移到指定目标地址处执行程序。

① <label>为指令转移的目标地址。

② 指令只能实现从当前指令向前或向后的 32 MB 地址空间的转移。

【例 8.25】 BL 指令举例。

1)调用子程序

```
        ……
        BL NEXT                ; 调用标号为 NEXT 的子程序执行, 并将当前的 PC 值存入 R14 中
        ……
    NEXT:……                   ; 子程序入口
        ……
        MOV PC,R14             ; 返回
```

2)条件子程序调用

```
        CMP R0, #5
        BLLT  SUB1            ; 若 R0<5, 则调用 SUB1, 调用结束后返回到 MOV 指令执行
        MOV R0, R1
```

BL 指令常用于实现子程序调用, 子程序的返回可以通过将寄存器 R14 的值复制到程序计数器(PC)中来实现。

3. 带状态切换的转移指令

指令书写格式: BX[<cond>] <Rm>

指令操作: 使程序转移到 Rm 指定的地址执行。

<Rm>是含有转移地址的寄存器。Rm 中的高 31 位是转移地址, 最低位是状态切换位。目标地址处的指令既可以是 ARM 指令也可以是 Thumb 指令。如果 Rm 中的最低位为 1, 则指令将 CPSR 的标志位 T 置位, 并将目标地址的代码解释为 Thumb(微处理器切换到 Thumb 状态)。

【例 8.26】 BX 指令举例。

```
        MOV R5, #0x00000075   ;
        BX R5                 ; 程序转移到地址为 0x00000074 处执行 Thumb 指令
```

4. 带状态切换的转移链接指令

指令书写格式: ① BLX[<cond>] <Rm>

　　　　　　　② BLX <label>

指令操作: 格式①的 BLX 指令将程序转移到由 Rm 指定的目标地址处执行, 且当 Rm 最低位为 1 时, 微处理器切换到 Thumb 状态, 同时将程序计数器(PC)的当前值存入寄存器 R14 中。

格式②的BLX指令将程序转移到指令中 label 所指定的目标地址处执行, 并将微处理器的工作状态由 ARM 状态切换到 Thumb 状态, 同时将程序计数器(PC)的当前值存入寄存器 R14 中。

【例 8.27】 BLX 指令举例。

```
    1)MOV R3, #0x00000075
      BLX R3
```

调用入口地址为 0x00000074 的子程序,且工作状态切换到 Thumb 状态,同时将 BLX 指令的下一条指令地址保存到 R14 中。

　　2)BLX SUB

调用入口地址标号为 SUB 的子程序,将当前 PC 值保存到 R14 中,并将微处理器的工作状态切换到 Thumb 状态。

8.3.3　程序状态寄存器访问指令

ARM 的程序状态寄存器访问指令用于程序状态寄存器和通用寄存器之间的数据传送,包括读程序状态寄存器(MRS)指令和写程序状态寄存器(MSR)指令。读程序状态寄存器指令的二进制编码格式如图 8-14 所示。

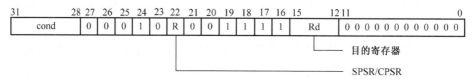

图 8-14　读程序状态寄存器指令的二进制编码

写程序状态寄存器指令的二进制编码格式如图 8-15 所示。

图 8-15　写程序状态寄存器指令的二进制编码

程序状态寄存器访问指令如表 8-5 所示。

表 8-5　程序状态寄存器访问指令

指 令 格 式	指 令 类 型 说 明	指 令 操 作
MRS[\<cond>] \<Rd>, \<psr>	读程序状态寄存器指令	Rd←psr
MSR[\<cond>]\<psr>[_\<fields>], \<Rm>	写程序状态寄存器指令	psr_fields←Rm

1. 读程序状态寄存器指令

　　指令书写格式: MRS[\<cond>] \<Rd>, \<psr>

　　指令操作:将程序状态寄存器中的内容传送到通用寄存器中。

　　① \<Rd>为寄存器,不允许为 R15。

　　② \<psr>为 CPSR 或 SPSR。

【例 8.28】　MRS 指令举例。

```
1)MRS R0, CPSR          ;将 CPSR 的内容传送到 R0
2)MRS R0, SPSR          ;将 SPSR 的内容传送到 R0
```

当需要改变程序状态寄存器的内容时,可用 MRS 指令将程序状态寄存器的内容读入通用寄存器,修改后再写回程序状态寄存器。

2. 写程序状态寄存器指令

指令书写格式：MSR[<cond>] <psr>[_<fields>], <Rm>

指令操作：将 Rm 中的内容传送到程序状态寄存器的特定域中。

① <psr>为 CPSR 或 SPSR。

② <fields>为可选项，用于设置程序状态寄存器中需要操作的位，32 位的程序状态寄存器可分为如下 4 个域。

- 位(31~24)为条件码域，用 f 表示；
- 位(23~16)为状态位域，用 s 表示；
- 位(15~8)为扩展位域，用 x 表示；
- 位(7~0)为控制位域，用 c 表示。

③ <Rm>只能是寄存器。

【例 8.29】　MSR 指令举例。

```
1)MSR CPSR_s, R0        ; 将 R0 的内容传送到 CPSR，修改其状态位
2)MSR CPSR_c, R0        ; 将 R0 的内容传送到 CPSR，修改其控制位
```

MSR 指令通常用于恢复或改变程序状态寄存器的内容，使用时一般要在 MSR 指令中指明将要操作的域。

MRS 与 MSR 指令配合使用，实现 CPSR 或 SPSR 寄存器的读-修改-写操作，可用来进行微处理器模式切换，允许/禁止 IRQ/FIQ 中断等设置。

8.3.4　加载/存储指令

ARM 指令系统中的加载/存储指令，用于在 ARM 寄存器和存储器之间传送数据。加载指令用于将存储器中的数据传送到寄存器，存储指令则将寄存器中的数据传送到存储器中。微处理器对存储器的访问只能通过加载/存储指令实现。

ARM 微处理器的程序空间、RAM 空间及 I/O 映射空间统一编址，对它们的访问都要通过加载/存储指令进行。

ARM 指令系统中有 3 种加载/存储指令：单一数据加载/存储指令(针对字节、半字和字)、批量数据加载/存储指令(包括 LDM 和 STM 指令)和数据交换指令(即 SWP 指令，针对字节和字)。

单一数据加载/存储指令在 ARM 寄存器和存储器之间提供灵活的单数据项传送方式。支持的数据项类型为字节(8 位)、半字(16 位)和字(32 位)。

ARM 的加载/存储指令如表 8-6 所示。

表 8-6　加载/存储指令

指 令 格 式	指 令 类 型 说 明	指 令 操 作
LDR[<cond>] <Rd>, <addr_mode>[<!>]	加载字数据	Rd←[addr_mode]
LDRT[<cond>] <Rd>, <addr_mode>	以用户模式加载字数据	Rd←[addr_mode]
LDRB[<cond>] <Rd>, <addr_mode>	加载无符号字节数据	Rd←[addr_mode]
LDRBT[<cond>] <Rd>, <addr_mode>	以用户模式加载无符号字节数据	Rd←[addr_mode]

(续表)

指 令 格 式	指令类型说明	指 令 操 作
LDRH[<cond>] <Rd>, <addr_mode>	加载无符号半字数据	Rd←[addr_mode]
LDRSB[<cond>] <Rd>, <addr_mode>	加载有符号字节数据	Rd←[addr_mode]
LDRSH[<cond>] <Rd>, <addr_mode>	加载有符号半字数据	Rd←[addr_mode]
STR [<cond>] <Rd>, <addr_mode>	存储字数据	[addr_mode]←Rd
STRT[<cond>] <Rd>, <addr_mode>	以用户模式存储字数据	[addr_mode]←Rd
STRB[<cond>] <Rd>, <addr_mode>	存储字节数据	[addr_mode]←Rd
STRBT[<cond>] <Rd>, <addr_mode>	以用户模式存储字节数据	[addr_mode]←Rd
STRH[<cond>] <Rd>, <addr_mode>	存储半字数据	[addr_mode]←Rd
LDM[<cond>] <mode> <Rn>[<!>], <reglist>[<^>]	数据块加载	reglist←[Rn...]
STM[<cond>] <mode> <Rn>[<!>], <reglist>[<^>]	数据块存储	[Rn...]←reglist
SWP[<cond>] <Rd>, <Rm>, <Rn>	字数据交换	Rd←[Rn] [Rn]←Rm (Rn≠Rd 或 Rm)
SWPB[<cond>] <Rd>, <Rm>, <Rn>	字节数据交换	Rd←[Rn] [Rn]←Rm (Rn≠Rd 或 Rm)

1. 字数据加载/存储指令

(1)字数据加载指令

指令书写格式: LDR[<cond>][T] <Rd>, <addr_mode>[<!>]

指令操作: 将 addr_mode 指定地址中的数据(32 位字数据)传送到寄存器 Rd 中。该指令常用于从存储器中读取 32 位的字数据到通用寄存器, 然后对数据进行处理。

T 为可选后缀。指令中若有 T, 则即使微处理器工作在特权模式下, 存储系统也将该访问看成微处理器工作在用户模式下。T 在用户模式下无效, T 不能与前索引偏移地址模式一起使用。

<addr_mode>有如下 3 种基本模式。

零偏移地址模式

指令书写格式: LDR <Rd>, [Rn, offset]

指令操作: 将 Rn+offset 作为被传送数据的存储单元地址。这里的 offset 可以是立即数、寄存器或比例尺寄存器。

例如,

```
1)LDR R0, [R1]              ; 将地址为 R1 的字数据读入 R0 中(offset 为立即数)
2)LDR R1, [R0, R2]          ; 将地址为 R0+R2 的字数据读入 R1 中(offset 为寄存
                             器 R2 中存放的数值)
```

前索引偏移地址模式

指令书写格式: LDR <Rd>, [Rn, offset]!

指令操作: 将 Rn+offset 作为被传送数据的存储单元地址, 并在数据传送后将 Rn+offset 写回到寄存器 Rn 中。这里寄存器 Rn 不允许为 R15, offset 则可以是立即数、寄存器或比例尺寄存器。

【例 8.30】　前索引偏移地址模式 LDR 指令举例。

```
1)LDR R0, [R1, #7]        ; 将地址为 R1+7 的字数据读入 R0 中(R1 的值不变)
2)LDR R0, [R1, #7]!       ; 将地址为 R1+7 的字数据读入 R0 中, 并将地址 R1+7
                          ; 写入 R1 中
3)LDR R0, [R1, R2]        ; 将地址为 R1+R2 的字数据读入 R0 中(R1 的值不变)
4)LDR R0, [R1, R2]!       ; 将地址为 R1+R2 的字数据读入 R0 中, 并将地址 R1+
                          ; R2 写入 R1 中
```

后索引偏移地址模式

指令书写格式：LDR <Rd>, [Rn], offset

指令操作：将 Rn 作为被传送数据的存储单元地址，并在数据传送后将 Rn+offset 写入寄存器 Rn。这里，寄存器 Rn 不允许为 R15，offset 则可以是立即数、寄存器或比例尺寄存器。

【例 8.31】　后索引偏移地址模式 LDR 指令举例。

```
1)LDR R0, [R1], R2        ; 将地址为 R1 的字数据读入 R0, 并将地址 R1+R2
                          ; 写入 R1
2)LDR R0, [R1], #7        ; 将地址为 R1 的字数据读入 R0, 并将地址 R1+7
                          ; 写入 R1
3)LDR R0, [R1], R2, LSL #2 ; 将地址为 R1 的字数据读入 R0, 并将地址 R1+R2*4
                          ; 写入 R1
```

(2)字数据存储指令

指令书写格式：STR[<cond>][T] <Rd>, <addr_mode>

指令操作：将寄存器 Rd 中的字数据(32 位)写入 addr_mode 指定的存储单元。

STR 指令与 LDR 指令一样在编程时比较常用，且寻址方式灵活多样，使用方法也与 LDR 指令相同，具体可参考 LDR 指令。

【例 8.32】　STR 指令举例。

```
1)STR R0, [R1, #6]    ; 将 R0 中的字数据写入从 R1+6 地址开始的 4 字节单元
2)STR R0, [R1], #6    ; 将 R0 中的字数据写入从 R1 地址开始的 4 字节单元,
                      ; 并将地址 R1+6 写入 R1
```

2. 字节数据加载/存储指令

(1)字节数据加载指令

指令书写格式：LDR[<cond>]B[T] <Rd>, <addr_mode>

指令操作：将 addr_mode 指定地址中的数据(8 位无符号字节数)传送到寄存器 Rd 中。使 Rd 最低 8 位有效，高 24 位清零。

【例 8.33】　LDRB 指令举例。

```
1)LDRB R0, [R1]       ; 将地址为 R1 的字节数据读入 R0, 并将 R0 的高 24 位
                      ; 清零
2)LDRB R0, [R1, #6]   ; 将地址为 R1+6 的字节数据读入 R0, 并将 R0 的高 24 位清零
```

注意：若加载的是有符号的字节数，则需要用的指令格式为

LDR[<cond>] SB <Rd>, <addr_mode>

【例 8.34】 LDRSB 指令举例。

```
LDRSB R1, [R0, R3]        ; 将地址为 R0+R3 的字节数据读出，将读出的 8 位数按符
                          ; 号位扩展到 32 位后写入 R1
```

(2)字节数据存储指令

指令书写格式：STR[<cond>]B[T] <Rd>, <addr_mode>

指令操作：将寄存器 Rd 中低 8 位的字节数据写入 addr_mode 指定的存储单元中。

【例 8.35】 STRB 指令举例。

```
1)STRB R0, [R1]           ; 将 R0 中的字节数据写入以 R1 为地址的存储单元
2)STRB R0, [R1, #6]       ; 将 R0 中的字节数据写入以 R1+6 为地址的存储单元
```

3. 半字数据加载/存储指令

(1)半字数据加载指令

指令书写格式：LDR[<cond>]H <Rd>, <addr_mode>

指令操作：将 addr_mode 指定地址中的数据(16 位无符号半字数据)传送到寄存器 Rd 的低 16 位，高 16 位清零。

【例 8.36】 LDRH 指令举例。

```
1)LDRH R1, [R0]           ; 将地址为 R0 的半字数据读入 R1，并将 R1 的高 16 位清零
2)LDRH R0, [R1, #6]       ; 将地址为 R1+6 的半字数据读入 R0，并将 R0 的高 16 位清零
```

注意：若加载的是有符号的半字数据，则指令格式为

$$LDR[<cond>]SH <Rd>, <addr\_mode>$$

【例 8.37】 LDRSH 指令举例。

```
LDRSH R0, [R1]            ; 将地址为 R1 的半字数据读出，将读出的半字(16 位)数据
                          ; 按符号位扩展到 32 位写入 R0
```

(2)半字数据存储指令

指令书写格式：STR[<cond>]H <Rd>, <addr_mode>

指令操作：将寄存器 Rd 中的数据的低 16 位写入 addr_mode 指定的存储单元中。

【例 8.38】 STRH 指令举例。

```
1)STRH R0, [R1]           ; 将 R0 中的半字数据(低 16 位)写入 R1 地址开始的
                          ; 2 字节单元
2)STRH R0, [R1, #6]       ; 将 R0 中的半字数据(低 16 位)写入 R1+6 地址开始
                          ; 的 2 字节单元
```

这里需要说明的是，半字数据传送时，存储器的地址必须是偶地址。

LDR/STR 指令通常用于对内存缓冲区变量的访问，以及对外部设备的读写与控制操作等。若使用 LDR 指令加载数据到程序计数器(PC)，则能实现程序转移功能。

4. 批量数据加载/存储指令

(1)批量数据加载指令

指令书写格式：LDM[<cond>] <mode> <Rn>[<!>], <reglist>[<^>]

指令操作：将数据从寄存器 Rn 指示的一片连续存储单元读入寄存器列表所指示的多个寄存器。

① <mode>为可选后缀，在批量数据传送时基址寄存器 Rn 的值可以随着数据的传送而发生变化，根据变化方式的不同，选项可为 IA（每次传送后地址加 4），IB（每次传送前地址加 4），DA（每次传送后地址减 4）和 DB（每次传送前地址减 4）。

② <Rn>为基址寄存器，装有传送数据的初始地址，Rn 不允许为 R15。

③ <!>为可选后缀，若有"!"则表示最后的地址要写回到 Rn。

④ <reglist>是寄存器列表，可以是 R0~R15 的任意组合。不同寄存器间用逗号分隔，完整的寄存器列表包含在"{}"中，编号低的寄存器对应于低地址的存储单元，编号高的寄存器对应于高地址的存储单元。注意：无论寄存器在寄存器列表中如何排列，都将遵循该规则。

⑤ <^>为可选后缀，该后缀表示传入或传出的是用户模式下的寄存器，而不是当前模式下的寄存器。当<reglist>中包含 R15 且选用该后缀时，则表示除了正常的数据传送，还要将 SPSR 的值复制到 CPSR 中。

【例 8.39】 批量数据加载示例，如图 8-16 和图 8-17 所示。

```
1)LDMIA R8, {R0, R2, R6}     ; 将起始地址为 R8 的存储单元中的字数据，按增址传送，
                             ; 依次传送到寄存器 R0，R2 和 R6，高地址内容存入编
                             ; 号大的寄存器，低地址内容存入编号小的寄存器。R8
                             ; 的内容保持不变
2)LDMDB R8!, {R0, R2, R6}    ; 将起始地址为 R8 的存储单元中的字数据，按减址传送，
                             ; 依次传送到寄存器 R0，R2 和 R6 中。高地址内容存入
                             ; 编号大的寄存器，低地址内容存入编号小的寄存器。
                             ; R8 中的内容为修改后的新地址
```

	寄存器初值	存储单元地址	数据		寄存器终值
R0	0xA000000C	0xA0000004	0x00000001	R0	0x00000003
R2	0xA000000C	0xA0000008	0x00000002	R2	0x00000004
R6	0xA000000C	0xA000000C	0x00000003	R6	0x00000005
R8	0xA000000C	0xA0000010	0x00000004	R8	0xA000000C
		0xA0000014	0x00000005		

图 8-16　LDMIA 使用示例

	寄存器初值	存储单元地址	数据		寄存器终值
R0	0xA000000C	0xA0000004	0x00000001	R0	0x00000001
R2	0xA000000C	0xA0000008	0x00000002	R2	0x00000002
R6	0xA000000C	0xA000000C	0x00000003	R6	0x00000003
R8	0xA0000 010	0xA0000010	0x00000004	R8	0xA0000004
		0xA0000014	0x00000005		

图 8-17　LDMDB 使用示例

(2)批量数据存储指令

指令书写格式：STM[<cond>] <mode> <Rn>[<!>], <reglist>[<^>]

指令操作：将寄存器列表指示的多个寄存器中的数据存储到由寄存器 Rn 指示的连续存储单元中。

【例 8.40】 批量数据存储示例，如图 8-18 所示。

```
STMIA R8, {R0, R2, R6}        ; 将 R0，R2 和 R6 的值依次写入 R8 指示地址开
                              ; 始的存储单元中
```

图 8-18　STMIA 使用示例

(3)堆栈加载/存储指令

堆栈是内存中的一片存储区域，按先进后出、后进先出原则顺序入栈和出栈。堆栈具有如下 3 个属性：堆栈基址、堆栈指针和堆栈大小。

● 堆栈基址。堆栈在存储器中的开始位置。

● 堆栈指针。起初堆栈指针等于堆栈基址，随着数据的入栈或出栈而发生改变。

● 堆栈大小。定义分配给堆栈的存储空间。

寄存器 R13 用来作为堆栈指针 SP，ARM 微处理器有 7 种工作模式，每一种工作模式都有自己独立的堆栈指针寄存器。系统初始化时，一般都要初始化每种模式下的 R13，使其指向该工作模式的堆栈空间。这样，当程序的运行进入各种异常模式时，可以将需要保护的寄存器放入 R13 所指的堆栈，而当程序从异常模式返回时，则从对应的堆栈中恢复，采用这种方式确保异常处理结束后程序还能正常地执行。

随着数据进栈和出栈操作，堆栈指针通常可以指向不同的位置，当它指向栈顶数据(最后一个入栈的数据)时，称栈为满堆栈；当它指向栈顶数据(最后一个入栈的数据)相邻的下一个可用存储单元时，称栈为空堆栈。

随着数据进栈和出栈操作，堆栈指针增减方向可以有不同的形式。数据入栈时堆栈指针的值不断增大，则称该类型的堆栈为递增堆栈；数据入栈时堆栈指针的值不断减小，则称该类型的堆栈为递减堆栈。入栈时堆栈指针变化的方向称为堆栈生长方向，换言之，若堆栈从小地址向大地址生长，则称该堆栈为递增堆栈，反之称为递减堆栈。

因此 ARM 中使用的堆栈类型共 4 种：满递增堆栈、满递减堆栈、空递增堆栈和空递减堆栈。图 8-19 所示为 4 种堆栈的示意图。

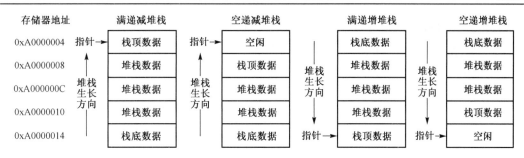

图 8-19　4 种堆栈示意图

堆栈加载指令（出栈指令）

指令书写格式：LDM[<cond>] <mode> <SP>[<!>], <reglist>[<^>]

指令操作：将堆栈中的数据出栈，放入寄存器列表所指示的多个寄存器中。

<mode> 为可选后缀，根据堆栈指针的变化方向和指向的位置不同，选项可为 FD（满递减堆栈），ED（空递减堆栈），FA（满递增堆栈）和 EA（空递增堆栈）。其他参数类型与批量数据加载指令完全相同。

【例 8.41】　堆栈出栈操作示例，如图 8-20 所示。

```
LDMFA SP!, {R0, R4, R7}     ; 将堆栈内容恢复到寄存器 R0，R4 和 R7 中
```

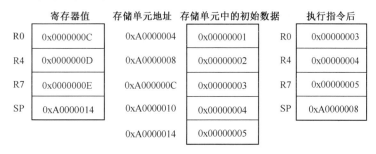

图 8-20　LDMFA 使用示例

堆栈存储指令（入栈指令）

指令书写格式：STM[<cond>] <mode> <SP>[<!>], <reglist>[<^>]

指令操作：将寄存器列表所指示的多个寄存器中的数据压入堆栈。

【例 8.42】　堆栈入栈操作示例，如图 8-21 所示。

```
STMED SP!, {R0, R4, R7}     ; 将寄存器 R0，R4 和 R7 中的内容压入 SP 指示的
                            ; 堆栈区中
```

如图 8-21 所示，在执行 STMED 指令后，R0、R4 和 R7 中的值按多寄存器数据传送的规则被压入堆栈，SP 的新值 SP*此时为 0xA0000008，指向下一个可用存储单元。

5. 数据交换指令

ARM 微处理器支持的数据交换指令，用于寄存器和存储单元之间的数据交换。

指令书写格式：SWPB[<cond>] <Rd>, <Rm>, [Rn]

指令操作：将寄存器 Rn 所指向的存储单元中的字数据传送到寄存器 Rd 中，同时将寄存

器 Rm 中的字数据传送到 Rn 寄存器所指向的存储单元中。第 22 位表示当前是进行字传送还是字节传送，在书写指令时在助记符后增加 B 即可将该位设置为 1，表示在当前寄存器和存储单元之间传送字节数据，反之该位为 0 则表示在当前寄存器和存储单元之间传送字数据。

① <Rd>为目的寄存器。数据从存储单元加载到 Rd 中。

② <Rm>为源寄存器。Rm 的内容将存到存储单元中。Rm 与 Rd 可以相同，此时寄存器的内容与存储单元的内容进行互换。

③ [Rn]为寄存器。Rn 的内容是指定要进行数据交换的存储单元的地址。

注意：Rn 不能与 Rm 和 Rd 相同。

数据交换指令(SWP)的二进制编码格式如图 8-22 所示。

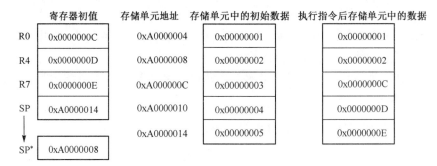

图 8-21　STMED 使用示例

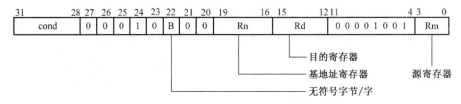

图 8-22　数据交换指令的二进制编码

【例 8.43】　SWP 指令举例。

```
1)SWP R0, R1, [R2]    ; 将 R2 所指向的存储单元中的字数据传送到 R0,同时将
                       ; R1 中的字数据传送到 R2 所指向的存储单元
2)SWP R0, R0, [R1]    ; 将 R1 所指向的存储单元中的字数据与 R0 中的字数据交换
```

【例 8.44】　SWPB 指令举例。

```
1)SWPB R0, R1, [R2]   ; 将 R2 所指向的存储单元中的字节数据传送到 R0,R1
                       ; 的高 24 位清零,同时将 R1 中的低 8 位数据传送到 R2
                       ; 所指向的存储单元
2)SWPB R0, R0, [R1]   ; 将 R1 所指向的存储单元中的字节数据与 R0 中的低 8 位数据交换
```

8.3.5　异常产生指令

ARM 指令集提供了两条产生异常的指令，通过这两条指令可以用软件的方法实现异常。

1. 软件中断指令

指令书写格式：SWI[<cond>] <Immed_24>

指令操作：产生软件中断，即 SWI 异常，实现从用户模式变换到管理模式，将CPSR的值送到管理模式的 SPSR 中保存，使用户程序能调用操作系统的系统例程。

软件中断指令(SWI)的二进制编码格式如图8-23所示。

31	28 27 26 25 24 23				0
cond	1 1 1 1				<Immed_24>24位立即数

图 8-23　软件中断指令的二进制编码

<Immed_24>是一个 24 位立即数，用于指定用户程序调用系统例程的类型，相关参数通过通用寄存器传递。立即数不影响指令操作，但可以用系统代码来解释。当立即数缺省时，用户程序调用系统例程的类型由寄存器 R0 的值决定，同时相关参数通过其他的寄存器传递。

【例 8.45】　SWI 指令举例。

```
MOV R0, #12          ; 设置功能号为 12
SWI #8               ; 产生软件中断，调用编号为 8 的系统例程
```

2．断点中断指令

指令书写格式：BKPT <Immed_16>

指令操作：产生软件断点中断，用于调试程序。

<Immed_16>是一个 16 位立即数，用于保存额外的断点信息。

8.3.6　伪指令

在 ARM 汇编指令中，有一类特殊的指令没有对应的指令编码。在汇编时根据情况会解释为相应的 ARM 或 Thumb 指令的组合。这类指令称为"伪指令"。

需要特别注意的是，这些指令和汇编器定义的伪指令虽然形式上类似，但作用却大不相同。汇编器定义的伪指令用于指导汇编器完成相应的汇编工作，符合通常意义上对伪指令的定义，而本节所介绍的这几条伪指令的作用和通常的 ARM 指令类似，设计这几条伪指令的主要目的是使用一条指令替代多条指令的组合，方便程序员完成汇编语言程序设计，其作用类似于 80x86 微处理器的宏指令。

ARM 公司定义的"伪指令"主要有 ADR/ADRL、MOV32、LDR 和 UND 等，具体用法如下。

- ADR/ADRL 伪指令将相对于程序或相对于寄存器的地址载入寄存器中(中等范围，与位置无关)。
- MOV32 伪指令将 32 位数值常量或地址载入寄存器(无范围限制，但与位置相关)，但仅可用于 ARM v6T2 及更高版本体系结构。
- LDR 伪指令将 32 位数值常量或地址载入寄存器(无范围限制，但与位置相关)，可用于所有 ARM 体系结构。
- UND 伪指令生成无体系结构定义的指令，可用于所有 ARM 体系结构。

下面仅对 LDR 伪指令进行简要介绍。LDR 指令书写格式如下：

LDR[<cond>][<.W>] <Rd>, <=expr>/<=label_expr>

LDR 伪指令可将任意 32 位数值常量加载到寄存器中。此外还接受程序相对表达式，如

标号及带偏移量的标号。注意，LDR 伪指令和 LDR 指令采用了相同的助记符，它们又都用于数据存取，因而初学者容易混淆。"="是区别二者的关键，使用 LDR 伪指令时源操作数是"="后面紧跟常量或标号，而使用 LDR 指令时源操作数通常采用寄存器间接寻址。

指令格式中 expr 的取值为一个数值常量，如果 expr 的值位于范围内，则汇编器将会生成一个 MOV 或 MVN 指令。如果 expr 的值不在 MOV 或 MVN 指令的范围内，则汇编器会将常量放入文字池中，并会生成一个相对于程序的 LDR 指令，该指令可从文字池中读取此常量。

label_expr 是地址的程序相对表达式或外部表达式，形式为加上或减去一个数值常量的标签。汇编器将 label_expr 的值放入文字池中，并会生成一个相对于程序的 LDR 指令，该指令可从文字池中加载该值。如果 label_expr 是一个外部表达式，或未包含在当前代码段内，则汇编器会在目标文件中放入一个链接器重新定位指令。链接器将在链接时生成该地址。

LDR 指令示例如下。

```
LDR    R3,=0xFF0        ; 把立即数 0xFF0 赋值给 R3
LDR    R2,=place        ; 把标号 place 对应的地址赋值给 R2
```

习题

8.1　ARM 指令支持哪几种寻址方式？试分别说明。

8.2　指出下列指令操作数的寻址方式。

```
(1)MOV R1, R2              (2)SUBS R0, R0, #2
(3)SWP R1, R1, [R2]        (4)STR R1, [R0, #-4]!
(5)LDMFD SP! , {R1~R4, LR} (6)ANDS R0, R0, R1, LSL R2
(7)STMIA R1! , {R2~R5, R8} (8)BL AGAIN
```

8.3　ARM 指令中的第二源操作数有哪几种表示形式？举例说明。

8.4　判断下列指令的正误，并说明理由。

```
(1)ADD R1, R2, #4!         (2)LDMFD R13! , {R2, R4}
(3)LDR R1, [R3]!           (4)MVN R5, #0x2F100
(5)SBC R15, R6, LSR R4     (6)MUL R2, R2, R5
(7)MSR CPSR, #0x001        (8)LDRB PC, [R3]
```

8.5　对下列各指令组写出运算指令执行的条件。

```
(1)CMP R0, R1              (2)CMP R1, R2
   ADDHI R1, R1, #1           SUBMI R2, R2, #0x08
```

8.6　举例说明 B 指令、BL 指令和 BX 指令之间的区别。

8.7　指出 MOV 指令与 LDR 加载指令的区别及用途。

8.8　写一段代码判断 R1 的值是否大于 0x30，如果是，则将 R1 减去 0x30。

8.9　ARM 微处理器支持哪几种堆栈？画出每种堆栈操作的示意图。

8.10　当前程序状态寄存器(CPSR)中用于条件码的是哪几位？分别表示什么含义？

8.11　在使用 ARM 汇编指令编程时，其寄存器通常可以采用其他别名指代，PC、LR 和 SP 分别指的是什么寄存器？它们的主要用途是什么？

参考资料

第9章 ARM 程序设计

虽然目前基于 ARM 微处理器的软件开发大多采用 C 语言进行编程,但在引导程序编写、微处理器初始化、驱动开发、底层算法实现与优化等场合还是需要用到汇编语言。更重要的一点是,汇编语言程序可以直接对 ARM 微处理器中的寄存器进行操作,掌握必要的汇编语言程序设计知识,就能更全面、更深入地理解 ARM 微处理器的工作原理,为基于 ARM 微处理器的嵌入式软硬件开发奠定良好的基础。

ARM 公司长期以来注重营造完善的产业生态环境,和第三方公司合作开发了大量的程序设计开发环境和工具软件。本章下面的程序实例可能需要针对不同版本的具体开发环境稍加修改才能正确运行。

实验平台与　　常用 ARM
开发环境　　汇编伪指令

9.1 ARM 汇编语言程序设计

9.1.1 ARM 汇编语言程序结构

ARM 汇编语言程序除了使用 ARM 汇编指令,还将大量使用由汇编器定义的各种伪指令。ARM 汇编语言程序采用分段式设计,以程序段为单位组织代码。段是相对独立、不可分割的指令或数据序列,具有特定的名称。段分为代码段和数据段,代码段的内容为可执行代码,数据段存放代码运行时所需用到的数据。

一个汇编语言程序至少应该有一个代码段。当程序比较长时,可以分割成多个代码段和数据段,多个段在程序编译和链接后最终形成一个可执行的映像文件。可执行的映像文件通常由以下几部分构成:

● 一个或多个代码段,代码段的属性为只读;

● 零个或多个包含初始化数据的数据段,数据段的属性为可读写;

● 零个或多个不包含初始化数据的数据段,数据段的属性为可读写。

链接器根据系统默认或用户设定的规则,将编译后的各段安排在存储器的不同位置。源程序中各段之间的相邻关系与可执行的映像文件中各段之间的相邻关系一般不会相同。

以下是一个汇编语言源程序的基本结构。

```
        GET option.s                ; 引用其他源文件
        GET addr.s
        ......
        AREA    Init, CODE, READONLY ; 定义一个只读属性的代码段
        ENTRY                        ; 指定程序入口
spr                                  ; 名为 spr 的标号
        MUL     R1, R0, R0           ; 程序主体
        ......
          ......
          ......
```

```
        AREA    Data1, DATA, READWRITE  ; 定义一个可读写属性的数据段
num     DCD     10                      ; 分配一片连续字存储单元并初始化
        ......
        ......
        ......
        END                             ; 源程序结束标志
```

从以上汇编语言源程序范例中可以了解到其基本结构,在整个结构中除了程序的主体部分主要使用 ARM 指令完成,在其他部分会大量使用伪指令。在汇编语言源程序的开头通常会使用 GET 等伪指令声明当前源文件需要引用源文件,被引用的源文件在当前位置进行汇编处理。用伪指令 AREA 定义段,并说明所定义段的相关属性。本例定义了两个段,先定义了名为 Init 的代码段,属性为只读,后又定义名为 Data1 的数据段,属性为可读写。伪指令 ENTRY 标识程序的入口,即该程序段被执行的第一条指令,接下来为程序主体。程序的末尾为 END 伪指令,该伪指令告诉编译器源文件已经结束,每一个汇编源程序文件中必须有一个 END 伪指令。

9.1.2 ARM 汇编语言程序设计实例

本节主要通过 ARM 汇编语言程序设计实例介绍汇编语言程序的设计方法,其中重点介绍如何用 ARM 汇编语言实现顺序结构、分支结构、循环结构这三大程序控制结构,以及子程序调用与返回。

1. 顺序结构

顺序结构是程序设计中最简单也最基本的一种控制结构,按照解决问题的顺序写出相应的语句,它的执行顺序是自上而下,依次执行。ARM 微处理器是 32 位的,一次只能完成两个 32 位数之间的运算。若要实现两个 64 位数相加,关键在于首先完成两个数的低 32 位相加并保存进位,再完成两个数的高 32 位及低 32 位加法进位之间的加法,即可得到最终的 64 位加法运算结果。算法流程图如图 9-1 所示,例 9.1 所示汇编语言程序实现了该算法。

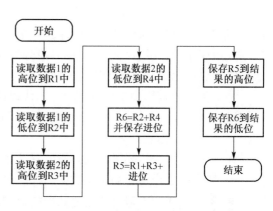

图 9-1　两个 64 位数相加的算法流程图

【例 9.1】　实现两个 64 位数(大端存储格式)相加的汇编语言程序。

代码与仿真结果

```
        AREA    add64, CODE, READONLY
        ENTRY
start   LDR     R0, =data1      ; R0 中保存 data1 的首地址
        LDR     R1, [R0]        ; 读数据 1 的高 32 位到 R1
        LDR     R2, [R0, #4]    ; 读数据 1 的低 32 位到 R2
        LDR     R0, =data2      ; R0 中保存 data2 的首地址
        LDR     R3, [R0]        ; 读数据 2 的高 32 位到 R3
        LDR     R4, [R0, #4]    ; 读数据 1 的低 32 位到 R4
        ADDS    R6, R2, R4      ; 低 32 位相加,并影响标志位,保存进位
        ADC     R5, R1, R3      ; 高 32 位相加,并使用标志位 C
```

```
                LDR     R0, =result         ; R0 中保存 result 的首地址
                STR     R5, [R0]            ; 保存结果的高位
                STR     R6, [R0, #4]        ; 保存结果的低位
                AREA    Dadd64, DATA, READONLY
        data1   DCD     0x11223344, 0xFFDDCCBB
        data2   DCD     0x11223344, 0Xffddccbb
                AREA    Dradd64, DATA, READWRITE
        result  DCD     0,  0
                END
```

　　例 9.1 所示的程序实现了存储器中两个 64 位数相加，并将结果保存到存储器中。在程序中使用了 DCD 伪指令分配了连续的字存储单元，标号分别为 data1、data2 和 result 并初始化。以寄存器 R0 保存地址，分别读取两个数的高位到 R1 和 R3，读取两个数的低位到 R2 和 R4。通过加法指令首先完成两个数的低 32 位求和，在加法指令 ADD 后加后缀 S 表示加法结果影响标志位，如果两个低 32 位产生进位，则标志位 C 为 1，否则为 0。使用带进位的加法指令 ADC 实现两个数的高 32 位及进位相加。相加结果的高 32 位存储在 R5 中，低 32 位存储在 R6 中。最后分别用存储指令将 R5 和 R6 存储到标号 result 所对应的存储单元中。

　　例 9.2 所示的汇编语言程序实现了 8 位数扩展为 16 位数。其扩展方法是将 8 位数据的低 4 位扩展为低 8 位，将 8 位数据的高 4 位扩展为高 8 位。例如将 0xFC 扩展为 0x0F0C。实现这一过程的算法流程图如图 9-2 所示。

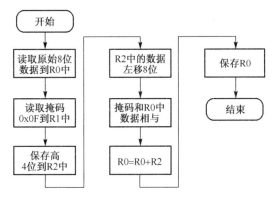

图 9-2　实现 8 位数到 16 位数扩展的算法流程图

【例 9.2】　实现 8 位数到 16 位数扩展的汇编语言程序。

```
                AREA    bytetoword, CODE, READONLY
                ENTRY
        start   LDR     R0, data            ; R0 中保存 data 中的数
                LDR     R1, mask            ; R1 中保存 mask(掩码)
                MOV     R2, R0, LSR #4       ; R0 中的数逻辑右移 4 位，保存到 R2 中
                MOV     R2, R2, LSL #8       ; R2 中的数逻辑左移 8 位，保存到 R2 中
                AND     R0, R0, R1          ; 利用 R1 中的掩码与 R0 中的数据相与
                ADD     R0, R0, R2          ; R0=R0+R2
                LDR     R3, =result
                STR     R0, [R3]
                AREA    Data1, DATA, READONLY
        data    DCB     0xFC
```

代码与仿真
结果

```
mask     DCD    0x000F
         AREA   Data2, DATA, READWRITE
result   DCW    0
         END
```

在例 9.2 中，标号为 data 的字节存储单元存储了数据 0xFC，将该地址中存储的数据读到 R0 中。指令 MOV R2, R0, LSR #4 将 R0 中的数据逻辑右移 4 位的值 0xF 赋给 R2，即将高 4 位数赋给 R2。指令 MOV R2, R0, LSL #8 将 R2 中的数据 0xF 左移 8 位得到 0x0F00。用 R1 中的掩码 0x000F 与 0xFC 相与得到 0xC 并将其保存到 R0 中。指令 ADD R0, R0, R2 完成 R0 中的值 0xC 和 R2 中的值 0x0F00 相加，得到最终的结果 0x0F0C。

2. 分支结构

顺序结构的程序虽然能解决计算、输出等问题，但不能先判断再选择。对于需要先判断再选择的问题就要使用分支结构。分支结构的执行依据一定的条件选择执行路径，而不是严格按照语句出现的物理顺序执行。分支结构的程序设计方法的关键在于构造合适的分支条件和分析程序流程，根据不同的程序流程选择适当的分支语句。分支结构适合带有逻辑比较或关系比较等条件判断的计算，设计这类程序时往往要先绘制其算法流程图，然后根据程序流程写出源程序，这样做就能把程序设计分析与语言分开，使得问题简单化，易于理解。

例 9.3 所示的汇编语言程序实现了两个数的比较，并保存较大数。这段程序展示了一种典型的分支结构，类似于高级语言中的"if … else …"结构。其算法流程图如图 9-3 所示。

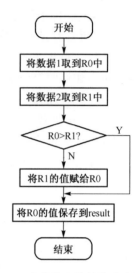

图 9-3　查找较大值的算法流程图

【例 9.3】　实现查找较大值的汇编语言程序。

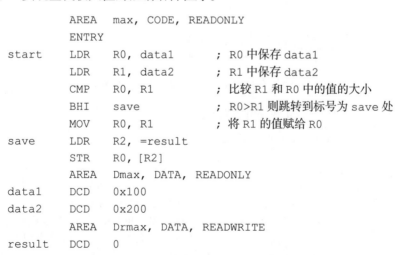

代码与仿真
结果

```
         AREA   max, CODE, READONLY
         ENTRY
start    LDR    R0, data1      ; R0 中保存 data1
         LDR    R1, data2      ; R1 中保存 data2
         CMP    R0, R1         ; 比较 R1 和 R0 中的值的大小
         BHI    save           ; R0>R1 则跳转到标号为 save 处
         MOV    R0, R1         ; 将 R1 的值赋给 R0
save     LDR    R2, =result
         STR    R0, [R2]
         AREA   Dmax, DATA, READONLY
data1    DCD    0x100
data2    DCD    0x200
         AREA   Drmax, DATA, READWRITE
result   DCD    0
         END
```

在例 9.3 中采用了 CMP 指令比较 R0 和 R1 中的值的大小，指令执行后将影响标志位。

其后的跳转指令 B 加上后缀 HI，表示在满足无符号数大于条件时执行跳转指令，即在 R0 的值大于 R1 的值时跳转到标号为 save 处执行存储指令。若不满足条件则不执行跳转指令，按照顺序向下执行指令 MOV R0, R1，即在 R0 的值小于等于 R1 的值时将 R1 的值赋给 R0，保证 R0 中保存的数是两个数中较大的。最终将 R0 中的值保存到 result 对应的存储单元里。

例 9.3 所示汇编语言程序主要实现了类似高级语言中的"if … else …"结构的分支结构，这种分支结构的特点是在进行分支判断时只能做是或者否的两种选择。在程序设计中其实还存在另外一种类型的分支结构，即类似于高级语言中的"switch"结构，有时在汇编语言中也将这种分支结构称为"散转"。

在汇编语言中实现散转结构通常是通过查跳转表中的跳转地址，再将跳转地址存入程序计数器(PC)中实现的，因此需要在程序中构建程序跳转表。例 9.4 所示汇编语言程序实现了根据 R0 中的值决定 R1 和 R2 中数据的运算方式，并将结果保存到 result 中。算法流程图如图 9-4 所示。

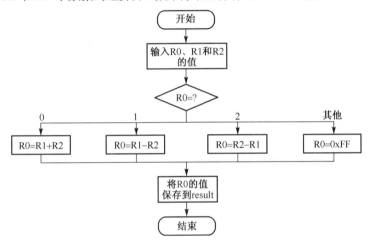

图 9-4 根据参数改变运算方式的算法流程图

【例 9.4】 实现根据参数改变运算方式的汇编语言程序。

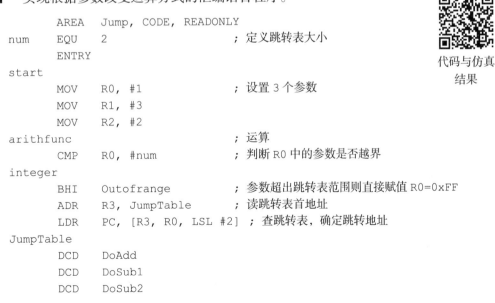

代码与仿真
结果

```
        AREA    Jump, CODE, READONLY
num     EQU     2                       ; 定义跳转表大小
        ENTRY
start
        MOV     R0, #1                  ; 设置 3 个参数
        MOV     R1, #3
        MOV     R2, #2
arithfunc                               ; 运算
        CMP     R0, #num                ; 判断 R0 中的参数是否越界
integer
        BHI     Outofrange              ; 参数超出跳转表范围则直接赋值 R0=0xFF
        ADR     R3, JumpTable           ; 读跳转表首地址
        LDR     PC, [R3, R0, LSL #2]    ; 查跳转表，确定跳转地址
JumpTable
        DCD     DoAdd
        DCD     DoSub1
        DCD     DoSub2
```

```
DoAdd
        ADD     R0, R1, R2          ; 操作 0
        B       save                ; 跳转到保存
DoSub1
        SUB     R0, R1, R2          ; 操作 1
        B       save                ; 跳转到保存
DoSub2
        SUB     R0, R2, R1          ; 操作 2
        B       save                ; 跳转到保存
Outofrange
        MOV     R0, #0xFF           ; 越界，直接给 R0 赋值 0xFF
save
        LDR     R4, =result
        STR     R0, [R4]
        AREA    DJump, DATA, READWRITE
result DCD     0
        END
```

例 9.4 的关键在于构造跳转表并利用查表操作查询跳转地址。例 9.4 的跳转表的标号为 JumpTable，其后使用 DCD 定义了一片连续的字存储空间存放跳转地址。换句话说，每个地址占 4 字节的存储空间。需要注意的是，DCD 后面没有直接跟具体的地址，而是名称分别为 DoAdd、DoSub1 和 DoSub2 的 3 个标号。汇编器在完成汇编时会将这 3 个标号自动替换为对应的地址，即指令 ADD R0, R1, R2、指令 SUB R0, R1, R2 和指令 SUB R0, R2, R1 在存储器中的地址。通过指令 LDR PC, [R3, R0, LSL #2] 将这些地址赋值给程序计数器（PC），则程序将从该条指令开始向下执行，从而实现程序的跳转，如图 9-5 所示。

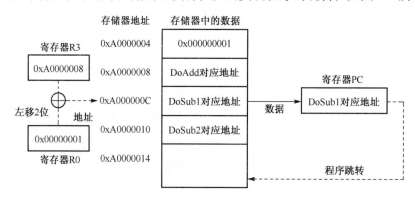

图 9-5　例 9.4 实现程序跳转的过程示意图

3. 循环结构

循环结构可以减少源程序重复书写的工作量，用来描述重复执行某段算法的问题，这是程序设计中最能发挥计算机特长的程序结构。循环结构有 3 个要素：循环变量、循环体和循环终止条件。在高级语言中有 for 和 while 等不同的语句来设置循环条件，而在汇编语言中则主要依靠比较指令和带条件的跳转指令来实现循环结构。

例 9.5 所示汇编语言程序采用循环结构实现了冒泡算法。算法流程图如图 9-6 所示。

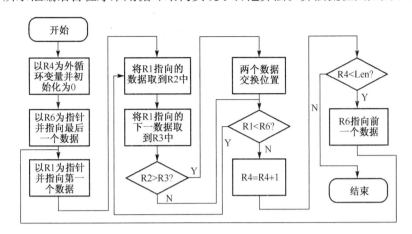

图 9-6　冒泡算法的算法流程图

【例 9.5】　冒泡算法的汇编语言程序。

代码与仿真
结果

```
        AREA    Sort, CODE, READONLY
        ENTRY
start
        MOV     R4, #0
        LDR     R6, =src            ; 设置 R6 保存待排序数组首地址
        ADD     R6, R6, #len        ; 让 R6 保存数组中最后一个地址
outer                               ; 外循环起始
        LDR     R1, =src
inner                               ; 内循环起始
        LDR     R2, [R1]
        LDR     R3, [R1, #4]
        CMP     R2, R3
        STRGT   R3, [R1]
        STRGT   R2, [R1, #4]
        ADD     R1, R1, #4
        CMP     R1, R6
        BLT     inner               ; 内循环结束

        ADD     R4, R4, #4
        CMP     R4, #len
        SUBLE   R6, R6, #4
        BLE     outer               ; 外循环结束

        AREA    Array, DATA, READWRITE
src     DCD 2, 4, 10, 8, 14, 1, 20  ; 初始化待排序数组
len     EQU 6*4                     ; 初始化数组比较长度

        END
```

如图 9-6 所示，冒泡算法总共有内外两重循环。在例 9.5 中，内循环的起点从标号 inner

开始，到指令 BLT inner 结束。循环控制变量存储在 R1 中，当 R1 的值小于 R6 的值即小于待排序最后一个数的地址时一直循环。外循环则从标号 outer 开始，到指令 BLE outer 结束。循环控制变量为 R4，当外循环次数少于数组大小时一直循环。

4. 子程序调用与返回

在 ARM 汇编语言程序中，子程序的调用一般是通过 BL 指令来实现的。在程序中，使用指令"BL 子程序名(标号)"即可完成子程序的调用。

该指令在执行时完成如下操作：将子程序的返回地址存放在链接寄存器 LR 中，同时将 PC 指向子程序的入口点，当子程序执行完毕需要返回调用处时，只需将存放在 LR 中的返回地址重新赋值给 PC 即可。通过调用子程序，能够完成参数的传递和从子程序返回运算的结果(通常使用寄存器 R0~R3 完成)。

当子程序需要使用的寄存器与主调用程序使用的寄存器发生冲突(即子程序与主程序需要使用同一组寄存器)时，为防止主程序在这些寄存器中的数据丢失，在子程序的开头应该把寄存器中的数据压入堆栈以保护现场，在子程序返回之前还需要把保护到堆栈中的数据自堆栈中弹出，恢复到原寄存器中，以恢复现场。

例 9.6 所示的汇编语言程序实现了调用子程序完成求 1 到 N 之和的功能，其算法流程图如图 9-7 所示。

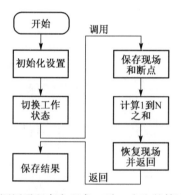

图 9-7 调用子程序实现求 1 到 N 之和的算法流程图

【例 9.6】 调用子程序实现求 1 到 N 之和的汇编语言程序。

```
N   EQU 100                         ; 定义 N 的值 100
    AREA   Examples, CODE, READONLY ; 声明代码段 Examples
    ENTRY                           ; 标识程序入口

    CODE32
ARM_CODE

    LDR   SP, =0x40001000           ; 设置堆栈指针
    ADR   R0, THUMB_CODE+1          ;
    BX    R0                        ; 跳转并切换微处理器状态
    LTORG                           ; 声明文字池

    CODE16
THUMB_CODE
```

代码与仿真结果

```
        LDR     R0, =N                          ; 设置子程序 SUM_N 的入口参数
        BL      SUM_N                           ; 调用子程序 SUM_N
        B       THUMB_CODE

SUM_N
        PUSH    {R1-R7, LR}                     ; 寄存器入栈保护
        MOVS    R2, R0                          ; 将 N 的值复制到 R2,并影响相应条件标志
        BEQ     SUM_END                         ; 若 N=0,则返回
        CMP     R2, #1
        BEQ     SUM_END                         ; 若 N=1,则返回
        MOV     R1, #1                          ; 初始化计数器 R1=1
        MOV     R0, #0                          ; 初始化计数器 R0=1
SUN_L1
        ADD     R0, R1                          ; R0=R0+R1
        BVS     SUM_END                         ; 结果溢出, 跳转到 SUM_END
        CMP     R1, R2                          ; 将计数器的值与 N 比较
        BHS     SUM_END                         ; 若计数器的值大于或等于 N,则运算结束
        ADD     R1, #1
        B       SUN_L1
SUM_ERR
        MOV     R0, #0
SUM_END
        MOV     R8, R0                          ; 将结果保存在 R8 中
        POP     {R1-R7, PC}                     ; 寄存器出栈, 返回

        END
```

在例 9.6 中，指令 BL SUM_N 实现了子程序的调用，执行该指令时 ARM 微处理器将把返回地址，即指令 B THUMB_CODE 在存储器中的地址保存到寄存器 LR，并跳转到标号 SUM_N 所对应的地址，即指令 PUSH {R1-R7, LR} 在存储器中的地址，继续执行指令。指令 PUSH {R1-R7, LR} 完成了保护现场的工作，即将在子程序中可能用到的物理寄存器的值都压入堆栈中加以保存，以免其中保存的内容丢失。当子程序结束时，执行指令 POP {R1-R7, PC} 将压入堆栈的物理寄存器的值恢复。

需要注意的是，整个汇编代码是在 Thumb 状态下运行的，使用的是 Thumb 指令集，因此入栈和出栈的指令使用的是 PUSH 和 POP。切换微处理器状态使用指令 BX R0 完成。另外需要注意的是，寄存器中的数据压栈时寄存器列表为 {R1-R7, LR}，而出栈时寄存器列表为 {R1-R7, PC}。因而被压入堆栈的寄存器 LR 值在出栈时被保存到了寄存器 PC 中，让 PC 的值等于返回地址，从而完成了子程序返回。

9.2　ARM 汇编语言与 C/C++的混合编程

在嵌入式软件开发过程中，通常会使用包括 ARM 汇编语言和 C/C++语言在内的多种语言。一般情况下，一个 ARM 工程（Project）应该由多个文件组成，其中包括扩展名为 ".s" 的汇编语言源文件、扩展名为 ".c" 的 C 语言源文件、扩展名为 ".cpp" 的 C++语言源文件，以及扩展名为 ".h" 的头文件等。

ARM 工程的各种源文件之间的关系，以及最后形成可执行文件的过程如图 9-8 所示。

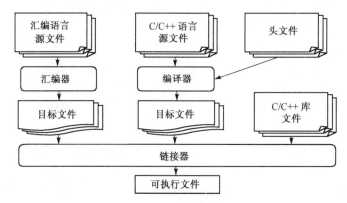

图 9-8　ARM 工程的各种文件之间的关系

通常程序员会使用汇编完成微处理器启动阶段的初始化等工作，有些对微处理器运行效率要求较高的底层算法也会采用汇编语言进行编写和手工优化，而在开发主程序时一般会采用 C/C++语言。因此嵌入式软件开发人员必须掌握 ARM 汇编语言与 C/C++语言混合编程技术。

9.2.1　C 语言与汇编语言之间的函数调用

为了使单独编译的 C 语言程序和汇编语言程序之间能够相互调用，必须为子程序之间的调用制定规则。ATPCS 就是 ARM 程序和 Thumb 程序中子程序调用的基本规则。

1. ATPCS 概述

ATPCS（ARM-Thumb Procedure Call Standard，基于 ARM 指令集和 Thumb 指令集过程调用的规则）规定了一些子程序之间调用的基本规则。这些基本规则包括子程序调用过程中寄存器的使用规则、数据栈的使用规则，以及参数的传递规则。为适应一些特定的需要，对这些基本的调用规则进行了一些修改，得到了几种不同的子程序调用规则。这些特定的调用规则包括：支持数据栈限制检查的 ATPCS、支持只读段位置无关的 ATPCS、支持可读写段位置无关的 ATPCS、支持 ARM 程序和 Thumb 程序混合使用的 ATPCS，以及处理浮点运算的 ATPCS。

有调用关系的所有子程序必须遵守同一种 ATPCS。程序员可以在编译器或汇编器的 ELF 格式的目标文件中设置相应的属性，标识用户选定的 ATPCS 类型。不同类型的 ATPCS 规则，对应不同的 C 语言库，链接器根据用户指定的 ATPCS 类型链接相应的 C 语言库。

常用的 C 语言编译器编译的 C 语言子程序需要用户指定 ATPCS 类型。而对于汇编语言程序来说，完全要依靠用户来保证各子程序满足选定的 ATPCS 类型。ATPCS 规定了在子程序调用时的一些基本规则，包括以下 3 方面的内容。

- 各寄存器的使用规则及其相应的名字；
- 数据栈的使用规则；
- 参数传递的规则。

相对于其他类型的 ATPCS，满足基本 ATPCS 的程序的执行速度更快，所占用的内存更少。但是，它不能提供以下支持：ARM 程序和 Thumb 程序相互调用、数据和代码的位置无关的支持、子程序的可重入性、数据栈检查的支持。而派生的其他几种特定 ATPCS 就是在基本 ATPCS 的基础上添加其他规则而形成的，其目的就是提供上述功能。

(1) 寄存器的使用规则

下面是寄存器使用的一些规则。

① 子程序通过寄存器 R0~R3 来传递参数。这时寄存器可以记为 A0~A3，被调用的子程序在返回前无须恢复寄存器 R0~R3 的内容。

② 在子程序中，使用 R4~R11 来保存局部变量，这时寄存器 R4~R11 可以记为 V1~V8。如果在子程序中用到 V1~V8 中的某些寄存器，则进入子程序时必须保存这些寄存器的值，在返回前必须恢复这些寄存器的值。对于子程序中没有用到的寄存器则不必执行这些操作。在 Thumb 程序中，通常只能使用寄存器 R4~R7 来保存局部变量。

③ 寄存器 R12 用来作为子程序间的暂存(Scratch)寄存器，记为 IP，在子程序的链接代码段中经常会有这种使用规则。

④ 寄存器 R13 用来作为数据栈指针，记为 SP，在子程序中寄存器 R13 不能用于其他用途。寄存器 SP 在进入子程序时的值和退出子程序时的值必须相等。

⑤ 寄存器 R14 用来作为链接寄存器，记为 LR，用于保存子程序的返回地址。如果在子程序中保存了返回地址，那么 R14 可用于其他用途。

⑥ 寄存器 R15 是程序计数器，记为 PC，不能用于其他用途。

⑦ ATPCS 中的各寄存器在 ARM 编译器和汇编器中都是预定义的。

(2) 数据栈的使用规则

数据栈根据指向位置和增长方向的不同可分为 4 种类型：FD(Full Descending)，ED(Empty Descending)，FA(Full Ascending)和 EA(Empty Ascending)，参见 8.3.4 节。

ATPCS 规定数据栈为 FD 类型，并且对数据栈的操作是 8 字节对齐的。下面详细讨论一个数据栈并给出各种定义。

- 数据栈栈指针(Stack Pointer)指向最后一个写入栈的数据的计算机存储单元。
- 数据栈的基地址(Stack Base)是指数据栈的最高地址。由于 ATPCS 中的数据栈是 FD 类型的，实际上数据栈中最早入栈的数据所占据的存储单元是基地址的下一个存储单元。
- 数据栈界限(Stack Limit)是指数据栈中可以使用的最低存储单元地址。
- 已占用的数据栈(Used Stack)是指数据栈的基地址和数据栈栈指针之间的区域，其中包括数据栈栈指针指向的存储单元。
- 数据栈中的数据帧(Stack Frame)是指数据栈中为子程序分配的用来保存寄存器和局部变量的区域。

异常中断的处理程序可以使用被中断程序的数据栈，这时用户要保证被中断程序的数据栈足够大。

使用 ADS 编译器产生的目标代码中包含了 DRFAT2 格式的数据帧。在调试过程中，调试器可以使用这些数据帧来查看数据栈中的相关信息。而对于汇编语言来说，用户必须使用 FRAME 伪操作来描述数据栈中的数据帧。ARM 汇编器根据这些伪操作在目标文件中产生相应的 DRFAT2 格式的数据帧。

在 ARM v5TE 版本中，批量传送系统指令 LDRD/STRD 要求数据栈是 8 字节对齐的，以提高数据的传送速度。用 ADS 编译器产生的目标文件中，外部接口的数据栈绝大部分都是 8 字节对齐的，并且编译器将告诉链接器：

本目标文件中的数据栈是 8 字节对齐的。而对于汇编程序来说，如果目标文件中包含了外部调用，则必须满足以下条件：外部接口的数据栈一定是 8 字节对齐的，也就是要保证在进入该汇编代码后，直到该汇编语言程序调用外部代码之间，数据栈的栈指针变化为偶数个字；在汇编语言程序中使用 PRESERVE8 伪操作告诉链接器，本程序是 8 字节对齐的。

遵循 ATPCS 规则的堆栈使用方法如图 9-9 所示。

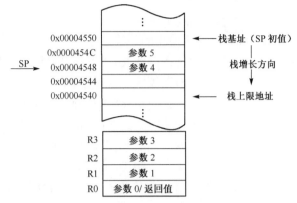

图 9-9　函数参数使用寄存器和数据栈的示意图

(3) 参数的传递规则

根据参数个数是否固定，可以将子程序分为参数个数固定的子程序和参数个数可变的子程序。这两种子程序的参数传递规则是不同的。

对于参数个数可变的子程序，当参数不超过 4 个时，可以使用寄存器 R0~R3 进行参数传递；当参数超过 4 个时，还可以使用数据栈来传递参数。在参数传递时，将所有参数看成存放在连续存储单元中的字数据。然后，依次将各个字数据传送到寄存器 R0，R1，R2 和 R3 中；如果参数多于 4 个，则将剩余的字数据传送到数据栈中，入栈的顺序与参数顺序相反，即最后一个字数据先入栈。按照上面的规则，一个浮点数参数既可以通过寄存器传递，也可以通过数据栈传递，还可以一半通过寄存器传递，另一半通过数据栈传递。

如果系统包含浮点运算的硬件部件，则浮点参数将按照下面的规则传递：各个浮点参数按顺序处理；为每个浮点参数分配 FP 寄存器；分配的方法是满足该浮点参数需要且编号最小的一组连续的 FP 寄存器。

对于参数个数固定的子程序，其参数传递与参数个数可变的子程序的参数传递规则不同。参数使用 R0~R3 来传递，必要的时候使用堆栈传递。参数 1 至参数 4 分别对应 R0 至 R3，采用堆栈时首先使用低地址。

当结果为一个 32 位整数时，可以通过寄存器 R0 返回子程序结果；当结果为一个 64 位整数时，可以通过 R0 和 R1 返回子程序结果，以此类推；当结果为一个浮点数时，可以通过浮点运算部件的寄存器 f0，d0 或 s0 返回子程序结果；当结果为一个复合的浮点数时，可以通过寄存器 f0~fN 或 d0~dN 返回子程序结果；对于位数更多的子程序结果，需要通过调用内存来传递。

图 9-10 所示为 ATPCS 规则规定的参数传递方式示意图。

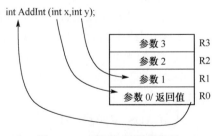

图 9-10　ATPCS 规则规定的
参数传递方式示意图

2．C 语言程序调用汇编函数实例

ARM 编译器使用的函数调用规则就是 ATPCS 标准，也是设计可被 C 语言程序调用的汇编函数的编写规则。为了保证程序调用时参数传递正确，编写代码时必须严格按照 ATPCS规则，同时需要对 C 语言程序的编译器进行设置，确保其和汇编语言程序使用的规则一致。

如果汇编函数和调用函数的 C 语言程序不在同一个文件中，则需要在汇编语言中采用关键字 EXPORT 声明汇编语言起始处的标号为外部可引用符号，该标号应该为 C 语言中所调用汇编函数的函数名。这样，当链接器在链接各个目标文件时，会把标号的实际地址赋给各引用符号。在 C 语言中则需要声明函数原型并加 extern 关键字，然后才能在 C 语言中调用该函数。从 C 语言的角度看，函数名起到的作用是标识函数代码的起始地址，其作用和汇编语言中的标号类似。

例 9.7 所示的 C 语言程序调用完成字符串复制功能的汇编函数，实现了把字符串 srcstr复制到字符串 dststr 中。

【例 9.7】　调用汇编函数实现字符串复制的 C 语言程序。

代码与仿真
结果

```
//strtest.c                    ; 以下为C语言程序
#include <stdio.h>
extern void strcopy(char *d, char *s);
int main()
{
    char *srcstr = "First string - soure";        /* 定义源字符串数组并初始化 */
    char dststr[] = "Second string - destination";/* 定义目的字符串数组并初始化 */

    printf("Before copying:\n");
    printf(" '%s'\n'%s'\n", srcstr, dststr);       /* 打印复制前的源和目标字符串 */
    strcopy(dststr,srcstr);                        /* 调用字符串复制汇编函数 */
    printf("After copying:\n");
    printf(" '%s'\n'%s'\n", srcstr, dststr);       /* 打印复制后的源和目标字符串 */
    return 0;
}

; scopy.s                      ; 以下为汇编语言程序
    AREA    SCopy, CODE, READONLY
    CODE    32
    IMPORT  __main
    EXPORT  strcopy
strcopy
    LDRB    R2, [R1], #1    ; r1 对应源字符串首地址，读取字符
    STRB    R2, [R0], #1    ; r0 对应目的字符串首地址，保存字符
    CMP     R2, #0          ; 判断字符串是否结束
    BNE     strcopy         ; 循环执行字符复制，直到字符串结束
    MOV     PC, LR          ; 汇编子程序返回

    END
```

从例 9.7 中可以看出 ATPCS 规则的用法。在 C 语言中使用 strcopy（dststr，srcstr）；语句调用汇编函数时，参数 dststr 在左边，因此该参数传递到 R0 中（即字符串 dststr 的首地址保存

在 R0 中)，而参数 srcstr 在右边，因此该参数传递到 R1 中(即字符串 srcstr 的首地址保存在 R1 中)。因此汇编语言中利用 R1 间接寻址可以完成源字符串的读取，将源字符串 srcstr 中的字符读到 R2 中，利用 R0 间接寻址将 R2 中的字符保存到目的字符串 dststr 中。

3. 汇编语言程序调用 C 语言函数实例

在汇编语言程序中调用 C 语言函数，需要利用 IMPORT 说明对应的 C 语言函数名，按照 ATPCS 的规则保存参数。完成各项准备工作后利用跳转指令跳转到 C 语言函数入口处开始执行。跳转指令后所跟的标号为 C 语言函数的函数名。例 9.8 所示为用汇编语言程序调用 C 语言函数实现 i+2*i+3*i+4*i+5*i 的功能。

【例 9.8】　调用 C 语言函数的汇编语言程序。

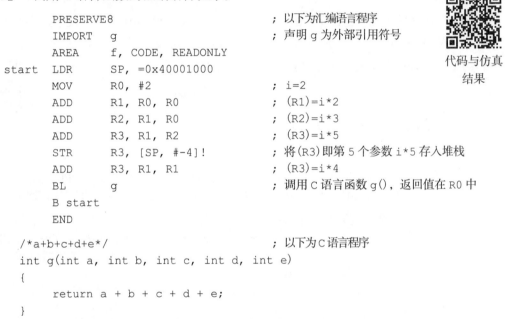

```
            PRESERVE8                          ; 以下为汇编语言程序
            IMPORT    g                        ; 声明 g 为外部引用符号
            AREA      f, CODE, READONLY
start       LDR       SP, =0x40001000
            MOV       R0, #2                   ; i=2
            ADD       R1, R0, R0               ; (R1)=i*2
            ADD       R2, R1, R0               ; (R2)=i*3
            ADD       R3, R1, R2               ; (R3)=i*5
            STR       R3, [SP, #-4]!           ; 将(R3)即第 5 个参数 i*5 存入堆栈
            ADD       R3, R1, R1               ; (R3)=i*4
            BL        g                        ; 调用 C 语言函数 g()，返回值在 R0 中
            B start
            END

    /*a+b+c+d+e*/                              ; 以下为 C 语言程序
    int g(int a, int b, int c, int d, int e)
    {
        return a + b + c + d + e;
    }
```

代码与仿真结果

从例 9.8 可以看出，在汇编语言程序中使用 BL 跳转到 C 语言函数 g，BL 后所跟的标号 g 即为 C 语言函数的函数名。在传递参数时由于参数超过了 4 个，所以第 5 个参数采用堆栈的方式传送。

9.2.2　C/C++语言内嵌汇编语言

除了支持 C/C++和汇编语言相互调用函数，ARM 内嵌汇编器还允许在 C 程序中嵌入汇编代码，以提高程序的效率。内嵌汇编器指的是包含在 C/C++编译器中的汇编器。使用内嵌汇编器后，可以在 C/C++程序中直接使用大部分 ARM 指令和 Thumb 指令。使用内嵌汇编器可以在 C/C++程序中实现 C/C++语言不能完成的一些操作，同时程序的代码效率也比较高。

1. 内嵌的汇编指令的格式和用法

在 ARM C 语言程序中使用关键词 _asm 来标识一段汇编指令程序，其格式如下：

```
_asm
{
instruction [; instruction]
...
[instruction]
}
```

其中，如果一行中有多个汇编指令，则指令之间用分号隔开。如果一条指令占多行，则要使用续行符号(\)。在汇编指令段中可以使用 C 语言的注释语句。

内嵌的汇编指令包括大部分 ARM 和 Thumb 指令，但由于它嵌在 C/C++中使用，在用法上有一些新的特点。

(1) 操作数

在内嵌的汇编指令中，作为操作数的寄存器和常量可以是 C/C++表达式。这些表达式可以是 char、short 或 int 类型，而且这些表达式都是作为无符号数进行操作的。编译器将会计算这些表达式的值，并为其分配寄存器。

当汇编指令中同时用到物理寄存器和 C/C++表达式时，要注意使用的表达式不要过于复杂。因为复杂的表达式将会需要较多的物理寄存器，这些寄存器可能与指令中的物理寄存器的使用发生冲突。

(2) 物理寄存器

在内嵌的汇编指令中使用物理寄存器有以下限制。

① 不能直接向寄存器 PC 中赋值，程序的跳转只能通过 B 指令或 BL 指令。

② 在使用物理寄存器的内嵌汇编指令中，不要使用过于复杂的 C/C++表达式。

③ 编译器可能会使用寄存器 R12 或 R13 存放编译的中间结果，在计算表达式时可能会将寄存器 R0~R3、R12 和 R14 用于子程序的调用。因此，在内嵌的汇编指令中，不要将这些寄存器同时指定为物理寄存器。

④ 在内嵌的汇编指令中使用物理寄存器时，如果有 C/C++变量使用了该物理寄存器，则编译器将会在适当的时候保存并恢复该变量的值。需要注意的是，当寄存器 SP、SL、FP 和 SB 用于特定的用途时，编译器不能恢复这些寄存器的值。

⑤ 通常推荐在内嵌的汇编指令中不要指定物理寄存器，因为这可能会影响编译器分配寄存器，进而可能影响代码的效率。

(3) 常量

在内嵌的汇编指令中，常量前的符号#可以省略。如果在表达式前使用符号#，则该表达式必须是常量。

(4) 指令展开

内嵌的指令中若包含常量操作数，则该指令可能被汇编器展开成几条指令。例如，指令

```
ADD R0, R0, #1023
```

可能被展开成如下指令序列：

```
ADD R0, R0, #1024
SUB R0, R0, #01
```

乘法指令 MUL 可能会被展开成一系列加法和移位操作。事实上，大部分 ARM 和 Thumb 指令中若包含常量操作数，则都可能被展开成多条指令。

展开的指令对于 CPSR 寄存器中的各条件标志位的影响如下：

① 算术指令可以正确地设置 CPSR 寄存器中的 N、Z、C 和 V 条件标志位。

② 逻辑指令可以正确地设置 CPSR 寄存器中的 N 和 Z 条件标志位，不影响 V 条件标志位，破坏 C 条件标志位。

(5) 标号

C/C++程序中的标号可以被内嵌的汇编指令使用。但是只有指令 B 可以使用 C/C++程序中的标号，指令 BL 不能使用。

(6) 存储单元的分配

所用存储单元的分配都是通过 C/C++程序完成的，分配的存储单元通过变量供内嵌的汇编器使用。

内嵌汇编器不支持汇编语言中用于内存分配的伪操作。

(7) SWI 和 BL 指令的使用

在内嵌的 SWI 和 BL 指令中，除了正常的操作数字段，还必须增加 3 个可选的寄存器列表。其中，第一个寄存器列表中的寄存器用于存放输入的参数；第二个寄存器列表中的寄存器用于存放返回的结果；第三个寄存器列表中的寄存器的内容可能被调用的子程序破坏，即这些寄存器供被调用的子程序作为工作寄存器使用。

2. 内嵌汇编指令的应用举例

下面通过两个例子来理解内嵌汇编指令的用法。

(1) 字符串复制

【例 9.9】　在 C 语言程序中内嵌汇编程序实现字符串复制。

代码与仿真
结果

```
#include <stdio.h>
void my_strcpy(char *src, const char *dst)
{
int ch;                         /*定义中间变量 ch*/
    __asm
      {
      loop:
          LDRB ch, [src], #1
          STRB ch, [dst], #1
          CMP ch, #0
          BNE loop
      }
    }
int main(void)
{
    const char *a="Hello World!";
```

```
      char b[20];
      my_strcpy(a, b);
      printf("Original string: %s\n", a);
      printf("Copied string: %s\n", b);
      return 0;
   }
```

　　在例 9.9 中，子函数 my_strcpy 完成了字符串复制功能，其函数主体用汇编完成，但在函数中用 C 语言定义了中间变量 ch。因此在汇编语言中使用 ch 时，不能直接用物理寄存器名称替代 ch，应由编译器完成 ch 和物理寄存器之间的映射。

　　(2) 两个数相加
　　例 9.10 所示程序利用在 C 语言中嵌入汇编语言实现了两个数相加。

代码与仿真
结果

【例 9.10】　在 C 语言程序中内嵌汇编语言程序实现两个数相加。

```
      #include <stdio.h>
      int add(int i, int j)
      {
      int res;               /* 定义中间变量 res */
        _asm
          {
            ADD res, i, j   //; 实现 res=i+j
          }
          Return res;
      }
      void main( )
      {
         int a;
         a = add(2,3);
         printf("addition result is : %d\n", a);
      }
```

　　从例 9.10 中可以看出，当嵌入汇编语句 ADD res, i, j 时，程序员不能直接在指令中指定物理寄存器，而采用 C 语言中的变量 res、i 和 j 等替代，由编译器在编译过程中自动完成变量和寄存器之间的映射。

习题

9.1　什么是 ATPCS 标准？简述 C 语言与汇编语言混合编程时应遵循的参数传递规则。

9.2　汇编语言和 C 语言相比，各具有什么特点？

9.3　试用汇编代码完成如下 C 语言代码完成的功能。

```
      int gcd(int a, int b)
      {while (a != b)
       if (a > b)
        a = a-b;
       else
        b = b-a;
```

```
        return a;
    }
```

9.4 编写一个程序段，当寄存器 R3 中数据大于 R2 中的数据时，将 R2 中的数据加 10 存入寄存器 R3；否则将 R2 中的数据加 100 存入寄存器 R3，并把这个程序段定义成一个代码段。

9.5 编写一个程序段，判断寄存器 R5 中的数据是否为 12、18、22、29、45 或 67，如果是则将 R0 中的数据加 1，否则将 R0 设置为 0xF，并把这个程序段定义成一个代码段。

9.6 斐波那契数列从第三项开始，每一项都等于前两项之和：1、1、2、3、5、8⋯⋯试编写一个程序求斐波那契数列的第 N 项。

9.7 试编写一个循环程序，实现从 0 开始 10 个偶数的累加。

9.8 什么是子程序？如何定义一个子程序？

9.9 如何向一个子程序传递参数？如何获得一个子程序的返回值？

9.10 汇编语言程序主要用来完成什么工作？高级语言程序主要用来完成什么工作？

9.11 试将如下 C 函数改写成汇编语言函数。

```
(1) int SubXY(int x, int y)
    {
        return x-y;
    }
(2) void SubXY(int x, int y, int z)
    {
        z = x-y;
    }
```

9.12 什么是内嵌的汇编指令？使用内嵌的汇编指令有什么好处？如何使用？

9.13 将如下汇编语言函数改写成 C 函数。

```
    CMP     R0, #1
    CMPNE   R1, #1
    ADDEQ   R2, R3, R4
```

9.14 阅读如下程序，说明其完成的功能。

```
llsearch
    CMP R0, #0
    LDRNEB   R2, [R0]
    CMPNE    R1, R2
    LDRNE    R0, [R0, #4]
    BNE      llsearch
    MOV      PC, LR
```

9.15 阅读如下程序，说明其完成的功能。

```
strcmp
    LDRB     R2, [R0], #1
    LDRB     R3, [R1], #1
    CMP      R2, #0
    CMPNE    R3, #0
```

```
        BEQ         return
        CMP         R2, R3
        BEQ         strcmp
    return
        SUB         R0, R2, R3
        MOV         PC, LR
```

9.16 阅读如下程序，说明其完成的功能。

```
    CMP         R0, #maxindex
    LDRLO       PC, [PC, R0, LSL #2]
    B           IndexOutOfRange
    DCD         Handler0
    DCD         Handler1
    DCD         Handler2
    DCD         Handler3
    ...
```

9.17 阅读如下程序，说明其完成的功能。

```
    loop
        LDMIA       R12!, (R0-R11)
        STMIA       R13!, (R0-R11)
        CMP         R12, R14
        BLO         loop
```

9.18 分别编写一个主程序和子程序，实现主程序对子程序的调用。要求子程序完成两个数的
     加法运算功能；主程序完成对变量的初始化赋值后调用子程序，实现两个数的加法运算。
     按照如下两种方式来完成程序设计。
     (1) 主程序采用 C 语言程序，子程序采用汇编语言程序设计；
     (2) 主程序采用汇编语言程序，子程序采用 C 语言程序设计。

参考资料

第10章 基于 ARM 微处理器的嵌入式系统设计

嵌入式系统通常是以应用为中心、以微处理器为核心、以计算机技术为基础、面向实际应用的软硬件系统，其软硬件可裁减，是适应应用系统对功能、可靠性、成本、体积、功耗的严格要求的专用计算机系统。ARM 微处理器是一种广泛应用的嵌入式处理器，其系统设计也遵从嵌入式系统的设计规则。

以 ARM 微处理器为核心的硬件平台是整个系统运行的基础，它为软件运行提供所需的物理平台和通信接口；而软件一般包括引导程序、操作系统、驱动程序和应用软件等，它们是整个系统的控制核心，提供人机交互能力和与其他设备通信的功能。基于 ARM 的系统设计通常包括硬件设计和软件开发两大部分。

10.1 基于 ARM 内核的微处理器简介

与 ARM 公司合作的众多半导体和系统厂商，大都开发了基于 ARM 内核的微处理器，其中既有通用芯片，也有专用芯片，以下主要介绍 Samsung 公司采用 ARM9 内核的通用微处理器芯片。

Samsung 公司推出的基于 ARM 内核的微处理器为手持设备和一般应用提供了高性价比和高性能的微控制器解决方案。其采用 ARM 内核的微处理器主要按照应用来划分。通用型 32 位 MCU 主要采用 ARM7TDMI 内核，面向 CAN/LIN 总线、以太网、发动机控制和 RFID 等应用场合。更多采用 ARM 内核的微处理器主要面向消费类便携式设备，例如采用 ARM7TDMI 内核的 S3C44B0 和 S3C3410，采用 ARM926EJ-S 内核的 S3C2412、S3C2413、S3C2416、S3C2450 和 S3C24A0，采用 ARM920T 内核的 S3C2410、S3C2440、S3C2442 和 S3C2443，采用 ARM1176JZF 内核的 S3C6400 等。

Samsung 公司推出的 S3C2440A 为手持设备和普通应用产品提供了低成本、低功耗、高性能的微控制器解决方案。S3C2440A 采用了 ARM920T 内核，实现了存储器管理单元 MMU、AMBA 总线和哈佛体系结构的高速缓冲体系结构。在高速缓存方面采用了独立的 16 KB 的 I-cache 和 16 KB 的 D-cache。该微处理器采用了 0.13 μm CMOS 工艺标准宏单元和存储器单元，其低功耗、简洁的结构和全静态电路设计特别适合对成本和功耗敏感的应用。为了降低整机系统的成本，S3C2440A 提供了各类丰富的功能模块，在系统设计中无须配置额外的外部组件。

S3C2440A 内部结构如图 10-1 所示。

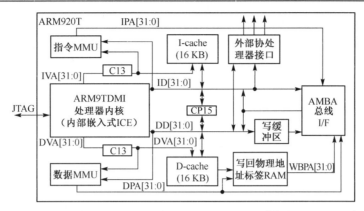

注：IVA 代表 Instruction Virtual Address（指令虚拟地址）；DVA 代表 Data Virtual Address（数据虚拟地址）；IPA 代表 Instruction Physical Address（指令物理地址）；DPA 代表 Data Physical Address（指数据物理地址）

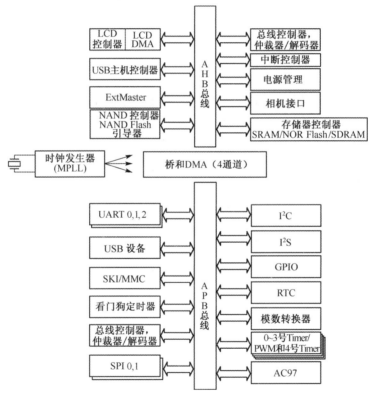

图 10-1　S3C2440A 内部结构框图

10.2　最小硬件系统

在嵌入式系统设计中，最小硬件系统通常是指以嵌入式处理器为核心，包含电源、时钟和复位等保障系统正常工作的基本硬件电路。在以 ARM 微处理器为核心的设计中，最小硬件系统通常还包括用于引导和加载基本程序的存储器电路，以及用于系统调试和监控的调试接口电路。

S3C2440A 最小硬件系统主要包括以下电路模块（见图 10-2）：

● ARM 微处理器 S3C2440A；
● 电源模块，包括 CPU 内核和 I/O 接口电源；

- 时钟模块，包括系统主时钟和实时时钟；
- 复位电路模块，包括系统加电复位、手动复位和内部复位；
- 存储器模块，包括用于程序存储和程序运行的 ROM 及 RAM 芯片；
- JTAG 调试接口模块；
- 其他各种外部应用接口。

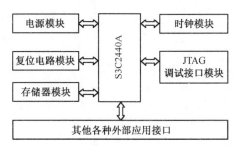

图 10-2　ARM 微处理器 S3C2440A 最小硬件系统模块框图

10.2.1　电源模块

电源模块是系统工作的能量来源，其电压、纹波、内阻和驱动能力等性能直接影响到系统工作的稳定性，因此电源模块在系统设计中至关重要。

在电源模块设计时主要应注意以下事项。

① 电源电压一定要在系统需求的范围之内。通常该范围可从芯片数据手册上查到，例如 S3C2440A 的电源特性如表 10-1 所示。

除了以上基本要求，有的微处理器芯片甚至对系统加电时电压的上升斜率有要求，例如，Microchip(Atmel) 的 AT91SAM9263 芯片内核供电要求其上升斜率大于等于 5 V/ms。

此外，在电路设计时内核和外部接口电路的供电要独立设计，并且在系统断电时先切断外部模块的电源，再切断内核模块的电源。

表 10-1　S3C2440A 电源特性

参　　数	符　　号	额　定　值		
		典型值(V)	最小值(V)	最大值(V)
活动模块直流电源电压	$V_{DDalive}$	300 MHz: 1.2 V V_{DD}	1.15	1.25
		400 MHz: 1.3 V V_{DD}	1.15	1.35
		533 MHz: TBD	TBD	TBD
内核直流电源电压	V_{DDi} V_{DDiarm} V_{DDMPLL} V_{DDUPLL}	300 MHz: 1.2 V V_{DD}	1.15	1.25
		400 MHz: 1.3 V V_{DD}	1.15	1.35
		533 MHz: TBD	TBD	TBD
I/O 模块直流电源电压	V_{DDOP}	3.3 V V_{DD}	3.0	3.6
存储器接口直流电源电压	V_{DDMOP}	1.8 V/2.5 V/3.0 V/3.3 V V_{DD}	1.7	3.6
模拟单元直流电源电压	V_{DD}	3.3 V V_{DD}	3.0	3.6
RTC 直流电源电压	V_{DDRTC}	1.8 V/2.5 V/3.0 V/3.3 V V_{DD}	1.8	3.6
直流输入电压	V_{IN}	3.3 V 输入缓冲区	0.3	V_{DDOP}+0.3
		3.3 V 接口/5 V 容限输入缓冲区	0.3	5.25
直流输出电压	V_{OUT}	3.3 V 输出缓冲区	0.3	V_{DDOP}+0.3
运行温度	T_{OPR}	工业级	−40℃~85℃	

② 电源的驱动能力一定要能满足整个系统的功率需求。有的模块耗电量较大(例如 LCD 模块)，因此，在选择电源芯片时，要求其最大供给电流大于整个系统的工作电流，并留出一定余量。

③ 电源纹波和电路干扰的处理。系统设计时除对电源进行基本的滤波处理外，在每一个电路模块中一般需要再次进行滤波和隔离，通常使用一个大电容和一个小电容并联接地的方式来处理。大电容可滤除低频干扰，小电容可滤除高频干扰，两者互为补充，可以很好地抑制低频到高频的电源干扰信号。此外，在每个芯片的各个电源引脚还需并联一个小电容，以隔离它对其他模块和电路的干扰。

④ 在设计 PCB 时需要对模拟电源和数字电源进行物理上的隔离，以保证两者的相互干扰最小。

例如，在某基于 S3C2440A 的系统中，外部供给单端+5 V 直流电压，通过电源特性表可以选择内核工作于 1.2 V，其他各接口模块工作于 3.3 V，通过电压转换电路即可得到所需的电压。

10.2.2　时钟模块

时钟模块为系统提供同步工作信号，其稳定性直接关系到系统的工作稳定性，在 ARM 嵌入式系统中通常包括频率较高的系统主时钟和频率较低的实时时钟。系统主时钟进入芯片后，可通过锁相环(PLL)进行倍频和同步处理，从而得到不同频率的时钟信号，供各个模块使用。

S3C2440A 时钟模块主要包括 12~20 MHz 的系统外部主时钟(从 XTOpll 和 XTIpll 引脚输入)和 32.768 kHz 的实时时钟(从 XTOrtc 和 XTIrtc 引脚输入)。时钟信号既可由外部晶体振荡器电路接入，也可由外部有源时钟信号模块接入，不同情况下的时钟输入方式如图10-3所示。其中，左图为外部晶体振荡器电路接入，当晶体振荡频率在 12~20 MHz 范围时，配合使用的 C_{EXT} 可以选择 15~22 pF，并且要将 EXTCLK 引脚连接至正电源端；右图为外部有源时钟信号接入，此时时钟信号由 EXTCLK 引脚进入芯片，XTOpll 引脚断开，XTIpll 引脚接至正电源端。

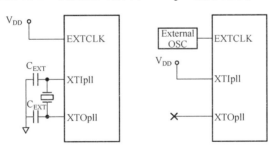

图 10-3　S3C2440A 时钟输入方式

当系统主时钟送入 S3C2440A 后，进入其时钟发生模块，由锁相环进行相应的处理，最终得到 FCLK、HCLK、PCLK 和 UCLK 四组时钟信号。其中，FCLK 信号主要供给 ARM920T 内核使用；HCLK 主要供给 AHB 总线、存储器控制器、中断控制器、LCD 控制器、DMA 控制器和 USB 主机模块；PCLK 主要供给访问 APB 总线的外设，例如 WDT、I^2S、I^2C、PWM 定时器、MMC 接口、模数转换器、UART、GPIO、RTC 和 SPI 等模块；UCLK 主要提供 USB 模块需要的 48 MHz 时钟。其时钟发生模块的内部结构如图 10-4 所示。

10.2.3 复位模块

系统复位模块一般包括加电复位、手动复位和内部复位三类。其中,加电复位和手动复位信号均来自外部复位电路,内部复位信号一般来自系统内部事务处理(例如看门狗复位等)。因此,一般来说系统对外部复位信号波形有一定的要求,若不能满足要求(例如持续时间过短),则系统将不能正常工作。对于微处理器内部产生的复位信号,除了完成自身的复位动作,还可用于输出驱动去控制系统中的其他电路,并保证其信号的完整性。

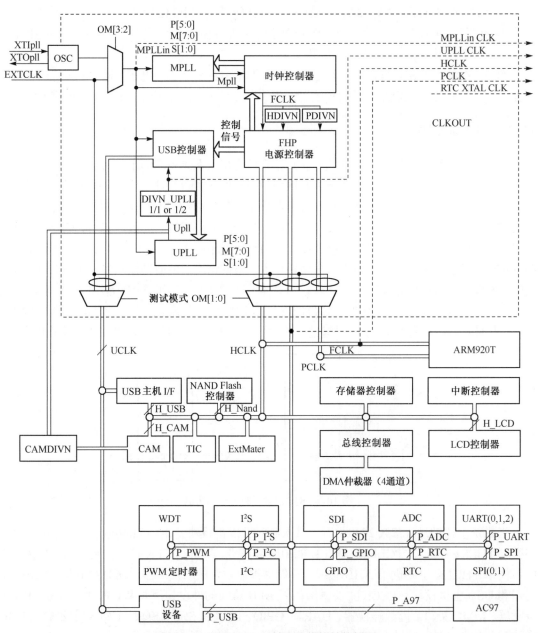

图 10-4　S3C2440A 时钟发生模块结构框图

在 S3C2440A 中,外部复位信号从 nRESET 引脚输入。要完成正确的系统复位,在微处理器电源保持稳定之后,该信号必须至少维持 4 个 FLCK 时钟周期的低电平状态。当从 nRESET 引脚送来的复位信号变为低电平后,ARM920T 内核将丢弃当前正在执行的指令,并从增量字地址处连续取得新指令;当 nRESET 引脚再次变为高电平时,ARM920T 内核将会执行如下操作。

① 复制当前的 PC 和 CPSR 的值,以覆盖 R14_svc 和 SPSR_svc 寄存器;
② 强制 M[4:0]寄存器值变为 10011(进入超级用户模式),并将 CPSR 中的 I 位和 F 位置位,将 CPSR 中的 T 位清零;
③ 强制 PC 从地址 0x00 处取得下一条指令;
④ 恢复正常 ARM 工作状态运行。

10.2.4　JTAG 调试接口模块

ARM 微处理器一般都采用 JTAG 接口作为调试手段,在 S3C2440A 中 JTAG 接口主要包含 nTRST、TMS、TCK、TDI 和 TDO 共 5 个信号,其中 TMS、TCK 和 TDI 信号需要连接上拉电阻,个人计算机通过 JTAG 调试器与 S3C2440A 连接即可完成基本的调试工作。

10.2.5　存储器模块

存储器模块用于为系统程序的保存和运行提供空间。在系统设计时,可能需要选择合适的外部存储器芯片(如 SRAM,SDRAM,NOR Flash 和 NAND Flash 等)进行扩展存储器设计。

在以 S3C2440A 为核心的系统中,片外存储器通常包括用于存放程序的 NAND Flash 存储器和用于程序运行的 SDRAM 存储器。由于 NAND Flash 容量大而价格低,现在越来越多的设计者都选用它来作为程序存储器,并且希望在加电时 ARM 微处理器能直接从它来引导系统,因此 S3C2440A 专门设计了相关的电路来实现该功能。

在 S3C2440A 内部配备了一块称为“Steppingstone”的 SRAM 存储器,其容量为 4 KB,当系统加电时,微处理器会自动将外部 NAND Flash 中最低地址开始 4 KB 容量的代码载入 Steppingstone 中,然后从该地址空间开始运行程序,而这部分代码通常就是设计者预先编写好的系统引导代码。在系统引导代码中,通常会将 NAND Flash 中的程序复制到 SRAM 存储器,并由硬件完成 ECC 校验,以保证数据的正确性,然后系统就会自动转向 SRAM 地址空间运行用户程序(例如操作系统或应用程序等),完成系统引导。S3C2440A 的 NAND Flash 控制器内部结构及其系统引导流程如图 10-5 和图 10-6 所示。

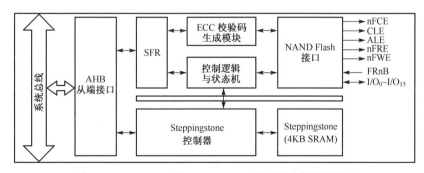

图 10-5　S3C2440A 的 NAND Flash 控制器内部结构框图

在目前常用的各类外部存储器中,为了得到较大的存储容量,通常其内部结构相对复杂,对存储空间进行了块、页等划分,并使用了多级的地址译码,因此在外部引脚有限的情况下,通常采用时分的方式,从同一组地址引脚进行多次地址传输,得到较大的地址范围。比如 SDRAM 对列地址线和行地址线进行了复用,通过两次操作将列地址和行地址依次写入内部控制器并锁存。因此与常规的直接基于 CPU 总线的存储器扩展不同,在外部存储器电路设计时,要特别注意其地址信号、片选信号、页选信号和使能信号等的连接。

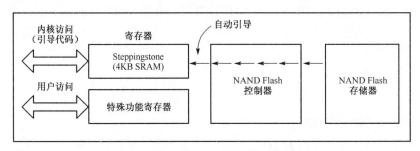

图 10-6 S3C2440 系统引导流程示意图

图 10-7 和图 10-8 是以 S3C2440A 为核心的外部存储器扩展电路实例,该系统选用了一片容量为 64 MB 的 NAND Flash(型号 K9F1208)作为程序保存存储器,两片容量为 4 M×16 位× 4 bank(体)的 SDRAM(型号 MT48LC16M16)作为程序运行存储器。其中,MT48LC16M16 的 13 位行地址和 9 位列地址分时复用地址引脚 $A_0 \sim A_{12}$。

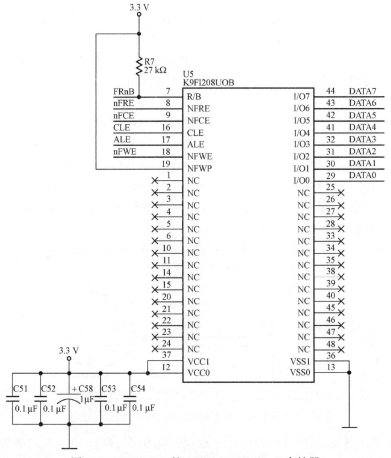

图 10-7 S3C2440A 的 64 MB NAND Flash 存储器

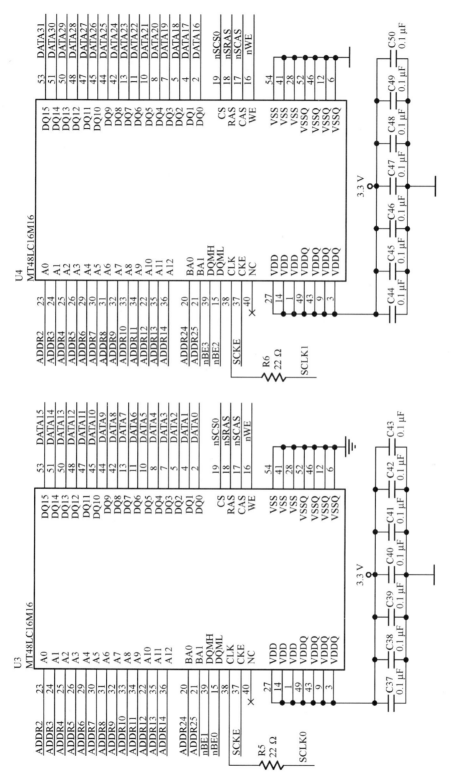

图 10-8　S3C2440A 的 4 M × 16 位 × 4 体 × 2 SDRAM 存储器

10.3　人机交互接口

人机交互接口主要用于人与设备之间的信息交换，通常包括用于信息输入的键盘、触摸屏，以及信息输出的各类显示器。

键盘和 LED 是最常用的两种输入输出器件，使用它们可以实现简单的信号输入和输出，在嵌入式系统中有重要用途。这类简单外设与微处理器进行连接时，通常有如下两种方式。

- 使用微处理器的 GPIO 直接控制，由微处理器运行相应软件来实现所需功能；
- 使用专用的控制芯片来获取按键信息以及驱动显示。

通用输入/输出(General Purpose Input Output，GPIO)可以用来实现任何一般用途的信号输入/输出。ARM 微处理器芯片的大部分引脚都可以通过设定相应的控制寄存器实现基本的 GPIO 功能，并可编程设置信号方向、电平上拉/下拉等功能。下面以 S3C2440A 微处理器芯片为例，介绍其 GPIO 的功能及使用方法。

1. S3C2440A 中的 GPIO 及其驱动 LED 示例

在 S3C2440A 中共有 130 个多功能 I/O 引脚，这些引脚除了可以作为某个特殊功能使用，均可以配置成 GPIO 模式，并分为以下 8 组。

- Port A（GPA）：25 个输出端口
- Port B（GPB）：11 个输入/输出端口
- Port C（GPC）：16 个输入/输出端口
- Port D（GPD）：16 个输入/输出端口
- Port E（GPE）：16 个输入/输出端口
- Port F（GPF）：8 个输入/输出端口
- Port G（GPG）：16 个输入/输出端口
- Port H（GPH）：9 个输入/输出端口
- Port J（GPJ）：13 个输入/输出端口

每组 GPIO 端口均有各自的寄存器组，主要包括端口配置寄存器(GPxCON)、端口数据寄存器(GPxDAT)和端口上拉寄存器(GPxUP)。端口配置寄存器主要用于配置对应的端口引脚功能，例如设置成输入或输出，或者是特殊功能引脚；端口数据寄存器主要用于存放对应接口传递的数据值；端口上拉寄存器用于设置对应引脚的上拉功能是否有效。下面以 GPIO 驱动 LED 发光为例简要说明其功能和使用方法。

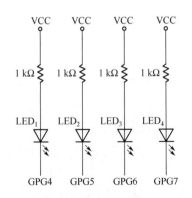

图 10-9　GPIO 驱动 LED 电路的原理图

【例 10.1】　使用 S3C2440A 的端口 G 的第 4~7 引脚驱动 4 个 LED，并点亮 GPG4 引脚对应的 LED，电路连接如图10-9所示。

解： 为驱动相应的电路工作，需要对 G 端口对应的各寄存器进行操作，G 端口的寄存器如表 10-2 所示。

表 10-2　G 端口寄存器表

寄 存 器 名	地　　址	读 写 属 性	功　　　能	复 位 值
GPGCON	0x56000060	可读可写	配置引脚功能为输入/输出/其他	0x00
GPGDAT	0x56000064	可读可写	G 端口数据寄存器	未定义
GPGUP	0x56000068	可读可写	上拉配置寄存器，低电平有效	0xFC00

G 端口共有 16 个 GPIO 引脚，寄存器 GPGCON 宽度为 32 位，每个引脚的功能各由两位来选择控制，比如第 4~7 引脚的控制位如表 10-3 所示。

表 10-3　GPGCON 寄存器功能

GPGCON	寄 存 器 位	功 能 选 择	
GPG7	[15:14]	00=输入	01=输出
		10=EINT[15]	11=保留
GPG6	[13:12]	00=输入	01=输出
		10=EINT[14]	11=保留
GPG5	[11:10]	00=输入	01=输出
		10=EINT[13]	11=保留
GPG4	[9:8]	00=输入	01=输出
		10=EINT[12]	11=保留

在本例中 G 端口作为输出功能使用，因此寄存器 GPGCON 中的[15:8]位应设置为二进制值 01010101。

寄存器 GPGDAT 和 GPGUP 宽度均为 16 位，各引脚按其编号与相应的寄存器位对应。在 GPGDAT 中存放的即为需要输出的数据，根据硬件电路连接图可知，要将第 4 引脚 LED 点亮，则对应的引脚应输出低电平，所以寄存器 GPGDAT 中的[7:4]位应设置为二进制值 1110。本例中端口为输出功能，因此寄存器 GPGUP 中对应各位均设置为 1，将上拉电阻断开。

根据以上分析，可以得出如下示例代码。

```
GPGCON      EQU     0x56000060
GPGDAT      EQU     0x56000064
GPUP        EQU     0x56000068
; 配置 GPGCON 寄存器，设置相关引脚为输出功能
            LDR     R0,  =GPGCON
            LDR     R1,  [R0]
            BIC     R1,  R1,  #0x0000FF00
            ORR     R1,  R1,  #0x00005500
            STR     R1,  [R0]
; 配置 GPGUP 寄存器，断开各上拉电阻
            LDR     R0,  =GPUP
            LDR     R1,  [R0]
            ORR     R1,  R1,  #0x00F0
            STR     R1,  [R0]
; 输出驱动数据，点亮 GPG4 引脚对应的 LED
            LDR     R2,  =GPGDAT
            LDR     R3,  [R2]
            ORR     R3,  R3,  #0x00F0
```

```
BIC    R3, R3, #0x0010
STR    R3, [R2]
```

2. 采用专用控制芯片驱动键盘及数码管

当系统中需要较多的按键或需要驱动较多的 LED 显示时,由于微处理器 GPIO 数量有限(某些引脚需留给特殊功能使用,进一步减少了可用的 GPIO 数量),无法满足硬件电路设计需求;另一方面,采用 GPIO 的驱动方式需要 CPU 执行软件来完成相应的功能,需占用大量的微处理器时间,在多任务系统中很难满足实时性要求,所以需要采用专用的控制芯片来驱动键盘及数码管。

常用的此类芯片有 HD7279A、CH451/452、BC7281 和 ZLG7289/90 等,其功能基本相同,例如,ZLG7290 是广州周立功单片机发展有限公司自行设计的数码管显示驱动及键盘扫描管理芯片。能够直接驱动 8 位共阴式数码管(或 64 个独立的 LED),同时还可以扫描管理多达 64 个按键。其内部含有显示译码器,可直接接受 BCD 码或十六进制码,并同时具有两种译码方式。此外,还具有多种控制指令,如消隐、闪烁、左移、右移、段寻址等。利用片选信号,多片 ZLG7290 还可以并接在一起使用,能够方便地实现多于 8 位的显示或多于 64 个按键的应用。此外其内部还设置有连击计数器,能够使某键按下后不松手而连续有效。这类芯片通常采用 I²C 等串行总线的方式与微处理器连接,在硬件设计中只占用较少的几个 I/O 引脚,在软件设计时可以作为系统的一个标准外设来驱动。

10.4　通信接口

通信接口通常用于嵌入式设备与其他设备进行信息交换,由于各类设备性能指标差异巨大,要实现信息的传递需要进行速率、电平、时序、信息格式等多方面的转换和匹配,所以该类接口种类十分丰富,例如 SCI、SPI、I²C、I²S、CAN、USB、1394 和以太网接口等。

10.4.1　UART 接口

在嵌入式设备中最常用的串行通信接口是 SCI 接口,通常该接口以通用异步收发器(UART)为核心,通过电平转换以遵从 RS-232 等标准实现设备间的数据通信。UART 模块几乎内置于所有的嵌入式处理器中。

1. ARM 微处理器中的 UART

S3C2440A 中包含三个独立的 UART 模块,它们的内部结构基本相同,如图10-10 所示。

基本的 UART 模块具备 RXD 和 TXD 两个信号引脚,可以实现全双工的数据传递,也可与其他控制信号配合,以实现满足某些协议要求的握手动作。

在 UART 内部,主要由收/发移位寄存器、收/发数据缓冲器、波特率发生器、各功能寄存器和其他控制逻辑电路组成。

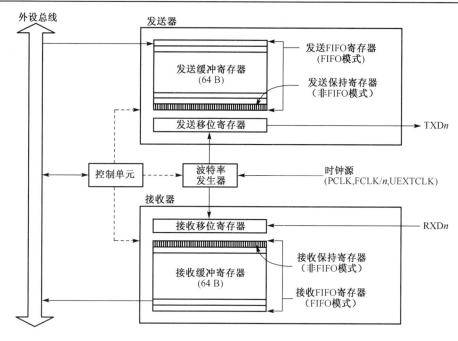

图 10-10　S3C2440A 中 UART 模块结构框图

2．串行通信接口编程实例

串行通信接口的编程通常分为接口初始化和数据传递两个步骤，初始化主要是对工作模式、数据帧格式、通信速率和缓冲区等进行配置，进入工作状态后即可读/写数据缓冲区实现数据的收发。

S3C2440A 中的 UART0 相关寄存器如表 10-4 所示。

表 10-4　UART0 相关寄存器表

寄存器名	地址（大端存储）	地址（小端存储）	位　　宽	读写属性	功　　能
ULCON0	0x50000000	与大端存储相同	字（16 位）	读/写	UART0 线路控制寄存器
UCON0	0x50000004				UART0 控制寄存器
UFCON0	0x50000008				UART0 FIFO 控制寄存器
UMCON0	0x5000000C				UART0 调制解调器控制寄存器
UTRSTAT0	0x50000010			读	UART0 收发状态寄存器
UERSTAT0	0x50000014				UART0 接收错误状态寄存器
UFSTAT0	0x50000018				UART0 FIFO 状态寄存器
UMSTAT0	0x5000001C				UART0 调制解调器状态寄存器
UTXH0	0x50000023	0x50000020	字节（8 位）	写	UART0 发送保持寄存器
URXH0	0x50000027	0x50000024		读	UART0 接收缓冲寄存器
UBRDIV0	0x50000028	与大端存储相同	字（16 位）	读/写	UART0 波特率分频寄存器

在初始化过程中，主要对 ULCON、UCON、UFCON、UMCON 和 UBRDIV 这 5 个寄存器进行相关设置；在数据收发中主要使用 UTRSTAT、UFSTAT、UTXH 和 URXH 这 4 个寄存器，可进行有/无缓冲的传输，实现查询或中断方式的传输，通过 UERSTAT 寄存器还可获得在接收数据过程中发生的错误状况。下面以实例说明各寄存器在数据通信中的使用方法。

【例 10.2】　UART0 采用查询方式进行数据通信，要求使用 8 位数据位，1 位停止位，奇校验，传输速率 115 200 b/s，不使用 FIFO，关闭流控制，微处理器外设时钟 PCLK=66.68 MHz，系统采用小端存储。

解：该题可分为初始化和数据收发两个步骤进行。

第 1 步：UART0 的初始化

1)配置 ULCON0 线路控制寄存器。该寄存器主要用于配置串行通信的数据帧格式，包括数据位长度设置、停止位数量设置和奇偶校验模式的选择等(见表 10-5)。

根据题目需求可对各寄存器位配置为：保留位=0，红外模式设置位=0，奇偶校验设置位=100，停止位数量设置位=0，数据位长度设置位=11。最终设置 ULCON0=0x23。

表 10-5　ULCON0 线路控制寄存器参数

ULCON0	位	功能描述	初始状态
保留位	[7]		0
红外模式	[6]	设定是否使用红外模式 0：普通操作模式 1：红外收发模式	0
奇偶校验模式	[5:3]	在 UART 收发操作中定义校验位的生成和检验属性 0xx：无校验位 100：奇校验 101：偶校验 110：校验位强制为 1 111：校验位强制为 0	000
停止位数量	[2]	定义帧结束时停止位的数量 0：每帧一位停止位 1：每帧两位停止位	0
数据位长度	[1:0]	定义每帧收发的数据位个数 00:5 位　01:6 位 10:7 位　11:8 位	00

2)配置 UCON0 控制寄存器。该寄存器主要用于选择 UART 模块的时钟选择、收发工作模式、中断配置以及测试等。表 10-6 仅列出与该例相关的寄存器位，完整的寄存器说明可参考 S3C2440A 数据手册。

表 10-6　UCON0 控制寄存器参数

UCON0	位	功能描述	初始状态
时钟选择	[11:10]	选择 PCLK、UEXTCLK 或者 FCLK 作为 UART 的工作时钟 UBRDIV= int(选择的时钟频率/(波特率×16))−1 00, 01: 选择 PCLK 10: 选择 UEXTCLK 11: 选择 FCLK	00

(续表)

UCON0	位	功 能 描 述	初 始 状 态
发送模式	[3:2]	设置向 UART 发送缓冲区填入数据的方式, 也用于设置使能或关闭发送器 00: 关闭 01: 中断模式或查询模式 10: DMA0 模式(仅对 UART0 有效) DMA3 模式(仅对 UART2 有效) 11: DMA1 模式(仅对 UART1 有效)	00
接收模式	[1:0]	设置从 UART 接收缓冲区读出数据的方式, 也用于设置使能或关闭接收器 00: 关闭 01: 中断模式或查询模式 10: DMA0 模式(仅对 UART0 有效) DMA3 模式(仅对 UART2 有效) 11: DMA1 模式(仅对 UART1 有效)	00

    根据题目需求可对各寄存器位配置为: 时钟选择位=00, 发送模式设置位=01, 接收模式设置位=01。由于不使用中断, 所以其余寄存器位均设置为 0。最终设置 UCON0 = 0x0005。

    3) 配置 UFCON0 FIFO 控制寄存器。该寄存器主要用于设置数据收发操作中是否使用 FIFO 以及 FIFO 使用的相关参数(见表 10-7)。

表 10-7   UFCON0 FIFO 控制寄存器参数

UFCON0	位	功 能 描 述	初 始 状 态
发送 FIFO 触发阈值	[7:6]	设置发送 FIFO 触发阈值 00: 空 01:16 字节 10:32 字节 11:48 字节	00
接收 FIFO 触发阈值	[5:4]	设置接收 FIFO 触发阈值 00: 空 01:16 字节 10:32 字节 11:48 字节	00
保留位	[3]		0
发送 FIFO 复位	[2]	设置在 FIFO 复位后是否自动清除发送 FIFO 空间 0: 普通模式 1: 自动清除	0
接收 FIFO 复位	[1]	设置在 FIFO 复位后是否自动清除接收 FIFO 空间 0: 普通模式 1: 自动清除	0
FIFO 使能	[0]	用于打开或关闭 FIFO 0: 关闭 FIFO 1: 打开 FIFO	0

    在该例中不使用 FIFO, 因此也无须设置相关参数, 使用初始值 UFCON0=0x00 即可。

    4) 配置 UMCON0 调制解调器控制寄存器。该寄存器主要用于设置 UART 模块与调制解调器通信时的相关参数及握手信号(见表 10-8)。

表 10-8　UMCON0 调制解调器控制寄存器参数

UMCON0	位	功能描述	初始状态
保留位	[7:5]	这些位必须设置为 0	000
自动流控制	[4]	设置是否使用自动流控制 0：不使用　1：使用	0
保留位	[3:1]	这些位必须设置为 0	000
请求发送	[0]	如果使用了自动流控制，则该位被忽略；如果没使用自动流控制，则需要使用软件来控制该位。 0：高电平（RTS 空闲） 1：低电平（RTS 有效）	0

该例中无须使用握手信号及流控制，设置 UMCON0=0x00。

5) 配置 UBRDIV0 波特率控制寄存器。该寄存器（见表 10-9）用于存放进入 UART 模块的时钟分频值，以得到不同的 UART 数据收发速率，该分频值的计算公式为：

$$UBRDIV=int(UART\ 时钟频率/(波特率×16))-1$$

表 10-9　UBRDIV0 波特率控制寄存器参数

UBRDIV0	位	功能描述	初始状态
波特率发生器分频值 UBRDIV	[15:0]	设置波特率发生器的分频值，该值必须大于 0。如果使用 UEXTCLK 作为 UART 的输入时钟，则该寄存器可以设置为 0	—

该例中选取 66.68 MHz 的 PCLK 作为 UART 的工作时钟，要得到 115 200 的波特率，则可计算如下：

$$UBRDIV=int(66.68\ M/(115\ 200×16))-1=int(36.176)-1=35$$

由于计算中有取整操作，所以实际的波特率并不严格等于 115 200，可以利用以上公式，代入刚才的计算结果，得到实际的波特率：

$$波特率=UART\ 时钟频率/((UBRDIV+1)×16)=66.68\ M/((35+1)×16)\approx115\ 764$$

因此，实际的工作速率与理论值之间存在偏差，在此例中偏差为

$$(115\ 764–115\ 200)/115\ 200×100\%=+0.49\%$$

该偏差能否被实际的数据通信电路所容忍，则需要从数据接收方的数据恢复机制出发进行分析计算。

6) 初始化程序示例。

根据以上分析结果，示例程序如下。

```
ULCON0    EQU    0x50000000
UCON0     EQU    0x50000004
UFCON0    EQU    0x50000008
UMCON0    EQU    0x5000000C
UBRDIV0   EQU    0x50000028
          LDR    R2, =ULCON0    ; 配置 ULCON0 寄存器
          MOV    R3, #0x23
          STRB   R3, [R2]
          LDR    R2, =UCON0     ; 配置 UCON0 寄存器
          MOV    R3, #0x05
          STRH   R3, [R2]
```

```
        LDR     R2, =UFCON0      ; 配置 UFCON0 寄存器
        MOV     R3, #0x00
        STR     R3, [R2]
        LDR     R2, =UMCON0      ; 配置 UMCON0 寄存器
        MOV     R3, #0x00
        STR     R3, [R2]
        LDR     R2, =UBRDIV0     ; 配置 UBRDIV0 寄存器
        MOV     R3, #35
        STRH    R3, [R2]
...
```

第 2 步：使用 UART0 发送/接收 1 字节数据

本例要求采用查询方式进行数据收发，因此主要使用 UTRSTAT0、UTXH0 和 URXH0 这 3 个寄存器。其中 UTRSTAT 寄存器由 UART 模块自动填充，用于标志当前收发数据缓冲区的状态，以提供给软件作查询操作；URXH 和 UTXH 寄存器用于存放收发的实际数据（见表 10-10 和表 10-11）。

表 10-10   UTRSTAT0 收发状态寄存器定义

UTRSTAT0	位	功 能 描 述	初 始 状 态
发送器空	[2]	当发送缓冲寄存器中没有有效数据，并且发送移位寄存器也空的时候，该寄存器位自动被设置为 1 0：不空 1：发送器空	1
发送缓冲空	[1]	当发送缓冲寄存器空的时候，该寄存器位自动被设置为 1 0：不空 1：空	1
接收缓冲数据有效	[0]	当接收缓冲寄存器中包含有效数据的时候，该寄存器位自动被设置为 1 0：接收缓冲寄存器中无有效数据 1：接收缓冲寄存器中有有效数据	0

表 10-11   UTXH0 发送数据寄存器和 URXH0 接收数据寄存器

UTXH0	位	功 能 描 述	初 始 状 态
TXDATA0	[7:0]	UART0 的发送数据	—

URXH0	位	功 能 描 述	初 始 状 态
RXDATA0	[7:0]	UART0 的接收数据	—

在收发状态寄存器中，发送器空寄存器位标志发送缓冲区和发送移位寄存器是否都处于空闲的状态，发送缓冲空寄存器位仅标志发送缓冲区是否空闲，接收缓冲数据有效寄存器位用于标志是否有新的接收数据到来，因此可以根据后两个寄存器位来判断能否进行数据的发送或接收，收发的数据通过对应的 8 位宽数据寄存器进行传递。

示例程序如下。

```
        UTRSTAT0    EQU     0x50000010
        UTXH0       EQU     0x50000020      ; 假设系统采用小端存储
        URXH0       EQU     0x50000024      ; 假设系统采用小端存储
        ... ; 发送代码段
        TLOOP       LDR     R2, =UTRSTAT0   ; 读取 UART0 收发状态寄存器的值
                    LDR     R0, [R2]
                    TST     R0, #0x02       ; 判断发送缓冲区是否空闲
                    BEQ     TLOOP           ; 不空闲则继续查询
```

```
           LDR    R0, =UTXH0
           STRB   R1, [R0]              ; 若空闲, 则将 R1 寄存器中字节传递至
                                        ; 发送缓冲区, 完成 1 字节数据发送
   … ; 接收代码段
   RLOOP   LDR    R2, =UTRSTAT0         ; 读取 UART0 收发状态寄存器的值
           LDR    R0, [R2]
           TST    R0, #0x01             ; 判断接收缓冲区是否有数据
           BEQ    RLOOP                 ; 若没有数据则继续查询
           LDR    R0, =URXH0
           LDRB   R1, [R0]              ; 若有数据则将数据收回至 R1 寄存器
                                        ; 完成 1 字节数据接收
   …
           B      TLOOP
```

10.4.2　其他通信接口

其他常用串行通信接口包括 SPI、I²C、CAN 和 USB 等, 它们具有各自不同的性能特点, 适用于不同的通信场合, 其中 SPI 和 I²C 接口已在第 6 章中介绍过, 下面仅简要介绍 CAN 和 USB 接口。

控制器局域网络(Controller Area Network, CAN)是由研发和生产汽车电子产品著称的德国 BOSCH 公司开发的, 并最终成为国际标准, 是国际上应用最广泛的现场总线之一。在北美和西欧国家中, CAN 总线协议已经成为汽车计算机控制系统和嵌入式工业控制局域网的标准总线, 并且拥有以 CAN 为底层协议的专为大型货车和重型机械车辆设计的 J1939 协议。近年来, 其具有的高可靠性和良好的错误检测能力受到重视, 广泛应用于汽车计算机控制系统和环境温度恶劣、电磁辐射强及振动大的工业环境。现在, CAN 的高性能和可靠性已被认同, 并广泛应用于工业自动化、船舶、医疗设备和工业设备等方面。现场总线是当今自动化领域技术发展的热点之一, 被誉为自动化领域的计算机局域网。它的出现为分布式控制系统实现各节点之间的实时、可靠数据通信提供了强有力的技术支持。

通用串行总线(Universal Serial Bus, USB)是一个外部总线标准, 用于规范计算机与外部设备的连接和通信。该标准在 1994 年底由 Intel、Compaq、IBM、Motorola 等多家公司联合提出, 自 1994 年 11 月 11 日发表了 USB V0.7 版本以后, USB 版本经历了多年的发展, 到现在已经发展为 3.0 版本, 成为目前计算机中的标准扩展接口, 并在嵌入式设备中得到广泛应用。USB 用一个 4 针(USB 2.0 版以下标准)插头作为标准插头, 采用菊花链形式, 可以把所有的外设连接起来, 最多可以连接 127 个外部设备, 并且不会损失带宽。USB 需要主机硬件、操作系统和外设这三方面的支持才能发挥作用。USB 接口还可以通过 HUB 扩展出更多的接口。USB 具有传输速度快(USB 1.1 可达 12 Mb/s, USB 2.0 可达 480 Mb/s, USB 3.0 可达 5 Gb/s), 使用方便, 支持热插拔和即插即用, 具有连接灵活和独立供电等优点, 可用于连接如鼠标、键盘、打印机和调制解调器等几乎所有的外部设备。USB 已成功替代串行接口和并行接口, 并成为当今个人计算机和大量智能设备的必配接口之一。

10.5　嵌入式软件系统结构及工作流程

在基于 ARM 微处理器的嵌入式系统中, 通常都会使用操作系统作为基本的软件平台, 由专用的引导程序在系统上电时进行系统引导, 对底层硬件采用驱动程序的方式进行调用,

各类应用程序则运行在操作系统之上。以下主要以 S3C2440A 硬件平台为例介绍基于 ARM 微处理器的软件系统设计方法。

10.5.1　嵌入式软件系统结构

嵌入式软件的分层体系结构如图 10-11 所示，主要包括驱动层、操作系统层、中间件层和应用层。

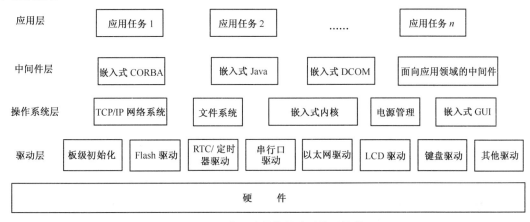

图 10-11　嵌入式软件的分层体系结构

（1）驱动层

驱动层是直接与硬件打交道的一层，为操作系统和应用提供所需驱动的支持。该层主要包括如下 3 种类型的程序。

① 板级初始化程序。这些程序在嵌入式系统上电后，初始化系统的硬件环境，包括嵌入式处理器、存储器、中断控制器、DMA 和定时器等的初始化。

② 与系统软件相关的驱动。这类驱动是操作系统和中间件等系统软件所需的驱动程序，它们的开发要按照系统软件的要求进行。目前操作系统内核所需的硬件支持一般都已集成在嵌入式处理器中了，因此操作系统厂商提供的内核驱动一般不用修改。开发人员主要编写与网络、键盘、显示和外存等相关的驱动程序。

③ 与应用软件相关的驱动。与应用软件相关的驱动不一定需要与操作系统连接，这些驱动的设计和开发取决于不同的应用。

（2）操作系统层

操作系统层包括嵌入式内核、嵌入式文件系统、嵌入式 TCP/IP 网络系统、嵌入式 GUI 系统和电源管理等部分。其中，嵌入式内核是基础和必备的部分，其他部分要根据嵌入式系统的需要来决定。

（3）中间件层

目前在一些复杂的嵌入式系统中也开始采用中间件技术，主要包括嵌入式 CORBA、嵌入式 Java、嵌入式 DCOM 和面向应用领域的中间件软件。

（4）应用层

应用层软件主要由多个相对独立的应用任务组成，每个应用任务完成特定的工作，如 I/O

任务、计算的任务和通信任务等，由操作系统调度各个任务的运行。

10.5.2　嵌入式软件系统的工作流程

基于操作系统的嵌入式软件系统的主要工作流程如图10-12所示，该流程主要分为5个阶段。

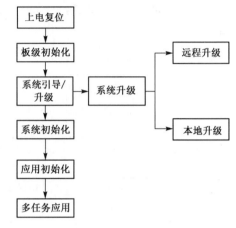

图10-12　嵌入式软件系统的主要工作流程

① 上电复位、板级初始化阶段。嵌入式系统上电复位后首先进行板级初始化工作。板级初始化一般采用汇编语言实现。对于不同的嵌入式系统，板级初始化时要完成的工作各有不同，但以下工作一般是必须完成的。

- CPU 中堆栈指针寄存器的初始化；
- BSS 段(Block Storage Space，表示未被初始化的数据)的初始化；
- CPU 芯片级的初始化，如中断控制器和内存等的初始化。

② 系统引导/升级阶段。软件可通过判断特定开关状态或测试通信接口数据的方式来检测系统是否需要升级，然后根据需要分别进入软件系统引导阶段或系统升级阶段。

如果进入系统引导阶段，则有如下多种不同的引导方式。

- 将系统软件从 Flash 中读出并加载到 RAM 中运行。这种方式可以解决成本及 Flash 速度比 RAM 慢的问题，软件可压缩存储在 Flash 中。
- 将软件从外存(如 CF 卡和 SD 卡等)中读出并加载到 RAM 中运行，这种方式的成本更低。
- 无须将软件引导到 RAM 中，让其直接在 Flash 中运行。

如果进入系统升级阶段，那么系统可通过网络进行远程升级，或通过串行接口等进行本地升级。远程升级一般支持 FTP 和 HTTP 等方式。本地升级可通过控制台端口，使用超级终端或特定的升级软件来实现。

③ 系统初始化阶段。在该阶段进行操作系统等系统软件的各功能部分所必需的初始化工作，如根据系统配置初始化堆栈空间、数据空间，初始化系统所需的接口和外设等。系统初始化阶段需要按特定顺序进行，如首先完成内核的初始化，然后完成网络、文件系统等的初始化，最后完成中间件等的初始化工作。

④ 应用初始化阶段。在该阶段进行应用任务的创建，信号量和消息队列等的创建以及与应用相关的其他初始化工作。

⑤ 多任务应用阶段。各种初始化工作完成后，系统进入多任务状态，操作系统按照已确定的算法进行任务的调度，各应用任务分别完成特定的功能。

10.6　嵌入式软件系统的引导和加载

在个人计算机体系结构中，系统的引导加载程序由 BIOS(Basic Input Output System，其本质是一段固件程序)和位于硬盘 MBR 中的系统引导程序(如 LILO 或 GRUB 等)组成。而在嵌入式系统中,并没有 BIOS 那样的固件程序,存储介质也很少使用硬盘,而是主要使用 Flash 作为系统存储的介质,因此整个系统的引导和加载就完全由引导程序来完成。嵌入式系统中的引导程序将负责初始化硬件设备、建立内存空间的映射图,然后将系统的软硬件环境带到一个合适的状态,以便为最终调用操作系统内核准备好正确的环境。

　　在系统上电复位后,任何微处理器都会从制造商预先指定的一个地址获得第一条指令,而任何微处理器都会在该位置上使用某种形式的固态存储器。例如,S3C2440A 微处理器系统上电复位后将从地址 0x00000000 处取得第一条指令并执行,从该微处理器的存储器地址分配图(见图10-13)中可以看到,从 0x00000000 开始的 4 KB 地址空间设置了一块称为"Steppingstone"的 SRAM 存储器。当系统上电时,微处理器会自动将外部 NAND Flash 中最低地址开始的 4 KB 容量的代码载入 Steppingstone 中,并且从该地址空间开始运行程序,因此这部分代码通常就是事先设计好用于引导系统的 Bootloader 程序。

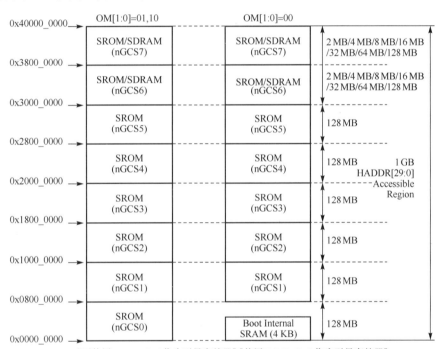

图 10-13　S3C2440A 的存储器地址分配图

　　Bootloader 是嵌入式系统在加电后执行的第一段代码,在它完成 CPU 和相关硬件的初始化之后,再将操作系统映像或固化的嵌入式应用程序载入内存,然后跳转到操作系统所在的空间,启动操作系统运行。Bootloader 是严重依赖于硬件的,每种不同体系结构的微处理器都有不同的 Bootloader,甚至同一种微处理器的外围硬件配置不同,Bootloader 也有差别。因此出现了多种加载程序,如 U-Boot、blob、redboot 和 vivi 等。

　　对于大多数 Bootloader 来说都具有两种不同的操作模式:启动加载模式和下载模式。在通常情况下,下载模式仅对开发人员有意义,因为从最终用户的角度看,Bootloader 的作用就是用来加载操作系统，而并不存在所谓的启动加载模式与下载模式的区别。

① 启动加载(Bootloading)模式。又称为"自主"(Autonomous)模式。就是 Bootloader 从目标机上的某个固态存储设备上将操作系统加载到 RAM 中运行，整个过程并没有用户的介入。这种模式是 Bootloader 的正常工作模式，因此在嵌入式产品发布时，Bootloader 必须工作在这种模式下。

② 下载(Downloading)模式。在该模式下，目标机上的 Bootloader 将通过串行接口连接或网络连接等通信手段从主机下载文件，比如下载内核映像和根文件系统映像等。从主机下载的文件通常首先被 Bootloader 保存到目标机的 RAM 中，然后再被 Bootloader 写到目标机上的 Flash 类固态存储设备中。Bootloader 的这种模式通常用在第一次安装内核与根文件系统时。此外，以后的系统更新也会使用 Bootloader 的这种工作模式。工作于这种模式下的 Bootloader 通常都会向它的终端用户提供一个简单的命令行接口。

对于从 Flash 这样的设备上启动的 Bootloader，其运行大多分为两个阶段。第一个阶段主要包含依赖于 CPU 体系结构的硬件初始化代码，通常都用汇编语言来实现。这个阶段依次有以下几项主要任务。

① 硬件设备初始化；
② 为加载 Bootloader 的第二阶段代码 stage2 准备 RAM 空间；
③ 将 Bootloader 的第二阶段代码复制到 RAM 空间中；
④ 设置堆栈；
⑤ 跳转到第二阶段代码的入口点。

第二阶段代码通常用 C 语言完成，主要实现加载操作系统内核映像与根文件系统、调用操作系统运行的功能。这个阶段依次有以下几项主要任务。

① 初始化本阶段要用到的硬件设备；
② 检测系统内存映射；
③ 将内核映像和根文件系统映像从 Flash 上读入 RAM 空间中；
④ 为内核设置启动参数；
⑤ 调用操作系统内核。

第二阶段代码使用 C 语言完成，是为了便于实现更复杂的功能和取得更好的代码可读性和可移植性，但是与普通 C 语言应用程序不同的是，在编译和链接 Bootloader 这样的程序时，不能使用 glibc 库中的任何支持函数。

Bootloader 的设计与实现是一个非常复杂的过程，在通常的基于 ARM 微处理器的嵌入式系统中，一般使用已有的 Bootloader 程序，根据需求进行修改和移植即可。

10.7　嵌入式 Linux

10.7.1　嵌入式 Linux 结构

嵌入式 Linux 是嵌入式操作系统的一个重要成员，其最大的特点是源代码公开并且遵循 GPL 协议，在这几年成为研究热点。由于其源代码公开，人们可以任意修改，以满足自己的应用，并且查错也很容易。遵从 GPL，无须为每例应用交纳许可证费。有大量的应用软件可用，其中大部分都遵从 GPL，是开放源代码和免费的，可以稍加修改后应用于用户自己的系统。另外，还有大量免费的优秀开发工具，且都遵从 GPL，是开放源代码的。有庞大的开发人员群体，无须专门的人才，只要懂 Unix/Linux 和 C 语言即可。随着 Linux 在中国的普及，这类人才越来越多，所以软件的开发和维护成本很低。优秀的网络功能，这在 Internet 时代尤其重要。"稳定"是 Linux 本身具备的一个很大优点。内核精悍，运行所需资源少，十分适合嵌入式应用，支持的硬件数量庞大。嵌入式 Linux 和普通 Linux 并无本质区别，个人计算机上用到的硬件，嵌入式 Linux 几乎都支持。而且各种硬件的驱动程序源代码都可以得到，为用户编写自己专有的硬件驱动程序带来很大方便。

Linux 为嵌入式操作系统提供了一个极有吸引力的选择，它是与 UNIX 相似、以内核为基础、完全内存保护、多任务、多进程的操作系统，支持广泛的计算机硬件，包括 x86、Alpha、SPARC、MIPS、PowerPC 和 ARM 等现有的大部分芯片。程序源代码全部公开，任何人都可以修改代码，并在 GPL 通用公共许可下发布修改后的源代码。这样，开发人员可以对操作系统进行定制，再也不必担心像 Windows 操作系统中那样的"后门"威胁。同时由于有 GPL 的控制，大家开发的产品都相互兼容，不会走向分裂之路。Linux 用户遇到问题时可以通过 Internet 向成千上万的 Linux 开发者请教，再困难的问题也可能有办法解决。Linux 带有 UNIX 用户熟悉的完善的开发工具，几乎所有 UNIX 系统的应用软件都已移植到了 Linux 上。Linux 还提供了强大的网络功能，有多种可选择的窗口管理器。其强大的语言编译器 gcc 和 g++等也很容易得到，不但成熟完善而且使用方便。

嵌入式 Linux 具有分层的体系结构，一般可分为 3 小层，以及内核空间和用户空间两大块（见图 10-14）。每一层模块都屏蔽了其以下各层的具体细节，只对上层提供功能接口或图形界面。上层模块无须知道其以下各层模块的实现方式，只需要利用下层提供的接口完成相应功能即可。这样的层次模型大大增加了嵌入式 Linux 的安全性、稳定性、削减或增添模块的便利性。

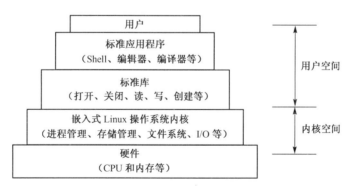

图 10-14　嵌入式 Linux 系统结构图

在嵌入式系统中，用户空间部分包括基本的人机界面和必要的命令等，内核空间为用户空间提供一个虚拟的硬件平台，以统一的方式对资源进行访问，并透明地支持多任务。下面简要介绍嵌入式 Linux 最为关键的部分：内核空间。

嵌入式 Linux 内核一般可以分为 4 部分：进程调度管理、内存管理、文件系统和设备驱动程序，它们之间的关系如图 10-15 所示。进程调度管理处于中心位置，其他所有子系统都依赖于它。在嵌入式系统中，嵌入式 Linux 的实时性能改造与进程调度有很大的关系，调度策略的算法直接关系到系统的实时性能。

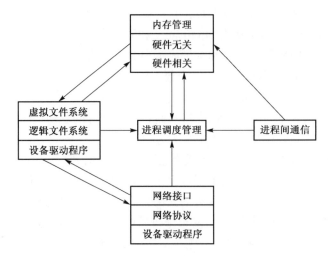

图 10-15　Linux 内核的各子系统之间的关系

(1) 进程调度管理

所谓进程调度，即控制 CPU 资源的分配。嵌入式 Linux 操作系统是一个多任务、多线程的系统，使用基于优先级的抢占式调度方式进行调度。在这种调度方式下，系统中运行的进程总是优先级最高的。在嵌入式系统应用中，实时性要求较高，常利用改变进程的调度方式来实现实时调度。而 Linux 的每个进程都有自己的虚拟地址空间和资源，内核除了提供进程间的通信机制，还提供内存共享、套接字等通信机制来进行多个线程之间的运行和协调。Linux 中所有进程的运行模式分成用户模式和内核模式两大类，内核模式的优先级高于用户模式。而进程的运行模式不能任意转化，只能通过系统调用完成。有特色的是，虽然 Linux 也支持内核空间多线程，但其内核线程与其他操作系统的内核实现不同。其他操作系统一般单独定义线程，而 Linux 将线程定义成"执行上下文"，实际上只是进程分属的一个线程而已。由于这样独特的设计，Linux 内核只需区分进程，使用进程-线程组的形式，而调度算法仍然是进程的算法。

(2) 内存管理

嵌入式 Linux 操作系统在具有内存管理单元的微处理器中支持虚拟内存，并使用分页机制进行管理。在系统运行时，当应用程序对内存的需求大于物理内存时，Linux 将暂时未用到的内存页交换出去，这样空闲的内存页又可以满足程序的需求了。嵌入式 Linux 的内存管理还采用了进程之间的内存保护、内存共享等管理机制，并且分为硬件相关和硬件无关两部分。硬件相关部分主要完成初始化内存，处理缺页中断，把硬件提供的分页机制抽象成 3 级页面映射，硬件无关部分提供内存分配和内存映射等功能。

(3) 文件系统

与 Windows 操作系统不同，嵌入式 Linux 的文件系统建立在块设备上，不采用驱动器号或驱动器名称来标识，而是采用了树形结构，每个独立文件系统为一个子树，组成树形的层次化的结构。当引入新的文件系统时，嵌入式 Linux 通过挂载方式将其连接到某个目录，从而使不同的文件系统组合成一个整体成为可能。嵌入式 Linux 的文件系统能够在一个系统中支持多个文件系统的原因在于，嵌入式 Linux 文件系统的结构与 UNIX 系统类似，系统具有一套虚拟文件系统接口，访问文件系统都通过该套接口。所有真正的文件系统都挂接在虚拟文件系统下，嵌入式 Linux 使用统一的接口对所有类型的文件系统进行访问。嵌入式 Linux 中的文件系统结构如图10-16所示。

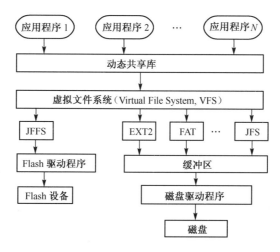

图 10-16　嵌入式 Linux 中的文件系统结构

(4)设备驱动程序

在计算机硬件系统中，外部设备由对应的硬件控制器进行管理，各控制器有各自的状态寄存器和控制寄存器。而在嵌入式 Linux 中，硬件设备分为三类：字符设备、块设备和网络设备。Linux管理硬件设备控制器的驱动程序由内核统一管理。内核的设备驱动程序是一组运行在特权级上的内存驻留共享库，为操作系统和硬件设备之间的交互提供通道。驱动程序直接操作硬件控制器，并给内核提供一组功能接口，以实现对设备的驱动控制。实际上，在嵌入式 Linux 中，驱动程序通常把硬件设备抽象成普通文件形式，内核像操作普通文件一样打开、读取、写入和关闭外部设备，而不必关心具体细节。

10.7.2　Linux 内核文件

硬件无关的操作系统内核层也就是 Linux 内核层，该层发挥操作系统的核心功能，实现文件系统、驱动程序、网络支持等很多功能，作为微型计算机上应用比较成功的操作系统的内核，在嵌入式应用中，Linux 内核必须进行必要的改良。

Linux 内核源代码通常都安装在/usr/src/linux 下，文件按树形结构组织，在源程序树的最上层。Linux 内核源代码的文件组织结构如表 10-12 所示。

表 10-12　Linux 内核源代码的文件组织结构

COPYING	GPL 版权声明。根据 GPL 版权协议，对 GPL 下的源代码修改而写成的程序或者使用 GPL 工具产生的程序，具有使用 GPL 协议发表的义务，包括公开源代码等
CREDITS	光荣榜。主要包含 Linux 内核源代码贡献者信息
MAINTAINERS	维护人员列表。主要包含 Linux 内核源代码维护者信息
Makefile	第一个 Makefile 文件。用来组织内核的各模块，记录各模块相互之间的联系和依托关系，以便编译时使用
Read Me	关于内核及其编译配置方法的简单介绍
Rules.make	针对 Makefile 文件用法的共同规则
REPORTING-BUGS	有关报告 Bug 的内容
arch/	architecture 的缩写，这个子目录存放体系结构相关的内核源代码。每个子目录都代表其支持的一种体系结构，例如 arm 就是关于 ARM 微处理器及与 ARM 兼容的体系结构的子目录
include/	这个子目录包括编译内核所需要的头文件。与平台无关的头文件在 include/linux 子目录下，与 ARM 平台相关的头文件在 include/asm-arm 子目录下
init/	initial 的缩写，这个目录包含内核的初始化代码（不是系统的引导代码），包含 main.c 和 version.c 等文件，可用于研究内核的工作原理
mm/	memory management 的缩写，这个目录存放与平台无关的内存管理代码，如页式存储管理内存的分配和释放等。和 ARM 平台相关的内存管理代码则位于 arch/arm/mm/中
kernel/	这个目录存放内核源代码，此目录下的文件实现了大多数 Linux 系统所需要的内核函数。同理，与 ARM 平台相关的代码在 arch/arm/kernel 中
drivers/	这个目录存放系统所有的设备驱动程序，每种驱动程序各占用一个子目录。如/bluetooth 下为蓝牙设备驱动程序
documentation/	这个目录即文档目录，不含内核源代码，而是存放一套内核相关文档
fs/	file system 的缩写，这个目录存放内核所支持的各种文件系统代码和各种文件操作代码。该目录下的每一个子目录支持一个文件系统，例如 ramfs 子目录支持 ramfs 系统
ipc/	这个目录包含内核的进程间通信相关代码
lib/	这个目录用于放置内核的库代码
net/	这个目录存放内核与网络相关的代码
modules/ scripts/	这个目录即模块文件目录，是个空目录，用于存放编译时产生的模块目标文件 这个目录存放各类内核配置相关的描述文件、脚本

在每个目录下一般都有一个.depend 文件和一个 Makefile 文件，这两个文件都是编译时使用的辅助文件，这两个文件有助于弄清楚其他各个文件之间的联系和依托关系；而且，有的目录下还有 Read Me 文件，它是对该目录下的文件的一些说明，同样有利于对内核源代码的理解。

习题

10.1　查阅相关资料，简述以 ARM 微处理器为核心的嵌入式系统组成和设计方法。
10.2　简述以 ARM 微处理器为核心的最小硬件系统的组成。
10.3　简述 S3C2440A 微处理器在加电复位过程中执行了哪些操作，用户程序是怎样被 CPU 找到并执行的？
10.4　简述 S3C2440A 微处理器芯片中各模块时钟信号产生及配置的原理。为降低系统功耗，可对时钟信号进行哪些处理？系统复位信号与各时钟信号有什么关系？

10.5　利用 S3C2440A 的 GPIO 端口，设计包含 8 个 LED 的流水灯电路，每个 LED 间隔 1 s 轮流点亮，试画出程序流程图并写出相关程序段。

10.6　在上题中，如果要加入一个按键，实现按键按下时流水灯停止流动，按键放开时流水灯正常流转的功能，思考应怎样修改电路和程序？

10.7　在某采用小端存储的 S3C2440 系统中，微处理器外设时钟 PCLK=66.68 MHz，使用其 UART1 接口实现串行通信，要求传输速率 19 200 b/s，不使用 FIFO，关闭流控制，帧格式：8 位数据位，2 位停止位，采用偶校验。试写出各初始化控制字，并编写初始化程序段。

10.8　在上题中，若采用查询方式进行数据传输，要将位于地址 DATA 处的 100 字节发送到其他设备，试画出程序流程图，并写出相关程序段。

10.9　在 10.8 题中，若要实现微处理器收到数据 0xAA，则回应 1 字节数据 0x55 的功能，试画出采用查询方式传输的程序流程图，并写出相关程序段。进一步思考如果采用中断方式工作，需要对软件进行怎样的修改？

10.10　简述嵌入式软件系统的分层结构，各层之间有何联系？

10.11　简述嵌入式软件系统的工作流程，系统引导及加载在该流程中位于何处，有哪些功能？

10.12　简述 U-Boot 第一阶段工作的主要任务，它与第二阶段是如何衔接的？

10.13　查阅相关资料，综述常用的 Bootloader。

10.14　查阅相关资料，综述常用的嵌入式操作系统，并列举各自的优缺点。

参考资料

第 11 章　基于 ARM 内核的 SoC 设计

11.1　SoC 概述

深亚微米技术的出现，使整个嵌入式计算机系统集成到一个芯片成为可能。这种单片系统又称为系统级集成电路(System Level IC，SLI)或片上系统(System on Chip，SoC)，它能够在单片数模混合电路中集成嵌入式微处理器核(如 MPU/MCU 或 DSP)、存储器(如 SRAM、SDRAM 或 Flash ROM)、专用功能模块(如模数转换器、数模转换器、PLL 或图形运算单元)，以及 I/O 接口(如 USB、UART 或 Ethernet)等，甚至能够包括相应的嵌入式软件(如嵌入式操作系统、嵌入式网络协议栈和嵌入式应用软件等)。

SoC 的概念早在 20 世纪 90 年代初就已经出现，在某种意义上讲，SoC 是 ASIC 的必然发展，或者更确切地说，是 ASSP 的发展延伸。SoC 的产生与发展，和集成电路本身功能不断增强的趋势是分不开的，也受到电子系统提高性能、卓富功能的需求所牵引。SoC 作为一种专用器件，单个芯片本身就是系统，大大减少了通过"二次集成"构成板上系统(System on Board，SoB)和系统级封装产品(System In Package，SIP；或 System On Package，SOP)系统的工作量。很多研究表明，由于 SoC 设计能够全盘考虑整个嵌入式系统的各种情况，可以在同样的工艺技术条件下实现更高性能的系统指标，以及满足更低的成本目标，如采用 SoC 设计方法和 0.35 μm 工艺设计系统芯片，在相同的系统复杂度和处理速率下，能够达到相当于采用 0.1 μm 工艺制作的 IC 所实现同样系统的功能。同时，所需的晶体管数目与采用常规集成电路设计方法进行设计相比，可以降低 2~3 个数量级。

一个有趣的现象是，SoC 产业的趋势是设计能够被重新配置的 SoC，这可以缓解"设计时间需要经年累月，而产品面市时间却要求以月计"的困难局面。此外，许多新的通信技术（如 5G)或处理算法(如机器学习)还在快速发展的过程中，处于尚未确定的状态，因此 SoC 也需要有能力以合理成本随时应对最后关头的工程性变动。

与传统设计相比较，由于 SoC 技术将整个系统集成在一个芯片内，使产品的性能大为提高，体积显著缩小。此外，SoC 技术适用于更复杂的系统，具有更低的设计成本和更高的可靠性，因此具有广阔的应用前景。SoC 技术的主要特点如下。

① SoC 技术可以实现更复杂的系统。利用 SoC 技术，可以把 CPU、功能逻辑、SRAM、ROM、CMOS RF 和 MEMS 集成到一个芯片内，把化学传感器、光电器件甚至电子生物芯片集成到 SoC 中，使其能够完成更复杂的系统功能。

② SoC 具有较低的设计成本。集成电路的成本包括设计的人力成本、软硬件成本、所使用的 IP 成本，还包括制造、封装和测试的成本。使用基于 IP 的设计技术，为 SoC 的实现提供了便捷途径，大大降低了设计成本。

③ SoC 具有更高的可靠性。SoC 技术能极大地减少印制电路板上的部件数和引脚数，减

少电路板失效的可能性。

④ 缩短产品设计时间。现在电子产品的生命周期正在不断缩短，从而要求完成芯片设计的时间更短。采用基于 IP 重用(Reuse)的 SoC 设计思路，可以将某些功能模块化，在需要时取出原设计重复使用，从而大大缩短设计时间。

⑤ 减少产品的设计返工次数。由于 SoC 设计面向整个系统，不再限于芯片和电路板，而且还有大量与硬件设计相关的软件，在软硬件设计之前，会对整个系统所实现的功能进行全面分析，以便产生一个最佳的软硬件解决方案，以满足系统的速度、面积、存储容量、功耗和实时性等一系列指标的要求，从而降低设计的返工次数。

⑥ 可以满足更小尺寸的设计要求。在现实生活中，很多电子产品必须具有较小的体积，譬如可以戴在耳朵上的便携式电话，或者是手表上的可视电话。产品尺寸的限制，意味着在器件上必须集成越来越多的东西，采用 SoC 设计方法，可以通过优化的逻辑设计和合理的布局布线，有效地提高晶圆(Wafer)的使用效率，从而减小整个产品的尺寸。

⑦ 可达到低功耗的设计要求。芯片的规模、集成密度和性能要求都达到前所未有的水平，因而其功耗问题也日益突出，特别是便携式产品的广泛应用，对功耗的要求非常高。由于这类设备用电池作为电源，所以减少功耗就意味着延长使用时间，以及减小电池的大小和质量。高集成度的 SoC 可以采用多种途径来降低芯片功耗。

11.2　SoC 的组成结构

1. SoC 硬件系统结构

如图 11-1 所示，一个典型的 SoC 通常由以下部分组成：微处理器(MPU/CPU/DSP)、存储器(SRAM/SDRAM/Flash ROM)、提供数据通路的片上总线、存储器控制器、通信控制器、通用 I/O 接口，以及一些专用功能模块(如图像加速器或音视频加速器等)。

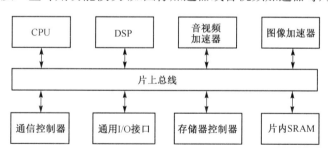

图 11-1　典型的 SoC 硬件系统结构

从外观角度讲，SoC 是一个芯片，通常是客户定制 IC(Consumer Specific IC)，或是面向特定用途的标准产品(ASSP)；从组成和功能角度讲，SoC 是一个嵌入式计算机系统。从图 11-1 中可以看出其主要特点。

① SoC 芯片的结构目前通常以总线结构(单总线/多总线)为主，其技术要求与一般计算机的总线有类似之处，也有不同之处。

② SoC 芯片以 MPU/CPU/DSP 为核心，通过总线与其他模块相互连接，实现数据交换

和通信控制等功能，形成一个完整的计算机系统。

③ 软件存储在 Flash ROM 等非易失 ROM 中，由 MPU/CPU/DSP 解释、执行，完成相应的处理功能。

④ 在 SoC 芯片中，既有 MPU/CPU/DSP 等数字集成电路，也可以根据应用需要，加入模数转换器、数模转换器、电源管理、射频收发等模拟模块。因此，SoC 芯片是一个数模混合集成电路芯片。

⑤ SoC 芯片是一个软硬件统一的产物，根据需要，一部分功能可以由硬件实现，另一部分功能可以由软件实现，设计时需要考虑软硬件功能划分的问题。

2. SoC 的软件系统结构

在一个 SoC 的系统结构设计中，除了硬件系统结构，软件结构的设计对整个 SoC 的性能有很大的影响。在很多的 SoC 中，软件设计的复杂度和开发周期都要超过整个硬件的设计。软件设计在很大程度上决定了SoC中硬件电路性能的发挥。

在很多嵌入式系统中，数据流在硬件和软件中的路径决定了系统的效率和性能。数据经输入接口流入硬件设备，软件驱动程序将数据封装为数据结构之后，送入应用存储器空间，应用程序之间通过共享的全局存储器或操作系统消息交换数据，也可以通过操作系统向设备驱动程序传送数据，并经输出接口传出。

SoC 芯片中的软件环境包括应用软件的开发环境和运行环境。开发环境包括软件源代码、编译器、链接器、开发界面和硬件调试接口等。其中软件源代码位于开发环境的最上层，而调试接口则位于开发环境中的底层。运行环境主要由应用程序、操作系统内核、各种驱动程序和芯片本身构成，如图11-2所示。SoC 软件的复杂性正在不断地增长，软件系统的功能和复杂性的进一步发展也使 SoC 设计方法学的极限得以扩展。

图 11-2　SoC 中的应用软件运行环境

11.3　SoC 的片上总线

11.3.1　片上总线的特点

传统的总线用于一个系统中多个芯片之间的数据传输，在各个独立芯片之间的总线有一整套传输协议或者通信手段。当芯片规模变大时，以前由多个芯片完成的功能可以集成到一个芯片中，功能块之间和总线之间的数据传输在芯片内部完成，形成片上总线(On-Chip Bus，OCB)的概念。片上总线结构是把许多不同厂商的不同类型的 IP 模块集成到一块芯片上的关键部件，它有助于不同的 IP 模块在系统芯片上实现混合和适配。目前几乎所有的 IP 都可以通过总线连接并和微处理器集成在一起，片上总线也可以作为一类功能模块由专门的开发商进行设计。

片上总线继承了传统微机总线的许多优点，例如能提供针对特定应用的灵活多样的集成方法，提供可变长的总线周期和总线宽度，可以使用不同供应商的产品来设计系统等。但是，传统的微机总线结构并不能直接用于片上总线，这主要是因为片上总线的设计要求具有简单的结构、非常快的速度和单片内集成的特点，这些特点都使片上总线比微机总线具有明显的优势，但是也需要建立新的适用于 IP 集成和超深亚微米工艺的片上总线标准。

IP 种类的多样性和 IP 接口的不规范性是片上总线重用过程中存在的严重问题。SoC 设计者希望能够使用片上总线快速地将不同的 IP 模块互相连接起来，因此较好的处理方式是将总线接口从 IP 模块中分离出来，并加以标准化。

除了统一的接口标准，片上总线一般还应具有以下特点。

① 采用主从式结构，支持多个主单元，各个主单元可以同时与相应的从单元进行数据交换，以提高数据吞吐量。

② 低冗余的总线。总线协议和 IP 接口逻辑要尽可能简单。首先，总线的时序本身简单，便于使用者学习和接受，这样 IP 核的设计者就可以把主要精力集中于 IP 本身功能的设计。其次，由于片上总线集成于一块芯片内，因此它不能占用太多资源。

③ 总线的灵活性和可扩展性。总线的设计应该能够使模块（主单元和从单元）的添加、修改和删除非常容易。为了适应不同的系统，地址空间的译码和仲裁优先级是不能在微处理器中决定的，它们需要标准的接口协议并采用集中式总线控制策略。总线的优先级策略可以由 SoC 设计师修改，设计师可以根据实时系统的要求来定义各个主单元的优先级。

④ 信号一般都尽可能保持不变，并且多采用单向信号线。这样既可以降低功耗，也有利于结构的简化和时钟的同步。

⑤ 在批量数据传送时一般都采用流水线方式，通过将当前地址与上一次的数据交叠在一起，实现在一个时钟周期内完成一次数据传送。

⑥ 支持可变宽度的地址和数据线。一般的片上总线至少支持 64 位的数据宽度，并且这些地址和数据线的宽度都是可以改变的，因此增加了片上总线的应用范围。

11.3.2　片上总线标准

使用 IP 的目的是为了减少设计工作量，而未经标准化的 IP 在使用前必须经过接口修改和数据格式的统一才能嵌入芯片。如果在一个系统中使用较多不同种类（提供商）的 IP，会使集成过程中的工作量和复杂度显著增加，而且还可能使集成后的整个系统的运行效率降低。因此，IP 标准化和规范化的程度直接关系着设计工作的效率。

几乎每个公司在开发自己的产品时都会涉及总线的开发和应用，而工业界又存在着多种不同属性的标准总线。对于某个公司来说，很难放弃现有的成熟产品中的总线模式而重新采纳一种新的总线模式。因此，通过在整个工业界中重新定义或者推行标准总线的方法来提高 IP 的通用性，是难以实现的。正是出于以上考虑，半导体产业的一些大公司发起成立了虚拟插座接口联盟（Virtual Socket Interface Alliance，VSIA），希望能够定义片上总线的最小通用属性集，制定片上总线属性规范(On-Chip Bus Attribute Specification，OCB)。VSIA 提出了虚拟元件接口(Virtual Component Interface，VCI)标准，为 SoC 上不同的 IP 模块定义了通用的接口协议，它既可用于 IP 之间的点对点连接，也可用于 IP 与片上总线的连接。使用基于 VCI 的总线封装，可以使集成于不同 SoC 体系结构中的 IP 移植变得更加容易，从而提高 IP 的可重用性。

目前，片上总线尚处于发展阶段，还没有统一的标准。除了已得到广泛应用的 AMBA(ARM 公司)总线，比较有特色的还包括 IBM 公司的 CoreConnect 总线、Silicore 公司的 Wishbone 总线，以及 Intel(Altera)公司的 Avalon 总线等。

11.4　SoC 的设计技术

11.4.1　SoC 设计中的关键技术

SoC 是嵌入式系统的一种实现形式，属于计算机、微电子与通信等技术领域的交叉学科。SoC 设计包括 IC 设计和嵌入式软件开发两方面的内容，需要具有计算机系统结构、微处理器、数字集成电路、模拟/射频集成电路、嵌入式操作系统、嵌入式应用软件等多方面的知识和技能。

SoC 设计方法可以参照系统工程的方法来进行。首先，需要从嵌入式系统角度定义其功能规范；然后，根据应用的性能要求，确定系统功能的软硬件划分实现。软件按照嵌入式软件工程的方法实现，硬件按照 VLSI 集成电路设计方法实现，或者采用软硬件协同设计的方法进行设计。最后，进行系统的集成验证与测试。具体设计步骤如下。

① 系统分析。通过系统需求分析，采用某种语言对整个系统进行模拟仿真和系统功能验证。其结果是完成系统的规格说明及相关文档。

② 软硬件划分与 IP 核的选择。根据可供选择的 IP 芯核库，结合开发时间要求和性能目标，确定相应的芯核模块。根据软硬件划分，确定相应的软硬件接口定义。其结果是形成软硬件设计规格、接口约定及相关文档。

③ 对划分后的软硬件进行描述，同时进行协同功能验证和性能预测。结果是形成以硬件和软件为中心的设计方案，分别完成硬件的体系结构(例如 CPU 和存储器等的选择与设计)和软件结构(例如操作系统的设计)。这一步与第二步存在一个迭代的过程，是紧密结合的。

④ 对验证后的软硬件进行详细设计，之后进行相关的验证与测试。其结果为具体的软硬件方案及其详细代码与结构。例如，在软件方面，选定或设计的操作系统的各模块的程序代码、模块间通信接口的程序代码等；在硬件方面，具体的模块通信结构，如总线的类型与构造、各模块的电路实现的详细结构等。

⑤ 完成对系统的集成及各项测试，形成最终产品。

SoC 的出现给设计、测试、工艺集成、器件、结构等多个领域带来了一系列技术上的挑战。其中最关键的 3 个热点问题是：

① 超深亚微米物理设计与分析；

② IP 核的重用；

③ 软硬件协同设计与验证。

其中，第一个问题属于基础的物理设计范畴，后两个问题属于设计方法学范畴。

下面对 SoC 设计中具有代表性的关键技术进行简单说明。

1. IP 设计重用

建立在 IP 核基础上的 SoC 设计，使设计方法从电路设计转向系统设计，设计重心从今天的逻辑综合、门级布局布线及后模拟，转向系统级模拟、软硬件联合仿真及若干个芯核组合在一起的物理设计。这种趋势迫使电子系统的设计向两极分化：一是转向系统，利用 IP 核设计高性能高复杂的专用系统或通用系统；二是在深亚微米工艺下进行 IP 核设计，步入物理层设计，使得所设计 IP 核的性能更好并且可预测。

2. 低功耗设计

随着 SoC 集成度的提高，电路功耗也会相应地增加。巨大的功耗给使用、封装及可靠性等方面都带来了问题，因此降低功耗的设计是 SoC 设计的必然要求。低功耗已经成为与面积和性能同等重要的设计目标。

芯片功耗主要由开关功耗、短路功耗和漏电流功耗等组成。降低功耗要从系统芯片的多层次立体角度，研究电路实现工艺、输入向量控制、多电压技术、功耗管理技术，以及软件的低功耗利用技术等多方面综合解决。

3. 软硬件协同设计

SoC 是既有硬件也有软件的一个完整系统，因此需要采用软硬件协同设计的方法。这种设计方法强调软件和硬件设计开发的并行性和相互反馈，克服了传统方法中把软件和硬件分开设计带来的种种弊端，能协调软件和硬件之间的制约关系，达到系统高效工作的目的。

在对系统芯片进行软硬件协同设计时，一般是从一个给定的系统描述着手，通过有效地分析系统任务和所需的资源，采用一系列变换方法并遵循特定的准则自动生成符合系统功能要求、符合系统约束的硬件和软件系统结构。其主要的工作包括系统描述、软硬件划分、软硬件协同综合，以及软硬件协同模拟与验证。

4. 总线结构

SoC 内部使用的总线结构及其互连技术将直接影响其总体性能的发挥。与传统的板上总线不同，片上总线不用驱动底板上的信号和连接器，使用时更简单，速度更快。

片上总线目前主要有两种实现方案：一是选用国际上公开通用的总线结构(如 AMBA)；二是根据特定领域自主开发片上总线或使用片上网络通信方式。

5. 可测性设计

SoC 芯片的测试成本几乎已占芯片成本的一半。其测试面临的最大挑战是在保持高故障覆盖率的情况下，如何降低测试的总成本。一种可使用的方法是同时对不同的 IP 核进行测试，这样可以大幅度地缩减 SoC 的测试时间。为此需要其他多方面的配合，在设计时必须事先考虑可测性设计问题，要允许测试系统可以同时存取多个不同的 IP 核，而且各个 IP 核之间的隔离要好，以便减少彼此之间的干扰。

6．设计验证

验证的目的是确保所设计的芯片满足规范中定义的功能要求，这是保证 SoC 设计正确性的关键。SoC 的验证一般包含了 IP 核验证与系统级验证，即首先对 SoC 中各基本模块功能进行尽可能全面的验证；然后对模块之间的接口进行验证，即验证信号之间的时序关系，先检查接口命令/状态信号是否正确，之后检查数据信号是否正确；最后进行系统级功能验证和时序验证，通过运行各种应用程序来检查设计的正确性，从而完成整个芯片的验证工作。此外，由于 SoC 中有硬件和软件的设计，因此进行 SoC 验证时不仅包括硬件的验证，还包括软件的验证，也就是要进行软硬件协同验证。

（1）IP 核或模块验证

一个复杂的系统芯片是由若干个电路模块组成的，因此 SoC 验证的第一步就是对其中各个基本模块(包括 IP 核)的功能进行尽可能全面的验证。

模块的验证可以采用多种技术，例如基于仿真的验证、静态时序分析、形式化验证及物理验证等。

（2）全功能验证

当一个模块进行了严格的单独验证后，将它放在整个系统芯片中能否正常工作还是一个问题。因为模块的单独验证只能说明模块本身的功能是正确的，而与其他模块之间的接口，以及模块与模块之间信号的相互传递是否正常，仍然是一个未知数。这就是全功能验证所要完成的主要任务。

（3）软硬件协同验证

SoC 中有较多的软件设计，因此只有软硬件协同验证才是真正意义上的系统验证。软硬件协同验证基于一个统一的集成环境，在该环境中对硬件和软件进行集中调试和验证，其主要目的是确保软件能在期望的硬件电路上正确运行，验证软硬件之间的接口是否能正常工作。

例如，可以创建一种验证环境。在此环境中，实际的应用软件通过编译器生成目标代码，并被导入寄存器或存储器中。芯核通过存储控制器读入，并执行目标代码，产生期望的系统行为。软件代码的执行可以反映到硬件设计上对应的寄存器值的变化和操作。硬件仿真的状态也会反馈到软件的运行环境。两者相互作用，完成对系统芯片中的软硬件部分的验证。软硬件协同验证环境的软件环境一般包括一个图形化的用户界面、软件开发工具(编译器、链接器、调试器)、应用程序驱动等。硬件环境一般包括一个图形化界面、硬件仿真器、硬件设计工具(EDA 软件)等。

7．物理综合

SoC 主要采用深亚微米工艺进行制造，因此 SoC 设计必须解决深亚微米工艺带来的自身乃至设计中的一系列问题。例如，互连延迟的增加、信号的完整性问题、电压降与电迁移、天线效应等，这些问题给系统芯片的物理级设计带来了新的挑战。传统的逻辑综合和布局布线分开的设计方法已经无法满足设计要求，必须将逻辑综合和布局布线更紧密地联系起来，用物理综合方法，使设计人员同时兼顾考虑高层次的功能问题、结构问题和低层次上的布局布线问题。物理综合过程分为初始规划、RTL 规划和门级规划等多个阶段。

11.4.2　SoC 的系统级设计

SoC 设计并不是各个芯片功能的简单叠加，而是从整个系统的功能和性能出发，用软硬结合的设计和验证方法，利用 IP 核重用及深亚微米技术，在一个芯片内实现复杂功能。SoC 设计与传统 ASIC 设计最大的不同在于以下两方面。一方面，SoC 设计更需要了解整个系统的应用，定义出合理的芯片系统结构，使得软硬件配合达到系统最佳工作状态，因此软硬件协同设计采用得越来越多；另一方面，SoC 设计是以 IP 重用为基础的，因此基于 IP 模块的大规模集成电路设计是硬件实现的关键。

在 SoC 的系统级设计过程中，应该根据用户的需求，确定系统芯片应实现的系统级功能和性能（见图 11-3），具体步骤如下。

① 根据用户的需求来制定 SoC 的系统规格，从而确定芯片的功能需求与性能需求。

② 通过行为/功能设计与分析来分解 SoC 的系统级描述，主要是对系统在

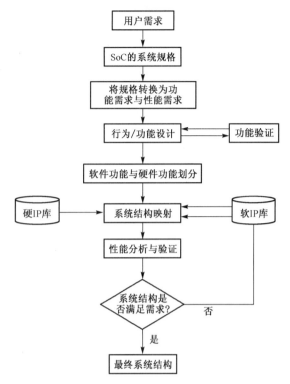

图 11-3　SoC 的系统级设计过程

各种模式下的处理要求及相应的数据流、控制流进行细致的分析。

③ 在行为/功能设计之后，可以得到系统芯片的软硬件功能的划分，并将系统行为映射为 IP 库中已有的各种硬件和软件元素所构成的一种备选系统结构。

④ 验证该结构是否符合拟定的功能和性能。如果不符合，则需选择其他的结构。在系统结构映射和选择期间，将对各种系统结构设计方案和实例加以评估，其步骤如下。

● 在功能设计时，对各个功能的数据处理、存储器和 I/O 等方面的需求进行分析，并将处理流程转换成独立于系统结构的数据流和控制流。这可以作为后面选择系统结构的定量指标。

● 系统结构的输入。在系统结构选择和映射时，应当对系统结构的输入，例如功能需求、系统的数据流和控制流、IP 库中各个芯核的特征等，仔细进行考虑与分析。

● 芯核的选取包括硬 IP 库和软 IP 库两方面，IP 库中的每种芯核能完成特定的功能。在从 IP 库中选取芯核时，需考虑芯核的行为模型、性能模型、测试计划、测试平台及文档。

● 对系统结构映射进行优化。

● 系统结构分析主要是对系统结构的各方面进行全面的分析，包括系统结构的规模、可测试性、风险、可靠性、功耗及成本。

● 重复以上各个步骤，直至选出一个或多个可接受的系统结构。

11.4.3 SoC 的硬件设计流程

传统上,集成电路的前端设计从定义系统行为开始,到完成 FPGA 时序分析结束;后端设计从布局/布线开始,一直到版图送出为止。这样,前端设计工程师对后端设计流程不甚了解,后端设计工程师同样对前端设计流程知之甚少。

在进行 SoC 的设计时,需要使用多方提供的软核、固核和硬核,集成复杂度非常高,接口和同步问题、数据管理问题,以及设计验证和测试问题也更为突出。

若要高效率地完成 SoC 的设计,需要的是能够完成从制定系统的设计要求到芯片集成前的物理设计方面的工程师。前端设计工程师了解后端设计并将后端设计的一部分转移到前端,可以有效地避免后端设计不必要的麻烦。

人们通常希望及早进入预布局、综合和布局阶段,然而一个真正高效的设计往往是从 RTL 编码开始的,所有 RTL 代码和 IP 核模块都需要进行彻底的评估,以避免在后端物理设计时出现问题。RTL 代码在编写时就可以进行分析,而不是等到物理综合和布局时出现问题才开始分析。

另外,若要对复杂模块进行版图设计之后的时序功能验证,必须进行纵向集成,它能避免在整个设计完成之后再发现模块宽长比、时序、布线甚至结构和面积/性能折中方面可能出现的问题。在图 11-4 中,SoC 设计流程中区分前后端设计的分界线在功耗分析上方,如虚线所示。

图中其他环节,如前端的 RTL 编码、综合、时序分析,以及后端的功耗分析、时钟树产生、时序修正、设计规划检查等步骤与普通 IC 芯片的设计类同。

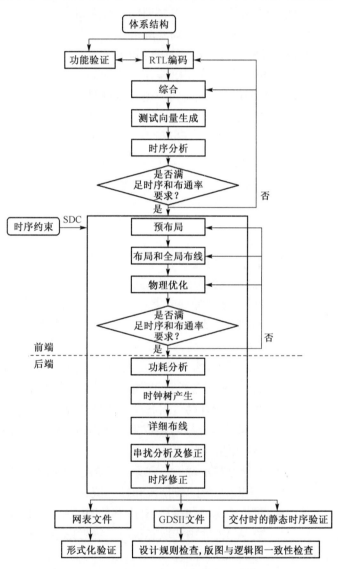

图 11-4　SoC 芯片的硬件设计流程

11.5 基于 ARM 内核的 SoC 系统设计

随着 5G 及物联网技术的推进，拥有低功耗、高性价比优势的 ARM SoC 芯片得到了更为广泛的应用。

11.5.1 基于 ARM 内核的 SoC 系统结构

要设计一个基于 ARM 内核的 SoC 系统，首先要了解 SoC 芯片的内部结构。如图11-5 所示，SoC 芯片的基本构成包括：

① ARM 内核；

② AMBA 总线：AHB+APB；

③ 存储器块：SRAM 和 Flash 等；

④ 接口 IP：DMAC、UART、SSP 和 CAN 接口等；

⑤ 模拟 IP：模数转换器和 PLL 等。

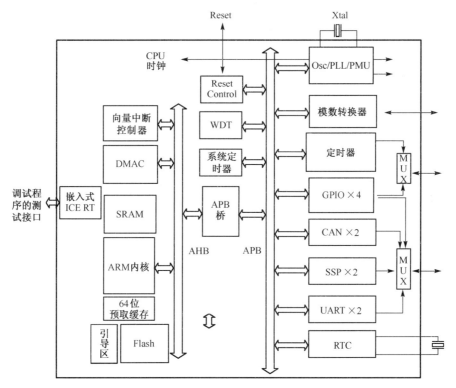

图 11-5 一个典型 SoC 芯片的内部结构

1. 如何选择 ARM 内核

如图 11-6 所示，ARM公司将经典微处理器ARM11以后的产品改用 Cortex 命名，并分成 3 类：Cortex-A、Cortex-R 和 Cortex-M，旨在为各种不同的市场提供服务。

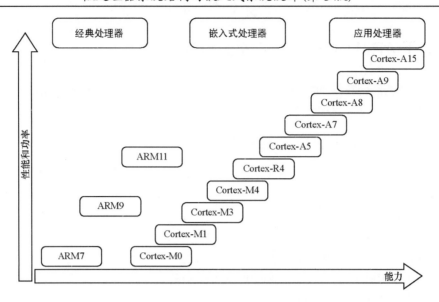

图 11-6　ARM 内核家族

根据 ARM 公司给出的基本参考建议，设计者可进行如下选择和考虑。

● Cortex-A 系列(应用处理器)主要面向具有复杂软件操作系统(需使用虚拟内存管理)的应用领域，包括超低成本手机、智能手机、移动计算平台、数字电视和机顶盒，以及企业网络、打印机和服务器的解决方案。

● Cortex-R 系列(实时处理器)主要面向对可靠性、可维护性和实时响应有较高要求的嵌入式应用领域。该系列的关键特性包括高性能(与高时钟频率相结合的快速处理能力)、实时(处理能力在所有场合都符合硬实时限制)、安全(具有高容错能力的可靠且可信的系统)和经济实惠(实现的功能具有最佳性能、功耗和面积)。

● Cortex-M 系列(微控制处理器)主要面向对成本和功耗敏感的嵌入式终端应用，如智能测量、人机交互设备、汽车和工业控制系统、大型家用电器、消费性产品和医疗器械等。这些应用领域需要以更低的成本提供更多功能，并且可能需要不断增加连接、改善代码或提高能效。

当然，实际工作中遇到的问题比这个例子复杂得多。设计者需要对比不同方案的片上面积、功耗和性能等方面的优缺点，同时还要考虑 cache 大小、内核工作频率等相关问题，因此设计人员需要一个能够快速建模的工具来辅助决定这些问题。一些 EDA 工具提供了这样的功能，例如 Synopsys 公司的 CCSS(CoCentric System Studio)和 Axys 公司的 Maxsim 等工具，都能帮助设计人员实现快速建模，并能在硬件还未实现前提供一个软件仿真平台，用来进行软硬联合仿真，并进一步评估设想的硬件是否满足需求。

2．如何选择总线结构

ARM 为设计人员提供了多种总线结构，例如 ASB、AHB、AHB lite 和 AXI 等。设计人员需要确定使用何种总线结构，并评估到底怎样的总线频率才能满足设计需求，而同时不会消耗过多的功耗和片上面积。

对于这样的问题，也需要使用快速建模的工具来帮助设计人员做出决定。通常，这些工具能提供抽象级别很高的 TLM(Transaction Level Model)模型来帮助建模，常用的 IP 在这些工具提供的库中都可以找到，例如各种 ARM 内核、AHB/APB、DMAC 及各种外设接口 IP。这些工具和 TLM 模型提供了比 RTL 仿真快 100~10 000 倍的软硬联合仿真性能，并提供系统的分析功能。如果系统结构不能满足需要，那么瓶颈在系统的什么地方，内核速度是否不够？总线频率太低吗？cache 太小吗？还是中断响应开销太多？是否需要添加 DMAC？等等。当然，不要指望工具能告诉你问题在哪里并且告诉你怎样解决，工具能提供给你的只是一些统计数据，设计人员仍需分析问题出在哪里并且想出解决办法，所以熟悉 AMBA 体系结构和 ARM 内核是非常必要的。

3. 如何选择外设接口 IP，使用现成的 IP 还是自己定制

自己定制 IP 可以得到灵活性的优势，但是需要设计人员完成自己的一套验证，同时还要为这个 IP 开发驱动程序，因此增加了许多工作量。

ARM 及第三方厂商提供了相当多的接口 IP 供设计人员选择。另外，ARM 公司推出的 Socrates DE 工具能够对 IP 模块进行快速配置和连接，从而协助 SoC 设计人员将原本需要耗时数月的 IP 系统配置、构建、组合等流程大幅缩短至数天内完成，有效地加速了 SoC 设计流程。基于 Socrates 技术的 CoreSight 和 CoreLink Creators 工具还能够进一步协助系统结构工程师和设计人员提升系统配置效率。ARM 快速模型(ARM Fast Model)提供了一个在功能上完全精确的关于 ARM IP 的程序员视图，有助于在芯片可用之前就开始着手进行驱动程序、固件程序、操作系统和应用程序等软件的开发。

如果设计人员确实要自己设计面向 AMBA 总线定制的 IP，那么必须熟悉 AMBA 总线标准，其中最大的问题可能不是设计，而是如何验证该 IP 能符合所有 AMBA 标准定义的

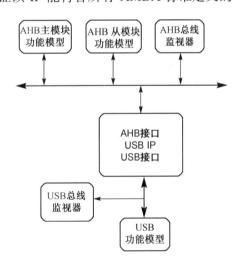

行为。用户定制 IP 常常会使用基于元件的验证(Component-Based Verification)方法，这些"元件"可能是 VIP(验证 IP，Verification IP)、BFM(总线功能模型，Bus Function Model)和总线监视器(Monitor)等。如图 11-7 所示，待验证的 USB IP 通过 AHB 接口直接连到 AHB 总线上，AHB 主模块、AHB 从模块、USB 等总线功能模块和总线监视器模拟了一个 USB 模块在真实的总线结构中会遇到的工作场景。这些构建仿真环境所需的模块可以由 EDA 经销商提供，也可以由设计人员自己编写。由于系统高速总线(通常是 AHB 或 AXI)上的行为比较复杂，建议这样的模块尽量使用 EDA 经销商提供的已经过完善测试的 IP。对于低速外设总线或接口，如 APB、SPI、I^2C 等，自己开发 BFM 模型和监视器是可行的。

图 11-7　基于元件的 SoC 验证环境

4. 如何验证搭建好的 SoC 平台

在选择了合适的 ARM 内核、总线结构、接口 IP 并搭好 SoC 系统之后，设计人员面临的下一个难题就是如何验证这个系统。以 IP 为基础的 SoC 设计方法出现以后，设计人员往往

能在短时间内完成设计，却需要花费数倍于设计的时间来实施验证。

通常，抽象级越高的仿真越快，反之则越慢。所以，如果在顶层文件中所有模块都是 RTL 或门级的(包括 ARM 内核)，那么仿真的速度是谁也无法接受的。在图11-8 中，ARM 内核和存储器控制器使用了高级语言编写的行为模型，其他待验证 IP 则仍使用 RTL 级模型。行为仿真模型大多由 IP 供应商提供，例如 ARM 内核就由 ARM 提供，软件则事先编译好，产生的 bin 文件存储在存储器(模型)中。

在这样的平台上对驱动程序和启动代码进行验证是可行的，但如果要进行应用程序的全功能验证，特别是有操作系统的应用，速度仍然太慢。解决这个问题有下面两种选择。

① 使用硬件加速器。某些 EDA 经销商会提供相关的解决方案，如能够加速仿真的硬件加速器。但是这类加速器一般价格昂贵，所以对大多数设计公司来说，这种方法不但性价比不高，而且也没有必要。

② 使用 FPGA 原型进行测试。这种方法对于大多数设计人员来说是比较现实的。

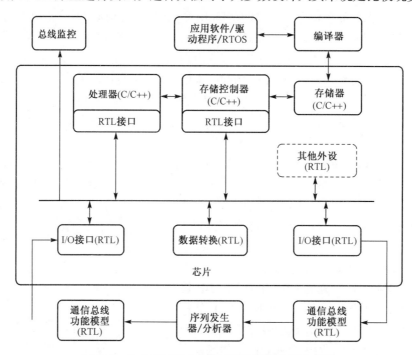

图 11-8　SoC 验证平台中不同级别模型的混合使用

5. 如何完成 FPGA 原型验证

完善的 FPGA 原型设计支持对芯片的验证工作非常有必要。对于基于 ARM 的 SoC，可以选择以下一些方法。

(1)使用由 ARM 公司提供的原型设计验证电路板

ARM 提供的开发板使工程师能搭建与设计芯片尽量一致的验证平台。例如，开发人员可以使用 Integrator CT(Core Tile)来实现相应的 ARM 内核的功能和行为，使用 Integrator LT(Logic Tile)来实现芯片中除ARM内核以外的所有数字逻辑(Integrator LM 上有个 FPGA)，使用 Integrator IM(Interface Module)来连接模拟器件。把这三块子板插接到 Integrator

AP(ASIC Development Platform)上，就像装配电脑一样装配出了一个 SoC。只要对频率的要求不是太高(比如在应用设计中要求 ARM 内核工作在 100 MHz)，这个平台就可以完成几乎所有功能的验证和实时测试。

(2)使用由第三方供应商提供的 FPGA 验证平台

ALDEC 公司的 Riviera-IPT FPGA 验证系统就使用了第三方供应商提供的 FPGA 验证平台。这个系统的硬件是一块 PCI 接口的板卡，设计好的数字逻辑电路放在 PCI 板卡上的 FPGA 中。PCI 板卡还可以插入不同 ARM 内核的 Integrator CM，以实现数字硬件部分的搭建。这个系统同样能提供与 ARM 方案差不多的性能，但是它比 ARM 方案的灵活性更多一些。

Riviera 提供了一个能让 ARM 内核、FPGA 已综合逻辑和未综合 RTL 三方协同仿真的功能。这个功能的好处是可以重用原来在工作站环境下使用的仿真平台(Testbench)、激励和参考输出，并可以把 RTL 像搬积木一样一块块地搬到 FPGA 中。也就是说，在开始时所有 RTL 和 Testbench 都可以在个人计算机上进行仿真，这时仿真的速度较慢。一旦工程师觉得哪一块 RTL 已经完成，就可以将这块 RTL 综合到 FPGA 中，随着越来越多的模块进入 FPGA，仿真速度会越来越快。最后，所有数字逻辑都综合到了 FPGA 中。

在 RTL 仿真和 FPGA 之间建立交互的另一个好处是在 FPGA 调试时很方便。由于内部信号不可见，FPGA 的调试往往非常耗时，Riviera 在提供 RTL 和 FPGA 联合仿真的同时，还提供了观察 FPGA 内部信号的功能。

Cadence 公司是 ARM 技术接入计划(ATAP)的第一个成员。ARM 公司也与 Cadence 公司签署了为共同用户优化设计链的协议，除了已在验证、验证加速/仿真、信号完整性和设计服务方面合作，还包括直接采用 ARM IP 实现 SoC 设计和验证解决方案的优化，提供与 ARM Integrator Logic Tile 加速/仿真产品相结合的验证工具，以及针对特殊代工厂建立的信号合成解决方案。由此，结构工程师、软件验证工程师、软件开发工程师、无芯片设计师和集成设备制造商(IDM)等设计者将因此受益，用户可以更迅速地在经验证的可重用软硬件 IP 块上构建系统，并能在第一次就实现系统量产。

(3)自行设计开发 FPGA 原型板

自行设计开发的 FPGA 原型板拥有最大的灵活性。开发板上可以放置任何需要的器件，选用的 FPGA 可以尽量贴近实际 SoC 的运行速度，最大程度地减少投片不成功的风险。这个方案的代价是设计和调试验证板的时间，有时这个时间甚至会超过芯片设计的时间。

ARM 内核的测试样片是验证板的核心，这个测试样片实际上就是直接将内核拿去流片得到的。通常，ARM 授权的工艺生产线(Foundry)会提供这样的测试样片，需要注意测试样片能否达到应用所要求的速度，如果不能则无法实现实时测试。

另外一个需要注意的问题是 FPGA 的容量。以 AMBA 总线为基础的 SoC 对 FPGA 资源的消耗非常惊人，所以在验证板的规划初期一定要选择一个留有余量的 FPGA(或由几个 FPGA 组成阵列)。

11.5.2　基于 ARM 内核的 SoC 系统应用设计举例

包含 USB 接口的 RAM SoC 系统应用非常广泛，特别是在电子消费类领域。图 11-9 和图 11-10 分别给出了 USB_AHB IP 的外部应用环境示意图和内部结构图。

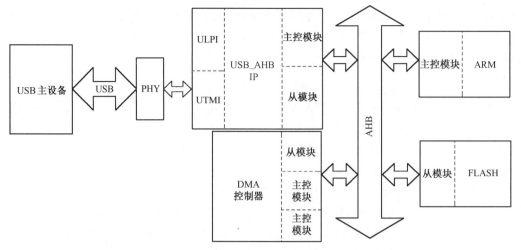

图 11-9　　USB_AHB IP 核的外部应用环境示意图

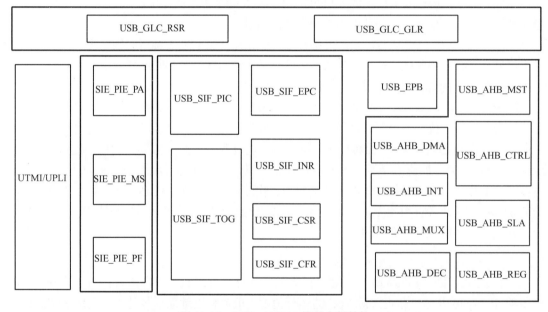

图 11-10　　USB_AHB IP 核的内部结构

　　这个 USB_AHB IP 核支持 USB 协议、AMBA 协议和 UTMI/ULPI 协议。该 IP 核一侧通过 UTMI/ULPI 接口的 PHY 与 USB 主机端进行通信,另一侧则通过 AHB 总线与 ARM 相连。

　　USB_AHB IP 核在硬件上分为 3 个主模块:UTMI/ULPI 接口模块、串行接口引擎(SIE)模块和 USB_AHB 主/从接口模块。UTMI/ULPI 接口模块提供了面向 USB 端的接口。串行接口引擎模块为 USB 的数据链路层协议处理模块,是整个 IP 核的核心部分,进一步分为 4 个子模块:GLC(全局控制)模块、PIE(PHY 接口处理引擎)模块、SIF(系统接口逻辑)模块和 EPB(端点缓冲)模块。GLC 模块负责整个 IP 的复位控制、IP 时钟的开关提示等;PIE 模块负责处理 USB 的事务级传输,包括组包和解包等;SIF 模块负责相关寄存器组和端点缓冲区的读/写,跨时钟域信号的处理和 PIE 所需的控制信号的产生;USB_AHB 模块负责 IP 核与 ARM 的通信和 DMA 功能的实现。

　　这个 IP 核的软件设计遵循 USB 协议、Bulk-Only 协议和 UFI 协议，由外挂 ARM 实现 USB 设备命令和 UFI 命令的解析，并执行相应的操作。IP 核支持 ARM 之间的多种数据传输方法，通过软件实现常规数据读/写访问、内部DMA或外部DMA等多种方式的切换。USB 的逻辑处理流程如图11-11所示。

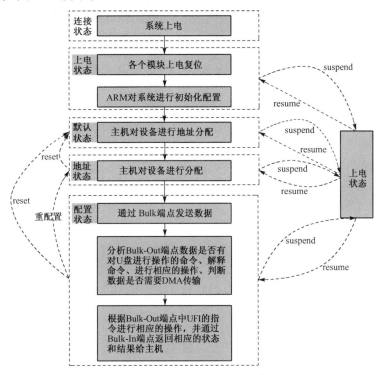

图 11-11　USB 的逻辑处理流程框图

USB_AHB IP 核的验证平台和 FPGA 测试平台分别如图11-12和图11-13所示。

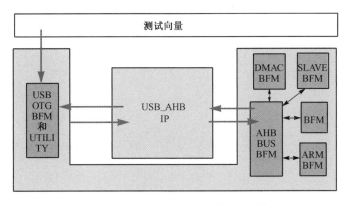

图 11-12　USB_AHB IP 核的验证平台

图 11-13　USB_AHB IP 核的 FPGA 测试平台

该 IP 核通过 EDA 验证和 FPGA 测试，在内嵌 ARM 内核的 FPGA 应用系统平台上能够实现 U 盘等多个 USB 设备的通信实测，从而验证了设计的正确性。

习题

12.1　什么是 SoC 芯片？

12.2　简述 SoC 的特点及其在设计中面临的问题。

12.3　说明 SoC 的设计方法与传统设计方法的区别。

12.4　什么是 IP 核？

12.5　说明片上总线与传统总线的区别，以及片上总线标准化的意义。

12.6　试分析 AMBA 总线的系统结构和工作过程。

12.7　试分析现有片上总线结构存在的问题，并提出解决的思路。

12.8　简述 SoC 验证的主要手段。

参考资料